深度

Deep Reinforcement Learning
IN ACTION

強化式學習

Alexander Zai · Brandon Brown 著 | 黃駿 譯

感謝您購買旗標書,
記得到旗標網站
www.flag.com.tw
更多的加值內容等著您…

● FB 官方粉絲專頁:旗標知識講堂

● 旗標「線上購買」專區:您不用出門就可選購旗標書!

● 如您對本書內容有不明瞭或建議改進之處,請連上
旗標網站,點選首頁的 聯絡我們 專區。

若需線上即時詢問問題,可點選旗標官方粉絲專頁
留言詢問,小編客服隨時待命,盡速回覆。

若是寄信聯絡旗標客服 email,我們收到您的訊息
後,將由專業客服人員為您解答。

我們所提供的售後服務範圍僅限於書籍本身或內
容表達不清楚的地方,至於軟硬體的問題,請直接
連絡廠商。

學生團體 　　訂購專線:(02)2396-3257 轉 362
　　　　　　 傳真專線:(02)2321-2545

經銷商 　　　服務專線:(02)2396-3257 轉 331
　　　　　　 將派專人拜訪
　　　　　　 傳真專線:(02)2321-2545

國家圖書館出版品預行編目資料

深度強化式學習 /
Alexander Zai, Brandon Brown 著;黃駿 譯
初版 臺北市:旗標,2021.3　面;　公分
譯自:Deep Reinforcement Learning IN ACTION.

ISBN 978-986-312-652-2(平裝)

1.人工智慧　2.機器學習　3.神經網路

312.83　　　　　　　　　　　　　　109016521

作　　者/Alexander Zai · Brandon Brown

翻譯著作人/旗標科技股份有限公司

發 行 所/旗標科技股份有限公司
　　　　　台北市中杭州南路一段15-1號19樓

電　　話/(02)2396-3257(代表號)

傳　　真/(02)2321-2545

劃撥帳號/1332727-9

帳　　戶/旗標科技股份有限公司

監　　督/陳彥發

執行企劃/黃宇傑

執行編輯/黃宇傑

美術編輯/薛詩盈

封面設計/薛詩盈

校　　對/陳彥發 · 黃宇傑 · 留學成

新台幣售價: 1000 元

西元 2024 年 3 月 初版 2 刷

行政院新聞局核准登記-局版台業字第 4512 號

ISBN 978-986-312-652-2

版權所有 · 翻印必究

作者序

自從 DeepMind 於 2015 年發展出能在多款 Atari 2600 遊戲中，超越人類表現的**深度強化式學習**（deep reinforcement learning，以下簡稱為 DRL）演算法後，該技術便開始受到各方矚目。**人工智慧**（artificial intelligence）似乎總算有了顯著進展，而我們自然也想參與其中。

我們都有軟體工程師的背景並愛好神經科學，且長期對眾多人工智慧主題抱有濃厚興趣（事實上，我們中其中一位在高中時就用 C# 寫了第一個神經網路）。雖然在 2012 年**深度學習**（deep learning）取得革命性突破以前，我們並未持續發展這份興趣；但在見證深度學習驚人的成功之後，我們又重新回到了這個令人興奮且發展迅速的領域，並進一步將注意力延伸至 DRL。除此之外，我們還以不同方式將**機器學習**（machine learning）納入自己的工作之中。Alex 選擇成為一名機器學習工程師，並在一些小有名氣的地方（如：Amazon）任職，而 Brandon 則將機器學習運用到神經科學的研究中。為了鑽研 DRL 技術，我們與大量教科書與研究論文奮戰，試圖搞懂其中的高等數學與機器學習理論。我們很快就發現，DRL 的基礎知識對於有軟體工程師背景的人來說其實不難理解，且其中所有的數學都可以轉換成程式設計師熟悉的語言。

於是，我們開始在部落格上分享機器學習知識以及工作上接觸到的各種專案。最後由於反響熱烈，我們決定合作撰寫此書。我們認為，外界的學習資源不是過於簡單而沒有觸及核心、就是太過困難以致於不懂進階數學的讀者無法理解。因此，在本書中我們試著將各專家的著作進行『翻譯』，設計出讓僅具備『程式設計背景』與『基本神經網路知識』的讀者也能理解的課程。讀者一開始會先從基礎知識出發，相信在閱讀完本書後，各位便有能力實作出由業界研究團隊（例如：DeepMind 和 OpenAI）以及知名學術機構（例如：柏克萊人工智慧研究實驗室 BAIR 和倫敦大學學院）所發明的高階演算法。

致 謝

寫作本書的時間遠超過我們的預期。在此感謝我們的編輯 Candace West 與 Susanna Kline 在各階段給予的協助，讓我們能朝著正確的目標前進。本書中有許多需留意的細節，要是沒有編輯團隊的專業支持，我們必定會迷失方向。

我們還要感謝技術編輯 Marc-Philippe Huget 和 Al Krinker，以及所有檢視過本書手稿並為我們提供回饋意見的人，特別是 Al Rahimi、Ariel Gamio、Claudio Bernardo Rodriguez、David Krief、Dr. Brett Pennington、Ezra Joel Schroeder、George L. Gaines、Godfred Asamoah、Helmut Hauschild、Ike Okonkwo、Jonathan Wood、Kalyan Reddy、M. Edward (Ed) Borasky、Michael Haller、Nadia Noori、Satyajit Sarangi 與 Tobias Kaatz。另外，也感謝所有為本書出力的曼寧出版社成員，包括策劃編輯 Karen Miller、審稿編輯 Ivan Martinovi、執行編輯 Deirdre Hiam、審稿編輯 Andy Carroll 以及校稿 Jason Everett。

現今有許多書都是透過網路平台自行出版的，而我們本來也打算這麼做。不過，在經歷了整個過程以後，我們瞭解到有專業編輯團隊的指導是多麼重要的一件事。這裡要特別感謝審稿編輯 Andy Carroll，他的意見大大提升了本書內文的清晰度。

Alex 還想向 PI Jamie 致謝，後者是前者在大學時期進入機器學習領域的引路人。而 Brandon 則要感謝他的妻子 Xinzhu 對他在半夜寫作的容忍，以及疏於陪伴家人的體諒。同時，也感激她為自己生下了兩個可愛的孩子：Isla 和 Avin。

關於本書

誰適合閱讀本書？

《深度強化式學習》是一門帶領讀者從認識強化式學習基本知識，到實作最新演算法的課程。在課程中，每一章會以一個專案呈現出該章節的核心主題。這些專案都經過精心設計，任何當代的筆記型電腦都可以應付，因此讀者無需準備昂貴的 GPU（不過，使用這些資源的確可以提升專案的執行速度）。

本書的目標讀者應具備程式設計的背景（特別是熟悉 Python 的使用），並且對神經網路（即深度學習）有基本的認識。此處的『基本認識』是指：至少曾經嘗試以 Python 實作過最簡單的神經網路（即使不太明白該技術背後的原理也沒關係）。雖然本書的重點在於說明如何將神經網路應用於強化式學習，但讀者也能從中學到許多和深度學習有關的知識（可以用來解決強化式學習以外的問題）。因此，就算不是深度學習專家，各位也能直接探索深度強化式學習。

本書的學習地圖

本書共有 11 章，分為兩大篇。

第 1 篇解釋深度強化式學習的基礎知識。

● 第 1 章會簡介**深度學習**、**強化式學習**以及融合了以上兩項技術的 DRL。

● 第 2 章說明強化式學習的基本概念，這些概念在之後的章節中還會出現。除此之外，我們會實作第一個強化式學習演算法。

● 第 3 章會介紹其中一類熱門的 DRL 演算法：**Deep Q-Learning**。DeepMind 在 2015 年利用該演算法在多款 Atari 2600 遊戲中擊敗人類。

- 第 4 章將描述另一類熱門的 DRL 演算法：**策略梯度法**。我們會以該方法訓練代理人進行簡單的遊戲。

- 第 5 章說明如何將第 3 章的 Deep Q-Learning 與第 4 章的策略梯度結合，產生稱為**演員—評論家**的新演算法。

　　第 2 篇將以第 1 篇的內容為基石，進一步說明近年來在 DRL 領域中出現的進階技術。

- 第 6 章展示如何實作**進化演算法**，即透過生物學中的進化論來訓練神經網路。

- 第 7 章描述如何使用機率中的概念來提升 Deep Q-Learning 演算法的表現。

- 第 8 章介紹一種能賦予強化式學習演算法**好奇心**的技術，該技術能讓模型在缺乏外在訊號的情況下探索環境。

- 第 9 章會延伸與訓練單一代理人有關的知識，說明如何訓練包含多位代理人的強化式學習演算法。

- 第 10 章描述如何使用 attention **機制**增加 DRL 演算法的效率和可解釋性。

- 第 11 章會介紹本書沒有提及的深度強化式學習技術，並以此做為全書總結。

　　由於第 1 篇中各章節的知識是循序漸進的，因此讀者應該按照順序來閱讀。至於第 2 篇中的章節則可以按照任意順序閱讀（雖然我們仍建議讀者依循書中的順序）。

關於程式碼

如前所述，本書實際上相當於一門課程，其中包含了執行各專案所需的所有程式碼。雖然我們確定在本書印刷時書中的程式碼都是有效的，但由於深度學習領域以及相關函式庫的更新實在太快了，我們無法保證當各位（特別是印刷版的讀者）閱讀到此書時其中的程式仍能正常運行。除此之外，書中的程式碼都經過簡化，只保留了讓專案能正常執行的最小部分。由於上述原因，在此強烈建議讀者在實作本書專案時，使用 GitHub 檔案庫上的程式 http://mng.bz/JzKp。這些程式不僅包含額外註解以及產生結果圖片所需的指令，我們還會持續更新 GitHub 以確保其中的內容不會過時（編註：小編已將書中的程式碼整理過，並加上註解以方便理解，讀者可至 https://www.flag.com.tw/bk/st/f1384 下載各章節的程式檔）。

本書將讓大家瞭解 DRL 的概念，而非只是知道怎麼寫 Python 程式碼。假如有一天 Python 消失了，各位讀者還是能憑藉所學概念，用其它程式語言實作出書中提到的所有演算法。

liveBook 論壇

《深度強化式學習》的購買者可以免費進入由曼寧出版社經營的非公開論壇。讀者可以在此對本書進行評論、詢問技術類問題、並從作者和其它用戶那裡得到幫助。請透過以下網址進入論壇：https://livebook.manning.com/#!/book/deep-reinforcement-learning-in-action/discussion。讀者也可以從 https://livebook.manning.com/#!/discussion 取得更多和曼寧論壇有關的資訊以及討論規範。

曼寧論壇僅提供平台，以便讀者與讀者、讀者與作者之間能進行有意義的交流。曼寧論壇並未要求作者參與討論，因此作者在此論壇上的所有貢獻皆為自願且無償的。在此鼓勵大家多詢問具有挑戰性的問題，藉此提高作者參與的意願。只要本書尚未絕版，該論壇以及過去的討論內容便會持續開放。

關於作者

Alex Zai 曾任 Codesmith 的首席技術長（Codesmith 為沉浸式 coding bootcamp，Alex 至今仍在其中擔任技術顧問）、Uber 的程式設計師、以及 Banjo 和 Amazon 的機器學習工程師。他同時也是開源深度學習架構 Apache MXNet 的貢獻者之一。Alex Zai 還是一名創立了兩間公司的企業家，其中一間為 Y-combinator 的子公司。

Brandon Brown 自幼學習程式設計、並在大學時期兼職當軟體工程師，但最後他選擇進入了醫學行業。目前，他仍在醫療科技領域從事軟體工程工作。Brandon 目前是一名醫生，並從事與**計算精神醫學**（computational psychiatry，該領域即是受 DRL 啟發）有關的研究。

第一篇
基礎篇

CHAPTER *3* **Deep Q-Network**

CHAPTER **4 利用『策略梯度法』選擇最佳策略**

4.4 REINFORCE 演算法 4-20

▶ 4.4.1 建構策略網路 4-20
▶ 4.4.2 代理人與環境的互動 4-21
▶ 4.4.3 訓練策略網路模型 4-22
▶ 4.4.4 完整的訓練迴圈 4-25
▶ 4.4.5 本節結論 4-28

CHAPTER 5 演員 - 評論家模型與分散式訓練

5.1 結合『價值函數』與『策略函數』 5-4

5.2 分散式訓練 5-11

5.3 分散式優勢演員 - 評論家模型 5-19

5.4 N 步演員 - 評論家 5-32

第二篇 進階篇

CHAPTER 6 進化演算法

6.1 梯度下降演算法的缺點 6-4

6.2 利用進化策略實現強化式學習 6-6

▶ 6.2.1 『進化』的理論基礎 6-6
▶ 6.2.2 實作進化過程 6-10

CHAPTER *8* 培養代理人的好奇心

CHAPTER *9* 多代理人的環境

CHAPTER **10** 具解釋性的模型：
attention 與關聯性模型

APPENDIX A 數學、深度學習及 PyTorch 之額外知識補充

本書資源下載網址：https://www.flag.com.tw/bk/st/f1384，其中包含：

- 各章節之範例程式檔
- Bonus A- 各章節之 Colab 筆記本網址
- Bonus B- 內容重點整理

第一篇
基礎篇

第一篇共有五個章節，包含對於**深度強化式學習** (Deep Reinforcement Learning，簡稱 DRL) 的最基本介紹。讀者閱讀完畢後，便可以依照自己喜歡的順序閱讀第二篇中的章節了。

第 1 章會對深度強化式學習的主要概念和功用進行簡單的介紹。而在第 2 章中，我們則透過實際的專案對強化式學習技術進行基本說明。到了第 3 章，我們會實作一個 **Deep Q Network**，簡稱 **DQN**)，DeepMind 公司即是利用該網路使機器在 Atari 遊戲上的成績超越人類玩家。

第 4 和第 5 章總結了最常見的兩種強化式學習演算法，即：**策略梯度法**（policy gradient methods）以及**演員—評論家**（actor-critic methods）。同時，我們也會探討這兩者與 DQN 相比有哪些優缺點。

強化式學習的基本觀念

本章內容

- 強化式學習的基本框架
- 動態規劃 v.s. 蒙地卡羅法
- 環境、狀態、回饋值
- 代理人（演算法）及動作
- 線圖 (string diagram)

1.1 深度強化式學習中的『深度』

深度強化式學習（deep reinforcement learning, DRL）是將**深度學習**與**強化式學習**（reinforcement learning, RL）結合的技術。

在圖片分類的應用當中，我們希望演算法可以自行判斷動物圖片，並將它分類到對應的動物種類，如圖 1.1 所示。

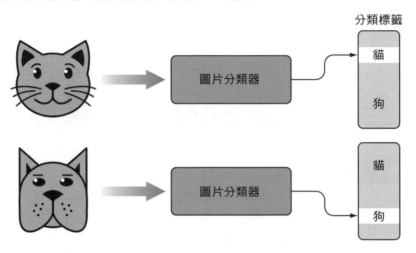

圖 1.1　圖片分類器（image classifier）是一組函數或一種演算法。它在讀取一張圖片後，會產生一個與該圖片對應的**類別標籤**（class label，以此例子來說就是動物的種類），藉此對圖片進行分類。

圖 1.1 的圖片分類器可以看成是一組函數或一種演算法，它以圖片為輸入資料，然後輸出類別標籤（例如：cat、dog）來完成分類圖片的工作。此類函數一般都有一組**參數**（parameters），因此它們又被稱為**參數式模型**（parametric models）。在一開始，這些模型中的參數值都是隨機決定的，所以模型給出的圖片類別標籤也是隨機的。在對模型進行多次**訓練**（training）後，這些參數值會不斷進行調整，進而讓模型在分類圖片的表現越來越好。在訓練到一定程度之後，這些參數會達到最佳值，模型的分類表現也就很難再往上提升了。參數式模型也可以用在**迴歸**（regression）問題中。我們可以訓練參數式模型來匹配現有的資料（圖 1.2）。另外，使用

複雜度較高的模型（如：參數數量較多或內部架構較完善）有時也可以提升
表現。

未經訓練的函數

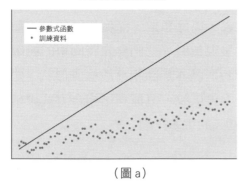

（圖 a）

訓練後的函數

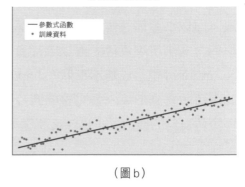

（圖 b）

圖 1.2 以 $f(x) = mx + b$ 表示的線性函數（linear function）是最簡單的機器學習模型，此函數
具有 m（斜率，slope）和 b（截距，intercept）兩個參數。由於此類模型具有可調整參數，因此
我們把它叫做參數式（parametric）模型。在上圖中，我們可以看到二維座標系上有一群資料
點（data points）。一開始，我們先隨機給定 m 和 b 的值，由此畫出的直線自然沒辦法很好的
匹配到資料點中（圖 a）。接著，我們通過訓練模型來不斷調整這些參數（即 m 和 b），最終
便可將我們的直線與資料點進行最佳程度的匹配（圖 b）。

註：本書假設讀者應該很清楚深度神經網路（deep neural network）及深度學習（deep
learning）。若不知道也沒關係，本書的附錄提供了一門深度學習速成課程以供參考。

　　深度學習之所以那麼流行，是因為在許多任務中（如：圖片分類），它
的表現比其他機器學習方法都精準。其中很大部分是由於深度學習呈現資
料的獨特方式，它的模型有許多**層**（一般來說超過三層，所以才叫做『深
度』學習），而這樣的層級結構讓模型可以將輸入資料依**複雜度**呈現在不同
層中（越複雜的資料訊息位於越高的層）。這種層級的呈現法具有**複合性**
（compositionality）：意思是，位於高層的複雜訊息是由下一層較簡單的訊
息組合而成的，而這些下層的簡單訊息又是由再下層更簡單的訊息組成，
依此類推，直到訊息無法再分割為止。

事實上，人類的語言就具有複合性（圖 1.3）。舉例而言，一本書是由許多章節組成的，而**章節**又是由許多段落組成，**段落**中又包含了許多句子，**句子**則是單字的組合物，而這些**單字**正是形成語義的最小單位。要注意的是，以上的每一個層級都具有特殊的意義：一本書傳達了整體的意義，而個別章節又傳達了書的一部分意義，以此類推。深度學習便是以類似的方式來呈現資料。再以圖片資料的呈現為例，它們會先將簡單的**輪廓**（contours）組合成**基本形狀**（shapes），再將基本形狀組合成複雜形狀，如此重覆，直到形成一張完整的圖片為止。可以說，這種利用組合方式來呈現複雜資料的能力，正是深度學習如此強大的主要原因之一。

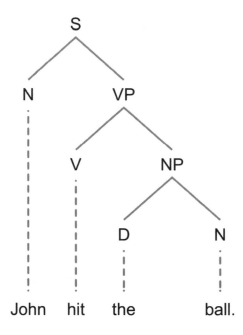

圖 1.3 『John hit the ball』這一個句子是由許多較小的單元組成，而其中最小的單元便是單字。在此例中，我們可以把完整的句子（以 S 表示）分解成主詞名詞（N）和動詞片語（VP）。而 VP 又可以再被分解為動詞『hit』和名詞短語（NP）。最後，NP 可以被拆成兩個單獨的單字，即『the（定冠詞）』和『ball』。

1.2 強化式學習

　　除了分類圖片之外，還有許多更高層次的任務是我們想交給機器自動執行的，如：駕駛汽車、或是投資組合中股票和其他資產的平衡控制。以自動駕駛為例，圖片處理只不過是其中最基本的工作。自動駕駛的演算法不只要能夠分析以及預測，還必須能夠透過分析和預測的結果去執行下一步的動作。

　　不同的問題需要不同的解決方法，把『問題』和『解決方法』搞清楚是一件十分重要的事情。這裡的『問題』就是我們想要完成的任務（如圖片分類或駕駛汽車）；『解決方法』則是我們用來完成該任務所設計的演算法（如深度學習演算法）。對於需要演算法做出決策或行動的任務，我們統稱為**控制任務**（control tasks）。

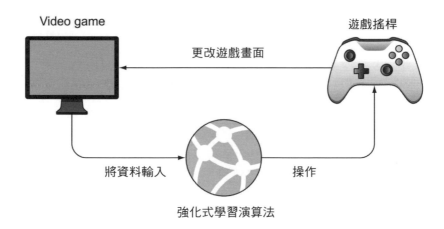

圖 1.4 不同於圖片分類，強化式學習的演算法必須和輸入資料進行互動。這些演算法會利用手上的資料來判斷接下來應該如何行動，而這些行動又決定了演算法後續將得到怎麼樣的資料。舉例而言，電子遊戲的畫面資訊就是一種強化式學習演算法的輸入資料。根據這些資料，演算法可以決定該如何操作遊戲搖桿，進而改變遊戲畫面中的資訊（ 編註 ：並產生新的輸入資料）。

強化式學習可以用來解決控制任務。在強化式學習的大架構中，我們可以根據不同的任務，自由選擇該使用哪種演算法（在這麼多種演算法中，深度學習演算法是首要選項，因為它們可以高效地處理非常複雜的資料）。圖 1.5 就把強化式學習的架構具體描繪出來了。

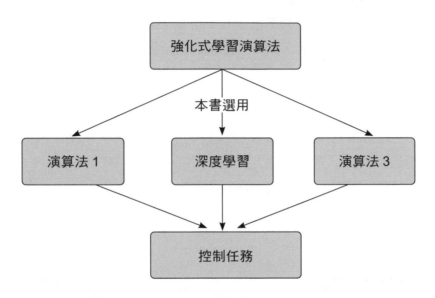

圖 1.5　深度學習演算法可以用來提升強化式學習解決**控制任務**的能力。
將深度學習與強化式學習做結合，就叫做**深度強化式學習**。

與圖片分類問題相比，控制任務多了『時間』這項元素。在處理圖片時，我們一般會使用固定的圖片資料集來訓練深度學習演算法。當訓練重複了足夠多的次數以後，演算法在處理新圖片時會有良好的表現。在這裡，我們可以試著將上述圖片資料想像成是一堆『虛擬空間上』的小點：在這個虛擬空間中，擁有類似特徵的圖片距離較近，而差異大的圖片距離較遠。其實不只圖片，在處理自然語言時也有類似的狀況：擁有相同詞性的單字會聚集在一起；詞性不同的單字則相距較遠，如圖 1.6 所示。

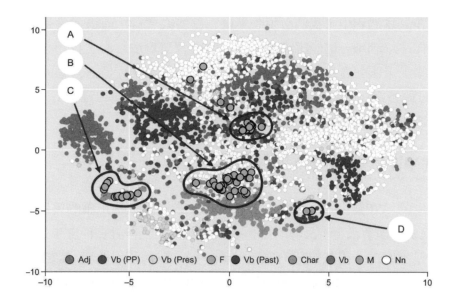

圖 1.6 在上圖的二維座標空間中,每一個色點都是一個單字。具有相似詞性的字會聚集在一起,而詞性不同的字則相距較遠。可以看到,資料間確實存在某種『空間上』的關係,即性質相近的資料距離較近。圖中的 A、B、C 和 D 分別為四組擁有相近詞性的單字群。

在控制任務中,資料則不僅具有空間資訊,還有時間資訊。換言之,這些資料分佈於時空(時間 × 空間)之中;這代表演算法在某個時間點上所做的決定,會被上一個時間點的決定所影響。注意,這種特性並不存在於圖片分類以及其它類似的問題中。時間因素使得演算法的訓練變成了一個動態的過程。簡單來說,用來訓練演算法的資料本身並不是固定的,而是會隨著之前做出的決定而產生變化。

監督式學習需要大量已標籤的資料

一般的圖片分類任務屬於**監督式學習**(supervised learning),在訓練過程中,我們會替每組訓練資料準備好對應的正確答案,演算法預測的結果會和正確答案做比對,然後根據比對的誤差來修正參數,藉此訓練其分類圖片的能力。一開始,演算法只是隨機亂猜,但經過不斷修正後,它最終將知道圖片**特徵**(features)和**類別標籤**(class labels)之間的關聯。

顯然，在上述過程中，我們必須先準備正確答案才行，而這通常是非常麻煩的工作。以訓練一個能辨識植物的深度學習演算法為例，我們必須先花時間搜集上千張包含各種植物的圖片，然後手動為圖片標上對應的類別標籤（即正確答案），最後再將它們轉換為演算法可以處理的資料格式（通常是特定數值類型的陣列）。

強化式學習不需標籤資料

相反的，在強化式學習中，我們不需要告知演算法正確的答案（或標籤），只要給演算法定下最終的目標或大方向，並且告訴它什麼事是好的；什麼事是不好的。這就跟教狗狗新把戲一樣，我們透過獎勵（**編註**：有時還會有懲罰）來告訴狗狗該做什麼，不該做什麼。同樣的，以自動駕駛為例，我們為演算法定下的目標或許是：『從 A 地移動到 B 地，且不要撞車』。若目標達成，則給予獎勵；要是撞車了，就給予懲罰。以上的訓練過程通常會在模擬器中進行，而不會在真實的道路上進行。正因如此，我們可以讓演算法不斷地進行嘗試，並從錯誤的過程中吸取經驗，直到它能達成目標並獲得獎勵為止。

強化式學習的最總目標是最大化回饋值

以強化式學習來說，演算法的最終目標即是『得到最多的正**回饋值**（reward，即獎勵）』。為了達成這個目標，它必須學會與任務有關的各種基本技巧或知識。有時，當演算法做出了某種不當的決定時，我們可以給出一個**負**的回饋值做為『懲罰』。由於得到最多正回饋值是演算法的目標，因此演算法就會知道應該要避免做出會產生負回饋值的決定。藉由回饋值的大小，演算法就會知道什麼事該多做（強化），什麼事不該做（見圖 1.7）。這種學習方式和動物的習慣很像：牠們會去做那些讓自己感到開心愉快的事，而避免去做那些讓自己不舒服的事。

> **TIP** 在英文中，『reward』通常代表某種正向的東西。然而，在強化式學習術語中，reward 可以是正值或負值。當它是正值時，便等於一般所說的『獎勵』；而當它是負值時，則相當於『懲罰』。（**編註**：也因此本書將 reward 翻譯成『回饋值』而不是『獎勵』以避免讀者混淆。）

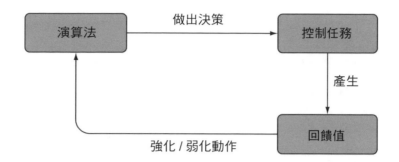

圖 1.7 在強化式學習架構中，我們會使用一個演算法來判斷模型接下來該採取什麼動作。這個動作將產生一個正值或負值的回饋，並進而強化或弱化模型在未來進行該動作的機率。強化式學習演算法的訓練便是透過這種方式進行的。

1.3 動態規劃 vs. 蒙地卡羅法

我們已經知道：藉由在目標完成時提供正向回饋、並在不當行為發生時提供負向回饋的機制，演算法便可以自行學會如何達成更加複雜的任務。現在來看一個實際的例子。首先，我們的終極目標是讓一個掃地機器人學會如何從任意房間返回位於客廳的充電座上。已知掃地機器人可以執行的動作一共有四種：向左走、向右走、向前走或向後走。在每個時間點，機器人都必須決定應該執行以上四種動作中的哪一種。若它成功返回了充電座，回饋值就是 +100；但是如果它在執行動作的過程中撞上了任何東西，回饋值就是 -10。我們必須先假設這個機器人有一張關於房屋內部空間的完整 3D 地圖，並且知道充電座確切的位置，否則它什麼事都沒辦法做。

解決上述問題的其中一種方法被稱為**動態規劃**（dynamic programming, DP），該方法是由 Richard Bellman 在 1957 年首次提出的。動態規劃可以理解為**目標分解**（goal decomposition）。其想法大致上是這樣的：為了解決一個複雜的問題，我們可以先將其拆解為較簡單的子問題。如果拆解出來的子問題依然十分複雜，就繼續拆解，直到子問題可以利用目前的資訊解決為止。

以上面的例子來說，與其讓機器人直接想出回到充電座的一系列具體步驟，倒不如讓其先判斷『該怎麼從目前的房間離開』就好。由於機器人具有完整的地圖且知道充電座位於客廳，而不是現在所待的房間，因此它可以得出一個結論：首先要離開這個房間。但是要如何移動才能離開呢？由於只有通過門口才能離開房間，因此機器人就知道它應該先朝門口的方向移動。最後一個需要解決的問題是：要怎麼移動才能抵達門口？這時。機器人需做出一個決策，即應該向左、向右、向前、還是向後移動。利用身上的鏡頭，機器人發現房間的門口就在正前方，所以它就決定一直向前移動直到離開房間為止。在成功離開房間之後，機器人又會遇到新的難題需要解決，所以又會進行一次目標分解的動作。由此可以推論出，在抵達充電座之前，掃地機器人一定還需要經過很多次的目標分解以達成任務。

目標分解就是動態規劃的本質。當想要解決的問題可以被拆解成更小的問題時，都可以用動態規劃來處理，因此動態規劃在諸如生物資訊學（bioinformatics）、經濟學（economics）、和電腦科學（computer science）等領域中皆有廣泛的應用。

從以上的討論中我們不難發現，在使用動態規劃法之前，必須先將大問題拆成我們可以應付的小問題，而這一點在現實世界中有時是很難做到的。舉例而言，『自駕車必須從 A 地移動到 B 地，且不能撞車』這個大目標如何分解成更小的目標呢？ 在強化式學習中，我們經常會碰到一些突發狀況，這會導致動態規劃法難以實施（ 編註 ：Bellman 的動態規劃必須在完成任務過程中獲得所需要的一切資訊，如掃地機器人例子中的室內完整地圖。由於在自駕車的案例中，有許多突發狀況無法事先得知，因此不太適合利用動態規劃這種方法）。事實上，我們可以將動態規劃看作是一種和**試誤學習**（trial and error）完全相反的學習方式。

我們也可以從『對環境的掌握程度』出發，來選擇應該採用試誤學習或是動態規劃的策略。假設你現在想要走去你家的廁所，由於這是你家，你很清楚該如何移動身體才能抵達目的地。這個過程比較類似於動態規劃，因為在這種情況中，你的腦中存在著一個關於室內空間的完整地圖；換句話說，你對於環境的掌握程度很高。相反的，如果到陌生的房子裡參加派對，由於你並不清楚這一間房子內部的構造，你就得到處亂晃（試誤學習）才能找到廁所了。

基本上，試誤學習的策略其實也是一種演算法，也就是**蒙地卡羅法**（Monte Carlo methods）。蒙地卡羅法是一個從環境隨機取得樣本的演算法（ **編註** ：由於對環境一無所知，所以只能隨機取樣）。不過在現實生活中，對於周圍環境我們一般不會完全一無所知，因此通常會將兩種策略（動態規劃及試誤學習）混合使用：在利用現有的環境資訊以動態規劃來完成某些簡單目標的同時，也以試誤學習來應付一部分的狀況。

以下用一個有點蠢的例子來說明混合策略的應用。想像一下，你被矇上眼睛，然後被丟在家裡的一個房間裡。如果你現在想要去上廁所，該怎麼辦呢？首先，你一定得知道你現在的位置（在哪個房間裡）。這個時候，『上廁所』的大目標就已經被拆解成『找出目前在哪個房間裡』這個小目標了。那要怎麼知道現在位於哪個房間呢？你可以把網球（這裡預設你手上有一顆網球）往隨機方向扔出去，並利用網球反彈回來的時間及方位等資訊來推測房間的大小。在扔了幾次後，你應該就可以利用收集到的資訊總結出自己現在待在哪個房間裡，接著應該就可以沿著牆壁摸索找到廁所了。在這個例子中，你不僅運用了動態規劃法中的目標拆解，也使用了蒙地卡羅法中隨機取樣的動作（ **編註** ：即朝隨機方向扔網球）。

1.4 強化式學習架構

除了動態規劃法，Richard Bellman 也設計了一個標準的架構來解決與強化式學習相關的問題。這個架構為所有的強化式學習模型提供了專用術語及理論基礎。因此，它避免了工程師或研究學者在討論時，在專業術語上說法不一的局面。在這個架構底下，我們也得以利用動態規劃的思維來解決方法。

此處，我們以『開發強化式學習演算法讓一個大型資料中心達到最佳節能效果』為例（ 編註 ：在現實中，Google 資料中心已經成功利用強化式學習將冷卻系統的用電量降低了 40%）。由於在高溫下電腦的效能會降低，因此大型資料中心往往需要耗費大量電費在冷卻系統上。通常最直接的做法就是無差別地將冷風送給中心內每一台伺服器，完全不需要機器學習就可以運作。然而這樣的做法是沒有效率的，因為伺服器很少同時過熱，且不同時段的忙碌程度也不同；如果我們能讓冷卻系統只在特定的時間（忙碌的時段）和地點（過熱的伺服器）運作的話，便可以省下大把的鈔票。

將目標整合成損失函數（loss function）

在強化式學習的標準架構中，第一步為『定義你的最終目標』。以本例子而言，我們的最終目標是盡可能的降低冷卻系統的電費，同時又要確保中心內每一台伺服器的溫度都維持在一定閾值下。雖然現在我們有兩個目標，但我們可以把它們整合成一個**損失函數**（loss function）。只要向這個函數提供電費和伺服器溫度的資料，它便會輸出一個值，告訴我們目前離目標還有多遠。注意，這個值實際上是多少其實並不重要，我們只要守住一個原則即可：讓該值越小越好。為了達到這個目的，我們的演算法需要某些輸入資料。這些資料除了當前的電費和溫度資訊，還可能有其他有助於演算法做出預測的相關資訊。

環境是動態程序，依時間切割成一個個狀態（state）

以上所述的輸入資料（如伺服器溫度、電費等）構成了強化式學習中的**環境**（environment）。強化式學習中所定義的環境是一種**動態程序**（dynamic process, 隨時間變化的程序）。這個定義聽起來或許很專業，但它其實和日常所說的『環境』並沒有太大區別。你可以把自己視為非常先進的強化式學習模型。透過耳朵和眼睛等器官，你隨時都會從周圍環境搜集各種資訊，並藉此完成手上的任務。也因為環境是一種動態程序，所以它會不間斷地傳送各式各樣的資料。為使演算法能夠處理這些資料，我們會把它們依時間切割成一個個的**狀態**（state，如某個時間點所花費的電費與伺服器溫度資訊），然後再依次輸入到演算法中。你可以把狀態想像成我們用數位相機所拍攝的照片，它反映了環境在某個時間點上的狀況。

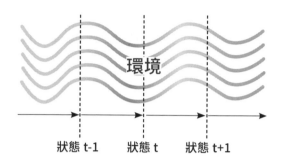

環境

狀態 t-1　　　狀態 t　　　狀態 t+1

狀態是環境在某個時間點上的切片

　　總結一下目前的進度：我們定義了一個損失函數（透過最佳化伺服器溫度來降低電費），該函數可依照狀態算出誤差值。接下來，我們只要選擇適當的強化式學習演算法就行了。這個演算法可以是任意的參數式演算法，並且能根據環境提供的狀態調整參數，進而縮小損失函數的值。注意，這個演算法不一定要應用到深度學習的概念。強化式學習是一門獨立的學問，它並不依賴於任何特定的演算法。

動作（action）

　　強化式學習和監督式學習有一項關鍵的差異：前者通常必須做出決策並執行**動作**（action），而這些動作將對未來產生影響。在強化式學習架構下，它所執行的每個動作都是基於對目前的環境狀態分析後，所做出的最佳決定。

回饋值（reward）

　　關於強化式學習架構，還有最後一個觀念你必須知道：每當一個動作結束以後，演算法都會得到一個回饋值，它能讓演算法瞭解自己在目標達成上表現如何。這種回饋值可能是正的（代表做得好，要多做）或負的（代表做得不好，別再做了）。

回饋值是演算法提升自我表現時所能依賴的唯一線索。我們可以設定：每當演算法所執行的動作成功降低誤差值時，便給予 +10 的回饋值（這個數值可以自由決定），要是誤差值不減反增，則給演算法負回饋值。或者，我們可以實施更合理的做法：演算法降低的誤差值越多，得到的正回饋值越多。

代理人（agent），即演算法

　　以上提到的演算法在強化式學習中有一個特別的稱呼，叫做**代理人**（agent），它們負責實際做出決策或決定該採取什麼動作。圖 1.8 總結了本節所說的所有內容。

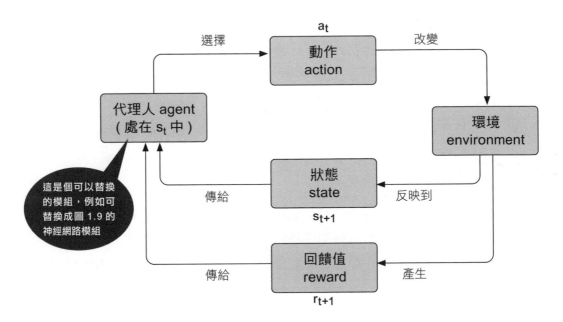

圖 1.8　強化式學習的標準架構。代理人負責執行某種動作（例如：移動棋子），進而導致環境狀態改變。每當一個動作完成之後，代理人便會得到回饋值及新的狀態（例如：當吃掉別人棋子時得 +1，被別人吃掉棋子時得 −1，其它狀況得 0）。強化式學習演算法會重覆上述過程，並且以『得到最多回饋值』為目標採取行動。最後，該演算法就會知道與環境互動的最佳方法。

以深度學習演算法作為代理人

　　如之前所述，代理人是某種具有學習能力的演算法。由於本書所討論的主題為**深度強化式學習**，所以我們的代理人將以**深度學習演算法**（又稱深層神經網路，英文為 deep neural networks，詳見圖 1.9）為主。不過請記住：強化式學習指的是某種特定問題的解決方法，而不是某種特定的演算法，因此你完全可以用其它演算法來取代此處所用的深層神經網路。例如在第 2 章中，我們會使用一種非神經網路的演算法做為開頭，直到結尾處才將其替換成神經網路，就像把圖 1.8 的代理人替換成圖 1.9 一樣。

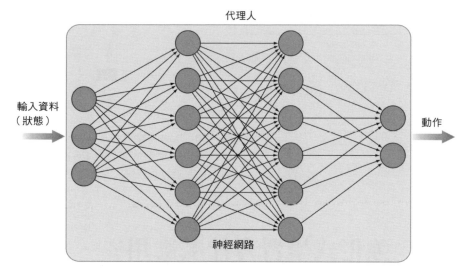

圖 1.9　代理人（這裡使用**深層神經網路**）分析輸入資料（即環境在某個特定時間點上的狀態），並執行動作。本圖只是示意，實際的過程要比圖中所示的更複雜。

　　就長期而言，代理人唯一的目標便是讓回饋值達到最大。為此，它會不斷重覆以下循環：處理狀態資訊、決定進行什麼動作、接收回饋值、觀察新狀態、決定下一個動作，以此類推。若以上流程安排得當，則代理人最終便能了解其所在之環境，並且產生良好的決策。這種學習機制可以應用於自動駕駛技術、聊天機器人、自動化股市交易、醫療科技、機器人設計等眾多領域。在下一節以及接下來的章節中，我們將進行更深入的介紹。

本書中部分的內容在教讀者怎麼將問題建構在標準模型中，並選擇適當的學習演算法（代理人）來解決問題。你不需要自己創建一個新環境，我們會使用現有的環境（如遊戲引擎或其它應用程式介面）來進行範例演練。舉例而言，OpenAI 提供的 Python Gym 函式庫中就包含了許多可以和學習演算法互動的環境及介面。從圖 1.10 左邊的程式碼中我們可以看出，建構一個木棒平衡環境（cart-pole environment）只需要數行程式，所以該函式庫提供的環境使用起來是非常簡便的。

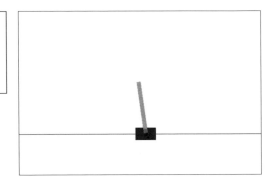

```
🖥 In
import gym
env = gym.make('CartPole-v0')
```

圖 1.10 OpenAI 的 Python Gym 函式庫提供了許多可以和學習演算法互動的環境及簡易介面。只需幾行程式碼，便能產生一個木棒平衡環境。

1.5 強化式學習有什麼應用？

本章開頭介紹了常見的監督式機器學習方法（如：圖片分類器）。雖然這種方法近年來取得了重大進展且用途廣泛，但它卻無法達到**通用人工智慧**（artificial general intelligence, AGI）的水準。AGI 是人工智慧研究的終極目標，它能夠在不受監督（或僅受少量監督）的情況下解決多種問題，並且把自己在某個領域中學會的技能應用在其它領域。在擁有大量資料的前提下，監督式學習的確是一個不錯的方法。不過在缺少可供訓練的資料、甚至沒有資料的情況下，監督式學習就沒有辦法發揮它的力量了，而強化式學習便是目前最有可能實現 AGI 的技術。

　　強化式學習的研究與應用仍不夠成熟，但該領域已有許多令人振奮的發展。Google 旗下的 DeepMind 研究團隊就曾發表一些舉世注目的驚人成果。首先，他們在 2013 年時開發了一種能玩多款 Atari 電子遊戲（**編註**：Atari 是一家電子遊戲公司）的演算法，且該演算法在各遊戲中的表現都遠超人類水準。在過去，人們通常會依照某個特定遊戲的**規則**（rule-based）來設計專門的演算法。以這種方式開發出來的代理人（即演算法）可能在單一遊戲中表現傑出，但面對新遊戲或任務時便束手無策了。DeepMind 的 DQN 演算法則可以應付 7 種不同的遊戲，而且不需要任何和特定遊戲有關的知識（見圖 1.11）。在訓練過程中，我們僅要求 DQN 將得分最大化，且其獲得的輸入資料只有畫面上的像素資訊，但它最終卻學到了超越專業玩家的遊戲技巧。

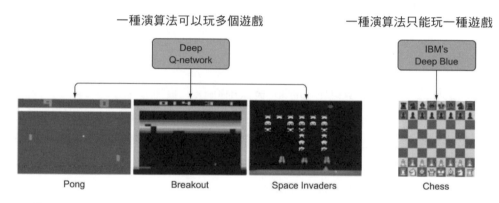

圖 1.11　DeepMind 的 DQN 演算法掌握了七種 Atari 電子遊戲。遊戲中，演算法只被告知要將得分最大化，並且其所能獲得的資訊僅有螢幕上每個像素的資訊。與之相反，過去的演算法（如：IBM 的 Deep Blue）則是根據特定遊戲的規則專門設計的。

　　之後，DeepMind 又發表了 AlphaGo 和 AlphaZero 演算法，並成功擊敗了世界上最頂尖的圍棋棋士。在此之前，專家一般認為人工智慧還需要十年左右的發展，才有機會在圍棋比賽中和人類一決高下，其中的原因是：這種遊戲包含了太多傳統演算法不擅處理的元素。例如：棋士無法在下完一步棋後立刻知道下得好不好，必須等比賽結束後才會得到反饋。許多高段位的棋士甚至視下棋為藝術創作，而非僅僅只是制定策略。他們會說『這步棋走得真漂亮』，而不是『走得真合理』。在圍棋棋盤上，棋子的

合法位置組合共有 10^{170} 種，**暴力破解法**（brute force，這是 IBM Deep Blue 打敗當時西洋棋冠軍的方法）是肯定行不通的。所以 AlphaGo 採取的主要策略是：在模擬環境下進行數百萬場圍棋賽，並從中總結出使用哪些下棋法比較容易獲得最大化的回饋值（即贏棋）。和 Atari 電子遊戲的例子一樣，AlphaGo 在比賽過程中所獲得的資訊與人類棋士並無二致：它們只會看到棋子在棋盤上的位置。

強化式學習演算法能在遊戲中擊敗人類固然是一則大新聞，但該技術的價值與潛力可不止於此。利用強化式學習模型，DeepMind 讓 Google 資料中心花在冷卻系統的成本降低了 40%（也就是之前討論的例子）。該技術也能讓自動駕駛汽車知道採取哪些動作（加速、轉彎、煞停、打方向燈等），可以將乘客準時且平安地送往目的地。研究人員也嘗試利用強化式學習，在不用明確告知該如何運動的情況下，讓機器人自行學會如跑步等複雜的任務。

原則上，強化式學習中的試誤學習策略在現實中很難直接採用。以自駕車為例，我們不可能放任機器以試誤學習在馬路上亂闖，那樣的風險太高了。不過幸好，已經有許多成功的案例告訴我們：可以先讓機器在模擬器中練習，待其足以應付所有模擬狀況時，再到真實世界進行操作。以下就用一個股票交易的例子來進行說明。

如今，絕大多數的股票交易都是由電腦演算法自動完成的，而這些演算法往往都操縱著規模達數十億美元的避險基金（hedge funds）。即便風險看起來很大，過去幾年裡卻有越來越多個人投資者想建立自己的交易演算法。這樣的需求讓 Quantopian 公司推出了他們的交易平台，讓使用者可以利用 Python 撰寫自己的交易演算法、並且在不會產生損失的模擬環境中進行測試。只有當演算法表現優異時，它們才能用來操作真正的資金。雖然在過去，也有人用基於固定規則編寫的程式取得一定的成效，但面對詭譎多變的股票市場，會不斷學習、能隨時適應市場變化的強化式學習演算法顯然更具優勢。

在下一章節，我們會帶領讀者應付一道實際的問題：怎麼投放廣告。許多網路電商依靠線上廣告為他們帶來收益，而收益的多寡往往和廣告的點擊率呈正相關性。正因為如此，各家業者無不費盡心力想提升廣告的點擊率。要達成這個目標，我們勢必得利用對潛在客戶的理解來投放最適合的廣告。一開始，我們並不清楚使用者特性和廣告之間有何關連，但強化式學習可以助我們一臂之力。只要告訴演算法客戶的行為資訊（即狀態），並將目標設定為最大化廣告點擊率，該演算法便可通過學習，掌握何種廣告最能吸引某一類消費者的目光。

1.6 為什麼要使用『深度』強化式學習？

之前已經提過很多強化式學習的好處了，但為什麼要特別討論『深度』強化式學習呢？事實上，強化式學習技術早在深度學習大放異彩前就已經出現了。然而，一些早期的強化式學習方法只是將過去的經驗儲存到一張表格中（可以利用 Python 的字典『dict』實現），並在每一輪學習時更新表格中的內容。如此一來，隨著代理人（也就是演算法）在環境中的探索，它便能建構出一個包含各種可能性的表格，並藉由查詢得知哪些動作有用、哪些沒有。整個過程完全不需神經網路或任何複雜演算法的參與。

對於極度單純的環境來說，以上方法確實奏效。例如：在井字遊戲（Tic-Tac-Toe，圈叉棋）中總共有 255,168 種可能性，可以用查表法（所使用的查詢表稱**記憶表**，英文 memory table）來讓機器知道怎麼在遊戲中作出決策。查詢表中的**項目**（entries）將一種狀態與要執行的動作（**編註**：即看到該狀態便執行此動作）和回饋值聯繫在一起（見圖 1.12，圖中並沒有畫出回饋值的部分）。在訓練的過程中，代理人可以觀察到哪些動作會提升勝率，並根據觀察到的結果來更新查詢表。

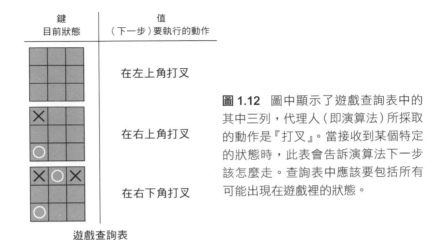

鍵 目前狀態	值 （下一步）要執行的動作
	在左上角打叉
	在右上角打叉
	在右下角打叉

遊戲查詢表

圖 1.12 圖中顯示了遊戲查詢表中的其中三列，代理人（即演算法）所採取的動作是『打叉』。當接收到某個特定的狀態時，此表會告訴演算法下一步該怎麼走。查詢表中應該要包括所有可能出現在遊戲裡的狀態。

　　然而，一旦環境變得很複雜，要畫出查詢表就十分困難了。舉例來說，電子遊戲中的每一個畫面都可以被當成是一種不同的狀態（圖 1.13）。想像一下，我們的查詢表得有多長才能把畫面中所有可能出現的像素值組合給記錄下來啊！以 DeepMind 的 DQN 演算法來說，它在玩 Atari 遊戲時每次會得到 4 張 84×84 的灰階圖片，而這將產生 256^{28224} 種相異的狀態（4 張圖片共有 4×84×84=28224 個像素，每個像素的灰階值有 256 種變化）。這個數字不僅遠遠大於可觀測宇宙中所有原子的總數，也大於一般電腦的記憶體容量。更可怕的是，以上圖片其實已經縮小過了，原始圖片的尺寸為 210×160，而且是彩色的（**編註**：彩色圖片的大小會是灰階圖片的三倍）

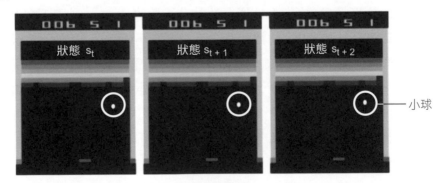

小球

圖 1.13 來自 Breakout 這款遊戲的三張連續畫面截圖（圖中小球的位置看起來一樣，實測有些微不同）。如果我們使用查詢表的話，它們就會占用掉查詢表中三個項目的位置。由此可見，當有太多的遊戲狀態需要儲存時，建立查詢表是很不實際的。

將每一個可能出現的狀態都儲存起來是不可能的，但我們可以試著只處理其中一部分的狀態。在 Breakout 這款遊戲中，玩家可以將螢幕底部的橫桿向左移或向右移，而遊戲的目的便是用這根橫桿反彈一顆小球，讓它撞擊位於螢幕上方的方塊，撞越多塊越好。在這個例子中，我們可以加入一些限制條件，例如：只處理當球往下彈回橫桿時的狀態（因為當球向螢幕上方彈去時，我們的操作並不會產生任何作用）。或者，我們也可以定義自己的**特徵**（features），與其提供整個遊戲畫面的原始資訊，不如只將球、橫桿、以及頂部剩餘方塊的座標提供給代理人。然而，以上方法都需要程式設計師憑藉對特定遊戲的知識與理解來進行設計，這將使得代理人無法將習得的技巧應用到其它遊戲環境中。

使用深度學習演算法的目的便是為了解決以上難題。深度學習演算法可以從畫面的資訊中，學習如何萃取關鍵特徵（如球的座標）。另外，我們可以利用演算法中數目有限的參數來呈現不同的遊戲狀態，藉此縮減資料量。以 Atari DQN 為例，在使用深層神經網路技術以後，此演算法僅需處理 1792 個參數（包含一層具有 256 個節點的全連接隱藏層，以及使用了 16 個 8×8 過濾器、32 個 4×4 過濾器的卷積神經網路。（ 編註 ： 16×(8×8)+32×(4×4)+256=1792），這個數字遠遠小於前頁的 256^{28224}。

回到 Breakout 的例子中，深層神經網路可以自主學會辨識許多高階特徵（如：球的位置與移動方向、以及橫桿和方塊的位置等）。這些資訊以往得依靠程式記錄在查詢表上。深度學習的這項能力十分驚人：第一，除了原始遊戲畫面外，它們不需要任何其他資訊；第二，深層神經網路學習到的這些高階特徵有時還能被應用到其它遊戲或者環境上。

深度學習演算法的應用造就了強化式學習領域近年來的各項輝煌成就，其它演算法完全無法在效率、彈性、以及呈現狀態的能力上與之抗衡。更可貴的是，神經網路技術一點也不複雜！（ 編註 ：總結一下，深度強化式學習就是用深度神經網路作為代理人的強化式學習。）

1.7 有用的說明工具 — 線圖 (string diagram)

出版業流傳一句話：『書中每多一條方程式，讀者數量便會減半』，這句話不無道理。除非你已經非常習慣數學語言，否則複雜的數學方程式往往會使人頭昏眼花。為了調和這本書的兩個目標：『讓讀者深入瞭解深度強化式學習』與『將深度強化式學習推廣給大眾』，我們採用了一個非常獨特的做法。各位可能不知道，其實很多數學家也厭倦了傳統數學中那一大串的表示法與符號（這些符號大多來自拉丁與希臘文）。所幸高等數學中的**範疇論**（category theory）為我們提供了名為**線圖**（string diagrams）的視覺化溝通工具，它與流程圖及電路圖類似，非常直觀，但卻不失傳統數學語言的嚴謹與精準。

線圖（有時候也稱為接線圖，wiring diagrams）所表達的是資料在不同處理程序（如：運算、函數、轉換等）之間的流動。其中流動方向以箭頭表示，程序則用方塊表示。線圖和流程圖不同的地方在於：線圖中的資料都有明確的資料型別（type；如 NumPy 陣列、浮點數等等），而且線圖還具有複合性。此處『複合性』的意思是：我們可以把一張高階的線圖放大來了解更具體的低階細節，反之則可縮小來隱藏細節。

例如在高階的線圖當中，可能只會以一個單字或者短語來標示一個方塊，藉此說明該方塊所代表的程序。不過，我們可以放大這一個方塊來了解其內部的具體細節，包含了其中所有的子程序。線圖的複合性也使我們能夠將兩個線圖結合起來，形成一張更複雜的圖。以下是一個單層神經網路的線圖：

從上圖中,我們可以看到一個維度為 n 的資料流入名為『神經網路層』的方塊中,並產生了維度為 m 的輸出。一般來說,神經網路的輸入以及輸出資料皆為向量,所以此處的 n 和 m 其實代表了向量的維度。換句話說,該神經網路層接受一個 n 維的向量後,會輸出一個 m 維向量。對某些神經網路層而言 n = m。

在上圖中,由於我們很清楚神經網路所處理的資料類型為何(基本上都是向量),因此將圖中所標示的資料型別給省略了。若想要將圖畫得更明確,我們可以用代表實數(real numbers)的 $\mathbb{R}$ 符號來標記線圖中的線。由於 $\mathbb{R}$ 在程式語言中相當於浮點數(floating-point numbers),因此一個以 n 維浮點數向量為輸入、且以 m 維浮點數向量為輸出的神經網路層可用線圖表示為:

現在,我們不僅知道了輸入與輸出向量的維度,還知道這些向量中的數字為浮點數(或實數)。在現實狀況中,神經網路所處理的向量的確多為浮點數,但有時我們也會遇到需處理整數(integers)或二進制數(binary numbers)的狀況。再來,圖片中『神經網路層』這個方塊就像黑盒子一樣。我們不了解裡面到底發生了什麼事,只知道它會將一個向量轉變為另一個維度相同或相異的向量。事實上,我們可以將該方塊(神經網路層)進一步放大來了解內部到底發生了什麼事情:

神經網路層

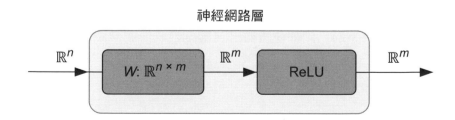

放大以後，『神經網路層』內的子程序便一覽無遺了。可以看到，我們輸入的 n 維向量會先和一個維度為 n×m 的矩陣相乘，產生 m 維的向量乘積。接著，該向量會被名為『ReLU（rectified linear unit）』的程序處理，該程序是一種標準的神經網路激活函數。如果我們願意，也可以對它進行放大，以瞭解 ReLU 的子程序有哪些。請記住，只要是線圖，我們都可以自由調整其所呈現的細節多寡。此時，圖中各階層的資料型別皆應相容且合理。例如：一個輸出**串列資料**的程序不應該連接到一個輸入**整數資料**的程序）。

只要各線段的資料型別相容，我們便能將它們全部串接起來形成一個複雜系統。這種特性讓我們得以在不同狀況中（只要資料型別相符）使用先前建構好的程序（ 編註 ：就是說程序可以重複使用）。下圖的範例是一個簡單的雙層循環神經網路（recurrent neural network, RNN）：

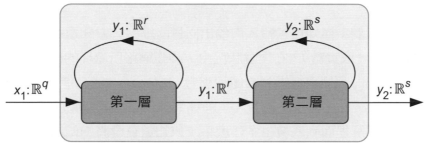

循環神經網路

圖中的循環神經網路以一個 q 維向量為輸入，並輸出一個 s 維向量。我們還發現網路中有兩個功能看似相同的層。它們的輸入和輸出資料類別同樣是向量，只不過它們都會將輸出向量複製一份並當做輸入資料送回給自己，這也是此種網路被稱為『循環』神經網路的原因。

　　運算圖（computational graph）也是線圖的一種。運算圖中所有程序代表電腦所進行的運算，而這些運算也可以用 Python 或其他的程式語言來展示。若你曾透過 TensorFlow 所提供的 TensorBoard 產生運算圖，那麼你一定會明白我的意思。使用了線圖這項工具，我們便能先掌握演算法或機器學習模型的全貌，然後再逐步放大檢視圖中的每個程序，直到所獲得的資訊足以讓我們撰寫演算法為止。

　　在本書中，我們會頻繁使用線圖來表達複雜的數學式或深層神經網路架構。但這種工具也並非適用於所有情況，因此有時我們會加上文字敘述，並輔以 Python 程式碼或**虛擬碼**（pseudocode）來進行說明。另外，在大多數的討論中，我們也會保留傳統的數學式。如此一來，讀者在學習相關數學概念時，便可以自行選擇適合的學習方式（圖解、公式、或者程式碼）。

1.8 未來各章的內容安排

　　下一章我們將討論強化式學習的核心概念，包括：**探索**（exploration）和**利用**（exploitation）之間的**取捨**（tradeoff）、**馬可夫決策過程**（Markov decision processes）、**價值函數**（value functions）以及**策略**（policies）等（放心，你很快就會明白這些專有名詞的意思）。

　　在之後的章節中，討論的重點將轉向幾種關鍵的深度強化式學習演算法，依序為：**Deep Q-Network**、**策略梯度法**（policy gradient）、以及各式**以模型為基礎的演算法**（model-based algorithms），以上演算法在最新的研究中皆佔有一席之地（圖 1.15）。我們會以 OpenAI 的 Gym 函式庫（先前已經提過）做為主要訓練環境，來讓我們的演算法學習非線性動力學、機器人控制與遊戲操作等技能。

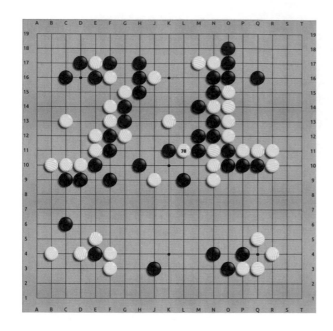

圖 1.15 此圖為圍棋棋盤。
Google DeepMind 以其為試驗
場開發出強化式學習演算法
AlphaGo。在與職業棋士李世
乭（Lee Sedol）的對戰中，AlphaGo
拿下了五局中的四局，為強化
式學習立下重要的里程碑（在
過去，圍棋一向被認為很難
用演算法解決）。圖片來源：
http://mng.bz/DNX0

　　書中各章節將以問題或專案為開頭，並藉由對該問題或專案的討論來
引出每一章的核心觀念與技巧。如有需要，我們也會一步步增加問題的複
雜度、或補充更多細節，以幫助讀者取得更深入的理解。以第 2 章為例，
在前半部分中我們將探討如何最大化拉霸機（slot machine）的得分，藉此
讓讀者對強化式學習有基本認知。到了後半部分，我們會將問題複雜化並
把場景從賭場轉移至商業情境中，這可以讓我們的說明更加完整。

　　雖然本書的目標讀者是**已懂深度學習的人**，但我們仍期望書中的
內容不僅限於教授強化式學習，還能提升大家在深度學習上的技術。為
此，書中包含了許多頗具挑戰性的專案，需要我們運用最先進的深度學
習技術才能解決。這些技術有：**對抗式生成網路**（generative adversarial
networks）、**進化法**（evolutionary methods）、**好奇心機制**以及 **attention
機制**等等。

總 結

- **強化式學習**是**機器學習**的子領域。強化式學習演算法可以應用於需要做決策或採取行動的問題上，且能通過『與環境互動、並最大化回饋值』的方式來學習。雖然在理論上，我們可以使用任何學習模型來建構此種演算法，但深層神經網路是目前最有效率、也最受歡迎的選擇。

- **代理人**是強化式學習演算法的核心，可以分析輸入資訊並依此決定該執行什麼動作。在本書中，我們將專注討論**以深層神經網路來實作代理人**。

- **環境**指的是與代理人發生互動的動態程序；或者，更廣義的說，環境是任何能為代理人提供輸入資料的程序。舉例而言，若代理人在模擬器中駕駛飛機，那麼模擬器就是它的環境。

- **狀態**是環境在某個時間點上的情況，代理人即是以此資料做為決策依據。由於環境時時刻刻都在變化，這種將環境在某個瞬間的資訊記錄起來的做法有其必要。

- 透過執行**動作**（例如：移動西洋棋或踩油門等），代理人可以改變狀態。

- 在動作執行完以後，環境會給代理人一個正向或負向的訊號，此即**回饋值**。回饋值便是代理人自我學習的唯一依據。強化式學習演算法（或者說代理人）的目標，便是最大化回饋值。

  編註：以上各項名詞構成強化式學習的基石，它們之間的關係如圖 1.8 所示。請不時回顧圖 1.8，最好把它記起來，對學習有很大的幫助。

● 強化式學習演算法的執行遵循以下循環：

(1) 代理人收到輸入資料（即狀態）

(2) 代理人分析狀態資料，並從一系列可能的動作中選出最適當的一個來執行

(3) 執行動作造成狀態改變

(4) 環境將更新後的狀態和回饋值一併送給代理人，以此類推。當代理人是深層神經網路時，則代理人會透過回饋值來評估**損失函數**（loss function）並且利用**反向傳播**（backpropagation）來提升自己的表現。

小編重點整理 **強化式學習的基礎架構**

　　強化式學習中有幾個重要元素，即**代理人**（agent）、**動作**（action）、**環境**（environment）、**狀態**（state）、**回饋值**（reward），這幾個元素的關係可用下圖來表示：

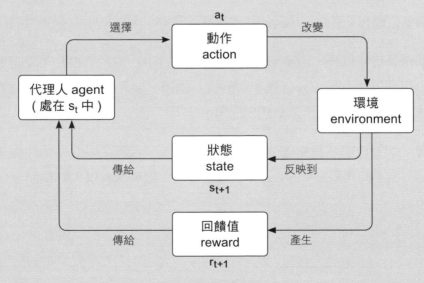

強化式學習之基礎架構

模型化強化式學習問題：馬可夫決策過程

本章內容

- PyTorch 深度學習框架
- 解決多臂拉霸機問題（multi-armed bandit problems）
- 『探索』與『利用』的平衡
- 以馬可夫決策過程（Markov decision process, MDP）來模型化問題
- 解決廣告推送問題

2.1 多臂拉霸機問題

　　大家可能對如 AlphaGo 等高階的演算法比較感興趣，但還是讓我們按部就班，從簡單的問題開始。假設你正位於賭場中，眼前擺著 10 台拉霸機，每一台拉霸機的最高獎金為 10 美金，且它們的平均獎金是不同的。試想一想，你要怎麼才能選到平均獎金最高的拉霸機呢？

　　先提一件事情：人們通常會將拉霸機稱為『獨臂強盜』，因為它有一根拉桿（就像人的手臂），還會不斷從顧客口袋中『搶』走金幣。因此，以上問題也叫做**多臂強盜問題**（multi-arm bandit）。但為了方便書中的講解，我們會把這一類問題叫做**多臂拉霸機問題**。此類問題乍看之下離生活很遠，但到後面你就會發現，它們有非常實際的應用。

　　現在讓我們用比較學術的說法重述一遍問題。假設我們有 10 種不同的動作可以選擇，此處的『動作』就是『拉動其中一台拉霸機的拉桿』。在每一次的遊戲中（以 k 表示第幾次遊戲），你只能拉其中一台拉霸機的拉桿，拉完之後可以得到獎金 r_k（在第 k 次遊戲中獲得的獎金）。每一台拉霸機出現的獎金有不同的**機率分佈**（probability distribution）。舉個例子，假設我們已經進行了很多輪的遊戲，從遊戲結果我們得知，3 號拉霸機開出的平均獎金為 9 美金，但 0 號拉霸機卻只有 4 美金。由於拉霸機在每一次遊戲中可能開出任意金額（1-10 美金）的獎金，所以 0 號拉霸機在之後的遊戲中的確有可能開出 9 美金（和 3 號拉霸機的平均獎金相同）。但在多玩幾次之後，我們可以預期：0 號拉霸機開出的大部分獎金金額將會比 3 號拉霸機來得少。

　　為了最大化利益，我們採取的策略為：隨機選擇不同拉霸機並進行多輪遊戲，一輪遊戲就是在某一機台拉桿一次，接著將每一輪的獎金記錄下來，計算每一台拉霸機的**期望獎金**（expected reward，編註：為了方便講解，在這個例子中，我們會以『獎金』來表示 reward）。若把選擇的拉霸機號碼設為 a （編註：以此例子來說，a 可以是 0~9 的機台號碼中的任意一個），則期望獎金可表達成 $Q_k(a)$，即在第 k 次遊戲（拉桿）時，拉 a 機台的期望獎金。以下是 $Q_k(a)$ 的具體說明：

表 2.1　以數學式和虛擬碼說明計算期望獎金的方式

數學式	虛擬碼
$$Q_k(a) = \frac{r_{a1} + r_{a2} + \dots + r_{an}}{n}$$ $Q_k(a)$：在第 k 次遊戲中執行動作 a 的期望獎金，等於過去執行動作 a 時，所獲得的平均獎金 n：動作 a 被執行過的總次數（<k） r_{a1}：第 1 次執行動作 a 的獎金，以此類推	```def exp_reward(a, history): rewards_for_a = history[a] return sum(rewards_for_a)/接下行 len(rewards_for_a)``` 編註： 1. 根據過去執行動作 a 的獎金記錄，取平均值來算出 a 的期望獎金。 2. history[a] 儲存了動作 a 過去各次獎金的記錄，是一個 list 或 array

　　從表 2.1 中可以發現，過去的結果會影響未來的決策。我們也可以說：過去某些行為的結果會**強化**我們現在或未來的行為。關於這個部分，我們會在稍後進行討論。這裡的函數 $Q_k(a)$ 稱為**價值函數**（value function），更精確地說是**動作 - 價值函數**（action-value function），因為它能幫我們評估某個動作 a 能帶來多少價值 Q（期望獎金）。由於此類函數在慣例上都以符號 Q 表示，因此也稱為 **Q 函數**（Q function）。在後面的章節中，我們會針對價值函數進行更深入的介紹。

▌2.1.1　探索與利用

　　現在，讓我們回到之前的多臂拉霸機問題上。在遊戲一開始，我們對每台拉霸機的期望獎金是一無所知的。因此，我們一般會先隨機嘗試不同的機台，進而觀察不同拉霸機所帶來的期望獎金有多少。這種隨機選擇的策略稱為**探索**（exploration）。在玩了一段時間後，我們已經累積了一些經驗，這時就可以憑藉經驗推論出哪一台拉霸機的期望獎金最高，然後只選擇該機台來玩。這種根據經驗來做選擇的策略則稱為**利用**（exploitation）。在實際案例中，探索和利用這兩種策略必須以適當的比例組合使用，以最大化我們得到的獎金。

那麼，該如何設計演算法來找出擁有最高期望獎金的拉霸機呢？最簡單的演算法就是直接選出能帶來最大 Q 函數值的那個動作：

表 2.2　在已知各動作期望獎金的情況下，找出最佳動作

數學式	虛擬碼

$\forall a_i \in A_k$
$a^* = argmax Q_k(a_i)$
 	
a^*：帶來最大 Q 函數值的動作
	```def get_best_action(actions, history):```
	　　```exp_rewards = [exp_reward(action, history)```接下行
	　　　　```for action in actions]```
	　　```return argmax(exp_rewards)```◄
	
	編註：exp_rewards 存放了每個動作的期望獎金，argmax() 會傳回 exp_rewards 中擁有最高期望獎金之動作索引

以下利用 Python 程式碼來實現以上功能：

程式 2.1　利用平均（期望）獎金找出最佳動作

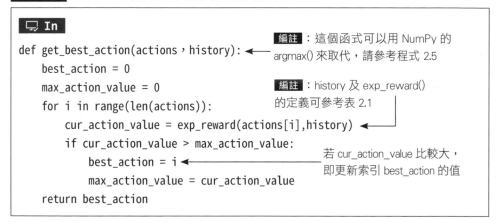

```
🖥 In
def get_best_action(actions，history):    ◄──  編註：這個函式可以用 NumPy 的
    best_action = 0                             argmax() 來取代，請參考程式 2.5
    max_action_value = 0                   ◄──  編註：history 及 exp_reward()
    for i in range(len(actions)):               的定義可參考表 2.1
        cur_action_value = exp_reward(actions[i],history)  ◄──
        if cur_action_value > max_action_value:
            best_action = i    ◄──           若 cur_action_value 比較大，
            max_action_value = cur_action_value   即更新索引 best_action 的值
    return best_action
```

在上述函式中，我們將每個動作都代入 $Q_k(a)$，進而找出能帶來最大期望獎金的動作（ **編註** ：即拉哪個拉霸機可最大化得到的獎金）。注意，$Q_k(a)$ 是依據**過去執行動作 a 時所得到的平均獎金**，來做為**期望獎金**。因此如果 a 從未被探索過，Q(a) 函數就無法計算動作 a 期望獎金。例如：在之前的例子中，我們已經嘗試過 0 號拉霸機及 3 號拉霸機，其中 3 號拉霸機的期望獎金（過去的平均獎金）較高。如果利用 Q 函數來告訴我們該玩哪台拉霸機的話，它會單純從玩過的拉霸機中，選擇一台期望獎金最高的。也就是說，它永遠都不會建議我們去嘗試之前從未玩過的機台（比如 6 號機），而是一直去玩目前期望獎金最高的 3 號拉霸機。這種做法是一種標準的利用策略，也稱**貪婪法**（greedy method）。

■ 2.1.2 　ε - 貪婪策略

從上面的例子中，我們發現到一個問題：Q 函數只會從玩過的拉霸機中做出選擇，而不會去嘗試其他機台。顯然，我們還得探索其他拉霸機，以找到期望獎金最高的那一台（當然，也有可能你玩過的拉霸機中就有期望獎金最高的那一台，但是我們也不應該忽略其他的可能性）。為了解決這個問題，可在之前的演算法中加入一個機率值 ε，使其變成『ε - 貪婪演算法』。這種演算法有 ε 的機率會**隨機**選擇一台拉霸機（探索），其它時候則選擇目前表現最好的拉霸機（利用）。讓我們來設定 ε 值及不同拉霸機的中獎率：

程式 2.2 設定 ε 值及不同拉霸機的中獎率

```
In
import numpy as np
from scipy import stats
import random
import matplotlib.pyplot as plt


n = 10  ← 設定拉霸機的數量
probs = np.random.rand(n)  ← 隨機設定不同拉霸機的中獎率（0~1 之間）
eps = 0.2  ← 設定 ε 為 0.2
```

編註 ：這裡有個問題，就是中獎率和中獎金額基本上是不一樣的！但是作者把中獎率以正比的方式轉換成中獎金額，詳見程式 2.2 和 2.3

因為有 10 台拉霸機,因此 n=10。程式 2.2 建立了一個名為 probs、長度為 n 的 NumPy 陣列(array),其內部存放 10 個拉霸機的中獎率。probs 的索引值分別對應到拉霸機的號碼,例如 prob[3] 中的值代表了 3 號拉霸機的中獎率。

假設 3 號拉霸機的中獎率為 0.7,那要如何估算它會開出多少獎金呢?程式 2.3 可以幫助我們模擬出 3 號拉霸機在某一次遊戲中會開出的獎金。

程式 2.3 把中獎率轉成中獎金額

```
In
def get_reward(prob):  ◄──── prob 為某台拉霸機的中獎率,注意 prob 和之前的 probs
    reward = 0                不同,probs 是所有拉霸機的中獎率構成的陣列
    for i in range(10):           編註:因為 random() 會產生均勻分佈的
        if random.random() < prob: ◄── 亂數,所以在 10 次迴圈中,產生的亂數
                                        值小於 prob 的次數會正比於 prob 的大小

            reward += 1  ◄── 若隨機產生的數字小於中獎率,就把 reward 加 1
    return reward  ◄── 傳回 reward(存有本次遊戲中開出的獎金)
```

在上例中,由於 3 號拉霸機的中獎率是 0.7,因此我們可以預期:對單次的開獎結果而言,任何介於 0 和 10 之間的獎金皆有可能出現,但是當我們將以上程式進行無限多次後,獎金的平均結果將趨近於 7。為了驗證這件事,你可以試著執行以下指令:

```
In
np.mean([get_reward(0.7) for _ in range(2000)])  ◄── 執行 2000 次 get_reward(),
                                                      並取結果的平均值
...............................................................

Out
         編註:這個數值並不是固定的,但只要迴圈
>>> 7.001  ◄── 進行的次數夠多,基本上都會趨近於 7
```

以上的程式設定在中獎率為 0.7 的情況下，將程式 2.3 執行 2,000 次。我們模擬出的獎金平均下來會非常接近於 7（這也就是 3 號拉霸機的期望獎金，參考圖 2.1）。

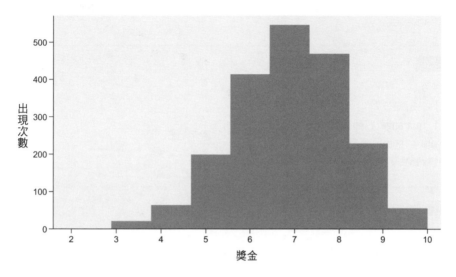

圖 2.1 在中獎率等於 0.7 的前提下，進行多次模擬後所得的獎金分佈圖。

接下來，我們可將上面提過的貪婪策略轉換成函數，並用它來找到期望獎金最高的拉霸機。該函數必須能同時追蹤兩個變數：一個是選擇的拉霸機號碼，另一個是該拉霸機開出的獎金。最簡單的作法是：定義一個串列（list）來存放每一次的遊戲資料，這個串列的長度會隨著遊戲次數變多而增加。每一次遊戲資料的格式為 [拉霸機號碼，開出的獎金]，例如 [2，9] 代表目前玩的是 2 號拉霸機，得到的獎金為 9 美金。

上面的方法需要把每一次的遊戲資料都記錄下來，但這樣做，要記錄的資料太多了。其實有一個更簡單的做法：只要記錄每台拉霸機到目前為止的平均獎金即可。要計算一列數字的**平均數**（mean），只要將陣列中所有數值加總起來，再除以數字的總數（以 n 表示）就可以了。一般而言，我們會用希臘字母 μ（讀作『mu』）來表示平均數：

$$\mu = \frac{1}{n}\sum_i x_i$$

上式中大寫的希臘字母 Σ（讀作『sigma』）是**累加**符號，x_i 表示陣列中的個別數字，i 為數字在陣列中的索引值。

$\sum\limits_i x_i$ 可以用以下的 for 迴圈來實作：

```
In
sum = 0
x = [4, 5, 6, 7]
for i in range (len(x)):          計算陣列 x 中的數字總和
    sum = sum + x[i]
print(sum)

Out
>>> 22
```

　　某台拉霸機的平均獎金（以 μ 表示）是統計過去的獎金來計算出的結果。要是我們在計算出 μ 後又進行了一次遊戲，那麼原本的 μ 值便會改變。要計算出新的 μ 值，我們得先利用原本的 μ 值來反推出過去的獎金總和（把 μ 乘上 n 就行了）。然後，把過去的總和與最新的遊戲獎金（以 x 來表示）相加，再除以 n+1，最新的平均獎金便可以算出來了：

$$\mu_{new} = \frac{n \cdot \mu_{old} + x}{n+1}$$

　　利用以上式子，我們便能持續地根據新的遊戲結果來更新拉霸機的平均獎金。現在，我們不用記錄每一次的遊戲結果，只要追蹤兩個數字就行了：一個是 n，即資料筆數（某機台拉桿次數）；另一個則是 μ，即目前的平均獎金。以上兩個變數可以被儲存於 10×2 的 NumPy 陣列中（『10』是因為我們有 10 台拉霸機）。我們將此陣列命名為 record：

```
In
record = np.zeros((10,2))
record
```

```
Out
>>> array([[0., 0.],
           [0., 0.],
           [0., 0.],
           [0., 0.],
           [0., 0.],   ←── 10 台拉霸機個別的拉桿次數（n）
           [0., 0.],        及目前的平均獎金（μ）
           [0., 0.],
           [0., 0.],
           [0., 0.],
           [0., 0.]])
            ↑   ↑
            n   μ
```

　　record 中的第 0 行存放的是每一台拉霸機的遊戲次數 n，第 1 行則存放各拉霸機目前的平均獎金（ 編註 ：平均獎金會隨著遊戲的進行而不斷變化）。現在來寫一個能根據最新的遊戲結果來更新 record 內容的函式：

程式 2.4 更新 record 內容

```
In
                                                        算出新的平均值
def update_record(record,action,r):
    r_ave = (record[action,0] * record[action,1] + r) / (record[action,0] + 1) ←┘
    record[action,0] += 1      ←── action 號機台的拉桿次數加 1
    record[action,1] = r_ave   ←── 更新該機台的平均獎金
    return record
```

　　　 小編補充 　若 action = 3，則 record[action,0] 是 3 號拉霸機的拉桿次數；record[action,1] 則是 3 號拉霸機的平均獎金。r 代表的是 3 號拉霸機在最新一次拉桿時開出的獎金，r_ave 則是加入 r 後計算出的最新平均獎金。

上述函式具有三個輸入參數：record 陣列、action（在本例中對應到拉霸機的號碼）及 r（最新一次拉桿中開出的獎金）。可以看到，該函式使用了我們先前提到的公式（參見 2-8 頁）來計算新的平均獎金。每進行一次拉桿，action 號拉霸機的拉桿次數便會遞增一次，對應的平均獎金也會被更新。

現在，需要一個函式來幫助我們選出平均獎金（即期望獎金）最高的拉霸機號碼（record 的第 1 行中，數值最高的那一項）。我們可以使用 NumPy 提供的 argmax 函式來做到這件事。將一個陣列輸入 argmax 函式後，它就會找出陣列中的最大值，並傳回其索引值（index）：

程式 2.5 找出最佳動作

```
🖵 In

def get_best_arm(record):
    arm_index = np.argmax(record[:,1])    ← 找出 record 第一行的元素中，
    return arm_index                         值最大的元素索引
```

拉霸機主程式

現在，我們可以開始撰寫多臂拉霸機的主要程式迴圈。在這個迴圈中，我們先產生一個機率值。若該機率值大於 ε（已於程式 2.2 中設定），就執行 get_best_arm 函式來決定我們要玩的拉霸機（即利用）；若該機率值小於 ε，則隨機選擇一台拉霸機來進行遊戲（即探索）。在選定了機台後（即程式 2.6 中的 choice），使用 get_reward 函式（程式 2.3）來取得新的獎金，並更新 record 陣列中各機台的資料。重複以上過程，使 record 陣列中的記錄不斷被更新。

程式中，我們把迴圈的次數定為 500 次（**編註**：即我們讓演算法模擬了 500 次的遊戲，每次拉桿就是一次遊戲），並且使用 matplotlib 將每一次的最新**總體平均獎金**（累計得到的總獎金 / 遊戲次數，y 軸）和遊戲次數（x 軸）畫成散佈圖（見圖 2.2 之上圖）。我們希望總體平均獎金可以隨著遊戲次數的增加而逐漸上升。

程式 2.6 解決多臂拉霸機問題

🖵 In

```
fig,ax = plt.subplots(1,1)
ax.set_xlabel("Plays")
ax.set_ylabel("Average Reward")
fig.set_size_inches(9,5)
record = np.zeros((n,2))        ← 先產生一個初始值全部為零的 record 陣列
probs = np.random.rand(n)       ← 隨機設定每台拉霸機的中獎率
rewards = [0]                   ← 記錄每次拉桿後，計算出的總體平均獎金
for i in range(500):
    if random.random() > eps:   ─┐ 利用（找出平均獎金最高的機台號碼
        choice = get_best_arm(record) ─┘ choice，之前我們叫做 action）
    else:                       ─┐
        choice = np.random.randint(10) ─ 探索（隨機選出一個機台號碼）
    r = get_reward(probs[choice])   ← 取得此次遊戲的獎金
    record = update_record(record,choice,r) ← 更新 record 陣列中與該拉霸機號
                                              碼對應的遊戲次數和平均獎金


    mean_reward = ((i+1) * rewards[-1] + r)/(i+2)  ← 計算最新的總體平均獎金
    rewards.append(mean_reward)    ← 記錄到 rewards 串列
ax.scatter(np.arange(len(rewards)),rewards)  ← 畫出散佈圖
```

編註：請注意！已進行的總遊戲次數是 i+1，已得到的遊戲總體平均獎金是 mean_reward，請不要和各機台的 record（記錄機台拉桿次數和平均獎金）混淆，雖然 mean_reward 和程式 2.4 的 r_ave 都用了 2-8 頁的公式。

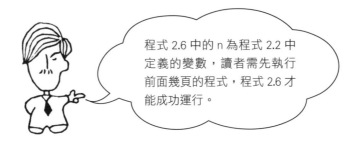

程式 2.6 中的 n 為程式 2.2 中定義的變數，讀者需先執行前面幾頁的程式，程式 2.6 才能成功運行。

　　如圖 2.2 所示，我們在遊戲中的總體平均獎金會隨著遊戲次數的增加而逐步上升。即使我們的演算法十分簡單，但是它真的有利用過去的遊戲結果在持續**學習**。

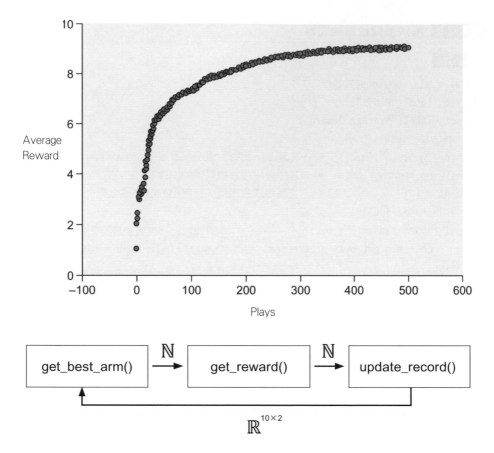

圖 2.2 上圖：我們在拉霸機遊戲中的總體平均獎金會隨著遊戲次數的增加而上升，這表示演算法成功處理了多臂拉霸機問題。**下圖**：程式 2.6 中迴圈的運算圖（**編註**：讀者可自行參考 1.7 節中，關於線圖的詳細說明）。我們先執行 get_best_arm()，從 record 陣列中選取過去平均獎金最高的動作並執行它，然後利用 get_reward() 取得執行該動作後的獎金。接著，執行 update_record() 將剛剛得到的獎金記錄下來，並更新 record 陣列中的資訊。

　　目前，我們討論的都是**靜態**問題，也就是說，每一台拉霸機的中獎率是固定的。當然，我們之後也會處理**動態**問題，即獎金的機率分佈會變化的狀況，到時候我們會再多加敘述。

▌ 2.1.3　利用 softmax 策略來做選擇

　　請看拉霸機問題的另一種形式：此處的主角是一位心臟科的菜鳥醫生，她有 10 種不同的心臟病治療方法。對於每一位病人，她只能選擇其中一種方法來醫治。在這 10 種方法中，醫生只知道它們的效果和風險皆不同，卻不曉得哪一種方法是最好的。要找到最佳治療方法，我們可以再次使用之前多臂拉霸機問題中的演算法。不過，我們在探索（隨機選擇醫療方法）時必須更加謹慎，否則很可能會導致病患死亡。換言之，我們得確保不會選到非常差的治療方法，但又必須進行探索以找到最佳的選項。

　　softmax 策略可能是解決上述問題的最佳方案。它不會直接決定該執行哪一個動作，反之，它會先告訴我們每一個動作的**成功率**有多高。擁有最高成功率的選項就相當於上個例子中的最佳動作（ **編註**：即 get_best_arm() 的輸出結果，見程式 2.5）。但和上個例子不同的是，我們也能夠知道其他選項的成功率是多少。利用這些資訊，我們便能在隨機探索治療方法的同時，盡可能地避免選到非常糟糕（成功率極低或為 0）的選項。以下是 softmax 的公式：

表 2.3　softmax 的數學公式

數學式	虛擬碼

$$\Pr(A) = \frac{e^{V(A)/\tau}}{\sum_{i=0}^{j} e^{V(i)/\tau}}$$
 編註：
 1. A 為動作集合，共有 j+1 個動作
 2. V(A) 為各動作的價值陣列（等同上一節中各拉霸機的平均獎金）
 3. V(i) 為動作 i 的價值
 4. Pr(A) 為各動作的機率分佈陣列
 5. τ 為溫度參數（具體說明詳見下文）
	```def softmax(vals, tau):```
	``` softm = pow(e, vals / tau) / 接下行```
	```sum(pow(e, vals / tau))```
	``` return softm```

Pr(A) 會傳回動作集合 A 中各動作的機率分佈，其輸入參數是一個**動作價值陣列**，即 V(A)。原則上，一個動作的價值（**編註**：在拉霸機的例子中，『價值』代表的就是平均獎金）越高，它對應的機率值也就越大。對於價值都相等的動作價值陣列，例如陣列 A = [10, 10, 10, 10]，則 Pr(A) = [0.25, 0.25, 0.25, 0.25]。換言之，每個動作的機率都相同，且總和為 1。

Pr(A) 函數中的分子會**指數化**『動作價值陣列的值』除以『**參數 τ**』的結果，進而輸出一個維度與動作價值陣列相同的陣列（或向量）；分母部分則是把分子輸出陣列中的每一項數值加總起來，成為一個純量。

τ 一般被稱為**溫度**（temperature）參數，它能調整不同動作的機率分佈狀況。τ 值越大，則動作之間的機率值差異越小；相反地，值越小，動作之間的機率值差異就越大。τ 值的大小必須通過實際嘗試多次來決定理想值。指數函數 e^x 則可利用 NumPy 函式庫中的 np.exp 函式來實作。當此函式的輸入參數為一向量時，它會對向量中所有元素進行指數化處理（**編註**：以向量 A = [1, 2, 3] 為例，np.exp(A) 的結果相當於 $[e^1, e^2, e^3]$）。以下是用來表示 softmax 函數的 Python 程式碼：

程式 2.7 softmax 函式

🖥 **In**

```python
def softmax(av,tau=1.12):  ◀—— av 即動作價值陣列，tau 即溫度參數（預設值 =1.12）
    softm = (np.exp(av/tau)/np.sum(np.exp(av/tau)))
    return softm
```

我們可以用 softmax 來實作與 get_best_arm()（參考程式 2.5）類似的功能：既然 softmax 會為每一個動作分配一個機率值，我們在探索時便可依照不同動作的機率值高低來進行選擇。不同動作被選擇的次數與它們的機率值成正比，也就是說，擁有最高機率值的動作最有可能被選中。

為了達到與 get_best_arm() 相同的目標，我們可以將 softmax 套用在 record 陣列（參考程式 2.4）中的第 1 行。此欄位中儲存了每台拉霸機

（動作）的價值（即之前提到的平均獎金或期望獎金），而 softmax 會將這些動作的價值轉換成機率值。然後，我們可以使用 np.random.choice() 來選擇其中一台拉霸機。這個函式有兩個輸入參數：一個是包含所有動作選項的陣列 x，一個是由各動作機率值組成的陣列 p。陣列 p 中所列的機率值和陣列 x 中的動作選項相對應。一開始，由於 record 中的所有值皆為零，因此 softmax 會產生內部機率值皆相等的陣列（即每台拉霸機皆有同樣的機率被選中）。隨著遊戲的進行，record 的內容被不斷更新，平均獎金較高的拉霸機被選中的機率也會越來越高。以下是使用 softmax 和 random.choice() 的範例：

In

```
action = np.arange(10)  ◄──── 產生一個對應到拉霸機號碼的數字陣列
action
```

Out

```
>>> array([0, 1, 2, 3, 4, 5, 6, 7, 8, 9])
```

In

```
action_value = np.zeros(10)  ◄──── 將所有動作的價值初始化為 0
p = softmax(action_value)    ◄──── 把動作價值轉換為機率值，並存進陣列 p 中
p
```

Out　　　　　　　　由於每一個動作的初始價值皆為 0，所以產生的機率值也都會相等

```
>>> array([0.1, 0.1, 0.1, 0.1, 0.1, 0.1, 0.1, 0.1, 0.1, 0.1]) ◄──┘
```

In

```
np.random.choice(action, p=p)  ◄──── 按照陣列 p 中的機率分佈隨機選擇一個動作
```

Out

```
>>> 3  ◄── 編註：這個數字代表該次選中的動作索引
```

一開始，我們使用 NumPy 的 arange() 產生一個從 0 到 9 的數字陣列，它對應到的是拉霸機的號碼。將此陣列與機率陣列 p（由 softmax 函式生成）輸入 random.choice() 以後，該函式便會參考機率陣列中的數值，隨機選擇一個號碼（**編註**：號碼對應的機率值越大，就越有可能被選中）。我們可以沿用程式 2.6 來訓練演算法，只需要把 get_best_arm() 改成 softmax()，再把 random.randint() 替換為 random.choice() 就行了。

程式 2.8 使用 softmax 解決多臂拉霸機問題

```
⬛ In

n = 10
probs = np.random.rand(n)
record = np.zeros((n,2))
fig,ax = plt.subplots(1,1)
ax.set_xlabel("Plays")
ax.set_ylabel("Average Reward")
fig.set_size_inches(9,5)
rewards = [0]
for i in range(500):
    p = softmax(record[:,1],tau=0.7)
    choice = np.random.choice(np.arange(n),p=p)
    r = get_reward(probs[choice])
    record = update_record(record,choice,r)
    mean_reward = ((i+1) * rewards[-1] + r)/(i+2)
    rewards.append(mean_reward)
ax.scatter(np.arange(len(rewards)),rewards)
```

record[:,1] 儲存了各拉霸機的價值（即平均獎金）

根據每個動作的價值計算出相應的機率值

← 根據 p 陣列中的機率分佈來隨機選擇一個動作

← 計算最新的總體平均獎金

← 畫出散佈圖，見圖 2.3 的第二張圖

從圖 2.3 中我們可以看出，對於 10 臂拉霸機問題，softmax 的表現似乎比 ε-貪婪策略來得好（總體平均獎金上升得更快）。使用 softmax 函數的麻煩之處在於必須手動選擇參數 τ。另外，由於 softmax 對於 τ 的變化非常敏感（**編註**：細微的調整可能最會導致結果變化很大），所以要嘗試多次才能找到最適當的值。雖然在 ε-貪婪策略中，我們也必須決定 ε 的值，但此參數值的選擇較為直觀。（**編註**：ε 越大，探索的頻率就會越大，ε 越小，探索的頻率就會越小）。

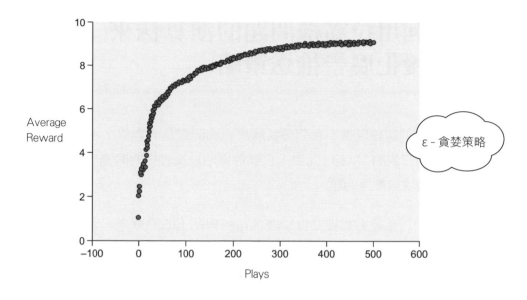

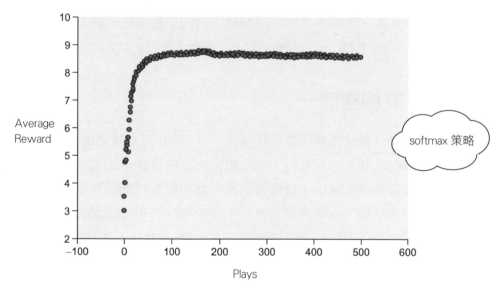

圖 2.4 上圖為使用 ε - 貪婪策略的結果，下圖為使用 softmax 的動作選擇策略的結果。使用 softmax 的動作選擇策略可以讓總體平均獎金上升得更快。

2.2 利用拉霸機問題的演算法來優化廣告推送策略

　　拉霸機的問題和現實中我們想要解決的問題還是有差異。不過,只要加入第 1 章所提到的『狀態』元素,它就會更貼近現實中的問題。其中較具代表性的就是廣告推送問題。

　　每一家公司都盡力想提升自家廣告在各網站上的點擊率。現在,假設我們正經營著 10 個電商網站,且網站上販售的商品五花八門(有電腦、鞋子、珠寶等等)。我們希望透過以下方法增加販售業績:當某位顧客在其中一個網站下單後,就向其推送本公司其它電商網站的廣告,以此誘導該顧客前往消費。然而,這裡會遇到一個問題:到底該推送哪一個網站的廣告給顧客比較好?我們當然可以隨機決定,但理論上會有更精準的推送策略。

▌ 2.2.1 狀態空間

　　以上問題是多臂拉霸機問題的複雜版,之前的 10 台拉霸機對應到 10 則不同的電商網站廣告,而進行一次遊戲則相當於推送一則廣告。唯一的差別是:在廣告推送問題中,最適合的廣告會和顧客目前位於哪一個電商網站有關。舉例而言,在珠寶銷售網站下單的顧客更可能逛逛賣鞋子的網站(來搭配剛剛買的首飾),而不是賣筆電的網站。因此,了解『顧客目前所在網站』與『接下來推送之廣告』之間的關連十分重要。

　　以上的問題引出了**狀態空間**(state space。 編註 :由所有可能狀態組成的空間)的概念。在多臂拉霸機問題中,我們提到了一個擁有 n 個元素的**動作空間**(action space;由所有可能動作所組成的空間),但卻沒有提到『狀態』的概念。由於環境沒有提供選擇拉霸機的線索,因此我們只能依靠試誤學習來找到答案(編註 :用探索與利用的方式來取得最大的獎金)。不過,在廣告問題中,我們知道顧客在哪一個網站上進行了消費,並且從這項資訊中可以推論出該名顧客的喜好為何,進而幫助我們推送最適合的廣告。這種包含了情境式的訊息即為**狀態**（█**編註**：從一個情境中得到線索）（見圖 2.4）。

TIP 在強化式學習問題中，『狀態』是一組可以做為決策依據的環境資訊。

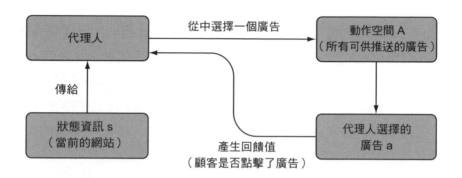

圖 2.4 情境式廣告推送的例子。代理人會接受狀態資訊（在本例中，狀態資訊即『顧客目前正在哪一個網站消費』），並依此選擇最適當的廣告顯示在頁面中。『顧客是否點擊廣告』則被當成回饋值傳回給代理人，讓它進行學習。

▌ 2.2.2 狀態、動作、回饋值

在我們繼續說明前，先複習一下幾個術語和概念吧！首先，強化式學習演算法會嘗試用電腦能夠理解與處理的方式來描述這個世界。強化式學習所描述的世界只有 3 個要素（參考圖 2.5）：

1. **狀態集合**（即狀態空間，記為 S；在環境中所有可能的狀態 s 的集合）

2. **動作集合**（即動作空間，記為 A；在某一個狀態中所有可能的動作 a 的集合）

3. **回饋值**（記為 r；執行某個動作後獲得的一個數值）。

當我們想要描述強化式學習模型在狀態 s 下執行了動作 a 時，通常會將其表示成**狀態 - 動作對**（state-action pair）: (s, a)。

TIP 任何強化式學習演算法的目標都是得到最多的正回饋值。

由於先前的多臂拉霸機問題中不存在狀態空間（只有動作空間），因此演算法只需摸索動作（拉霸機號碼）和回饋值（獎金）之間的關係。我們將這種對應關係以**動作 - 回饋值對**（action-reward pairs）：(a_k, r_k) 的形式記錄在查詢表（記憶表）中。

在多臂拉霸機問題中，我們可能的動作只有 10 種（共 10 台拉霸機可供選擇），因此一張 10 列的記憶表就夠用了（ **編註**：請看 2-9 頁的 record array）。然而，在引入狀態空間後，可能的**狀態 - 動作 - 回饋值組合數**便爆炸性成長。舉例來說，假如狀態空間中有 100 個狀態、每個狀態對應 10 個動作，那麼就會產生 1,000 筆資料必須儲存與處理。本書中探討的大部分問題都具有非常大的狀態空間，因此繼續使用查表法是沒有效率的。

此時便是深度學習派上用場的時候了。只要經過完善的訓練後，神經網路將有能力找出資料中的關鍵細節，進而去除那些不太重要的部分。因此，深度學習演算法得以壓縮龐大的數據，同時將重要的資訊保留下來。在不需儲存原始資料的情況下，該演算法就能找出『狀態 - 動作對』與『回饋值』之間的複雜關係。強化式學習演算法中做決策的部分通常稱為**代理人**（agent）。在本章大部分的問題中，我們的代理人便是深度學習演算法。

不過，在繼續討論下去以前，我們先來介紹 PyTorch 框架。全書將採用這個深度學習框架來建構神經網路模型。

2.3 使用 PyTorch 建構神經網路

目前有許多深度學習的框架，而 TensorFlow，MXNet 及 PyTorch 是其中較多人使用的。本書之所以選擇 PyTorch，是由於它的簡易性。透過 PyTorch，你可以直接利用 Python 程式碼來實現**自動微分**及內建的**最佳化功能**。本章會先介紹 PyTorch 的基本用法，更多的功能會在日後實際使用時再補充說明。

　　在實作神經網路的模型時，我們時常需要處理**矩陣**或**陣列**。PyTorch 可以讓你輕鬆地處理這類資料。以下是利用 PyTorch 來表示 2×3 矩陣的寫法：

> 🖥 **In**

```
import torch
torch.Tensor([[1, 2, 3], [4, 5, 6]])
```

> **Out**

```
>>> tensor([[1., 2., 3.],
            [4., 5., 6.]])
```

> ✏ **小編補充**　在 PyTorch 中，我們可以用**張量**（tensors）來表示多階陣列。每個張量都可以利用 shape 屬性來讀取其結構，如以下程式所示：

> 🖥 **In**

```
X = torch.Tensor([1, 2, 3])
X.shape
```

> **Out**

```
>>> torch.Size([3])
```

> 🖥 **In**

```
Y = torch.Tensor([[1, 2, 3], [4, 5, 6]])
Y.shape
```

> **Out**

```
>>> torch.Size([2, 3])
```

一個張量的 shape 有幾個元素，就稱為幾階 (rank) 張量。因此，上例中的 X 是 1 階張量，Y 則是 2 階張量。一般來說，我們會把 1 階張量叫做**向量**，2 階張量叫做**矩陣**，更高階的張量則稱為 k 階張量（或 k- 張量），其中 k 為階數、且必須是正整數。另外，單一數值（即**純量**，英文：scalar）可被視為 0 階張量。

PyTorch 中的 shape 和 size 是同義詞，都代表陣列的形狀，例如 2 x 3 陣列的 shape 或 size 均為 (2, 3)。我們也可以用 size() 來讀取張量的 shape，例如 Y.size()，其傳回值就和 Y.shape 相同（這二者的差別是，size 為張量的 method，而 shape 為張量的屬性）。

有些人會將**階**和**維**混著用，例如將矩陣稱為二維陣列。本書則統一使用**階**，每一階中有多少元素才稱為**維**，例如上面的 Y 有 2 階，其中第 0 階有 2 維、第 1 階有 3 維。用比較口語的說法，就是 Y 有 2 個階層：外層有 2 個大元素，每個大元素中（內層）又有 3 個小元素。

▌ 2.3.1 自動微分

假設我們要建構一個簡單的線性模型來預測一些結果，我們可以很容易地利用 PyTorch 將模型給定義出來：

🖥 **In**

```
x = torch.Tensor([2,4])        ◀── 建立值為 [2,4] 的張量做為輸入張量
m = torch.randn(2, requires_grad=True)   ◀── 隨機產生一個『斜率』的張量
b = torch.randn(1, requires_grad=True)   ◀── 隨機產生一個『截距』的張量
y = m*x+b        ◀── 線性模型
y_known = torch.Tensor([5,9])    ◀── 建立值為 [5,9] 的張量做為標籤張量（label）
loss = (torch.sum(y_known - y))**2 ◀──┐
loss.backward()  ◀── 執行反向傳播計算梯度    └── 建立損失函數（這裡選擇的
m.grad ◀── 利用 grad 屬性即可得到 m 張量的梯度        是最簡單的平方誤差函數）
```

Out

```
>>> tensor([ -40.4747, -80.9944])  ◀── 由於 m 和 b 是隨機產生的張量，
                                        故輸出結果並不是固定的
```

只需在想要計算梯度的張量中設定『requires_grad=True』，並且在最後呼叫 backward()，便能對所有『requires_grad=True』的張量做反向傳播的梯度計算。之後，你可以利用計算出的梯度來實現**梯度下降**（gradient descent）演算法。

小編補充 本小節之所以取名為『自動微分』，是因為梯度的計算需要用到微分，而 PyTorch 提供的工具可以自動處理這種微分運算。另外，我們預設本書讀者已初步了解深度學習的基本原理，有需要者亦可參考旗標出版的《決心打底！Python 深度學習基礎養成》一書。

■ 2.3.2　建構模型

在本書大部分的內容中，我們只要使用 PyTorch 提供的 nn 模組，便可以輕易建構一個神經網路。其內建的最佳化演算法（optimization algorithms）會自動訓練該網路，如此便無須手動設定反向傳播和梯度下降的步驟了。以下便是利用優化器（optimizer）來訓練雙層神經網路的例子：

```
🖥 In
model = torch.nn.Sequential(
                torch.nn.Linear(input_size_1, output_size_1),
                torch.nn.ReLU(),
                torch.nn.Linear(input_size_2, output_size_2),
                torch.nn.ReLU(),
)
loss_fn = torch.nn.MSELoss()
optimizer = torch.optim.Adam(model.parameters(), lr=0.01)
```

小編補充 程式中的 output_size_1 要和 input_size_2 相等，才能做矩陣相乘的動作。

上面的程式碼可建構一個激活函數為 ReLU、損失函數（loss function）為均方誤差的雙層神經網路模型。同時，我們也指定了一個優化器（Adam）。只要有已經加上標籤的訓練資料集，便可以利用以下迴圈來訓練模型：

```
💻 In

for step in range(100):
    y_pred = model(x)        ◀─── 將 x 輸入模型，然後模型會輸出預測值
    loss = loss_fn(y_pred, y_correct) ◀── 計算預測值與標籤的誤差

    optimizer.zero_grad() ◀──────────── 標籤（即正確值）
    loss.backward()        將梯度重設為 0，否則上一次反
    optimizer.step()       向傳播所算出的梯度會累加進來
```

程式中的 x 為模型的輸入資料，y_correct 則是標籤（正確答案）。我們使用建好的模型進行預測、估算損失、再把 backward() 函式套用在損失函數上來計算梯度。接著，我們只要執行優化器中的 step() 函式，便會運行一次梯度下降演算法。若想建構比**序列式模型**（sequential model）更複雜的神經網路，我們也可以使用自己定義的類別（class）。在下一節，我們將會實際定義一個 class 來使用。

以上知識已經足夠讓你使用 PyTorch 來解決目前的問題了，其它更高級的技巧就留待之後的章節中介紹吧！

2.4 解決廣告推送問題

現在回頭來看看廣告推送問題。在之前的討論中，我們已經替這個問題建構了一個模擬環境。這個環境包含：**狀態**（顧客所在的電商網站，分別以編號 0 到 9 代表）、**回饋值**（顧客是否點擊了廣告）以及一個決定該執行哪個**動作**（推送什麼廣告）的 method。以下程式碼定義了一個名為 ContextBandit 的 class 來建構以上的環境。

程式 2.9 建立情境式拉霸機的環境

🖵 **In**

```python
import numpy as np
import random

class ContextBandit:          ◄─── 拉霸機環境類別
    def __init__(self, arms=10):
        self.arms = arms      ◄─── 這裡的 arms 代表廣告
        self.init_distribution(arms)
        self.update_state()
                                          隨機產生 10 種狀態下，10 個
                                          arms 的機率分佈（10×10 種機率）
    def init_distribution(self, arms):
        states = arms  ◄─── 讓狀態數＝廣告數以方便處理
        self.bandit_matrix = np.random.rand(states,arms) ◄──┘

    def reward(self, prob):
        reward = 0
        for i in range(self.arms):        ◄─── 用途與前面的程式 2.3 相同
            if random.random() < prob:
                reward += 1
        return reward

    def update_state(self):
        self.state = np.random.randint(0,self.arms) ◄─── 隨機產生一個新狀態

    def get_state(self): ◄─── 取得當前狀態
        return self.state

    def get_reward(self,arm):
        return self.reward(self.bandit_matrix[self.get_state()][arm])
                          根據當前狀態及選擇的 arm 傳回回饋值
    def choose_arm(self, arm):
        reward = self.get_reward(arm)
        self.update_state() ◄─── 產生下一個狀態
        return reward          ◄─── 傳回回饋值
```

我們用底下的程式來示範如何使用上面的環境類別。有了環境（通常不難建立，只須根據特定資料來源將輸入及輸出設定好，或者直接套用一個現成的應用程式界面，例如下一章介紹的 OpenAI Gym）後，我們只要再建構代理人就行了，但這才是所有強化式學習問題中最關鍵的部分。

```
🖥 In

env = ContextBandit(arms=10)  ◀── 創建一個環境
state = env.get_state()       ◀── 取得當前狀態
reward = env.choose_arm(1)    ◀── 在目前的狀態下選擇推送 1 號網站的廣告，
                                  並計算其回饋值

print(state, reward)
```

```
Out

>>> 2 8
```

在前面的類別定義中，我們在初始化時就決定了『廣告的數量，arms』及『每個狀態下，選擇各廣告的機率分佈，init_distribution』。為了簡單起見，這裡假定狀態的數量等於廣告的數量。此類別中有兩個主要函式：其一是 get_state()，它會傳回當前的狀態值（0～9，即顧客目前所在之網站）。另一個主要的函式則是 choose_arm()，呼叫該函式相當於推送了一則廣告，並會傳回一個回饋值。

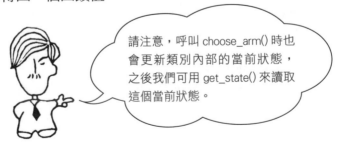

請注意，呼叫 choose_arm() 時也會更新類別內部的當前狀態，之後我們可用 get_state() 來讀取這個當前狀態。

ContextBandit 模組中還需要一些外部函式來輔助，例如 softmax 與 one-hot 編碼器（one-hot encoder）。在 one-hot 編碼的向量中，只有一個元素的值為 1，其它元素值為 0。我們可以把向量的某元素設為 1，以表示目前是在該對應的狀態中。（編註：one-hot 的實作程式稍後會再說明）

　　請注意，在單純的拉霸機問題中沒有『狀態』的概念，因此 10 種動作的機率是固定的。不過在廣告推送的例子中，我們會有 10 種狀態（即顧客目前所在的網站），而每種狀態都有 10 種動作（即推送不同網站的廣告）的機率，因此一共會有 10×10 種機率。

　　本書所有專案皆採用 PyTorch 框架來建構神經網路。接下來，我們將建構一個以 ReLU 為激活函數的雙層神經網路。第一層網路要輸入某個狀態的 one-hot 向量（有 10 個元素，其中有 9 個 0、1 個 1），而最後一層則會輸出預測的結果（10 個元素的向量），代表在該狀態下，推送不同廣告可能會得到的回饋值。

　　圖 2.5 中，用虛線框起來的部分為上述的雙層神經網路，請參考 1.7 節的線圖和附錄 A.4 節的說明。有別於使用查表法，我們的代理人（神經網路）會自我學習去預測在特定狀態下，每個動作的回饋值。然後使用 softmax 算出所有動作的機率分佈，再參考該分佈選擇一個廣告，做出選擇後我們會收到一個真實的回饋值，而這便是用來訓練神經網路的資料。

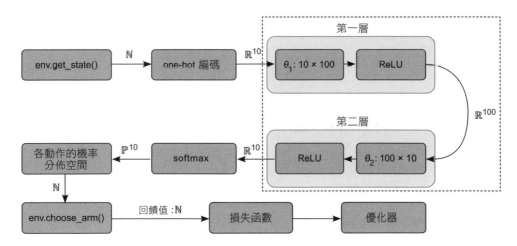

圖 2.5 情境式拉霸機問題的運算圖。get_state() 會傳回一個狀態值，此狀態值會被轉換為 one-hot 向量並成為雙層神經網路的輸入資料。該神經網路的輸出則是每個動作對應的價值向量。這一個向量在經過 softmax 的處理後會輸出執行各動作的機率分佈，演算法會依據此分佈隨機選擇其中一個動作。動作決定好後，會輸入 env.choose_arm() 並傳回一個回饋值，同時狀態會被更新。圖中的 θ_1 和 θ_2 代表神經網路的權重參數。符號 $\mathbb{N}$、$\mathbb{R}$ 和 $\mathbb{P}$ 則分別表示自然數、實數（這裡特指浮點數）和機率。這些符號的上標代表向量的長度（即元素數量），例如：$\mathbb{P}^{10}$ 的意思為『具有 10 個機率值的向量』（這 10 個機率值的總和必須為 1）。

一開始訓練時，假設神經網路會在狀態 s 下輸出的價值向量如下：[1.4, 50, 4.3, 0.31, 0.43, 11, 121, 90, 8.9, 1.1]。接著，將上述向量輸入 softmax 處理，然後依照輸出的機率分佈選擇一個動作來執行。以上例而言，最有可能被選擇的動作為第 6 號動作（**編註**：這裡要提醒一下，動作的編號是從 0 開始），因為其對應的值最大（121）。假設執行動作 6 後產生了回饋值 8，我們就必須訓練神經網路在下次遇見相同的狀態 s 時，輸出一個 [1.4, 50, 4.3, 0.31, 0.43, 11, <u>8</u>, 90, 8.9, 1.1] 的新向量（注意：121 的地方改成 8，其它值則維持不變）。那麼下次再看到此狀態時，動作 6 的價值就應該約等於 8（因為這是實際執行動作 6 後得到的回饋值）。不斷重複上述過程、並讓神經網路經歷不同的狀態與動作後，該網路最終將能精準預測在特定狀態下，某動作所產生的回饋值是多少。最後，神經網路就能輸出一個對應到各動作價值的向量（這個向量和實際的回饋值向量非常接近），進而讓我們做出最佳的決策。

右列程式碼先匯入一些我們需要的函式庫，並設定了一些**超參數**（hyperparameters，用來決定模型架構的參數）：

```
In
import numpy as np
import torch
arms = 10
N, D_in, H, D_out, = 1, arms, 100, arms
```

其中 N 代表批次（batch）大小、D_in 代表輸入資料的寬度、H 代表隱藏層的寬度、而 D_out 代表輸出層的寬度。

現在，我們要將神經網路模型建構起來。如同之前所述，此處的神經網路是一個簡單的序列式雙層神經網路。

```
In
model = torch.nn.Sequential(
    torch.nn.Linear(D_in, H),    ◀── 隱藏層
    torch.nn.ReLU(),
    torch.nn.Linear(H, D_out),   ◀── 輸出層
    torch.nn.ReLU(),
)
```

接著使用均方誤差（MSE）做為損失函數（當然你也可以選擇其它的損失函數）。

```
In
loss_fn = torch.nn.MSELoss()    ◀──── 以均方誤差作為損失函數
```

現在，我們利用之前的 ContextBandit 類別來建構一個新環境，並設定其中 arms（即廣告）的數量。別忘了，在我們的環境中，arms 的數量和狀態的數量是一樣的。

```
In
env = ContextBandit(arms)
```

演算法的主要迴圈程式 2.10 和原始的多臂拉霸機問題很像，差別之處在於加入了神經網路，並且依照該神經網路的輸出來選擇動作。程式 2.10 將會定義一個 train()，它的參數一共有 3 個：env（剛剛建立的環境）、epochs（訓練次數）及 learning rate（學習率）。

在 train() 中，我們用一個變數來存放目前的狀態。在此我們需要先創建一個函式：one_hot()，以利以後在 train() 中對該變數進行 one-hot 編碼：

```
In                           ──── 代表當前的狀態號碼
                                  （即顧客所處的網站編號）
def one_hot(N,pos,val=1):
    one_hot_vec = np.zeros(N)
    one_hot_vec[pos] = val
    return one_hot_vec
A = one_hot(10, 4)   ◀──── 假設目前的狀態號碼為 4
print(A)
····························································
Out
[0. 0. 0. 0. 1. 0. 0. 0. 0. 0.]   ◀──── 只有位置為 4 的元素為 1，其他都是 0
```

one_hot 函式中的 N 代表狀態的總數，pos 代表目前的狀態號碼。該函式會傳回一個維度為 N 的向量，向量中索引為 pos 的元素值會被設為 val（預設為 1)，其他元素都是 0。

一旦開始進入訓練迴圈，演算法會先將隨機產生的狀態向量（經 one-hot 編碼）輸入至神經網路模型中。該模型會根據這個狀態向量，預測出每種動作的價值，並將結果以向量的形式輸出（在未經訓練前，這個輸出向量也是隨機的）。

以上的輸出向量會經過 softmax 的處理，進而產生動作的機率分佈向量。之後，呼叫 choose_arm() 選擇一個動作，並傳回該動作所產生的回饋值，然後更新環境的狀態。我們將這個回饋值（在本例中是一個正整數）編碼成一個 one-hot 向量，接著將此向量及對應的狀態傳送給神經網路模型，並利用反向傳播來進行訓練。注意，此處的神經網路取代了之前的動作價值函式，即程式 2.5 的 get_best_arm()。所有的訓練經驗皆存在神經網路的權重參數中，因此不必再用之前的動作價值陣列（action-value array）來儲存。train 函式的完整程式碼如下：

程式 2.10 主要訓練迴圈

```
🖵 In                                      ── 這是數字 1
def train(env, epochs=10000, learning_rate=1e-2):  ◄── 執行 10000 次訓練
    cur_state = torch.Tensor(one_hot(arms,env.get_state())) ◄─
                    取得環境目前的狀態，並將其編碼為 one-hot 張量
    optimizer = torch.optim.Adam(model.parameters(), lr=learning_rate)

    rewards = []                          這是英文字母
    for i in range(epochs):
        y_pred = model(cur_state)  ◄── 執行神經網路並預測回饋值
        av_softmax = softmax(y_pred.data.numpy(), tau=1.12) ◄─
              利用程式 2.7 定義的 softmax（）將預測結果轉換成機率分佈向量
```

NEXT

```
            choice = np.random.choice(arms, p=av_softmax) ◀──┐
                                依照 softmax 輸出的機率分佈來選取新的動作

            cur_reward = env.choose_arm(choice) ◀──┐
                                執行選擇的動作，並取得一個回饋值

            one_hot_reward = y_pred.data.numpy().copy()
            one_hot_reward[choice] = cur_reward ◀──┐
                    更新 one_hot_reward 陣列的值，把它當作標籤（即實際的回饋值）

            reward = torch.Tensor(one_hot_reward)
                                              將回饋值存入 rewards 中，
            rewards.append(cur_reward) ◀───────  以便稍後繪製線圖
            loss = loss_fn(y_pred, reward)◀──┐
                                              將預測出的回饋值與實際的
                                              回饋值做比較，計算出損失
            optimizer.zero_grad()
            loss.backward()       預測的回饋值   實際的回饋值
            optimizer.step()
            cur_state = torch.Tensor(one_hot(arms,env.get_state())) ◀──┐
                                                          更新目前的環境狀態

    return np.array(rewards)
rewards = train(env) ◀── 開始訓練 10000 次
```

在完成 10,000 次的訓練後，我們可以用底下的程式碼，將平均回饋值隨著時間的變化畫成線圖，藉此檢查我們的神經網路是否有在持續進步。

```
🖵 In
def running_mean(x,N): ◀── 定義一個可以算出移動平均回饋值的函式
    c = x.shape[0] - N
    y = np.zeros(c)
    conv = np.ones(N)
    for i in range(c):
        y[i] = (x[i:i+N] @ conv)/N
    return y
plt.figure(figsize=(20,7))
plt.ylabel("Average reward",fontsize=14)
plt.xlabel("Training Epochs",fontsize=14)     計算最近 50 次的平均回饋值，
plt.plot(running_mean(rewards,N=50)) ◀──────  並將結果畫出來
```

可以看到，在這個例子中，神經網路確實掌握了狀態、動作與回饋值之間的關係。每一次遊戲能獲得的最大回饋值為 10，而圖 2.6 裡的平均回饋值則落在 8.5 左右，在數學上這已經相當接近最理想的結果了。看來我們的第一個深度強化式學習演算法成功了！雖然只有 2 層，但結果還是挺令人振奮的。

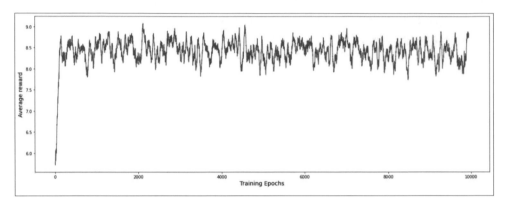

圖 2.6 上圖為使用雙層神經網路來取代動作價值函式（action-value function）時，平均回饋值隨著訓練次數變化的結果。可以看到，平均的回饋值在訓練過程中快速上升，代表神經網路的學習非常順利。

2.5 馬可夫性質與 MDP（馬可夫決策過程）

在上一節的情境式拉霸機問題中，神經網路只需要當前的狀態資訊即可選出最佳動作。換句話說，過去的狀態資訊並不會影響演算法做出決策。這種性質被稱為**馬可夫性質**（Markov property），是強化式學習中很重要的一種特性。任何表現出馬可夫性質的控制任務皆可稱為**馬可夫決策過程**（Markov decision process, MDP）。在 MDP 中，只需當前的狀態就足以選擇最佳動作，進而得到最高的回饋值。

　　MDP 模型可以大幅簡化強化式學習問題，因為我們不需要考慮之前的狀態或動作；也就是說，不必去記憶過去所發生的事情，只要專注分析此刻的狀態即可。因此，我們通常會盡量把一個問題建模成（或近似於）馬可夫決策過程（ 編註 ：此舉可幫助我們節省大量的記憶體空間）。紙牌遊戲『二十一點』就是一種 MDP，因為過去的資訊並不重要（玩家只需知道現在這一輪自己的牌及已攤開的牌就行了，上一輪有什麼牌一點都不重要）。

　　為了測試讀者是否已經瞭解馬可夫性質，請看以下所列的各項控制或決策任務，並判斷哪些為 MDP：

- 駕駛汽車

- 決定是否要購買某支股票

- 為病患選擇一種治療方法

- 診斷病人的疾病

- 預測哪一支橄欖球隊會贏得比賽

- 找出前往目的地的最短距離

- 用槍瞄準遠處的目標

　　想好答案了嗎？那就來看看你的表現如何吧。以下是正確答案以及簡短解釋：

- 駕駛汽車一般來說具有馬可夫性質，因為幾分鐘以前發生的事通常不會影響駕駛表現。你只需要掌握目前路況以及目的地為何即可。

- 決定是否購買某支股票不符合馬可夫性質的定義，因為做出決定的根據就是該股票過去的表現如何。

- 為病患決定療法可以是馬可夫決策過程，因為只需依照病患目前的狀況來選擇療法。

- 與上例（治療疾病）相反，診斷疾病必然和病患的過去有關。想要做出正確判斷，瞭解病患的病歷是很重要的事。

- 預測哪一支橄欖球隊會贏不具有馬可夫性質。如同股票的例子，你必須知道球隊過去的表現才能做出好的預測。

- 找出前往目的地的最短距離具有馬可夫性質，因為你只需要知道通往目的地的幾條道路各是多長就行了，昨天在某一條路上所發生的事情與此無關。

- 用槍瞄準遠處的目標也具有馬可夫性質。射擊者需要的資訊只有目標現在的位置、以及目前的狀況（如：風速、槍的狀態等）。昨天的資訊（如前一天的風速）顯然不影響他的判斷。

　　請注意，以上答案實際上是有討論空間的。以診斷病人為例，你的確需要知道病人過去的症狀來作為依據，但倘若我們將病患的資料全部記錄到病歷中，並且將該病歷當成目前狀態提供給代理人，那麼此過程就變成具有馬可夫性質了（因為目前的狀態就已經包含了之前的病歷，足以作為診斷病人的依據）。以上論述向我們傳達了一個重點：其實很多問題一開始並不具備馬可夫性質；然而，藉由將過往的資訊『塞入』目前狀態中，我們就可以賦予它們馬可夫性質，進而不再需要過往的資料了。

　　DeepMind 的 Deep Q-Network（或 Deep Q-Learning）憑藉遊戲畫面與目前的分數來學習 Atari 電子遊戲的玩法。那麼，Atari 電子遊戲是否具有馬可夫性質呢？答案是沒有。以 Pacman 這款遊戲為例，假如代理人所得到的資訊只有當前這一刻的遊戲畫面，那它將無法判斷敵人究竟是在靠近還是遠離遊戲主角，而這將對動作選擇產生重大影響。事實上，這就是為什麼 DeepMind 要一次提供代理人 4 張過往遊戲畫面的原因（編註：在 1.6 節有提到過，有興趣者可以自行查閱），透過這個方法，我們可以將本來不是 MDP 的 Pacman 遊戲轉變成 MDP：有了過去四個時間點的遊戲畫面當作狀態輸入，代理人便能掌握遊戲中所有人物的移動方向與速度。

在圖 2.7 中，我們利用目前為止討論過的概念描繪了一個簡單的 MDP。如你所見，該過程包含具有三個狀態的狀態空間 S = { 哭鬧的嬰兒，睡著的嬰兒，微笑的嬰兒 }、以及具有兩個動作的動作空間 A = { 餵食，不要餵食 }。除此之外，每個箭頭（代表一種動作）上都標有一個機率值，代表執行該動作後變成某個狀態的機率（下一節中，我們會再回頭討論這件事）。當然，在真實世界中，身為代理人的我們是無法得知這些機率值的。想要知道這些機率有多大，你必須了解該環境的**模型**。在之後的討論中你將瞭解到，代理人有時可以使用現成的環境模型，有時則不行。在那些不行的例子中，我們的目標就是讓代理人找出環境的模型為何（事實上，代理人找到的模型只能近似於真實模型）。

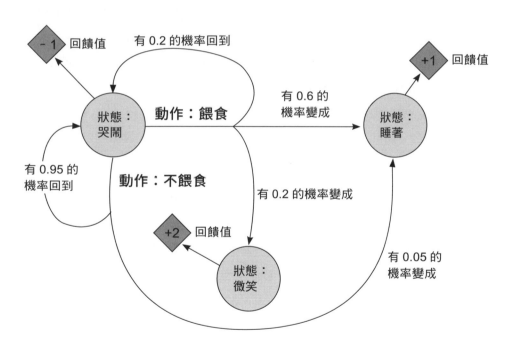

圖 2.7 上圖描繪了一個具有三種狀態與兩種動作的簡單 MDP。這個例子把照顧嬰兒這件事情模型化成 MDP。如果嬰兒正在哭鬧，我們可以選擇餵食或不餵食，這些動作可能讓嬰兒進入新的狀態（或停留在當前狀態），而進入新狀態的機率大小不一。與此同時，我們會收到回饋值： - 1、+1 或 +2（回饋值和嬰兒的滿意程度成正比）。

2.6 策略與價值函數

　　讀者可能並未注意到，前面幾節的討論其實刻意避開了很多專業術語和數學概念。我們盡量以一般語言來陳述，並且只介紹了少數幾個專有名字，如：狀態空間和動作空間。然而，為使讀者能夠自行讀懂最新的強化式學習論文，同時也方便本書未來的討論，我們還是必須讓大家熟悉這些術語以及背後的數學。

　　現在來複習一下你所學到的東西，並且將這些知識整理成公式。強化式學習演算法中有一個重要的部分稱為『代理人』，它會與『環境』互動。在許多例子中，強化式學習的環境指的是某種遊戲，但該術語其實可以泛指任何能根據代理人的動作，讓狀態發生改變並產生回饋值的程序。代理人可以得知環境的最新狀態，這種狀態資料包含了環境在某個時間點上的所有資訊，通常記為 $s_t \in S$（ **編註**：S 代表狀態空間，s_t 則是時間點 t 的狀態）。利用這項資訊，代理人會選擇一個動作（可記為 $a_t \in A$，A 為所有動作組成的集合，a_t 則為時間點 t 所採取的動作）執行，並讓環境的狀態發生改變。

　　描述某個動作可能促使環境將一種狀態轉變成另一種狀態的機率稱為**轉換機率**（transition probability）。在執行完動作 a_t 並將狀態從 s_t 變成 s_{t+1} 以後，代理人會得到回饋值 r_t，而強化式學習演算法的終極目標便是想辦法讓自己得到的**回饋值**最大化。準確來說，**是狀態的改變（$s_t \to s_{t+1}$）產生了回饋值，而不是動作本身**。例如你是動作電影中的演員，正在拍攝從一個屋頂跳到另一個屋頂的戲。現在有兩種可能結果：你成功地跳過去、或者失敗墜樓。在這個例子中，比較重要的是兩種結果（狀態）發生的機會各有多大，而不是『跳躍』這個動作本身。

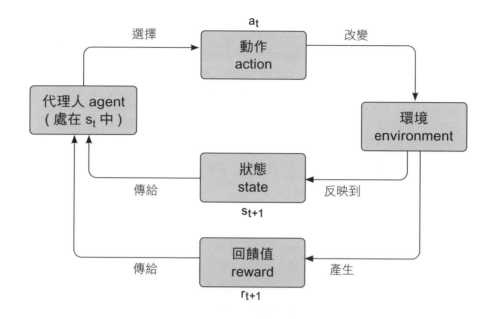

圖 2.8 強化式學習演算法的一般流程。環境會產生狀態和回饋值。代理人在時間點 t 獲得狀態 s_t，並執行動作 a_t，進而獲得回饋值 r_{t+1}。代理人的目標是學習如何選擇最佳動作，並最大化回饋值。

▌ 2.6.1 策略函數

那麼，目前的狀態資訊如何幫助我們決定要執行哪個動作呢？此時，我們便需要**策略函數**（policy functions）和**價值函數**（value functions），兩者在之前的討論中都有提及，例如：ε - 貪婪策略、softmax 策略函數、Q 函數等。

先來看看策略函數。顧名思義，所謂策略（policy，通常記為 π）即代理人針對某狀態所採取的對策。例如：在二十一點中，玩家的策略可以是讓發牌者不斷發牌，直到點數達到 17 或更高為止。此例中的策略是一種簡單、不隨時間改變的策略；而在多臂拉霸機問題中，我們的策略則是 ε - 貪婪策略。簡單來說，策略可以被理解成一種函數，它能針對『某個狀態』算出『每個可能動作為最佳動作的機率』。

表 2.4　策略函數

數學式	解釋
$\pi, s \rightarrow Pr(A \mid s)$，其中 $s \in S$	策略（記為 π）可以算出在指定狀態中每個可能動作為最佳動作的機率，A 為動作空間，S 為狀態空間。

解釋一下數學式中條件機率的符號：s 代表某個狀態，Pr(A|s) 則代表 s 狀態下各動作的機率分佈。在 Pr(A|s) 中的個別機率值代表該動作為最佳選擇（期望回饋值最高）的機率。

2.6.2　最佳策略

在強化式學習演算法中，策略的功能為：根據目前的**狀態**決定該執行什麼**動作**。倘若某項策略可以持續讓環境給出最大的回饋值，那麼它便是**最佳策略**（optimal policy）。

表 2.5　最佳策略

數學式	解釋
$\pi^* \rightarrow \arg max E\left(r \mid \pi \right)$	若我們知道執行策略 π 後的期望回饋值，則能夠產生最高期望回饋值的策略便被稱為最佳策略，記為 π^*。 **編註**：採用不同的策略會收到不同的回饋值，我們把某種策略（設為 π）的平均回饋值用 E(r|π) 來表示。E(r|π) 即我們常說的『期望回饋值』，讀者可參考 2-41 頁中，對於回饋值的重點總結。

2.6.3　價值函數

價值函數可以將『狀態』或『狀態 - 動作對（state-action pair）』對應到它們所產生的價值（即期望回饋值）。回想一下統計學的內容，期望回饋值等於把過去在某狀態下，並執行某動作以後，觀察到的回饋值進行算術平均。一般來說，提及『價值函數』時，我們指的是『狀態價值函數』。

表 2.6　狀態價值函數

數學式	解釋
$V^\pi : s \rightarrow E(r\|s, \pi)$	假設在初始狀態 s 時，我們採用策略 π 而得到回饋值 r。價值函數 V^π 可以傳回狀態 s 所產生的期望回饋值 E(r|s, π)。

　　狀態價值函數的輸入參數為狀態 s，輸出則是『在狀態 s 下利用策略 π 執行了某動作所產生的期望回饋值』。我們可能要仔細思考一下才能理解為什麼價值函數和策略有關。回想之前的廣告推送問題，假如我們選擇廣告的策略是隨機亂選（即根據均勻的機率分佈選擇該執行什麼動作），則可以預期我們最後得到的價值（即期望回饋值）將不會太高，因為選中的動作很可能不是最佳動作。從以上討論可以看出：策略決定了我們能得到多少期望回饋值（可通過價值函數反映出來）。

　　在討論最初的多臂拉霸機問題時，我們提過狀態 - 動作價值函數，這些價值函數通稱為 **Q 函數**，其值則稱為 **Q 值**（Q value）。到了下一章你便會看到，深度學習演算法可以被當做 Q 函數使用，這也是**深度 Q-Learning**（Deep Q-Learning）名稱的由來。

表 2.7　動作價值（Q）函數

數學式	解釋
$Q^\pi : (a\|s) \rightarrow E(r\|a, s, \pi)$	在採用策略 π 的前提下，函數 Q^π 可傳回狀態 - 動作對 (s, a)（在狀態 s 下執行動作 a 的）的期望回饋值。

　　事實上，在解決廣告推送問題時所用的神經網路就類似於 Deep Q-Network（只不過層數較少），因為該網路的功能就相當於 Q 函數。經過訓練，神經網路可以精準預測在某狀態下、執行某動作所產生的期望回饋值是多少。在這裡，我們的策略則是 softmax 函數，它會對神經網路的輸出結果進行處理。

藉由對多臂拉霸機和廣告推送問題的討論，我們已經介紹了不少強化式學習的基礎觀念。同時，本章也稍微涉及了深度強化式學習的內容。在下一章中，我們會實作一個真正的 Deep Q-Network（如同 DeepMind 所開發的演算法），且該網路是本章內容的延伸。

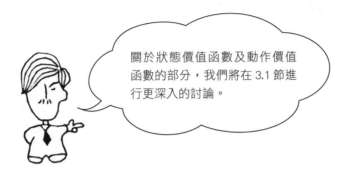

關於狀態價值函數及動作價值函數的部分，我們將在 3.1 節進行更深入的討論。

總 結

- **狀態空間**是所有可能狀態的集合。以西洋棋為例，狀態空間就是棋子在棋盤上的所有可能組合。動作則可以將某狀態 s 轉變成另一狀態 s'，動作可能具有**隨機成份**（stochastic），意思是：執行某個動作後，狀態 s 不是百分之百轉變成 s'，而是存在一定的機率。對於不同狀態而言，各動作的機率分佈可能是不同的。在同一個狀態下，所有可能動作所形成的集合稱為**動作空間**。

- 環境是一種會根據代理人的動作，產生回饋值並讓狀態發生改變的程序。若我們建構了一個能玩遊戲的強化式學習演算法，那麼環境指的就是遊戲。而環境的模型則是由狀態空間、動作空間、與轉換機率所組成。

- **回饋值**是由環境產生的訊號，它能反映在某狀態下執行某動作是否能產生好的結果。**期望回饋值**則等於：對隨機變數 X（在這裡，X 就是指回饋值）的值進行長期觀察，並將觀察結果進行平均計算後所產生的數值（即統計學中的期望值），記為 E(X)。以多臂拉霸機問題為例，E(r|a)（動作 a 所產生的期望回饋值）即代表：在多次執行了該動作後，將其所得之回饋值平均起來的結果。若我們手上有動作的機率分佈（**編註**：不同動作被執行的機率），則進行 N 次遊戲後，期望回饋值便可以被精確地計算出來：$E(r|a_i) = \sum_{i=1}^{N} a_i p_i \cdot r_i$。其中 N 代表遊戲次數、$p_i$ 是執行動作 a_i 的機率，而 r_i 則是回饋值。

- 深度強化式學習演算法中的代理人會學習如何在特定環境中取得最佳表現。它們通常是**深層神經網路**。代理人的目標是**得到最多的回饋值**，或者我們也可以說：代理人的目標是讓系統進入最佳的狀態。

- **策略**可以被理解為一種函數。在輸入一個狀態後，它可能會直接選擇一個動作來執行（直接式），或者會依照某種機率分佈來選擇動作（間接式）。ε-**貪婪策略**便是一種常見的直接式策略：使用此策略的代理人有 ε 的機率隨機選擇動作執行（**探索**），並有 $1-\varepsilon$ 機率會選擇目前的最佳動作（**利用**）。

- 一般來說，任何在接受了某種資料後，會傳回期望回饋值的函數都可被視為**價值函數**。若沒有特別說明，我們所說的價值函數通常是指**狀態價值函數**。這種函數在輸入某個狀態之後，可以告訴我們：若以該狀態為起點，採用某種策略可以得到多少期望回饋值。**Q 函數**則是一種以**狀態 - 動作對**（action-value pair）為輸入的價值函數，它的傳回值稱為 **Q 值**，代表與該狀態 - 動作對所相應的期望回饋值。

- 在**馬可夫決策過程**中，我們不需要參考過去的狀態便能做出最好的決定。

小編重點整理 強化式學習中之常見函數

本章的名詞較多，且在接下來的章節都會重複使用。小編整理了以下的圖表來概括不同函數的含義，希望可以對讀者帶來幫助。

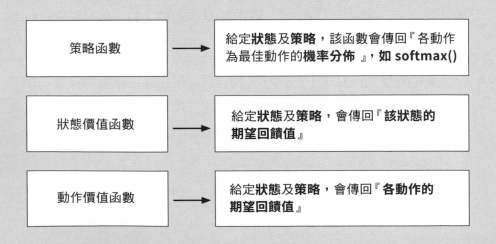

策略函數	→	給定**狀態**及**策略**，該函數會傳回『各動作為最佳動作的**機率分佈** 』，**如 softmax()**
狀態價值函數	→	給定**狀態**及**策略**，會傳回『**該狀態的期望回饋值**』
動作價值函數	→	給定**狀態**及**策略**，會傳回『**各動作的期望回饋值**』

CHAPTER

Deep Q-Network

本章內容

- 利用神經網路扮演 Q 函數的角色

- 使用 PyTorch 建構 Deep Q-Network（DQN）

- 透過經驗回放（experience replay）解決災難性失憶
  （catastrophic forgetting）問題

- 利用目標網路 (target network) 來提升學習穩定性

本章一開始，我們會介紹深度強化式學習的演變起點：DeepMind 的 Deep Q-Network，這種演算法在 Atari 電子遊戲中的表現遠超人類水準。不過這裡我們不使用 Atari 電子遊戲來測試我們的演算法，而是改用 Gridworld 遊戲，但本章介紹的演算法架構和 DeepMind 是一模一樣的。

Gridworld 實際上是一系列相似電子遊戲的統稱，這些遊戲基本上都包含一塊**方格板**（grid board）以及一名**玩家**（或稱**代理人**）。方格板上有一個終點方格，以及一個或多個特殊方格。特殊方格（如陷阱）有可能會給予代理人負回饋值。遊戲中代理人可以選擇的**動作**有**向上**、**向下**、**向左**或**向右**走；遊戲的目標則是移動到終點以獲得正回饋值。過程中，代理人必須嘗試找出最短路徑，同時必須繞過陷阱。

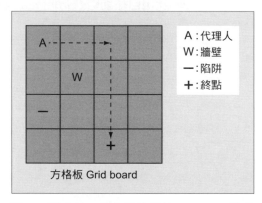

強化式學習的**代理人**在遊戲或棋賽中又稱為**玩家**，其實就是程式中的**演算法**，三者都是同義詞。

3.1 狀態價值函數與動作價值函數

我們將從圖 3.1 的簡單 Gridworld 遊戲開始，然後再慢慢增加遊戲困難度。這裡的目標是：訓練代理人能夠循最短路徑移動到終點。不過在開始之前，我們先複習一下之前所提過的術語和關鍵概念。

A：代理人
W：牆壁
—：陷阱
＋：終點

方格板 Grid board

圖 3.1 圖中是一種非常簡單的 Gridworld 遊戲設置。代理人（A）必須移動到終點（＋）上，同時要避免掉入陷阱（－）中。

　　所謂**狀態**，是代理人用來決定該執行什麼動作的資訊。這種資訊可以是遊戲的原始畫面（像素資訊）或者自駕車的感測器資料等等。在 Gridworld 中，狀態便是記錄著『方格板中所有物體位置』的**張量**（tensor）。

　　策略（policy，通常記為 π）是代理人得到某種狀態資訊後所採取的對策。以二十一點為例，其中一種策略是：看一眼手上的牌（即目前的狀態資訊），然後隨機決定要繼續抽牌還是停止抽牌。這種『隨機決定是否繼續抽牌』的策略或許不太高明，但它說明了一個重點：我們採用的策略決定了我們選擇的動作。與上面的策略相比，比較好的策略可能是：『選擇不斷抽牌直到手上的點數大於或等於 17 點』。

　　在代理人執行完某個動作並使環境進入新狀態後，它會得到一個**回饋值**。例如西洋棋遊戲，我們可以設定：若代理人的動作成功『將死』對手，就給予回饋值 +1；若代理人的動作導致自己被『將死』，則給予回饋值 −1；其它狀態（不分輸贏）的回饋值均為 0。

　　代理人會在目前狀態下，根據策略 π 做出動作，進而得到相應回饋值並進入下一狀態。此過程將不斷重複直到遊戲結束。

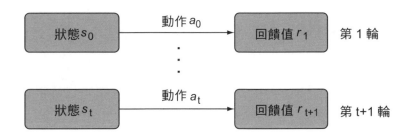

▌ 狀態價值函數

　　在採用特定策略 π 的情況下，若由狀態 s_0 開始到遊戲結束前共進行了 t 輪，則期間每一輪期望回饋值的**加權總和**（見下一頁的公式）就稱為該狀態的**價值**，亦稱**狀態價值**，可以用**狀態價值函數** $V^{\pi}(s_0)$ 來表示（該函數的輸入參數是狀態 s_0，傳回值則是狀態價值）。

$$V^{\pi}(s_0) = E^{\pi}[\sum_{i=0}^{t} w_i r_{i+1}|s_i] = w_0 E[r_1|s_0] + w_1 E[r_2|s_1] + \ldots + w_t E[r_{t+1}|s_t]$$

上式中的係數（w_1、w_2 等）是每一輪期望回饋值的權重。例如：最近一個動作得到的回饋值比其它動作的回饋值來的重要，這時我們就可用係數來調整它們的權重（ 編註 ：具體原因及權重的設定，在 3.2.3 節會詳細說明）。$V^{\pi}(s)$ 實際上就是統計學的**期望值**，也可記為 $E[r|\pi,s]$，代表『在策略 π、狀態 s 下的狀態價值』。

▋ 動作價值函數：Q 函數

Q 函數亦稱為**動作價值函數**，$Q^{\pi}(s,a)$。Q 函數是一種價值函數，它的輸入為狀態 s 及動作 a，傳回值則是：在策略 π 及狀態 s 下執行動作 a 所產生的價值，即 $E[r|\pi,s,a]$，Q 函數比前面介紹的狀態價值函數多了一個輸入參數 a（動作），所以叫做動作價值函數。強化式學習演算法一般會選用這兩個函數（**狀態**價值函數或**動作**價值函數）的其中一個。

3.2 利用 Q-Learning 進行探索

在 2013 年，DeepMind 發表了名為『使用深度強化式學習玩 Atari 遊戲（Playing Atari with Deep Reinforcement Learning）』的論文。論文中解釋了 DeepMind 如何在傳統演算法中加入新元素，使該演算法在 6 款 Atari 2600 遊戲中創下新紀錄（ 編註 ：Atari 2600 是 Atari 公司生產的電子遊戲機，Atari 2600 遊戲則泛指能用該款遊戲機遊玩的電子遊戲）。更重要的是，在遊戲的過程中，演算法所需的資訊只有遊戲的原始畫面，這一點和人類玩家是相同的。這篇論文發表後，世人開始注意到強化式學習這個領域。

　　DeepMind 所改良的傳統演算法為 Q-Learning，這項技術已存在了幾十年，但為什麼經歷了那麼久才有所突破呢？一部分的原因是因為現在的 GPU（Graphics Processing Unit，圖形處理器）賦予了電腦更強的運算能力，讓我們可以訓練更大的神經網路。但更關鍵的因素是 DeepMind 引入了一些新技巧來克服過去的難題，而這也是本章主要討論的內容。

▍3.2.1　Q-Learning 是什麼？

　　Q-Learning 到底是什麼呢？你應該可以從這個『Q』聯想到，它就是採用了前一節介紹過的**動作價值函數 $Q^\pi(s,a)$**。更具體地說，Q-Learning 是實現動作價值函數的一種演算法。

　　在上一章利用神經網路解決廣告推送問題時，我們已經實作出類似 Q-Learning 的演算法了。Q-Learning 的主要概念是：讓演算法預測**狀態 - 動作對**（state-action pair）所產生的回饋值（價值，即 $Q^\pi(s,a)$ 的傳回值）是多少，然後比較『預測值』和『實際觀察到的回饋值』，並根據誤差來修正模型中的參數，讓未來的預測更加準確。這正是我們在上一章所做的事情：先讓神經網路預測在某狀態下某動作產生的回饋值為何，再觀察實際的回饋值，然後根據兩者的差異調整神經網路的參數（事實上，以上方法可以視為 Q-Learning 演算法的簡化版，編註：之所以是簡化版的原因在於，我們上一章是針對『動作』來給出期望回饋值，而 Q-Learning 則是針對『狀態 - 動作對』來給出期望回饋值，也就是多加入了狀態的因素）。下一頁是 Q-Learning 演算法的更新公式：

表 3.1　Q-Learning 演算法的更新公式

數學式

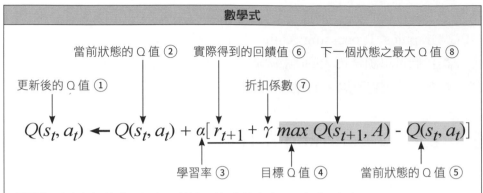

更新後的 Q 值 ①　當前狀態的 Q 值 ②　實際得到的回饋值 ⑥　下一個狀態之最大 Q 值 ⑧

折扣係數 ⑦

$$Q(s_t, a_t) \leftarrow Q(s_t, a_t) + \alpha[\,r_{t+1} + \gamma\ max\ Q(s_{t+1}, A) - Q(s_t, a_t)]$$

學習率 ③　　　目標 Q 值 ④　　　當前狀態的 Q 值 ⑤

編註：此處假設策略已選定，所以 Q^π(s,a) 就省略 π 而寫成 Q(s,a)

虛擬碼

```
def get_updated_q_value(old_q_value, reward, state, step_size, discount):
    term2 = (reward + discount * max([Q(state, action) for action in actions])
    term2 = term2 – old_q_value
    term2 = step_size * term2
    return (old_q_value + term2)
```

小編補充　公式中的**目標 Q 值**④與**當前狀態的 Q 值**⑤相減後會得到一個誤差值，再乘上**學習率** α ③，即可用來更新演算法在某個狀態下所預測的 Q 值（請注意公式中的②和⑤是相同的 Q 值，①則是被更新後的 Q 值）。

至於**目標 Q 值**④，則是由**下一個狀態之最大 Q 值**⑧乘上一個**折扣係數**⑦，再加上本次行動**實際得到的回饋值**⑥所算出。我們由此算式可看出，每次在更新 Q 值時，都會和下一狀態的 Q 值有關，而下一狀態的 Q 值，又和下下次狀態的 Q 值有關，以此類推，這就是此公式的精髓所在！

3.2.2　征服 Gridworld

　　知道 Q-Learning 的更新公式後，讓我們把它應用到 Gridworld 中。本章最主要的目標就是：訓練出可以玩 Gridworld 遊戲的代理人。和人類玩家一樣，這個代理人能接觸到的資訊只有遊戲畫面（方格板的狀態），因此它沒有任何情報上的優勢。同時，我們一開始用的是未經訓練的代理人。也就是說,它對 Gridworld 的認知是零,完全不曉得該遊戲如何運作。代理人唯一的線索就是當它達到目標時,我們會給他一個正回饋值(**編註**:同樣的,在跌入陷阱時,會給它一個負回饋值)。

對於人類來說,時間是連續的;但對於代理人而言,時間則是離散的,所有的事件會被『分裝』在一個個時間點中。在時間點 a,代理人會先『看一眼』方格板(**編註**:即觀察當前狀態)並決定該執行什麼動作。然後在下一個時間點 b,方格板的狀態將被更新,以此類推。

現在,讓我們把以上的流程條列並畫出來。在 Gridworld 遊戲中,事件發生的順序如下:

1. 假設遊戲的狀態為 s_t,其中包含我們所能掌握的遊戲資訊。在 Gridworld 中,狀態的資料型別是 4×4×4 的張量。在之後實作演算法時,會再詳細說明這個部分。

2. 將狀態 s_t 和某個動作輸入 Q 函數(雖然名字叫 Q 函數,但它其實是一個模組,我們可套用任何機器學習模組來實作,如深層神經網路)中,Q 函數會預測『在該狀態下執行該動作所能產生的價值』(見圖 3.2)。別忘了,以上演算法所預測的動作價值,等同於該動作的『期望回饋值』(即:在某狀態下依照策略 π 執行該動作多次後,得到的加權平均回饋值)。

圖 3.2 只要是能夠輸入**狀態**及**動作**,並且輸出相對應的價值(即期望回饋值)的函數,皆可扮演 Q 函數的角色。

3. 根據演算法預測出的各個動作價值,選擇執行某個動作。該動作(記為 a_t)被選中的原因可能是因為它的期望動作價值最高,又或者只是隨機選中(這取決於我們的策略)。在這之後,遊戲的狀態被更新至 s_{t+1},同時演算法會收到實際的回饋值 r_{t+1}。

4. 將更新後的狀態 s_{t+1} 輸入到演算法中,讓它預測在新狀態下,哪一個動作所擁有的價值最高,並將最高的價值記為 $maxQ(s_{t+1}, A)$。該值代表在新狀態下的所有可能動作中,我們預測出的最大 Q 值(即最佳動作的價值)。

對於初學者來說,我們還是要再次提醒您:『玩家』、『代理人』、『演算法』講的都是同一個東西。至於價值函數(不管是 V 或是 Q)則是演算法中的一個模組,等一下我們就要用神經網路來實作這個模組。

5. 現在,修改演算法參數所需的資訊都有了。我們接著會指定損失函數(如:均方誤差),並對演算法進行一次訓練,藉此縮小『當前狀態的 Q 值,即 $Q(s_t, a_t)$』和『目標 Q 值,即 $r_{t+1} + \gamma\, maxQ(s_{t+1}, A)$』之間的差距(編註:可搭配表 3.1 中的更新公式一起理解)。

小編補充 $Q(s_t, a_t)$ 代表在狀態 s_t 下,Q 函數預測我們所選擇的動作 a_t 會產生的價值。而動作 a_t 的實際價值(即目標 Q 值)應為執行該動作後收到的回饋值 r_{t+1},加上新狀態的最大 Q 值 $maxQ(s_{t+1}, A)$ 乘以一個削減係數 γ。因此,我們要訓練演算法盡可能讓當前狀態的 Q 值,$Q(s_t, a_t)$,與目標 Q 值 $r_{t+1} + \gamma\, maxQ(s_{t+1}, A)$ 越接近越好。

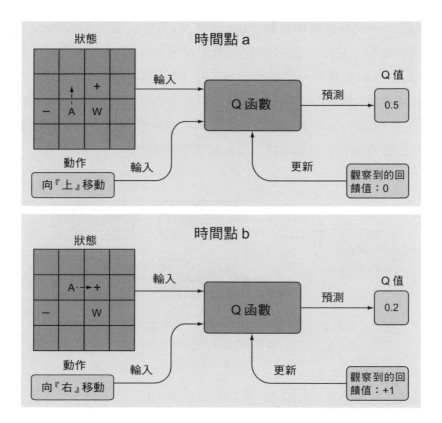

圖 3.3 Q-Learning 演算法在 Gridworld 中的運作流程。Q 函數可以接受一個狀態和動作,並傳回與該狀態 - 動作對相應的價值 (即 Q 函數所產生的 Q 值)。在執行完某個動作後,我們會觀察到實際的回饋值,此時便可使用之前提到的更新公式來修正 Q 函數內的參數,使未來的預測更加準確。

3.2.3 學習率 α 與折扣係數 γ

Q-Learning 更新公式中的參數 γ 和 α 稱為**超參數** (hyperparameters),它們會影響代理人的學習,但卻不實際參與學習過程 (編註:在訓練過程中不會被更新)。其中 α 表示**學習率** (learning rate),在訓練中扮演重要角色,決定了『參數更新的幅度』。α 很小時,演算法的參數不會進行太大的調整;反之,若 α 很大,則會進行很大幅度的修正。

參數 γ，又稱為**折扣係數**（discount factor），是介於 0 和 1（不包含 1）之間的變數。它會決定未來的回饋值在代理人要做出決策前，帶來多大的影響。假設現在有兩個動作組合，其中一個動作組合會先產生回饋值 0，然後再產生回饋值 +1；另一個動作組合則先產生回饋值 +1，再產生回饋值 0（見圖 3.4）。從圖 3.4 中可以看到，兩個動作組合的回饋值總和皆為 +1，那麼到底哪一個組合將更受演算法青睞呢？

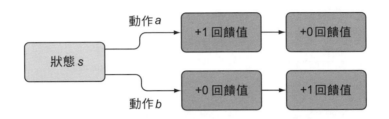

圖 **3.4** 兩個不同動作組合的流程圖示。它們產生的『總回饋值』是相同的，但兩者的『價值』可能不同。

答案是：取決於折扣係數 γ，由於 γ 的值一定小於 1，這就代表未來回饋值的影響將比當前的回饋值小。在上例中，雖然動作 a 和 b 的總回饋值都是 1，但動作 b 產生回饋值 +1 的**時間點**比動作 a 來得晚，所以動作 b 的回饋值將會『打折扣』。在實際操作中，動作 b 的回饋值 +1 會乘上 γ（假設 γ 為 0.8，則動作 b 的總回饋值會變成 $0 + 1 \times 0.8 = 0.8$）。因此，演算法將果斷選擇動作 a（其總回饋值為 $1 + 0 \times 0.8 = 1$）。

折扣係數也會出現在日常生活中。假設讓你選擇：『要現在立刻領 100 元，還是一個月後領 110 元？』，或許大多數的人會選擇立刻領錢。這是因為未來的價值在人們心中是打折扣的，畢竟我們認為未來不可預期（比如發錢的人在兩週後突然過世了怎麼辦？）。那如果說一個月後領，你就可以領到 200 元呢？倘若你同意這個方案，你的折扣係數就等於 $100 / $200 = 0.5（每個月）。也就是說，未來期待得到的金額決定了折扣係數的大小，未來期待得到的金額越大，則折扣係數就越小。

現在換一個狀況:如果把時間拉長至 2 個月後才能領錢,你應該就會希望得到大於 200 元的金額吧?在上面的例子中,我們計算出了你的折扣係數為 0.5(每個月)。由此推論,如果要你等待 2 個月,你的折扣係數就會變成 $0.5 \times 0.5 = 0.25$ 了。這就代表我在兩個月後要給你 100 元的 4 倍 $(1/0.25 = 4)$,即 400 元你才會接受這筆交易。由此可見,折扣係數會隨著時間以指數方式累加:在時間點 t 上,折扣係數會等於 γ^t。

在此要特別強調的是:折扣係數的值應該在 0 和 1 之間,且不能設為 1。當 $\gamma = 1$,代表我們完全不對未來的回饋值進行削減,而這顯然是不恰當的(**編註**:如果不削減的話,就像你把 100 萬年後的事也算進來,那是沒有意義的)。就算只是稍微把 γ 值下調為 0.99,其中的影響也有天壤之別。這時我們就可將某個時間點(t)以後的資料給忽略掉,因為它們的效果已經弱到不會影響我們當前的決策(**編註**:在 t = 5000 左右時,0.99^t 的值就趨近於 0 了,因此 t 大於 5000 後的回饋值基本上可以忽略掉)。

在 Q-Learning 中會面臨到一個問題:在預測 Q 值時,γ 值到底要設多少(未來的回饋值到底有多重要)?很遺憾,以上問題沒有公認的答案(事實上,幾乎所有超參數的值都沒有一個標準)。我們唯一能做的,就是隨機嘗試不同的數值,看看哪一組超參數能帶來最好的結果。

稀疏回饋值問題

對於絕大多數的遊戲而言,玩家在『輸贏』確定前可以嘗試不同動作。以本章的 Gridworld 來說,所謂的『輸』就代表掉入陷阱(回饋值為 -10);贏就代表抵達終點(回饋值為 +10)。對於不會直接產生輸贏的動作,回饋值都是 -1。這會造成一個問題:演算法無法知道某一步走得好不好,因為讓你『靠近終點』或『遠離終點』的動作,回饋值都是 -1。換言之,演算法沒辦法立即根據當前的局勢去做出調整,以上問題也叫做**稀疏回饋值問題**(sparse reward problem)。

由於 Gridworld 通常只要走幾步就能知道輸贏，因此以上的問題並不嚴重。然而，這個問題對複雜的遊戲（如西洋棋或圍棋）就影響很大。上述問題的其中一種解法是：不再讓演算法一味追求『得到最多的正回饋值』，而是指導它們去嘗試新方法，藉此了解所處的環境。我們在第 8 章中會說明這種方法。

▌ 3.2.4　建構神經網路

接著讓我們研究一下，要如何針對本章的 Gridworld 遊戲來建構深度學習演算法，並作為我們的代理人。在建立模型時，你必須決定：該網路應該要有幾層、每一層的參數有多少個、以及層與層之間如何彼此連結。由於 Gridworld 相當簡單，因此我們不需要建構什麼太複雜的模型。一個 4 層（包含輸入層）且以 ReLU 為激活函數的神經網路就足夠了。唯一需要注意的是：我們該如何定義網路的輸入資料和輸出層。（ 編註 ：對於神經網路，本書作者在附錄 A.3 節有簡單的介紹，但小編覺得不太夠，讀者可參考『決心打底！Python 深度學習基礎養成』一書，旗標出版）

先來探討輸出層的部分。之前討論 Q-Learning 時我們提過，Q 函數的輸入資料為一組**狀態 - 動作對** (s，a)，輸出則是與其對應的**價值**，以上便是 Q 函數的原始定義（圖 3.5）。Q 函數的重要性在於：它能告訴我們在某狀態下執行某動作將產生多少價值，進而讓我們選出價值最高的動作。

對某狀態中的所有動作『分別』計算 Q 值是很浪費資源的一件事（雖然這是 Q 函數的原始定義）。更好的做法是把原本的 Q 函數轉換成**向量價值函數**（這也是 DeepMind 在實作 Deep Q-Network 時所採用的方法），這樣它就能一次計算某狀態下所有動作的 Q 值，並將結果以向量方式傳回。對於這種改良過的 Q 函數，我們可以將其記為 $Q_A(s)$，代表狀態 s 下，某個動作集合 A 所組成的 Q 值向量（圖 3.5）。

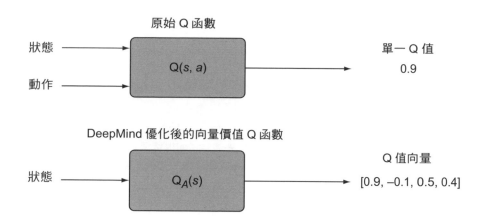

圖 3.5 上圖：原始的 Q 函數一次只能接受一組狀態動作對，並傳回相應的價值（單一數值）。**下圖**：DeepMind 使用了優化後的向量價值 Q 函數。這種函數的輸入為某個狀態，傳回結果則是一個包含該狀態下所有動作的 Q 值向量。向量價值 Q 函數在計算上效率更高，因為它能一次處理所有動作。

　　現在，我們讓神經網路來扮演 $Q_A(s)$ 的角色：該網路的輸出層會輸出一個 Q 值向量，向量中每一個值各自對應一種動作。在 Gridworld 的例子裡，可能的動作總共只有 4 種（向上、向下、向左和向右），因此神經網路將輸出一個長度為 4 的向量。接著，我們便可以利用向量中的值，搭配 ε - 貪婪策略或 softmax 函數來選擇該執行哪個動作。在本章中，我們將依循 DeepMind 的腳步使用 ε - 貪婪策略（圖 3.6）。與上一章不同的是，ε 的值不再是固定不變的。我們會在一開始將 ε 值設得很大（如：初始值設為 1，代表第一次的動作完全是隨機亂選出來的），然後再讓它隨著訓練次數的增多而逐步變小。透過這種方式，我們便能讓代理人在初期自由**探索**，過後再根據先前所學來增加選擇最佳動作的頻率（**利用**）。ε 的調整幅度要非常精準，這樣才能避免代理人『過度探索』或『探索不足』的問題。在實際操作中，這只能憑藉經驗或隨機嘗試來調整。

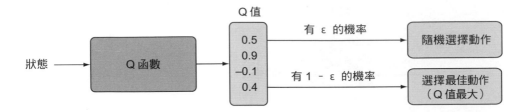

圖 3.6 在 ε- 貪婪策略中，ε 的值（如：0.1）代表演算法隨機選擇動作的機率（完全不參考預測出來的 Q 值）；反之，演算法將有 1 - ε 的機率選擇擁有最大 Q 值的動作。在本章中，我們會將初始的 ε 值設得很高（如：直接設為 1），然後再讓它隨著訓練的進行而慢慢減少。

　　神經網路的輸出層已經說明完了，現在來看看其它部分。本章所建構的神經網路一共只有 4 層。輸入層的寬度為 64、第一隱藏層的寬度為 150、第二隱藏層的寬度為 100、輸出層（上一段已經討論過了）寬度則為 4。我們鼓勵讀者試著自己增加隱藏層的層數（**編註**：即增加神經網路的『深度』）或者調整隱藏層的寬度。你會發現，在大部分情況下，較深的網路輸出的結果較佳。在此我們之所以選擇較淺的神經網路，是為了讓各位能順利使用電腦的 CPU 來訓練模型（**編註**：要訓練越深的神經網路模型，就代表需要運算能力越強大的 CPU）。

　　在進一步說明輸入層之前，必須先介紹一下此處所用的 Gridworld 遊戲引擎。我們已經為本書開發了一套 Gridworld 遊戲，詳情請看下一節的說明。

▍3.2.5　如何建立 Gridworld 遊戲？

　　此處使用一種非常簡單的 Gridworld 引擎。你可以在本書的 GitHub 檔案庫中找到它：瀏覽網址 http://mng.bz/JzKp 並打開第 3 章的資料夾即可下載（**編註**：小編已經在本章的 Colab 筆記本加入了相關的下載程式，讀者可以直接運行）。

在 GitHub 檔案庫的第 3 章有一個名為 Gridword.py 的檔案，該模組包含了許多執行 Gridworld 遊戲實例（game instance）所需的類別 (class) 和輔助函式（helper function）。請使用以下程式碼來建立一個 Gridworld 遊戲。

程式 3.1 建立一個 Gridworld 遊戲

```
🖵 In
# 下載 Gridworld.py 及 GridBoard.py (-q 是設為安靜模式)
!wget -q https://github.com/DeepReinforcementLearning/DeepReinforcementLearnin
gInAction/raw/master/Errata/Gridworld.py
!wget -q https://github.com/DeepReinforcementLearning/DeepReinforcementLearnin
gInAction/raw/master/Errata/GridBoard.py

from Gridworld import Gridworld
game = Gridworld(size=4, mode='static')
```

Gridworld 遊戲中的方格板一定為正方形，因此 size 參數指的是方格板的**邊長**（以格子為單位）。我們創造了大小為 4×4 的板子，至於 mode 參數則有三種選擇，代表產生方格板的三種模式。上例使用了**靜態模式**（static），代表遊戲中所有物體（終點、陷阱、牆壁等）的初始位置是固定的。第二種選擇是**玩家模式**（player），在此模式下，只有玩家的初始位置會隨機決定。最後一種是**隨機模式**（random），在這種模式下，遊戲中所有物體的初始位置會隨機決定（因此演算法學習的困難度較高）。在之後的討論中，3 種模式我們都會用到。

既然遊戲已經建立了，那就讓我們玩一玩吧！你可以呼叫 display() 來顯示方格板，並透過 makeMove() 進行移動。移動方向以英文字母代表：u 是向上、l 是向左、d 是向下、r 是向右。在執行完一次移動之後，你必須再呼叫一次 display() 來查看方格板的變化。同時，你還可以呼叫 reward() 來得知該移動所產生的回饋值為何。

```
🖥 In
game.display()
```

```
Out
array([['+', '-', ' ', 'P'],
       [' ', 'W', ' ', ' '],
       [' ', ' ', ' ', ' '],
       [' ', ' ', ' ', ' ']], dtype='<U2')
```

編註：『+』代表終點；『-』代表陷阱；『W』代表牆壁；『P』代表玩家（即代理人）

```
🖥 In
game.makeMove('d')
game.display()
```

```
Out
array([['+', '-', ' ', ' '],
       [' ', 'W', ' ', 'P'],
       [' ', ' ', ' ', ' '],
       [' ', ' ', ' ', ' ']], dtype='<U2')
```

編註：執行『向下』的移動指令後，代表玩家的『P』向下移動了一格

```
🖥 In
game.reward()  ◀──── 輸出該動作所產生的回饋值
```

```
Out
-1
```

讓我們了解一下該遊戲的狀態長什麼樣子（這些狀態資訊將輸入到神經網路當中）。請執行以下指令：

```
🖵 In
game.board.render_np()          ◀── 顯示遊戲的當前狀態
```

```
Out
array([[[0, 0, 0, 0],
        [0, 0, 0, 1],          ◀── 代表「玩家」的向量
        [0, 0, 0, 0],
        [0, 0, 0, 0]],

       [[1, 0, 0, 0],
        [0, 0, 0, 0],          ◀── 代表「終點」的向量
        [0, 0, 0, 0],
        [0, 0, 0, 0]],

       [[0, 1, 0, 0],
        [0, 0, 0, 0],          ◀── 代表「陷阱」的向量
        [0, 0, 0, 0],
        [0, 0, 0, 0]],

       [[0, 0, 0, 0],
        [0, 1, 0, 0],          ◀── 代表「牆壁」的向量
        [0, 0, 0, 0],
        [0, 0, 0, 0]]], dtype=uint8)
```

```
🖵 In
game.board.render_np().shape ◀── 輸出狀態張量的 shape
```

```
Out
(4, 4, 4)
```

可以看到，狀態資訊被存放在一個 4×4×4 的張量中。你可以將該張量的三個階分別看成**幀**（frames）、**高**（height）和**寬**（width）。其中，每個幀分別和遊戲中的一種物體對應，依序為玩家、終點、陷阱和牆壁。每個物體的 4×4 矩陣中只有一個位置的值為 1，代表物體所在的位置，其餘則為 0。

換句話說，在表示遊戲狀態的 3 階張量中（關於張量的定義可以參考節 2.4），第 0 階（幀）包含了四個由方格構成的平面，每個平面上分別記錄著遊戲中不同物體的位置。在圖 3.7 的例子中，玩家的位置在 (1，3)、終點在 (0，0)、陷阱在 (0，1)、牆壁則在 (1，1)，平面上除了這幾個位置以外的值皆為 0。

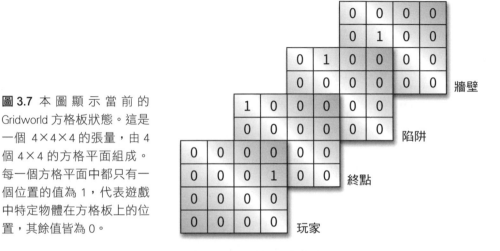

圖 3.7 本圖顯示當前的 Gridworld 方格板狀態。這是一個 4×4×4 的張量，由 4 個 4×4 的方格平面組成。每一個方格平面中都只有一個位置的值為 1，代表遊戲中特定物體在方格板上的位置，其餘值皆為 0。

理論上，我們可以直接建構能處理 4×4×4 張量的神經網路，但為了使資料處理起來比較方便，通常會將 3 階張量轉換為 1 階張量（即向量）。4×4×4 的張量一共有 $4^3 = 64$ 個元素，故我們可將該 3 階張量轉成維度為 64 的向量。

▌ 3.2.6 利用神經網路扮演 Q 函數的角色

讓我們開始建構具有 Q 函數功能的神經網路吧！如之前所述，本書一律使用 PyTorch 來建構深度學習模型，不過較熟悉 TensorFlow 的讀者也可以根據本節所討論的模型進行改寫。

圖 3.8 展示了我們的模型架構。圖 3.9 則用線圖的方式說明 DQN，並且標註了每條線的資料型別。

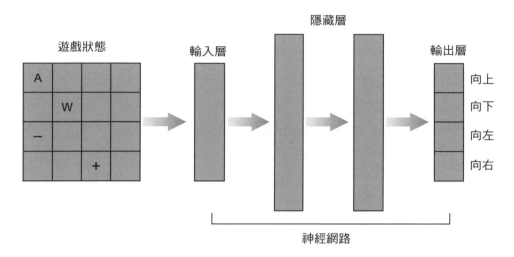

圖 3.8 以上便是我們針對 Gridworld 遊戲所建構的神經網路。該模型具有一個能接受 64 維（含有 64 個元素）狀態向量的輸入層、兩個隱藏層以及一個能產生 4 維向量的輸出層。向量中的 4 個值分別代表不同動作在該狀態下的 Q 值。

Deep Q-network

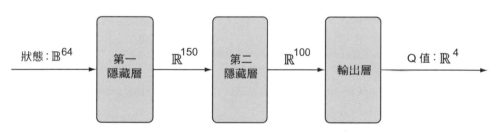

圖 3.9 以線圖説明圖 3.8 中的 DQN。輸入資料是長度為 64 的**布林向量**（Boolean Vector，即由 0 或 1 組成的向量）；輸出資料則是長度為 4 的浮點數向量，分別代表不同動作之 Q 值。

編註：請注意，輸入層只是一個輸入資料的介面，本身並無神經層的功能，因此在線圖中或實際建構程式時會將其忽略。

我們使用 PyTorch 的 nn 模組來實作上述模型。nn 模組能讓我們以更簡單的介面操作 PyTorch，兩者的關係類似 Keras 與 TensorFlow 之間的關係。

程式 3.2　利用神經網路扮演 Q 函數的角色

```
In
import numpy as np
import torch
from Gridworld import Gridworld
from IPython.display import clear_output
import random
from matplotlib import pylab as plt


L1 = 64      ←─── 輸入層的寬度
L2 = 150     ←─── 第一隱藏層的寬度
L3 = 100     ←─── 第二隱藏層的寬度
L4 = 4       ←─── 輸出層的寬度


model = torch.nn.Sequential(
    torch.nn.Linear(L1,L2),   ←─── 第一隱藏層的 shape
    torch.nn.ReLU(),
    torch.nn.Linear(L2,L3),   ←─── 第二隱藏層的 shape
    torch.nn.ReLU(),
    torch.nn.Linear(L3,L4)    ←─── 輸出層的 shape
)
loss_fn = torch.nn.MSELoss()  ←─── 指定損失函數為 MSE (均方誤差)
learning_rate = 1e-3          ←─── 設定學習率
optimizer = torch.optim.Adam(model.parameters(), lr=learning_rate) ←┐
                              指定優化器為 Adam, 其中 model.
                              parameters() 會傳回所有要優化的權重參數
gamma = 0.9  ←─── 折扣因子
epsilon = 1.0
```

　　在上面的程式碼中，我們建構了神經網路模型，並且定義了損失函數、學習率、優化器和各項參數。我們只要再撰寫一個訓練迴圈讓優化器重複執行，使模型的誤差隨著訓練不斷縮小就行了。之前已經介紹過幾個主要步驟（3.2.2 節），下面讓我們進入更具體的部分。

3-23 頁的程式 3.3 為演算法的**主要訓練迴圈**，它的流程說明如下：

1. 根據訓練次數（epochs）來設定迴圈的重複次數。

2. 在主要訓練迴圈中設定一個 while 迴圈（用來判斷遊戲是否仍在繼續）。

3. 運行剛剛建構的神經網路（以下簡稱為 Q 網路）。

4. 我們選擇的策略是 ε - 貪婪策略。因此在時間點 t 時，演算法有 ε 的機率隨機選擇動作，另外有 $1-\varepsilon$ 的機率則根據神經網路輸出的 Q 值向量，選擇 Q 值最高的動作。

5. 執行在上個步驟中所選定的動作（a_t），然後觀察新狀態 s_{t+1} 和回饋值 r_{t+1}。

6. 將 s_{t+1} 當做輸入，再次以前饋方式運行 Q 網路，並且將輸出向量中最大的 Q 值記錄下來，把它叫做最大 Q 值（即 $maxQ_A(s_{t+1})$）。

7. 計算 $r_{t+1} + \gamma * maxQ_A(s_{t+1})$，該值為訓練神經網路所要達到的目標 Q 值。其中 γ 參數的範圍介於 0 和 1 之間。若執行完動作 a_t 後遊戲就結束了，那麼 s_{t+1} 也就不存在，$maxQ_A(s_{t+1})$ 即可設為 0，目標 Q 值就等於 r_{t+1}。

8. Q 網路的輸出向量中有 4 個值（ 編註 ：即遊戲中 4 種動作的 Q 值）。經過一次訓練後，我們只會修改先前執行動作所對應的 Q 值。也就是說，若之前執行了動作 a，那麼就只更新原始 Q 值向量中動作 a 的 Q 值，並輸出一個新的 Q 值向量。

9. 利用更新過後的 Q 值向量來訓練模型，接著重複步驟 2 到 9。

 步驟 6 到 8 實際上是在計算表 3.1 的更新公式。

為了更清楚地說明步驟 8，請看以下例子。假設我們第一次執行 Q 網路時得到動作的 Q 值向量如下：

```
array([[-0.02812552, -0.04649779, -0.08819015, -0.00723661]])
```

更新過後的向量會變成下面這樣：

```
array([[-0.02812552, -0.04649779, 1, -0.00723661]])
```

可以看到，我們只替換了其中一個值。至於替換哪一個值，則由之前執行了何種動作而定（在上面的例子中，我們執行了第三種動作）。

往下繼續之前，還有一個小細節必須說明。在我們所用的 Gridworld 遊戲引擎中，makeMove() 的輸入為英文字母（例如：若要向上移動，則需輸入『u』），但我們需以數字索引來操作 Q-Learning 所產生的結果。因此，我們得先用 Python 的字典將代表不同動作的字母與數字對應起來：

```
action_set = {
  0: 'u',    ◀── 『0』代表『向上』
  1: 'd',    ◀── 『1』代表『向下』
  2: 'l',    ◀── 『2』代表『向左』
  3: 'r'     ◀── 『3』代表『向右』
}
```

所有工作都完成了，現在來實際看看主迴圈的程式碼。

程式 3.3　主要訓練迴圈

```
In
```

```python
epochs = 1000
losses = []   ←── 使用串列將每一次的 loss 記錄下來，方便之後將 loss 的變化趨勢畫成圖
for i in range(epochs):
    game = Gridworld(size=4, mode='static')   ←┐
                    建立遊戲，設定方格邊長為 4，物體初始位置模式為 static
    state_ = game.board.render_np().reshape(1,64) + np.random.rand(1,64)/10.0 ←┐
                    將 3 階的狀態陣列（4×4×4）轉換成向量（長度為 64），並將每個值都加
                    上一些隨機雜訊（很小的數值）。編註：加上雜訊的原因會在稍後說明

    state1 = torch.from_numpy(state_).float()   ←┐
                    將 NumPy 陣列轉換成 PyTorch 張量，並存於 state1 中


    status = 1   ←── 用來追蹤遊戲是否仍在繼續（『1』代表仍在繼續）
    while(status == 1):
        qval = model(state1)   ←── 執行 Q 網路，取得所有動作的預測 Q 值
        qval_ = qval.data.numpy()   ←── 將 qval 轉換成 NumPy 陣列
        # 依照 ε- 貪婪策略選擇動作
        if (random.random() < epsilon):   ─┐
            action_ = np.random.randint(0,4)   ├── 隨機選擇一個動作（探索）
        else:                              ─┘
            action_ = np.argmax(qval_)   ←── 選擇 Q 值最大的動作（利用）

        action = action_set[action_]   ←── 將代表某動作的數字對應到
                                            makeMove() 的英文字母

        game.makeMove(action)   ←── 執行之前依照 ε- 貪婪策略所選出的動作
        state2_ = game.board.render_np().reshape(1,64) + np.random.rand(1,64)/10.0 ┐
        state2 = torch.from_numpy(state2_).float() ─┘
                                            動作執行完畢，取得遊戲
                                            的新狀態並轉換成張量
        reward = game.reward()
        with torch.no_grad():   ←── 該程式的作用會在稍後說明
            newQ = model(state2.reshape(1,64))     將新狀態下所輸出
        maxQ = torch.max(newQ)   ←──             的 Q 值向量中的最
                                                大 Q 值記錄下來
        if reward == -1:   ─┐
            Y = reward + (gamma * maxQ) ─├── 計算訓練所用的目標 Q 值
```

NEXT

3-23

```
        else: ◀── 若 reward 不等於 -1，代表遊戲已經結束，也就沒有
                    下一個狀態了，因此目標 Q 值就等於回饋值
            Y = reward
        Y = torch.Tensor([Y]).detach() ◀── 該程式的作用會在稍後說明
        X = qval.squeeze()[action_] ◀─┐

                將演算法對執行的動作所預測的 Q 值存進 X，並使用 squeeze() 將 qval
                中維度為 1 的階去掉 (shape [1,4] 會變成 [4])

        loss = loss_fn(X, Y) ◀── 計算目標 Q 值與預測 Q 值之間的誤差
        if i%100 == 0:
            print(i, loss.item())
            clear_output(wait=True)
        optimizer.zero_grad()
        loss.backward()
        optimizer.step()
        state1 = state2
        if abs(reward) == 10:
            status = 0 ◀──────────────  若 reward 的絕對值為 10，代表遊戲已
                                        經分出勝負，所以設 status 為 0
    losses.append(loss.item())
    if epsilon > 0.1:
        epsilon -= (1/epochs) ◀──  讓 ε 的值隨著訓練的進行而慢慢下降，
                                    直到 0.1 (還是要保留探索的動作)
plt.figure(figsize=(10,7))
plt.plot(losses)
plt.xlabel("Epochs",fontsize=11)
plt.ylabel("Loss",fontsize=11)
```

TIP 為什麼要在遊戲狀態中加入雜訊呢？這是因為我們的狀態張量（用來表示不同物體在方格板上的位置）中大多數的值為 0，而 ReLU 不擅長處理 0（該函數在 0 的點上無法微分）。因此，我們就將狀態陣列中每個元素都加上一個非常小的數值（雜訊），讓陣列中所有的值皆不為 0。這種做法也能避免過度配適（overfitting）的發生。

　　每當我們往 PyTorch 模型中輸入資料（狀態）時，PyTorch 都會自動產生一張**運算圖**（computational graph）。有了運算圖，我們就可以知道模型中有哪些參數需要進行反向傳播處理。

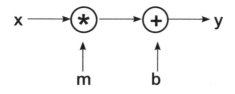

y = m*x + b 之運算圖

　　在上例中，state2 的 Q 值（即程式中的 newQ）只是在訓練時，充當神經網路的學習目標而已，我們不需要對任何參數進行反向傳播處理。因此可以使用 torch.no_grad 來指示 PyTorch 不要生成運算圖，進而省下一些記憶體空間。真正需要利用反向傳播來處理的是：呼叫 model(state1) 時所產生的運算圖中的參數，因為我們必須調整這些參數來訓練神經網路。下面用一個簡單的線性模型範例來說明 torch.no_grad 的效果：

🖥 **In**

```
m = torch.Tensor([2.0])
m.requires_grad=True ┐
b = torch.Tensor([1.0]) ├── 程式作用稍後會說明
b.requires_grad=True ┘
def linear_model(x,m,b):
    y = m*x + b
    return y
y = linear_model(torch.Tensor([4.]),m,b)
y
```

Out

```
>>> tensor([9.], grad_fn=<AddBackward0>)
```

🖥 **In**

```
y.grad_fn
```

Out

```
>>> <AddBackward0 at 0x128dfb828>
```

```
🖥 In
with torch.no_grad():
    y = linear_model(torch.Tensor([4]),m,b)
y
```
....

```
Out
>>> tensor([9.])
```

```
🖥 In
y.grad_fn
```
....

```
Out
>>> None ◄── 編註 : 運行後不會顯示任何東西
```

　　在上面的例子中，我們創建了 m 和 b 這兩個可訓練的參數，並把它們的 requires_grad 屬性設為 True，以讓 PyTorch 將兩者當成運算圖中的兩個節點（nodes），並將它們的運算過程都保留下來。任何利用 m 和 b 生成的張量（在本例中即 y），其 requires_grad 屬性也會是 True，代表該張量的運算過程也會被存進記憶體中，以便在稍後反向傳播時可以計算梯度。在呼叫線性模型 linear_model 並列印 y 時，不僅會顯示該張量的數值，還顯示了 grad_fn=<AddBackward0> 的屬性（也可以透過 y.grad_fn 屬性來顯示）。

　　AddBackward 是**梯度函數**（ gradient_function ）的一種，它儲存了節點 y 對參數 m 和 b 的偏微分結果，也就是 $\frac{\partial y}{\partial m} = x$ 和 $\frac{\partial y}{\partial b} = 1$ 兩個結果。以上結果是根據基本的微分原理推導來的。當從某個節點進行反向傳播處理時，我們會需要這些偏微分結果來計算梯度，所以梯度函數是很重要的。

　　只要對 y 呼叫 backward()，便能開始執行反向傳播的計算。計算完成後，每一個節點的梯度則可以透過 grad 屬性來取得：

```
In
y = linear_model(torch.Tensor([4.]),m,b)
y.backward()
m.grad
```

```
Out
>>> tensor([4.])
```

```
In
b.grad
```

```
Out
>>> tensor([1.])
```

　　若實際對 y 進行先前提到的偏微分計算，我們將得到與上面相同的結果。為了確保反向傳播順利進行，PyTorch 會追蹤所有的前饋式計算（forward computation），並將它們的偏微分結果給記錄下來。當我們呼叫運算圖中輸出節點的 backward() 時，PyTorch 便會循著不同節點的梯度函數反向傳播回去，直到抵達輸入節點為止。透過這種方法，我們便能取得模型中所有參數的梯度。

　　回到主要訓練迴圈的程式碼中，請注意我們對 Y 張量呼叫了 detach() 函式，這個函式可以將 Y 節點從整張運算圖中分離出來。由於在計算 newQ 時已經使用了 torch.no_grad()，所以這個 detach() 函式是多餘的（**編註**：因為沒有產生運算圖，所以也就不存在 Y 節點）。之所以保留這行程式碼，是因為 detach() 這項操作在本書日後的討論中會很常見，在一些情況下，如果不適當地分離節點會導致模型在訓練的過程中發生錯誤。

舉個例子，假設我們呼叫 loss.backward(X,Y)，而 Y 並沒有與其所在的運算圖分離，則程式會同時對 Y 的運算圖和 X 的運算圖進行反向傳播，並依照**將損失最小化**的準則來更新兩張運算圖中的參數。當我們**只想**更新 X 運算圖的參數，上述程式便會發生問題。換言之，只要把 Y 和其運算圖**分離**，程式就只會把 Y 當成一組資料，而不是運算圖上的一個節點，也就不會同時對 Y 的運算圖也進行反向傳播。在實作時，請一定要弄清楚自己想要對哪一張圖進行反向傳播，並小心不要弄錯節點。

現在可以開始執行訓練迴圈，差不多執行個 1,000 次就綽綽有餘了。完成後，你可以將損失的變化趨勢畫出來，檢查看看損失是否有成功收斂。理論上，損失會隨著時間不斷下降，最後在某個值附近上下震盪。程式 3.3 最後會畫出圖 3.10 的訓練過程。

圖 3.10 中雖然有許多雜訊，但損失的整體趨勢很明顯正在朝 0 的方向收斂。這種趨勢說明：模型的訓練應該是成功的，但我們仍要進行實際測試才可下定論。為此，我們撰寫了程式 3.4，該程式會讓模型實際進行一次遊戲，並從中評估其表現。

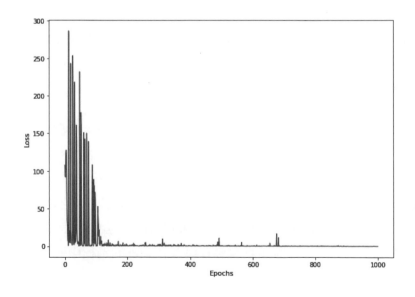

圖 3.10 Q-Learning 演算法的損失變化圖。隨著訓練的進行，損失明顯呈下降趨勢。

程式 3.4 測試 Q 網路

🖵 **In**

```
def test_model(model, mode='static', display=True):
    i = 0
    test_game = Gridworld(size=4, mode=mode)    ◀── 產生一場測試遊戲
    state_ = test_game.board.render_np().reshape(1,64) + np.random.rand(1,64)/10.0
    state = torch.from_numpy(state_).float()
    if display:
        print("Initial State:")
        print(test_game.display())
    status = 1
    while(status == 1):    ◀── 遊戲仍在進行
        qval = model(state)
        qval_ = qval.data.numpy()
        action_ = np.argmax(qval_)
        action = action_set[action_]
        if display:
            print('Move #: %s; Taking action: %s' % (i, action))
        test_game.makeMove(action)
        state_ = test_game.board.render_np().reshape(1,64) + np.random.rand(1,64)/10.0
        state = torch.from_numpy(state_).float()
        if display:
            print(test_game.display())
        reward = test_game.reward()
        if reward != -1:    ◀── 代表勝利 (抵達終點) 或落敗 (掉入陷阱)
            if reward > 0:    ◀── reward > 0，代表成功抵達終點
                status = 2    ◀── 將狀態設為 2，跳出迴圈
                if display:
                    print("Game won! Reward: %s" %reward)
            else:    ◀── 掉入陷阱
                status = 0    ◀── 將狀態設為 0，跳出迴圈
                if display:
                    print("Game LOST. Reward: %s" %reward)
        i += 1    ◀── 每移動 1 步，i 就加 1
        if (i > 15):
            if display:                                          ⎤  若移動了 15 步，
                print("Game lost; too many moves.")    ── ⎬  仍未取得勝利，
            break                                                ⎦  則一樣視為落敗

    win = True if status == 2 else False
    return win
```

測試函式 test_model() 的程式碼和訓練迴圈大致相同，只是不需要計算損失和進行反向傳播的動作，完全只以前饋的方式執行神經網路來取得預測結果，趕快來看看我們的模型是否成功學會玩 Gridworld 這個遊戲吧！

🖥 **In**

```
test_model(model, 'static')
```

....

Out

```
Initial State:
[['+' '-' ' ' 'P']
 [' ' 'W' ' ' ' ']
 [' ' ' ' ' ' ' ']
 [' ' ' ' ' ' ' ']]
Move #: 0; Taking action: l
[['+' '-' 'P' ' ']
 [' ' 'W' ' ' ' ']
 [' ' ' ' ' ' ' ']
 [' ' ' ' ' ' ' ']]
Move #: 1; Taking action: d
[['+' '-' ' ' ' ']
 [' ' 'W' 'P' ' ']
 [' ' ' ' ' ' ' ']
 [' ' ' ' ' ' ' ']]
Move #: 2; Taking action: d
[['+' '-' ' ' ' ']
 [' ' 'W' ' ' ' ']
 [' ' ' ' 'P' ' ']
 [' ' ' ' ' ' ' ']]
Move #: 3; Taking action: l
[['+' '-' ' ' ' ']
 [' ' 'W' ' ' ' ']
 [' ' 'P' ' ' ' ']
 [' ' ' ' ' ' ' ']]
Move #: 4; Taking action: l
[['+' '-' ' ' ' ']
 [' ' 'W' ' ' ' ']
 ['P' ' ' ' ' ' ']
 [' ' ' ' ' ' ' ']]
Move #: 5; Taking action: u
[['+' '-' ' ' ' ']
 ['P' 'W' ' ' ' ']
 [' ' ' ' ' ' ' ']
 [' ' ' ' ' ' ' ']]
Move #: 6; Taking action: u
[['+' '-' ' ' ' ']
 [' ' 'W' ' ' ' ']
 [' ' ' ' ' ' ' ']
 [' ' ' ' ' ' ' ']]
Game won! Reward: 10
```

　　為我們的 Gridworld 演算法來點掌聲吧！它完全知道自己該做什麼，直接朝終點方向邁進！

　　但現在高興恐怕還為時過早，畢竟每一場遊戲都是使用 static 模式生成的（ 編註：所有物體的初始位置都是固定的），所以對演算法來說並不算太困難。當我們選擇使用 random 模式來產生遊戲時，你就會發現演算法的不足了：

💻 In

```
test_model(model, 'random')   ←── 將遊戲的生成模式改成 random，再次測試模型
```

Out

```
Initial State:
[[' ',' ',' ',' ',' ',' ']
 ['W','+',' ',' ','P']
 [' ',' ',' ',' ',' ',' ']
 [' ',' ',' ',' ',' ','_']]
Move #: 0; Taking action: d
[[' ',' ',' ',' ',' ',' ']
 ['W','+',' ',' ',' ']
 [' ',' ',' ',' ',' ','P']
 [' ',' ',' ',' ',' ','_']]
Move #: 1; Taking action: l
[[' ',' ',' ',' ',' ',' ']
 ['W','+',' ',' ',' ',' ']
 [' ',' ',' ','P',' ',' ']
 [' ',' ',' ',' ',' ','_']]
Move #: 2; Taking action: l
[[' ',' ',' ',' ',' ',' ']
 ['W','+',' ',' ',' ',' ']
 [' ',' ','P',' ',' ',' ']
 [' ',' ',' ',' ',' ','_']]
Move #: 3; Taking action: l
[[' ',' ',' ',' ',' ',' ']
 ['W','+',' ',' ',' ',' ']
 ['P',' ',' ',' ',' ',' ']
 [' ',' ',' ',' ',' ','_']]
Move #: 4; Taking action: u
[[' ',' ',' ',' ',' ',' ']
 ['W','+',' ',' ',' ',' ']
 ['P',' ',' ',' ',' ',' ']
 [' ',' ',' ',' ',' ','_']]
```

我們省略中間幾步以節省空間 ──→

```
Move #: 11; Taking action: u
[[' ',' ',' ',' ',' ',' ']
 ['W','+',' ',' ',' ',' ']
 ['P',' ',' ',' ',' ',' ']
 [' ',' ',' ',' ',' ','_']]
Move #: 12; Taking action: u
[[' ',' ',' ',' ',' ',' ']
 ['W','+',' ',' ',' ',' ']
 ['P',' ',' ',' ',' ',' ']
 [' ',' ',' ',' ',' ','_']]
Move #: 13; Taking action: u
[[' ',' ',' ',' ',' ',' ']
 ['W','+',' ',' ',' ',' ']
 ['P',' ',' ',' ',' ',' ']
 [' ',' ',' ',' ',' ','_']]
Move #: 14; Taking action: u
[[' ',' ',' ',' ',' ',' ']
 ['W','+',' ',' ',' ',' ']
 ['P',' ',' ',' ',' ',' ']
 [' ',' ',' ',' ',' ','_']]
Move #: 15; Taking action: u
[[' ',' ',' ',' ',' ',' ']
 ['W','+',' ',' ',' ',' ']
 ['P',' ',' ',' ',' ',' ']
 [' ',' ',' ',' ',' ','_']]
Game lost; too many moves.
False
```

這是一個非常有趣的結果。請仔細觀察演算法所選擇的路徑。在本局遊戲中，玩家一開始的位置僅距離終點兩步之遙。若我們的演算法真的瞭解這個遊戲的玩法，那麼它應該選擇往左移動才對。然而，神經網路所走的路徑卻和 static 模式時差不多。看來它只是死記了特定方格板的路線，並沒有真的學會怎麼走或是怎麼玩這個遊戲。

接著我們將生成遊戲的模式改成 random，再重新訓練，看看上述問題是否迎刃而解（ 編註 ：相關程式碼請參考本章 Colab 筆記本）。經過 1,000 次訓練後，我們得到了如圖 3.11 的損失變化圖，結果不是很理想。在 random 模式下，模型似乎沒辦法學到什麼有用的東西。

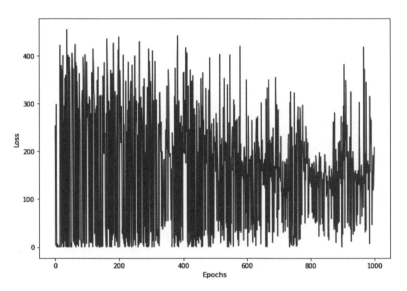

圖 3.11 在 random 模式下訓練 Q-Learning 演算法的損失變化圖，損失並未有收斂的趨勢。

如果我們試著把生成遊戲的模式改成 player，即只有玩家位置是隨機的模式，可以發現演算法是可以把遊戲玩好的（圖 3.12）。該結果意味，當遊戲的環境變化增加時，演算法就沒有辦法隨機應變，只能依照之前訓練時的走法去完成遊戲。這是一個十分嚴重的問題。只能記憶特定解法、或者學習少數情況的強化式學習演算法完全沒有任何價值。DeepMind 也遇過同樣的問題，並且成功找到了解決方法，接下來我們就進一步討論這些方法。

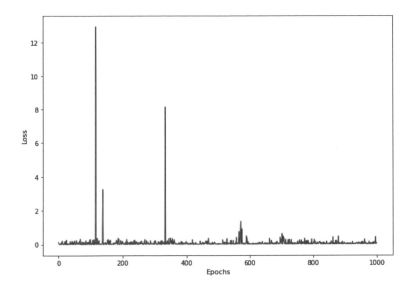

圖 3.12 在 player 模式下訓練 Q-Learning 演算法的損失變化圖，損失有在慢慢變小。

3.3 避免災難性失憶的發生：經驗回放

現在我們要更上一層樓，想辦法在更困難的 random 模式下（每場遊戲中，各物體的初始位置會隨機變化）訓練演算法。在該模式下，演算法無法再像先前那樣，套用過去的解法來過關。反之，它必須對環境產生更透徹的理解，才能在狀況隨機變化的情形下，成功避開陷阱並以最短路徑抵達終點。

■ 3.3.1 災難性失憶

在上一節中使用 random 模式訓練模型會失敗，是因為我們遇到了**災難性失憶**（catastrophic forgetting）的問題。這個問題經常發生在利用梯度下降法（gradient descent）進行**即時訓練**（online training）時。所謂即時訓練，指的是演算法每執行一個訓練迴圈（代理人每走一步），神經網路的參數梯度便會被反向傳播並更新一次。這也是本章到目前為止所用的訓練方式。

假設演算法在訓練時遇到了圖 3.13 中遊戲 1 的狀態，即：終點位於代理人（A，有時也用『P』來表示）的正右方，而陷阱則在正上方。在 ε - 貪婪策略下，如果代理人選擇往右移動，就會抵達終點。於是，演算法學習到『在遊戲 1 的狀態下向右移動』會產生高價值，進而利用反向傳播調高了該狀態 - 動作對的**權重**（weight）。

接著，遊戲 2 開始。這一次，終點出現在代理人的正左方，正右方則變成了陷阱（參考圖 3.13 的下圖）。對於演算法來說，遊戲 2 的狀態和遊戲 1 的狀態十分相似。既然在遊戲 1 中，『向右移動』是一個很好的選擇，那麼它在遊戲 2 中就會選擇執行同樣的動作。然而，這麼做的結果卻是：代理人落入陷阱，並且得到回饋值 – 10。這和之前的經驗（向右走會抵達終點）不符，所以演算法再次利用反向傳播來降低該狀態 - 動作對的權重。但因為在遊戲 2 和遊戲 1 中，代理人所處理的狀態 - 動作對實在太接近了（得到的回饋值卻相反），所以之前學習到的知識可能會被『顛覆』。

以上就是災難性失憶發生的原因。簡單來說，當兩個狀態非常相似，但代理人達成目標的動作卻截然不同時，演算法便有可能會產生混亂，進而導致其無法進行有效的學習。注意，在監督式學習中我們基本上不會碰到這種狀況。這是因為監督式學習模型不會在每接受一筆訓練資料後，就更新一次參數權重；相反地，它會等某**批次**（batch）中的資料全部處理完，並且在計算該批次資料的總梯度或平均梯度後，再一次過進行權重的更新 (編註 ：較不容易受單一資料或狀態的影響)。

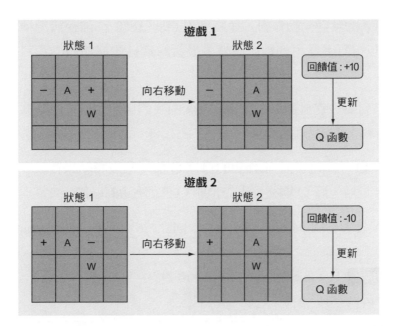

圖 3.13　災難性失憶的概念如下：當兩個遊戲狀態太過相似，但執行相同動作卻會產生截然不同的結果時，Q 函數便會感到『困惑』，進而導致演算法無法學習。在上例中，災難性失憶之所以發生，是因為遊戲 1 的經驗告訴 Q 函數『向右走會產生回饋值＋10』，但與遊戲 1 初始狀態非常類似的遊戲 2 卻顯示『向右走會產生回饋值－10』。於是，演算法在學習遊戲 2 的經驗時，就將從遊戲 1 中學習到的經驗給覆蓋掉了，致使整個學習徒勞無功。

■ 3.3.2　經驗回放

　　當我們使用 static 模式訓練神經網路時，災難性失憶並未造成太大傷害。原因是：終點的位置永遠不變（**編註**：代理人可以一直用之前學到的走法來抵達終點，不會出現需要更換走法的狀況）。但在 random 模式下，災難性失憶是一個必須處理的問題。我們的應對方法是使用**經驗回放**（experience replay）。基本上，經驗回放就是在即時學習的訓練方法中加入**批次更新**（batch updating）的概念。要實現這個做法並不困難。

　　以下是經驗回放的運作流程（圖 3.14）：

1. 在狀態 s 下執行動作 a，並且記錄所產生的新狀態 s_{t+1} 和回饋值 r_{t+1}。

2. 將以上資料以 tuple (s，a，s_{t+1}，r_{t+1}) 的型別，儲存在串列 (list) 中（我們將此串列稱為**記憶串列**）。

3. 不斷嘗試新的狀態 - 動作對，並將結果（即『經驗』）儲存於記憶串列中（大小可以自訂，當串列被填滿時，最新的資料會把最舊的資料給擠出去）。

4. 當記憶串列中的資料數量大於**批次量**（由我們自訂）時，就隨機選擇串列中的資料來組成一個批次的子集。

5. 計算該子集中每筆狀態 - 動作對的目標 Q 值，然後將結果存放在目標陣列 Y 中。同時，將 Q 網路輸出的預測 Q 值儲存在陣列 X。

6. 將 X 和 Y 當做一個小批次（mini-batch）進行批次訓練（batch training）。

> ▬▬ **小編補充** 第 1 步到第 3 步把狀態 - 動作對的結果累積起來，第 4 步及第
> 5 步取子集當 mini-batch，第 6 步開始進行訓練。

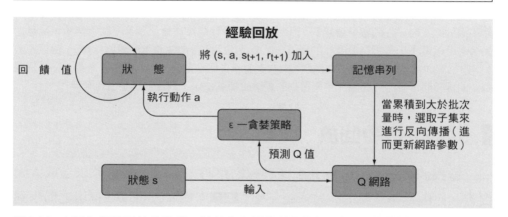

圖 3.14 上圖為經驗回放的流程。該技術可以降低災難性失憶對即時學習式演算法的影響。整個技術的精髓在於小批次的使用。神經網路參數的調整不再是根據最近一次的經驗資料，而是將過去的經驗都先儲存起來，然後再隨機取出一小批次的子集進行訓練來更新 Q 網路中的參數。

　　由此可見，為了避免災難性失憶，演算法會隨機參考過去的一些經驗來進行訓練（而不是只參考最近一次的經驗而已）。

　　程式 3.5 所列的訓練程式和程式 3.4 很像，只是多加了經驗回放的部分。記住，在本次訓練中我們調高了遊戲的難度：即所有物體在遊戲開始時的位置會隨機變化（random 模式）。

在運行程式 3.5 前，要再運行一次程式 3.2 來重建模型。

程式 3.5 包含經驗回放的 DQN

```
In
```

```python
from collections import deque
epochs = 5000          ← 訓練 5000 次
losses = []
mem_size = 1000        ← 設定記憶串列的大小
batch_size = 200       ← 設定單一小批次 (mini_batch) 的大小
replay = deque(maxlen=mem_size)    ←  產生一個記憶串列 (資料型別
max_moves = 50    ← 設定每場遊戲最多可以走幾步    為 deque) 來儲存經驗回放的
for i in range(epochs):                            資料，將其命名為 replay
    game = Gridworld(size=4, mode='random')
    state1_ = game.board.render_np().reshape(1,64) + np.random.rand(1,64)/100.0
    state1 = torch.from_numpy(state1_).float()
    status = 1
    mov = 0    ← 記錄移動的步數，初始化為 0
    while(status == 1):
        mov += 1
        qval = model(state1)    ← 輸出各動作的 Q 值
        qval_ = qval.data.numpy()
        if (random.random() < epsilon):
            action_ = np.random.randint(0,4)
        else:
            action_ = np.argmax(qval_)
        action = action_set[action_]
        game.makeMove(action)
        state2_ = game.board.render_np().reshape(1,64) + np.random.rand(1,64)/100.0
        state2 = torch.from_numpy(state2_).float()    在 reward 不等於 -1 時設定
        reward = game.reward()                         done=True，代表遊戲已經結
        done = True if reward != -1 else False    ← 束了 (分出勝負時，reward
                                                      會等於 10 或 -10)
        exp = (state1, action_, reward, state2, done)    ←
                產生一筆經驗，其中包含當前狀態、動作、新狀態、回饋值及 done 值
        replay.append(exp)    ← 將該經驗加入名為 replay 中
```

NEXT

```
            state1 = state2  ◄── 產生的新狀態會變成下一次訓練時的輸入狀態
        if len(replay) > batch_size:  ◄──┐
            當 replay 的長度大於小批次量 (mini-batch size) 時,啟動小批次訓練
            minibatch = random.sample(replay, batch_size)  ◄──┐
                            隨機選擇 replay 中的資料來組成子集

                        將經驗中的不同元素分別儲存到對應的小批次張量中

            state1_batch = torch.cat([s1 for (s1,a,r,s2,d) in minibatch]) ──┐
            action_batch = torch.Tensor([a for (s1,a,r,s2,d) in minibatch])
            reward_batch = torch.Tensor([r for (s1,a,r,s2,d) in minibatch])
            state2_batch = torch.cat([s2 for (s1,a,r,s2,d) in minibatch])
            done_batch = torch.Tensor([d for (s1,a,r,s2,d) in minibatch]) ──┘
            Q1 = model(state1_batch)  ◄── 利用小批次資料中的『目前
            with torch.no_grad():          狀態批次』來計算 Q 值
                Q2 = model(state2_batch)  ◄──┐
            利用小批次資料中的『新狀態批次』來計算 Q 值,但設定為不需要計算梯度

            Y = reward_batch + gamma * ((1 - done_batch) * torch.max(Q2,dim=1)[0]) ◄──┐
                                計算我們希望 DQN 學習的目標 Q 值 ───────────┘

            X = Q1.gather(dim=1,index=action_batch.long().unsqueeze(dim=1)). 接下行
                        squeeze()  ◄──────────── gather() 及 unsqueeze() 函式的
            loss = loss_fn(X, Y.detach())         用途可參見下面的小編補充框
            print(i, loss.item())
            clear_output(wait=True)
            optimizer.zero_grad()
            loss.backward()
            optimizer.step()
        if abs(reward) == 10 or mov > max_moves:
            status = 0
            mov = 0  ◄── 若遊戲結束,則重設 status 和 mov 變數的值
    losses.append(loss.item())
if epsilon > 0.1:
    epsilon -= (1/epochs)  ◄── 讓 ε 的值隨著訓練的進行而慢慢下降,
                              直到 0.1 (還是要保留探索的動作)
losses = np.array(losses)
plt.figure(figsize=(10,7))
plt.plot(losses)
plt.xlabel("Epochs",fontsize=11)
plt.ylabel("Loss",fontsize=11)
```

原程式未正確處理 ε 值,小編在這裡已直接修正。

　　為了將代理人所獲得的經驗儲存起來，我們使用了 Python 內建函式庫中的 deque 資料結構。當你想要把新資料存入已滿的 deque 串列時，串列中第一筆資料便會被刪除，而新資料則會從串列的最後面插入。也就是說，最舊的資料會被最新資料擠出去。在程式 3.5 中，我們創建了名為 replay 的 deque 串列（其長度可以自由決定），用來存放資料型別為 tuple 的資料：(state1, reward, action, state2, done)，即經驗。

　　經驗回放訓練的最大特色為：在 replay 串列累積到足夠的數量時，便以小批次資料進行訓練。我們會隨機選取一些 replay 中的經驗資料，並將這些資料中的各元素分開，分別儲存成 5 個小批次：state1_batch、reward_batch、action_batch、state2_batch 以及 done_batch。以 state1_batch 和 reward_batch 來說：前者的 shape 等於批次量（batch_size）×64，在本例中相當於 200×64（batch_size = 200）；而後者則是包含 200 個整數元素的向量。

　　注意，在計算目標 Q 值的公式，即：Y = reward_batch + gamma * ((1 - done_batch) * torch.max(Q2,dim=1)[0]) 中會使用到 done_batch，而 done_batch 是由布林值所組成，所以可將它視為整數 0 和 1 來進行算術運算（**編註**：False = 0，True = 1）。當遊戲結束時，done_batch 中對應的 done 值是 True（1），而 1-done = 0，因此式子中的 gamma 會乘上 0，以致最後 Y 的值會等於 reward_batch。我們之前提過，若某個動作使得遊戲結束，就代表已經沒有『下一個狀態』可以計算最大 Q 值了，所以此時的 Y 值會等於 reward_batch。

　　為了產生小批次 X（模型輸出的預測 Q 值），我們使用 gather() 函式來建立 Q1 張量的子集（Q1 的維度為 200×4，其中 200 為批次大小，4 為可選擇的動作數目），並將個別動作所代表的號碼當作索引值。如此一來，我們便可以挑出實際執行的動作 Q 值，並最終生成一個長度為 200 的向量。有關 gather() 和 unsqueeze() 函式可參考以下的小編補充。

有關 gather() 和 unsqueeze() 函式的說明如下：

1. gather() 函式可以從張量中挑出我們想要的元素，例如：

```
💻 In
t = torch.Tensor([[1, 2, 3],
                  [4, 5, 6],
                  [7, 8, 9]])
indices = torch.Tensor([[2],
                        [0],
                        [1]])
torch.gather(input=t,dim=1,index=indices.long())
```

```
Out
tensor([[3.],
        [4.],
        [8.]])
```

gather() 參數中的 dim = 1 是指定要依照 index 參數，對 input 張量中『第 1 階』的元素進行索引取值。因此上面的程式會從 input 張量 t 中挑出 t[0, 2]、t[1, 0] 及 t[2, 1] 的元素。

　　　　　　　　　　　　　　　　　　　　　　第 0 階　　第 1 階

這裡要注意的是，『**index 張量**』的階數要和『**input 張量**』的階數一致（都是 2 階），如此才能對在對應的位置索引取值；而 gather() 輸出張量的 shape 會與 index 張量的 shape 一樣（都是 [3, 1]），也就是每個對應的索引都會取出一個值。

2. unsqueeze() 函式可以在 dim 參數所指定的位置『加入 1 維的階數』，因此 shape 會多出一階。例如底下的程式可將 shape 為 [4] 的向量變成 [1，4] 或 [4，1] 的矩陣：

NEXT

```
In
x = torch.tensor([1,2,3,4])
y = torch.unsqueeze(input=x, dim=0)  ◄── 在 x 張量的第 0 階加入一個 1 維的階
print(y.shape)
```

```
Out
torch.Size([1,4])  ◄── x 張量的第 0 階多了一個維度為 1 的階
```

```
In
z = torch.unsqueeze(input=x, dim=1)  ◄── 在 x 張量的第 1 階加入一個 1 維的階
print(z.shape)
```

```
Out
torch.Size([4,1])  ◄── x 張量的第 1 階多了一個維度為 1 的階
```

在上面的程式中，x 原本是 1 階張量（向量），在使用 unsqueeze( ) 轉換後會變成 2 階張量（矩陣）。

在以上的訓練中，因為遊戲的困難程度比之前來得高，所以我們將訓練次數提升到 5000 次。訓練完成後，我們利用之前寫好的 test_model() 來進行遊戲，底下的程式 3.6 可進行 1,000 場遊戲並顯示勝率。

程式 3.6 測試具備經驗回放機制的模型

```
max_games = 1000  ◄── 模擬 1000 次遊戲
wins = 0
for i in range(max_games):
    win = test_model(model, mode='random', display=False)  ◄── 利用 random 模式來進行測試
    if win:
        wins += 1
win_perc = float(wins) / float(max_games)
print("Games played: {0}, # of wins: {1}".format(max_games,wins))
print("Win percentage: {}%".format(100.0*win_perc))  ◄── 顯示勝率
```

加入了經驗回放機制後，勝率平均可達到 90%（每次運行的結果都會有些差異，讀者可以多嘗試幾次），這代表演算法的確掌握了遊戲的一些技巧，但尚未完全掌握整個遊戲的精髓，否則勝率應該會更高。

但實際上就算是人類去玩 Gridworld，勝率也不會是百分之百。這是因為我們的 Gridworld 引擎有可能生成不可能贏的遊戲，例如：終點可能位於角落，並且被牆壁和陷阱包圍住。雖然本引擎已盡量避免這種情況發生，但難免還是有漏網之魚，在這些狀況下，演算法不僅贏不了遊戲，還會影響到模型的訓練過程，造成學習成效下降。這是因為在那些有漏洞的遊戲中，演算法即使執行了正確的動作也無法過關（因而導致演算法去修改原本就是正確的動作）。我們之所以不將 Gridworld 引擎設計的更精密，進而確保遊戲一定可通關，是因為這會讓程式變得過於複雜，不利於概念的說明。

圖 3.15 中顯示了損失如何隨著訓練過程而變化（你所得到的結果可能會有所不同，但整體趨勢是一樣的）：

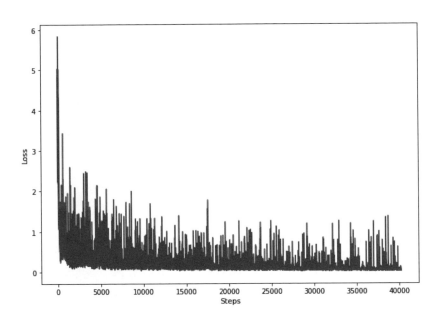

圖 3.15 使用經驗回放後的 DQN 損失變化圖。圖中顯示了明顯的下降趨勢，但整體來説雜訊過大。

　　如你所見，圖 3.15 中的損失呈現明顯的下降趨勢，但看起來不太穩定。這樣的圖在監督式學習中很少見，但在深度強化式學習中卻很常見。經驗回放可以降低災難性失憶的影響，但其本身也會帶來一些雜訊（不穩定性）。

3.4 使用目標網路來提升學習穩定性

　　一開始，我們的代理人能在『遊戲中所有物體的初始位置固定（static 模式）』或『只有玩家位置隨機變化（player 模式）』的情況下，掌握 Gridworld 遊戲。然而，之前的結果告訴我們，演算法的成功可能只是因為代理人將所有的玩法都背起來了。畢竟，對於一個 4×4 的方格板來說，可能的走法並不是很多。因此，我們改用 random 模式來生成遊戲，藉此來增加遊戲的困難度，同時加入了經驗回放的技術來掌握更複雜的情況。如此訓練出來的演算法的確取得了不錯的成效，但我們卻遇到了瓶頸：損失圖（圖 3.15）的雜訊太多了。為解決此問題，在更新公式中可以加入另一個技巧來讓訓練的過程更加穩定。

▋ 3.4.1　學習的不穩定性

　　DeepMind 在他們的 Deep Q-Network 論文中指出了一個問題：若每執行一個迴圈，就更新一次 Q 網路中的參數，則學習的不穩定性（instability）將會提高。發生這種狀況的原因是：演算法每執行一個動作後便要更新參數，但我們卻只在代理人獲勝或輸掉遊戲時才提供顯著的回饋值 (+10 或 -10)。這就代表演算法在大多數的情況下將不知所措，學習的過程會變得雜亂無章（**編註**：還未分出勝負前，任何動作的回饋值都為 -1，演算法很難區分動作的好壞，這也就是之前提到過的稀疏回饋值問題。關於這個問題的解決方法，我們將會在第 8 章加以敘述）。

以上問題並非只存在於理論中，而是 DeepMind 在訓練神經網路時實際觀察到的現象。他們的解決方法是：將 Q 網路複製成兩份（兩個模型的參數互相獨立）。其中一個我們把它叫做主要 Q 網路；另一個則被稱為**目標網路**（target network），記為 $\hat{Q}$ 網路（讀作『Q hat』）。在未經任何訓練以前，目標網路和主要 Q 網路是一模一樣的。（可參考圖 3.16）

讓我們來看看目標網路在訓練過程中發揮了什麼作用（以下說明會忽略經驗回放的細節）：

1. 初始化主要 Q 網路中的參數，這些參數（神經網路的權重）統稱為 θ_Q。

2. 將主要 Q 網路複製一份，產生一個參數為 θ_T 的目標網路並設定 $\theta_T = \theta_Q$。

3. 使用 ε - 貪婪策略，參考主要 Q 網路所預測的 Q 值來選擇動作 a。

4. 觀察動作 a 所產生的回饋值 r_{t+1} 和新狀態 s_{t+1}。

5. 若動作 a 讓遊戲結束（分出勝負），則將目標 Q 值設為 r_{t+1}，否則就等於 $r_{t+1} + \gamma \max Q_{\theta_T}(s_{t+1})$（注意，這裡用的是**目標網路**來計算出下一個狀態之最大 Q 值）。

6. 利用目標網路所輸出的目標 Q 值對主要 Q 網路（注意，不是目標網路）進行反向傳播。

7. 每過了 C 次迴圈（C 的值可以自己設定）後，重設 $\theta_T = \theta_Q$（藉此來更新目標網路內的參數）。

$\hat{Q}$ 網路的唯一功能，是用來計算出 Q 網路進行反向傳播所需的目標 Q 值。在這種做法裡，雖然主要 Q 網路中的參數仍然是每執行一個訓練迴圈就更新一次，但我們降低了更新後的參數對動作選擇上的影響（**編註**：因為我們用的是目標網路所產生的目標 Q 值來訓練 Q 網路，而不是主要 Q 網路本身所產生的 Q 值），這種做法確實可以提高穩定性。如果你現在還是搞不清楚主要 Q 網路和目標網路之間的關係，那麼圖 3.16 或許可以幫助你更好的理解：

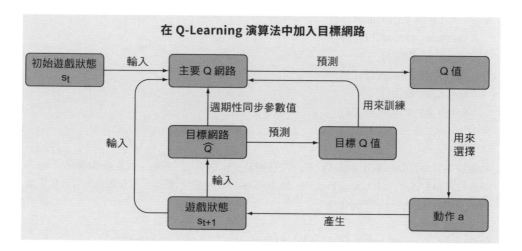

圖 3.16 使用目標網路進行 Q-Learning 的流程。此方法和之前的 Q-Learning 演算法很像，只不過現在多了一個從 Q 網路複製而來的目標網路。我們使用目標網路計算出一個目標 Q 值，並用它來更新主要 Q 網路中的參數（可參考表 3.1 的更新公式），藉此達到訓練的目的。注意，目標網路中的參數不會每一輪都更新，而只會每隔固定輪數與主要 Q 網路的參數同步一次。通過這種方式，我們希望 Q 網路的穩定性能夠得到提升。

以下程式和程式 3.2 很類似，只不過我們多加了幾行和目標網路有關的程式碼：

程式 3.7 目標網路

```
In

import copy

L1 = 64
L2 = 150
L3 = 100
L4 = 4

model = torch.nn.Sequential(
    torch.nn.Linear(L1,L2),
    torch.nn.ReLU(),
    torch.nn.Linear(L2,L3),
    torch.nn.ReLU(),
    torch.nn.Linear(L3,L4)
)

model2 = copy.deepcopy(model)        ← 完整複製主要 Q 網路的架構，產生目標網路
model2.load_state_dict(model.state_dict())    ← 將主要 Q 網路中的參數複製給目標網路
loss_fn = torch.nn.MSELoss()
learning_rate = 1e-3
optimizer = torch.optim.Adam(model.parameters(), lr=learning_rate)

gamma = 0.9
epsilon = 1.0
```

目標網路是主要 Q 網路的複製品，其參數會每 C 個迴圈更新一次。每一個由 PyTorch 產生的模型，都可以利用 load_state_dict() 將該模型中的所有參數以 dictionary 的型別傳回。我們利用 Python 內建的 copy 模組來讓目標網路模型和主要 Q 網路模型是一模一樣，且彼此獨立的。另外，我們也使用 load_state_dict() 來確保它的參數與原始的 Q 網路相同。

接下來，我們將加入完整的訓練迴圈。這裡的程式碼和程式 3.5 基本相同（會用數字標示出不同之處），只不過在計算新狀態的最大 Q 值時使用的是 model2（即目標網路）。同時，我們還讓演算法每執行 500 次訓練迴圈便將主要 Q 網路當前的參數複製給目標網路，以更新其內部的參數。

程式 3.8 利用經驗回放和目標網路訓練 DQN

🖵 **In**

```
from collections import deque
epochs = 5000
losses = []
mem_size = 1000    ◀── 設定記憶串列的大小
batch_size = 200   ◀── 設定批次大小
replay = deque(maxlen=mem_size)
max_moves = 50
sync_freq = 500  ◀── (1) 設定 Q 網路和目標網路的參數同步頻率 (每 500 步就同步一次參數)
j=0 ◀── (2) 紀錄當前訓練次數
for i in range(epochs):
    game = Gridworld(size=4, mode='random')
    state1_ = game.board.render_np().reshape(1,64) + np.random.rand(1,64)/100.0
    state1 = torch.from_numpy(state1_).float()
    status = 1
    mov = 0
    while(status == 1):
        j+=1  ◀── (3) 將訓練次數加 1
        mov += 1
        qval = model(state1)
        qval_ = qval.data.numpy()
        if (random.random() < epsilon):
            action_ = np.random.randint(0,4)
        else:
            action_ = np.argmax(qval_)
        action = action_set[action_]
        game.makeMove(action)
        state2_ = game.board.render_np().reshape(1,64) + np.random.rand(1,64)/100.0
        state2 = torch.from_numpy(state2_).float()
        reward = game.reward()
        done = True if reward != -1 else False
        exp = (state1, action_, reward, state2, done)
        replay.append(exp)
        state1 = state2
        if len(replay) > batch_size:
            minibatch = random.sample(replay, batch_size)
```

NEXT

```
                    state1_batch = torch.cat([s1 for (s1,a,r,s2,d) in minibatch])
                    action_batch = torch.Tensor([a for (s1,a,r,s2,d) in minibatch])
                    reward_batch = torch.Tensor([r for (s1,a,r,s2,d) in minibatch])
                    state2_batch = torch.cat([s2 for (s1,a,r,s2,d) in minibatch])
                    done_batch = torch.Tensor([d for (s1,a,r,s2,d) in minibatch])
                    Q1 = model(state1_batch)
                    with torch.no_grad():                (4) 用目標網路計算目標 Q 值，
                        Q2 = model2(state2_batch)              但不要優化模型的參數
                    Y = reward_batch + gamma * ((1-done_batch) * torch.max(Q2,dim=1)[0])
                    X = Q1.gather(dim=1,index=action_batch.long().unsqueeze(dim=1)). 接下行
                            squeeze()
                    loss = loss_fn(X, Y.detach())
                    print(i, loss.item())
                    clear_output(wait=True)
                    optimizer.zero_grad()                (5) 每 500 步，就將 Q 網路當前
                    loss.backward()                       的參數複製一份給目標網路
                    optimizer.step()
                    if j % sync_freq == 0:
                        model2.load_state_dict(model.state_dict())
            if reward != -1 or mov > max_moves:
                status = 0
                mov = 0
            losses.append(loss.item())
        if epsilon > 0.1:
            epsilon -= (1/epochs)        讓 ε 的值隨著訓練的進行而慢慢下降，
    plt.figure(figsize=(10,7))            直到 0.1 (還是要保留探索的動作)
    plt.plot(losses)
    plt.xlabel("Steps",fontsize=11)
    plt.ylabel("Loss",fontsize=11)
```

原程式未正確處理 ε 值，
小編在這裡已直接修正

在使用目標網路和經驗回放完成訓練後，我們再次將模型的損失變化畫出來（圖 3.17）。你會發現，雖然圖中的雜訊依然很大，但與之前相比已經好很多了，並且還呈現明顯的下降趨勢。你可以自行調整各項超參數（如：經驗回放中記憶串列的大小、小批次量、目標網路的參數同步頻率、學習率等）並觀察其效果，模型的表現與這些超參數的值息息相關。

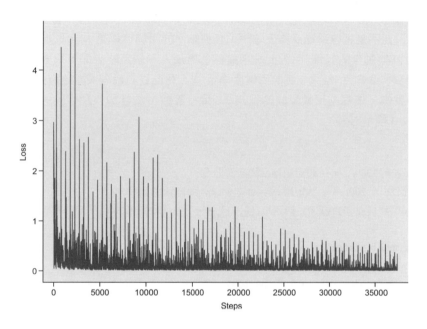

圖 3.17 在使用目標網路來穩定訓練過程後，所產生的損失圖。模型收斂的速度變快了，但每當目標網路的參數和 Q 網路的參數同步時，錯誤率就會驟升，進而在圖上形成一個個尖峰。

現在，讓模型再玩 1,000 次遊戲，我們觀察到平均勝率也有些許提升（接近 92%）。由於環境的限制（遊戲引擎可能生成贏不了的遊戲狀態），這樣的結果已經不錯了。另外，我們的訓練次數僅有 5,000 次，其中每一次訓練相當於進行一場新遊戲，而 Gridworld 方格板上各物體的可能位置組合（即狀態空間的大小）約有 $16 \times 15 \times 14 \times 13 = 43680$ 種（在一個 4×4 的方格板上，若玩家的可能位置有 16 種，則牆壁的可能位置只有 15 個，因為牆壁和玩家不能占用同一個方格，再以此類推出終點及陷阱可能的位置數量分別為 14 及 13 個）。也就是說，在訓練過程中，演算法最多只會經歷所有可能遊戲狀態的 $\frac{5,000}{43,680} = 0.11 = 11.44\%$。若是在這種情況下，模型還能在沒見過的遊戲狀態中取勝，則我們可以相當自信地說：這已經是一個具有通用性（generalization）的演算法了。

📎 **小編補充** 在訓練的過程中，代理人可能會做出撞牆的動作（這裡的『牆』代表方格板上的 W 或邊界）。在大部分狀況下，代理人不知道這一個動作是要避免的（只要不是抵達終點或掉入陷阱，任何動作的回饋值都是 -1，因此無法比較撞牆與其他動作的好壞）。因此，小編試著再加入一個策略，即：只要執行的動作會導致『撞牆』的結果，就將回饋值降至 -5，藉此告訴代理人應該避免導致『撞牆』的動作。這裡利用較單純的程式 3.5 進行實驗，額外加入及修改的程式已用 1、2 及 3 標示出來：

```
...
mem_size = 1000    ◀— 設定記憶串列的大小
batch_size = 200   ◀— 設定單一小批次 (mini_batch) 的大小
move_pos = [(-1,0),(1,0),(0,-1),(0,1)]   ◀— (1) 移動方向 u,d,l,r 的實際移動向量
...
qval = model(state1)
    qval = qval.data.numpy()
        if(random.random() < epsilon):
            action_ = np.random.randint(0,4)
        else:
            action_ = np.argmax(qval_)
        hit_wall = game.validateMove('Player', move_pos[action_]) == 1   ◀—┘
        action = action_set[action_]
        game.makeMove(action)
        state2_ = game.board.render_np().reshape(1,64) + np.random.rand(1,64)/100.0
        state2 = torch.from_numpy(state2_).float()
        reward = -5 if hit_wall else game.reward()   ◀— (3) 若撞牆就回饋 -5
        done = True if reward != -1 else False
...
```

(2) 若有撞牆的動作，hit_wall 就為 True

NEXT

經過多次實驗後，小編得到的平均勝率高達 97%，這證明『學習避免撞牆』是有助於提高勝率的。以下是加入『學習避免撞牆』機制後的損失圖。從圖中可發現，即使不使用『目標網路』，整個損失的收斂過程也變得穩定許多了。

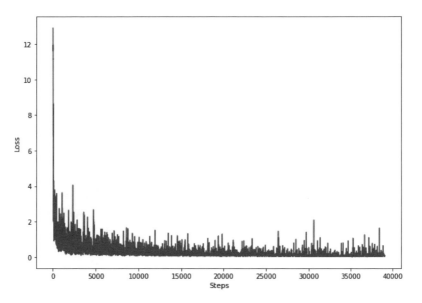

完整的程式碼請參考本章所附的 Colab 筆記本。

如果你的模型也在 4×4 方格板上屢戰屢勝，那麼就可以挑戰用 6×6 方格板訓練模型，此時只需要在產生 Gridworld 遊戲時改變 size 的參數值即可：

```
In
game = Gridworld(size=6, mode='random')
game.display()
```

```
Out
array([[' ', '+', ' ', ' ', ' ', ' '],
       [' ', ' ', ' ', ' ', ' ', ' '],
       [' ', ' ', 'W', ' ', ' ', ' '],
       [' ', '-', ' ', ' ', ' ', ' '],
       [' ', ' ', ' ', ' ', 'P', ' '],
       [' ', ' ', ' ', ' ', ' ', ' ']], dtype='<U2')
```

TIP **DeepMind 的 Deep Q-Network**

本章的 Deep Q-Network(DQN) 和 DeepMind 在 2015 年所發表的 DQN(在 Atari 遊戲上表現遠超人類的演算法) 基本上是相同的。DeepMind 的 DQN 也使用了 ε- 貪婪策略、經驗回放和目標網路。當然,在實作細節上兩者還是有許多不同 (我們的模型玩的是為了本書而專門設計的 Gridworld 遊戲,而 DeepMind 的模型則是能以真實的電子遊戲畫面進行訓練)。舉例而言,DeepMind 的 Q 網路會一次獲取最近的 4 幀 (frame) 遊戲畫面,好推測出遊戲中各物體的速度和運動方向等訊息 (只憑一幀畫面無法知道這些)。這些訊息對於演算法決定該執行哪個動作來說是至關重要的。

如果想瞭解更多 DeepMind DQN 的資訊,你可以自行搜尋他們的論文『Human-level control through deep reinforcement learning』。值得一提的是:DeepMind 所用的神經網路架構為『雙層卷積層 (convolutional layers)+ 雙層全連接層 (fully connected layers)』,而本章的網路則是『3 層全連接層』。使用具有卷積層的神經網路來訓練 Gridworld 是不錯的嘗試,這麼做的其中一項好處是:輸入張量的維度可以自由決定。在先前討論的全連接層模型中,輸入張量的長度必須為 64(因為第一隱藏層為一個 64×150 的參數矩陣)。然而,卷積層可以接受任意長度的輸入張量。換句話說,你可以先使用 4×4 的方格板 (輸入張量之長度 4 × 4 × 4 = 64) 來訓練模型。之後,再測試模型是否能直接將訓練成果普適到 5 × 5 (或更大) 的方格板上 (以 5×5 的方格板來說,輸入張量之長度為 4 × 5 × 5 = 100)。請你務必嘗試一下!

3.5 回顧

本章中提到了不少內容。和之前一樣,我們先將重點放在程式上,對於許多強化式學習中的學術定義則暫且忽略。現在,我們來回顧本章內容並補充說明其中涉及到的專業術語。

3.5.1 Q-Learning 與 Deep Learning

在這一章中我們討論了名為 Q-Learning 的強化式學習演算法。這種演算法和深度學習或神經網路沒什麼關係,它只不過是一個數學公式。在 Q-Learning 中,我們使用 Q 函數來解決和**控制任務** (control task) 有關的問題。只要將某種狀態 (例如:遊戲狀態) 輸入到該函數中,它便能預測出此狀態下所有動作能產生多少價值,而這些預測價值一般稱為 Q 值 (或期望回饋值）。模型會憑藉這些 Q 值來決定應該執行什麼動作。例如：你可以使用貪婪策略，讓模型選擇最高 Q 值的動作；或者，你也可以使用更複雜的策略來完成動作的選擇，例如第 2 章學過的 softmax 策略，在**探索**（嘗試未知動作）和**利用**（選擇最佳動作）之間取得平衡。而本章則是採用 ε - 貪婪策略，並讓模型在前期多進行隨機**探索**（**編註**：一開始的 ε 值很高），然後逐步提高利用的頻率（**編註**：逐漸調低 ε 值），讓模型多選擇已知 Q 值最高的那個動作。

用來實現 Q-Learning 演算法的 Q 函數必須要能夠從訓練的過程中，學會如何準確地預測某狀態下各動作的 Q 值。此外，Q 函數能用不同的形式來呈現，包括：不具備智慧的**資料表**或複雜的**深度學習演算法**等。既然深度學習是目前最常見的學習演算法，因此我們決定使用神經網路來扮演 Q 函數的角色，並把該神經網路稱為 Deep Q-Network(DQN)。因此，『讓 Q 函數進行學習』對我們而言就相當於『利用反向傳播訓練神經網路』。

▌ 3.5.2 『策略獨立』與『策略依賴』

值得一提的是，Q-Learning 是一種**策略獨立**（off-policy）的演算法，與之相反的則稱為**策略依賴**（on-policy）演算法。在上一章中，你應該已經明白策略是什麼了：策略就是演算法為獲得最大回饋值所採用的對策。以玩 Gridworld 遊戲為例，其中一種策略是將所有可能路徑先畫出來，然後選擇最短的那一條；另一種策略則是隨機亂移動，直到剛好落在終點上為止。

對於策略獨立的強化式學習演算法（如：Q-Learning）而言，模型最終是否能學會精準預測 Q 值，和它所採取的策略無關。換言之，即使我們讓 Q 網路完全靠亂猜來選擇動作，演算法依然能從過去的輸贏經驗推論出狀態和動作的價值。當然，隨機亂猜是很沒有效率的策略，它會需要更多的資料來讓模型學習，訓練的時間也會增加。反之，策略依賴演算法的學習則和策略有密切相關。這是因為它們不僅會利用策略來選擇動作，還會依靠該策略來收集學習所需的資料。可以這樣理解：DQN 的訓練成果依靠的是資料（或經驗），而我們可以使用任意策略來搜集這些經驗資料，因此 DQN 是策略獨立於資料的。反之，策略依賴演算法會從資料中學習到某種策略，並進而使用該策略來收集訓練所需的資料，因此策略對這一類的演算法來說非常重要。

▌3.5.3 『無模型』與『以模型為基礎』的演算法

另一個我們還沒提過的關鍵概念是**無模型**（model-free）和**以模型為基礎**（model-based）的演算法。在之前的敘述中，模型基本上代表神經網路。我們也常用該名詞來代表任何統計模型，如：**線性模型**（linear model）或**貝氏圖模型**（Bayesian graphical model）等。而在另一些情境中，模型則是用來描述真實世界中某些機制的數學表示法。若模型已經掌握了某個機制的運作方法（包括：該機制由哪些元素構成以及這些元素之間的關聯性），那麼該模型不僅能分析既有的資料，還能預測未來的結果。舉例而言，氣象專家建構了包含多個變數的複雜模型，並且不斷收集來自真實世界的數據。藉由這些模型，他們可以預測未來的天氣，並且還有不錯的準確率。

關於模型，統計學上有一句名言：『所有模型都是錯的，但有些模型還是有用的』。這句話的意思是：我們永遠無法掌握一個事物的所有細節，所以要建出 100% 符合現實狀況的模型是不可能的。不過，只要我們能夠建構出 95% 符合現實狀況的模型，基本上就能幫助我們做出準確的預測了。

若我們訓練出能理解 Gridworld 遊戲的神經網路，那麼它就可以被叫做 Gridworld 的模型。基本上，該模型在遊戲中可以說是百戰百勝的，因為它已掌握了遊戲的運作方法。不過在 Q-Learning 的例子裡，我們並未提供 DQN 任何關於 Gridworld 的**先驗**（a priori，即事先已知的相關知識）模型，它是利用**試誤**（trial and error）的方式來學習，因此不需要去了解 Gridworld 的運作方式，而是要學習如何透過輸入的資料，來預測出期望回饋值。由此可知，DQN 是一種無模型（model-free)的演算法。

當然，我們也可以使用**領域知識**（domain knowledge）先建構一個大致的模型架構，再用演算法去填補模型中的細節，這便是一種以模型為基礎（model-based）的演算法。舉個例子，大多數的西洋棋演算法都是以模型為基礎的：它們會先知道遊戲的規則以及不同走法所產生的結果。這些演算法不知道的是，什麼樣的走法組合才能幫助我們贏棋（這也是我們希望它們學會的）。有了一個參考模型，演算法便能規劃長期計畫來達成目標。

在許多實際應用中，我們都希望演算法能從一開始的『無模型』慢慢發展成『建立自己的模型』來進行規劃。以機器人走路為例，一開始它可能只依靠試誤來學習（無模型）。在掌握了走路的基本技巧後，機器人便能針對環境建立模型，然後規劃從 A 點移動到 B 點的走法（以剛剛建立的模型為基礎）。在本書接下來的章節中，我們還會繼續探討『策略獨立』、『策略依賴』、『無模型』和『以模型為基礎』的演算法。在下一章中，我們會建立一個能實現策略函數功能的神經網路。

總 結

- 由環境的所有可能狀態組成的集合稱為**狀態空間**。

- 某狀態下所有可能動作的集合稱為**動作空間**。例如:西洋棋的動作空間包含了在某局面下的所有移動方法。

- 在特定策略下,**狀態價值**即從該狀態開始,到遊戲結束前所產生之回饋值的加權總和(可參考 3.1 節中,價值函數 $V^\pi(s)$ 的公式)。若某狀態的狀態價值很高,就代表如果以該狀態為初始狀態,接下來很有可能得到高回饋值。

- **動作價值**是在特定狀態下執行某動作後,我們所期望得到的回饋值。由於該價值和狀態及動作皆有關,因此也稱為**狀態 - 動作對**的價值。

- Q 函數可以接收一組狀態 - 動作對,並預測出動作價值。

- Q-Learning 是使用了 Q 函數的強化式學習演算法。換句話說,Q-Learning 是要學習如何預測某動作在特定狀態下的價值。

- 在 Q-Learning 中,使用神經網路做為 Q 函數者稱為 Deep Q-Network (DQN)。

- 在訓練過程中,可能會遇到**災難性失憶**的問題,即:最新的學習經驗覆蓋或改變了之前的學習經驗。

- 在**經驗回放**中,我們使用**批次訓練**的方式來降低災難性失憶對強化式學習演算法的影響。

- **目標網路**是從主要 Q 網路複製出來的,它能讓主要 Q 網路的訓練過程更穩定。

小編重點整理　價值函數

價值函數分為兩類：

(i)　動作價值函數（也稱 Q 函數）

　　給定某個**狀態**及**動作**，該函數可傳回該動作的**價值**（即預計可得到的回饋值）。其中，**Q-Learning** 是實現動作價值函數的一種演算法。有了各動作的價值，我們便可遵循某種策略（如：ε - 貪婪策略）來選擇動作。

(ii)　狀態價值函數

　　給定特定**狀態**，該函數可傳回該**狀態的價值**（即該狀態開始至遊戲結束前，每一步回饋值之加權總和）。

$$V^{\pi}(s_0) = E^{\pi}[\sum_{i=0}^{t} w_i r_{i+1}|s_i] = w_0 E[r_1|s_0] + w_1 E[r_2|s_1] + \ldots + w_t E[r_{t+1}|s_t]$$

MEMO

利用『策略梯度法』選擇最佳策略

在上一章中我們介紹了 Deep Q-Network（DQN）：一種將神經網路代替 Q 函數的**策略獨立**（off-policy，參見 3.5 節）演算法。DQN 的輸出結果取決於在特定狀態下，各動作所產生的 Q 值（圖 4.1），而 Q 值就相當於動作價值。

圖 4.1 Q 網路以狀態做為輸入，並輸出每個動作對應的 Q 值（即動作價值）。演算法會根據這些動作價值來決定應該執行哪個動作。

有了 Q 網路所預測的 Q 值之後，我們便可以用特定策略來選擇執行的動作。上一章所用的策略為 ε - **貪婪策略**，即：演算法有 ε 的機率會隨機選擇動作，有 1-ε 的機率會選擇具有最高 Q 值的動作（也就是 Q 網路所預測的最佳動作）。當然，選擇動作的策略還有很多，例如：使用 **softmax 函數**來處理 Q 值就是另外一種策略。不過我們在 3.5 節也講過，對於策略獨立演算法而言，選用什麼策略對學習預測出正確的 Q 值影響不大，只是效率會有所差異。

但我們也可不使用 Q 值，直接讓神經網路決定該執行什麼動作，這樣的神經網路在功能上就相當於**策略函數**，因此被稱為**策略網路**（policy network）。請回想第 2 章（表 2.5）中對策略函數的描述： π :State → P(Action|State)。以白話文來說就是：策略函數以狀態 s 為輸入，並且傳回各動作的**機率分佈**。憑藉這個機率分佈，我們便能從中決定該執行什麼動作。如果讀者對於此處所提到的機率分佈不熟悉，沒關係！在本章以及之後的章節裡都會有更詳細的討論。

4.1 策略網路

本章將介紹實現策略函數 π (s) 的演算法（上一章介紹的是**價值函數** V^π 或 Q 函數）。換句話說，我們不再訓練演算法去預測動作價值，而是訓練它們直接輸出各動作的機率。

■ 4.1.1 具有策略函數功能的神經網路

與 Q 網路相比，在輸入狀態資料以後，策略網路會直接輸出機率分佈 P(Als)，而不是動作價值（見圖 4.2）。我們可直接參照該分佈來隨機選擇動作，不必再多加任何步驟。在機率分佈 P(Als) 中，策略網路所預測出的最佳動作會分配到最高的機率，因此最有可能被演算法選上。

圖 4.2 策略網路接收狀態，並傳回該狀態下所有可能動作的機率分佈。

我們可以將機率分佈 P(Als) 想像成籤筒，筒內有 100 支籤，每支籤上都標有一個動作編號，編號可重複。以具有 4 種可能動作的遊戲來說，籤上的編號有可能是 0 到 3 中任何一個數字。假設策略網路預測：動作 2 最有可能是最佳動作，那麼就會將籤筒內**大多數**的籤標上 2，而 0、1、3 號籤的數量則較少。選擇動作的過程相當於從籤筒內隨機抽出一支籤，可以預期我們抽中 2 號籤的機會最大，但其它動作仍有被選中的機會，這讓演算法得以進行一定程度的**探索**。

根據以上的比喻，我們重新描述策略網路的功能：在輸入狀態後，策略網路便會根據該狀態下，各動作的機率分佈來準備籤筒內的籤。籤上會標示各種動作的編號，不同編號的籤在籤筒內所占數量比例和其機率值成正比。籤筒準備好後，我們便能透過隨機抽籤來決定該執行什麼動作。

透過以上方式運作的演算法稱為**策略梯度法**（policy gradient methods）。相較於諸如 DQN 的**價值預測法**，策略梯度法具有許多優勢。舉個例子：如同先前所述，我們再也不用花心思在動作選擇策略（如 ε - 貪婪策略）上了（ **編註** ：在前面的章節中，我們訓練 DQN 輸出各動作的價值，並根據不同的策略來決定執行的動作）。在第 3 章中，我們曾使用一些技巧（經驗回放、目標網路）來維持訓練結果的穩定性。策略網路的運用可以讓演算法變得更簡單，也就不需要那麼多複雜的技巧了。在本章稍後我們將詳細討論此類演算法和 DQN 之間的關鍵差異。

▌ 4.1.2　隨機策略梯度法

策略梯度法還能細分成許多不同種類。我們剛才描述的內容屬於**隨機策略梯度法**（stochastic policy gradient），因此本節將從此類方法開始討論。若神經網路模型使用了隨機策略梯度法，則它的輸出為代表各動作機率分佈的向量（圖 4.3）。

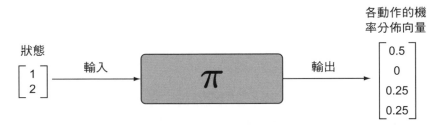

圖 4.3 隨機策略函數的示意圖。此類策略函數以狀態資料為輸入，並傳回各動作的機率分佈。之所以稱為隨機，是因為它的傳回值是各動作的機率分佈，而不是一個固定的數值。

該演算法所輸出的機率分佈便是我們選擇動作的基礎。由於這種選擇具有隨機性，因此就算多次提供相同的狀態給代理人，也不一定每次都會選擇同樣的動作。在圖 4.3 中，將狀態 $[1 \quad 2]^T$ 輸入到策略函數後，會得到一個包含許多機率值的向量，每個機率值與一個動作對應。

　　還有一種策略梯度法稱為**確定策略梯度法**（deterministic policy gradient, DPG）。遵循該方法的網路只有一**種**動作可以執行，代理人沒有其它選擇（如圖 4.4 所示，該種機率分佈也叫做**退化機率分佈**，degenerate probability distribution）。以第 3 章的 Gridworld 為例，採用 DPG 的策略網路會輸出維度為 4 的二元向量（ 編註 ：二元是指元素值只有 0 或 1 兩種），其中最佳動作的機率值為 1（一**定會**被執行），其它動作的機率值為 0（一**定不會**被執行）。DPG 會造成代理人探索不足，因為動作選擇不具隨機性。同時，對於離散動作集合而言，確定策略網路的輸出結果也是離散的（不可微分），無法與需要微分的深度學習方法共存，因此我們會把重點放在隨機策略梯度上。

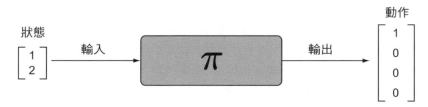

圖 4.4 上圖為確定策略函數，它和先前的隨機策略函數不同，不是傳回機率分佈，而是直接傳回所執行動作的索引值（ 編註 ：其中有一個動作的機率值為 1，這就相當於直接傳回該動作的索引）。

　　無論是哪種方法，我們都希望一開始時，各種動作的機率盡可能均勻分佈（ 編註 ：即所有動作的機率值皆相等），這樣演算法就可以自由探索各種動作。但在經過一段時間的訓練後，特定狀態下的機率分佈應該會朝著最佳動作的方向收斂（ 編註 ：即最佳動作的機率越來越高，而其它動作的機率則越來越低）。若在某狀態下，神經網路預測的最佳動作（即價值最高的動作）只有一個，則機率分佈應該會漸漸趨近於退化分佈。但如果存在兩個價值相當的動作，則我們的分佈中將產生兩個**眾數**（mode）。在機率分佈中，眾數的概念就相當於一個**峰值**（peak）。

⤳ 機率分佈是什麼？

在第 3 章的 Gridworld 中，代理人可以選擇的動作一共有 4 種：向上、向下、向左、向右。它們可以用數學的集合符號表示成 A = {up, down, left, right}，所以我們將其統稱為**動作集合**或者**動作空間**。那麼，動作集合的『機率分佈』又是什麼意思？

『機率』的定義可以被分成兩派。其中一派人是將機率定義成『某件事發生的頻率』，這種說法稱為機率的**頻率解釋法**（frequentist interpretation of probability）。以投擲公正（fair）硬幣為例，若我們觀察的次數夠多（理想上是無限多次），則出現正面的頻率和出現反面的頻率應該相等，而擲出硬幣某一面的機率即等於它出現的頻率。

另一派人則將機率視為預測某件事的自信程度（『利用當前的所有資訊，對於某件事之預測能力有多準』的一種主觀評估），這種自信程度通常被稱為**信心**（credence）。在這種觀點下，硬幣正面出現的機率之所以為 0.5 或 50%，是因為我們所擁有的資訊不足以讓我們做出『硬幣的某一面較容易出現』的結論，於是硬幣正反面所分到的信心大小是一樣的。根據此看法，每當我們無法做出決定性的判斷時（即無法斷言某件事發生的機率是 0 或 1），問題通常是出在資訊上的不足。

讀者可以自由選擇自己喜歡的定義，因為這並不會影響計算結果，但在本書中我們傾向採用『信心』的觀點來解釋機率。以 Gridworld 中的動作集合 A = {up, down, left, right} 為例，它的機率分佈就像是為集合中的每個動作指定一個信心值（即機率值），且所有機率值的總和須等於 1。更精確地說，每個動作的機率值代表在特定狀態下，我們認為該動作是最佳動作（動作價值最大）的信心程度。

動作集合 A 的機率分佈通常以函數 $P(A):a_i \rightarrow [0,1]$ 來描述，其中 $a_i \in A$。函數 P(A) 會將動作集合 A 中的不同動作映射至介於 0 和 1 之間的實數。更具體地說，每一個動作會指向一個在 0 與 1 之間的實數，而每個元素所對應的實數值加總起來必為 1。這種動作和實數之間的映射關係可以用向量來表達，只要定義清楚向量中各個位置分別與哪一個動作對應即可，以 Gridworld 為例：[up, down, left, right] → [0.25, 0.25, 0.10, 0.4]；像這類離散資料的映射函數又被稱為**機率質量函數**（probability mass function, PMF）。

NEXT

以上所談的是**離散（discrete）機率分佈**，因為我們的動作集合是一組離散變量（只有 4 種動作）。如果集合內的元素是無限多的（如：車子的速度，可以表示成 70.01 公里 / 小時，也可以表示成 70.001 公里 / 小時。換言之，小數可以有無窮多個），則與其對應的機率分佈為**連續機率分佈**，描述此種分佈的函數稱作**機率密度函數**（probability density function, PDF）。最廣為人知的一種 PDF 即**常態分佈**（normal distribution），又稱為**高斯分佈**（Gaussian distribution）或**鐘形曲線**（bell-curve）。

假如我們擁有一組**連續變量**的機率分佈（例如：在一款賽車遊戲中，我們必須控制車子的速度。由於車速可以是 0 到某個最大值之間的任意實數，因此其為連續變量），那麼該如何應用策略網路來控制速度呢？其中一種想法是：拋棄機率分佈的概念，直接訓練神經網路產生一個它認為最佳的速度值，但是這麼做可能導致探索的比例過低（在選擇動作時保留一些隨機性還是很重要的），而且這種網路很難訓練。由於本書所用的神經網路只能輸出向量（或者更準確地說是張量），因此它們無法直接產生連續的機率分佈（向量內的元素是離散的）。不過，只要動點腦筋便可以克服這項困難。舉個例子，常態分佈這一種 PDF 是由兩個參數定義的，即**平均數**（mean）和**變異數**（variance）。只要有了這兩個數值，那就相當於得到了常態分佈的 PDF。也就是說，我們只要訓練神經網路產生平均數和**標準差**（standard deviation，等於變異數開根號的值），並將兩者代入常態分佈的公式中，便可以根據該分佈來做出選擇。

如果以上概念對你來說很陌生，請不必擔心。這些概念在強化式學習（或者說在整個機器學習領域）中無所不在，因此在未來的章節中我們會重複解釋它們。

▌ 4.1.3　探索

　　請回憶一下前幾章的內容，我們所選擇的策略必須包含一點隨機的成份，這樣演算法在訓練時才會去嘗試之前未曾選擇過的狀態動作對。如果代理人每次都選擇價值最高的動作，它就不可能發掘更好的動作。在 DQN 中，我們使用的是 ε - **貪婪策略**，即：演算法有 ε 的機率會去隨機探索。

而對於隨機策略梯度法來說，策略函數的傳回值是機率分佈，所以代理人本來就有機會探索其他動作。只有在經歷足夠多次的隨機探索後，網路產生的動作機率分佈才可能收斂到單一動作（即最佳動作）上，進而變成退化分佈。不過，若環境本身具有一定隨機性的話，那麼每個動作都有可能會保留一些被選中的可能性。通常在訓練初期，代理人選擇各動作的機率應該都差不多大才對（均勻分佈），這是因為我們的模型一開始沒有足夠的資訊，無法斷定哪一個動作比較好。

4.2 策略梯度演算法：強化高價值動作

在本章一開始曾提到，我們會介紹一些可以實現策略函數 $\pi(s)$ 功能的演算法，而策略函數可以傳回狀態 s 下各動作的機率分佈。接著，我們就利用神經網路來扮演策略函數的角色（稱之為策略網路），並示範如何實作和訓練（優化）這些神經網路。

▊ 4.2.1 定義目標

複習一下，在神經網路的訓練過程中，會用到可對神經網路權重（參數）微分的函數。在上一章中，我們透過最小化『預測 Q 值』和『目標 Q 值』之間的均方誤差（MSE）來訓練 Deep Q-Network。同時，我們也學到了利用回饋值來計算目標 Q 值的公式（參見 3-6 頁）。

那麼，要如何才能訓練策略網路在輸入某狀態 s 下，輸出所有動作的機率分佈，也就是 P(A|s) 呢？很遺憾的，並沒有一個公式可以讓我們透過回饋值來算出 P(A|s)。在訓練 DQN 的例子中，我們先讓神經網路產生預測 Q 值的向量，再利用公式計算出目標 Q 值的向量，並使兩者誤差達到最小。但是策略網路並不會輸出類似的目標向量，而是直接預測出一個機率分佈。事實上，價值函數才能明確告訴我們最佳動作為何；但在策略網路中，我們希望可以省略計算動作價值的步驟。

以下我們用例子來說明要怎麼做才能訓練策略網路。先從符號開始介紹：策略網路記為 π，網路中所有的參數（權重）則統稱為 θ。當然，神經網路中的參數遠不止一個，但為了方便起見，傳統上會將所有參數表示成一個向量，並將此向量記為 θ。

每當我們以前饋方式執行策略網路時，網路的變數為輸入資料（即：狀態 s），參數向量 θ 則維持不變，因此該策略網路也可以寫成 $\pi_\theta(s)$。我們會把函數的參數以下標表示，而不會放在小括弧中。所以，如果函數寫成 $\pi(s, \theta)$，則 θ 是一個變數；而如果寫成 $\pi_\theta(s)$，則 θ 是函數的參數。

現在我們將 Gridworld 的某個初始狀態（記為 s）輸入到未經訓練的策略網路 π_θ 中，並以前饋的方式運行。策略網路會傳回一個 $\pi_\theta(s)$，即 4 種可能動作的機率分佈，如：[0.25, 0.25, 0.25, 0.25]。然後，演算法會參考此機率分佈隨機選擇一個動作。由於 $\pi_\theta(s)$ 是均勻分佈的，所以這裡的每個動作都有相同的機會被選到（圖 4.5）。我們會不斷重複以上過程，直到一場遊戲結束為止。

小編補充 請注意！在一場遊戲結束前，網路參數 θ 是固定的，每個狀態 s 對應的動作機率分佈也是固定不變的，動作機率分佈只有在一場遊戲結束後才會改變。

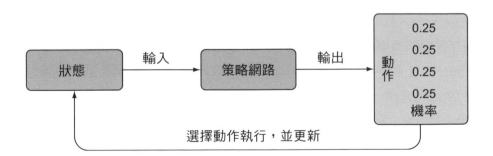

圖 4.5 在有 4 種可能動作的環境中，策略梯度演算法的運作情形。我們首先將狀態輸入到策略網路中，並得到各動作的機率分佈。接著，根據此機率分佈隨機選擇一個動作執行，進而產生新狀態。

請記住，Gridworld（或其它類似遊戲）的每一場遊戲都有明確的起點和終點。在 Gridworld 中，我們會以某初始狀態為起點，直到落入陷阱、抵達終點或者因為走太多步而導致遊戲結束為止。換言之，每一場遊戲都可視為一連串『狀態 s、動作 a 及回饋值 r』的組合，我們可以將整個流程記為：

$$\varepsilon = (s_0, a_0, r_1), (s_1, a_1, r_2) \dots (s_{t-1}, a_{t-1}, r_t)$$

上述每一個 tuple 都代表 Gridworld 遊戲中的某一步。當遊戲在時間點 t 結束時，我們將累積不少的歷史資料。舉例而言，如果從遊戲開始到結束共有 3 步，則整個遊戲過程就會像是下面這樣：

$$\varepsilon = (s_0, 3, -1), (s_1, 1, -1), (s_2, 3, +10)$$

狀態　　動作　　回饋值　　　　　執行動作 3　贏得遊戲

可以看到，每個動作都會用整數來表示，範圍從 0 到 3（分別對應到動作向量中的索引值）。另外，由於狀態是包含了 64 個元素的向量（ 編註 ：我們假設 Gridworld 方格板大小為 4×4，而遊戲中有玩家、陷阱、牆壁及終點 4 個物體，所以所有狀態要以 4×4×4 = 64 個參數來表示，參考 3-18 頁）。那麼，從這個結果中可以發現什麼呢？我們發現：這場遊戲以獲勝告終（最後一個 tuple 的回饋值為 +10）。也就是說，當策略網路再次遇到類似的狀態時，我們應該鼓勵它採行相同的一系列動作，因為很有可能會產生正回饋值（即抵達終點， 編註 ：在該遊戲中，掉入陷阱的回饋值為 -10，抵達終點的回饋值為 +10，其餘狀態的回饋值皆為 -1。換言之，只要收到的回饋值為正值，即代表玩家成功抵達終點）。在下一小節，我們就會說明如何去『鼓勵』策略網路來做出相關決定。

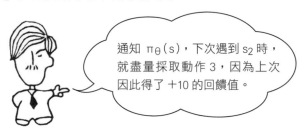

通知 $\pi_\theta(s)$，下次遇到 s_2 時，就盡量採取動作 3，因為上次因此得了 +10 的回饋值。

▋ 4.2.2　動作強化

　　我們可以透過不斷更新策略網路的參數 θ，使網路能更常選中會帶來勝利的動作。請注意上一頁遊戲中的最後一步，也就是狀態為 s_2 的地方：我們選擇了動作 3（ 編註：再次提醒，動作機率分佈向量中的動作編號是從 0 開始），並因此贏得了遊戲（ 得到回饋值 +10)。之前說過，在未經訓練的前提下，我們預設的動作機率分佈為 [0.25, 0.25, 0.25, 0.25]。現在，我們想要『強化』在狀態 s_2 下執行動作 3 的機率。

　　要達成此目標的一種做法是：將**目標動作機率分佈**設為 [0, 0, 0, 1]，並且讓策略網路的預測結果從原本的 [0.25, 0.25, 0.25, 0.25] 往 [0, 0, 0, 1] 趨近。以之前的例子來說，下一次遇到 s_2 時的機率分佈**可能**就會變成 [0.17, 0.17, 0.17, 0.49]（ 見圖 4.6，編註：即執行動作 3 的機率會上升，相對的，執行其他動作的機率會下降）。

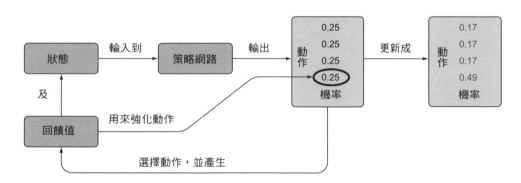

圖 4.6 根據策略網路傳回的機率分佈來選擇動作後，我們可以收到一個回饋值及新狀態。回饋值可以被用來增加（ 收到正回饋值 ）或減少（ 收到負回饋值 ）該動作在某狀態下的機率值。要注意的是，雖然我們只想調整動作 3 的機率值，但因為機率分佈向量中所有值的總和必須為 1，因此其它動作的機率值也會一起發生改變。

　　🖉 **小編補充**　增加或減少機率值大小的動作不會馬上執行，而是會先把各次 (s,a,r) 值記錄在 tuple 中，等到一場遊戲結束後，再利用 tuple 的資料透過修正網路參數 θ 的值來達成。

這種做法也常應用在監督式學習中，例如：當我們利用 softmax 來做圖片分類時，神經網路的輸出向量（**編註**：內存有某圖片屬於各類別的機率值）會趨近於退化分佈。在強化式學習中，我們在更新這些機率分佈時有更多限制：第一，我們只能對網路進行小幅度的更新，以確保在訓練前期，演算法在選擇動作時保有一定的隨機性（以便探索各種動作）。第二，我們必須參考之前的經驗來決定一個動作所分配到的機率。在深入討論這兩個問題以前，讓我們先說明相關的符號。

之前提過，以前饋方式運行策略網路時，我們通常將該網路表示成 $\pi_\theta(s)$，代表網路中的參數 θ 是不變的，會變動的是輸入至網路的狀態資料。因此，當我們呼叫函數 $\pi_\theta(s)$ 時，該函數會利用參數 θ 計算出狀態 s 下各動作的機率分佈並傳回。相反地，當我們想要訓練策略網路時，不變的反而是狀態資料，參數則成了要調整的對象。換句話說，當訓練函數是 $\pi_s(a|\theta)$ 時，演算法會找到一組最優參數來最小化損失值。

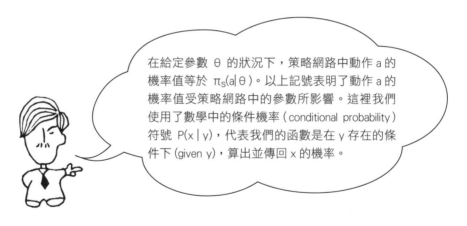

在給定參數 θ 的狀況下，策略網路中動作 a 的機率值等於 $\pi_s(a|\theta)$。以上記號表明了動作 a 的機率值受策略網路中的參數所影響。這裡我們使用了數學中的條件機率（conditional probability）符號 P(x|y)，代表我們的函數是在 y 存在的條件下（given y），算出並傳回 x 的機率。

回到之前的例子，為了提高動作 3 的機率值，我們必須修改策略網路中的參數 θ，使 $\pi_s(a_3|\theta)$ 的機率值最大化，其中 a_3 代表動作 3。在訓練之前，$\pi_s(a_3|\theta)=0.25$，因此 θ 進行修正之後，應該要產生 $\pi_s(a_3|\theta)>0.25$ 的結果。同時，因為機率分佈中所有機率值的總和必須等於 1，所以 $\pi_s(a_3|\theta)$ 的最大化會造成其它機率值總和的最小化。要注意的是，由於大部分優化器較擅長處理最小化（而非最大化），所以我們會將目標改成『最小化 $1 - \pi_s(a|\theta)$』（此刻開始我們將用 a 來代表我們所執行的動

作）。可以看到，當損失函數 $1-\pi_s(a|\theta)$ 的值趨近於 0 時，$\pi_s(a|\theta)$ 會接近 1，這和最大化 $\pi_s(a|\theta)$ 的意思是一樣的。

■ 4.2.3 對數化的機率

上述的想法從數學上來看沒甚麼問題，不過機率值必介於 0 和 1 之間，所以優化器只能在這狹小的數值範圍內進行操作。由於電腦在小數表示的精確度上有所侷限，因此在優化過程中可能會遇到一些數值表示上的問題（例如：不得已要四捨五入）。此時如果把最小化的目標 $1-\pi_s(a|\theta)$ 取對數變成 $-\log\pi_s(a|\theta)$，則優化器所能操作的數值範圍將比純機率高出許多，即從（0, 1）變成（∞, 0）。也就是說，將機率**取對數**後會比較好處理。除此之外，對數還具有一項很方便的性質：log(a・b) = log(a) + log(b)，也就是當兩個對數機率進行相乘時，可以將乘法運算轉換成更為穩定的加法運算。

當 $-\log\pi_s(a|\theta)$ 的值趨近於 0 時，$\pi_s(a|\theta)$ 就會趨近於 1，因為 $-\log 1=0$。換句話說，當我們想要達成『最大化 $\pi_s(a|\theta)$』（讓它趨近於 1）的目標時，要做的就是想辦法將 $-\log\pi_s(a|\theta)$ 最小化（讓它趨近於 0）。

■ 4.2.4 功勞分配

目前 $-\log\pi_s(a|\theta)$ 已經成為了我們的損失函數，對於該函數來說，無論動作執行的時間點為何，對策略網路中參數的更新影響幅度都是一樣的。這是一個需要解決的問題，因為最後執行的動作讓遊戲分出了勝負，所以它的**功勞**（credit）應該要比遊戲一開始執行的那個動作來得高才對。事實上，遊戲中第一個動作的好與壞往往很難判定，只有在分出勝負之後才能回頭來評價該動作。也就是說，離遊戲結束越遠的動作，我們就越難評估它的價值。以西洋棋為例，最後一步棋的功勞較第一步高，是因為我們很確定：直接讓你贏棋的棋步是好棋步。但對於第一步棋而言，我們就不敢那麼肯定了。倒數第五步棋對於贏棋的貢獻度為何？這個問題很難回答。我們會把這一類的問題統稱為**功勞分配**（credit assignment）問題。

折扣係數 discount factor 與回報值 return

要解決上述問題，我們可以將策略網路更新的幅度乘上**折扣係數**（discount factor，介於 0 和 1 之間的數值，以 γ 表示）。對於每場遊戲的最後一個動作而言，折扣係數等於 1，代表執行動作後，網路的更新幅度不會被打折；而倒數第二個及更之前動作的折扣係數則是 γ^t，因此在執行動作後，網路參數的更新幅度是會被打折的。

另外一個功勞分配的因子是 G_t，G_t 為第 t 步的**回報值**（return）或**未來回報值**（future return），其相當於『從遊戲第 t 步開始到最後一步，玩家收到的回饋值總和』。

我們可以透過將第 t 步後的回饋值加總來得到 G_t 的值：

$$G_t = r_t + r_{t+1} \ldots + r_{T-1} + r_T$$

回報值 G_t 是從第 t 步直到最後一步的回饋值累加。G_t 雖然是 r_t 的累加，但 r_t 有正有負，G_t 的值不一定一直增加。

（**編註**：假設在該場遊戲中，代理人或玩家總共走了 T 步。回報值和第 3 章介紹的狀態價值很類似，但是回報值是**實際回饋值**之總和，而狀態價值則是**期望回饋值**之總和。）

加入折扣係數和回報值後的損失函數會變成：$-\gamma^t * G_t * \log \pi_s(a|\theta)$，這也是要最小化的目標。式中的 γ^t 即折扣係數，下標 t 則表明是第幾步動作的折扣係數。

在時序上，距離遊戲最後一步越遠的動作，折扣係數越小（**編註**：最後一步動作的折扣係數為 1，即不進行折扣）。倒數第二個動作的的折扣係數也被稱為**初始折扣係數** γ_0，在這裡我們把它設為 0.99。其餘動作的折扣係數則是將其下一個動作的折扣係數乘上 0.99（第二個動作的折扣係數 = 第三個動作的折扣係數乘以 0.99，以此類推）。

假如我們贏了一場 Gridworld，則折扣係數序列看起來會像是 [0.970, 0.980, 0.99, 1.0]。對於第 t 步的動作，我們可以透過 $\gamma_t = \gamma_0^{(T-t)}$ 的公式計算出其折扣係數，此處的初始折扣係數 $\gamma_0 = 0.99$，T 則是該場遊戲的總步數。注意，折扣係數會呈指數型衰減。當 $T-t=0$（即 $t=T$）時，$\gamma_{T-0} = 0.99^0 = 1$；若 $T-t=2$ 倒數第 3 步，則 $\gamma_{T-2} = 0.99^2 = 0.9801$，以此類推。距離遊戲結束越遠的動作，折扣係數受到指數衰減的影響越大。

小編補充 在本章，我們會先進行一場完整的遊戲，並記錄遊戲過程中每一步的回饋值。遊戲結束後，我們便可以根據這些資料，計算出該場遊戲中不同時間點的回報值。接下來，便可以利用回報值來計算損失，更新網路參數。

要特別注意的是，這裡的回報值和前面章節提到的價值是不同的東西。回報值是實際接收到的，某個時間點後的回饋值總和；而價值則是經由神經網路所預測，某個動作或狀態可能產生的回饋值。

在第 3 章中，我們將折扣係數套在 Q-Learning 演算法的更新公式上（見 3-6 頁的表 3.1），用來對**下一個狀態所預測的最大 Q 值（或價值）**進行影響力的削減。在本章，我們會先進行一場完整的遊戲，並記錄遊戲過程中每一步的回饋值，經過計算後得到每個時間點的回報值，產生一個回報值陣列。最後，我們再將折扣係數序列與回報值陣列進行相乘，就可以得到**折扣回報值陣列**（4.4.3 節將有更詳細的介紹）。

舉例而言，若代理人處於狀態 s_T（即第 T 步，$t=T$）並執行了動作 a_1，進而獲得 -1 的回饋值，則策略網路的損失函數值為 $-\gamma^0(-1)\log\pi(a_1|\theta,s_0) = \log\pi(a_1|\theta,s_0)$，這其實就是之前提過的『對數化的機率』。

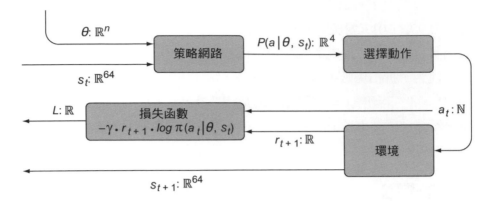

圖 4.7 以上線圖說明了訓練策略網路進行 Gridworld 遊戲的過程。策略網路中所有的可調整參數（或權重）統稱為 θ，該網路可輸入 64 維的狀態向量，並輸出 4 維向量，其中包含 4 種動作的機率分佈。在圖中的『選擇動作』方塊中，演算法會參照策略網路所提供的機率分佈隨機挑選出一個動作，並將該動作的整數編號傳送給**環境**（藉此產生新狀態和回饋值）以及**損失函數**（用來強化被選中的動作）。環境所產生的回饋值也會輸入到損失函數中。我們的訓練目標是：找到一組能最小化損失函數值的參數 θ。

4.3 使用 OpenAI Gym

我們之前一直使用 Gridworld 做為例子，現在則要改用 OpenAI 的 Gym 環境來實作隨機策略梯度演算法。

OpenAI Gym 是一套開源工具，它提供了常見的應用程式介面（API），非常適合用來測試強化式學習演算法。假如你開發出全新的 DRL（深度強化式學習）演算法，那麼便可以透過 Gym 來評估該演算法的表現。Gym 當中包含了各式各樣的環境：有利用線性迴歸（linear regression）就能解決的問題，也有必須依靠複雜 DRL 方法才能克服的任務（見圖 4.8）。Gym 可模擬的環境種類五花八門，包含了各種遊戲、機器人控制等，你幾乎可以在這裡找到任何需要的東西。

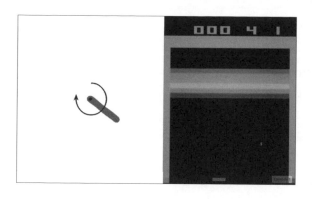

圖 **4.8** 圖中的兩個例子（Pendulum-v0 及 Breakout-ram-v0）是 OpenAI Gym 所提供的兩種環境，你可以在 Gym 中找到上百種不同的環境，藉此測試你的強化式學習演算法。

在網站 https://gym.openai.com/envs/ 中，OpenAI 列出了所有 Gym 支持的環境。在撰寫本書時，這些環境共有 7 大類：

● 演算法（Algorithms）

● Atari

● Box2D

● 經典控制（Classic control）

● MuJoCo

● 機器人（Robotics）

● 文字遊戲（Toy text）

你也可以輸入以下指令來獲得 OpenAI 的完整環境列表：

程式 4.1 列出 OpenAI Gym 中所有的環境

🖥 In

```
from gym import envs
envs.registry.all()
```

Out

```
dict_values([EnvSpec(Copy-v0), EnvSpec(RepeatCopy-v0), ...(略)
```

可以看到，我們有數百種不同的環境（在 0.17.2 版中共有 859 種環境）。可惜的是，有些環境的使用需要許可（如 MuJoCo）、或者外部元件的支援（如 Box2D 和 Atari），因此需要花較多時間來進行設置。我們會從簡單的 CartPole 開始（如圖 4.9），這樣就可以盡快接觸到程式的部分。

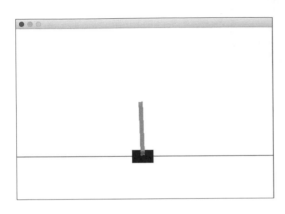

圖 4.9 此螢幕截圖來自 OpenAI Gym 所生成的 CartPole 遊戲環境。圖中的黑色方塊代表一輛車（cart），它可以向左或向右移動；車上立著的則是一根位於轉軸上的桿子（pole）。此遊戲的目標是透過控制車子的運動，使桿子不要倒下。

4.3.1 CartPole

CartPole 環境位於 OpenAI 的 Classic Control 分類底下。遊戲目標相當簡單：不要讓車上的桿子倒下來。為了讓桿子平衡，玩家必須讓車子適度地左右移動。換句話說，在此環境中只有兩種可能動作，向左和向右，這兩種動作分別被編碼成 0（向左）及 1（向右）。

TIP 在 OpenAI Gym API 中的其他環境，多數也都是用數字（從 0 開始的整數）表示不同動作。

CartPole 的狀態資訊由一個 4 維向量表示，分別代表：車子的位置、車子的速度、桿子的角度以及桿子的速度。只要桿子不倒且車子不駛出螢幕，代理人每移動一次車子，便可獲得 +1 的回饋值。因此，整個遊戲的目的便是盡量拉長車子移動的步數，如此便可得到越大的總回饋值。若你想得到更多 CartPole 的資訊，可以參考 OpenAI Gym 的 GitHub 網頁：https://github.com/openai/gym/wiki/CartPole-v0。注意，在本書日後討論的內容中，並非每個問題都像 CartPole 一樣有獨立的說明網頁，但我們會在每個章節中清楚說明每個問題的目標。

4.3.2　OpenAI Gym 的應用程式介面

　　OpenAI 的 Gym 非常容易操作。在程式 4.1 中，已示範過將 Gym 中所有環境列出的方法了，接著來介紹創建新環境的方法：

程式 4.2　在 OpenAI Gym 中創建環境

```
In
import gym
env = gym.make('CartPole-v0')   ◄── 創建一個新環境，命名為 env
```

　　從現在開始，我們將利用上面的 env 變數與環境互動。只要使用下面兩種方法，便可以得知環境目前的狀態並進行操控：

程式 4.3　在 CartPole 中執行動作

```
In
state1 = env.reset()   ◄── 初始化環境
action = env.action_space.sample()   ◄── 利用 sample() 隨機從動作空間中取得一個動作
state, reward, done, info = env.step(action)   ◄──
                          利用 step() 執行所選擇的動作，並傳回狀態資料
```

　　程式 4.3 中的 reset() 可以初始化環境，並傳回初始狀態。在一開始，我們利用 env.action_space 中的 sample() 來隨機選擇動作。經過訓練後，策略網路便能扮演代理人的角色，為我們決定該執行什麼動作。

　　初始化環境後，便可以用 step() 和環境進行互動。step() 會傳回 4 個重要的資料，如下所示：

1. state（狀態）：執行動作後所生成的新狀態。

2. reward（回饋值）：代表動作產生的回饋值。

3. done（遊戲進度）：為 True 就代表目前已結束遊戲（桿子倒了或者車子駛出螢幕）。

4. info：型別為 dictionary，其中包含可能對除錯（debugging）有幫助的資訊，在本例中我們會不用到。

有了以上資訊，我們便可以在 OpenAI Gym 中建立並運行大多數的環境了。

4.4 REINFORCE 演算法

現在，你已經知道如何在 OpenAI Gym 中建立新環境，並且也對策略梯度法有一定的概念，是時候將所學實際應用出來了。之前所討論的策略梯度法是以某個已存在數十年的演算法為基礎，即 **REINFORCE 演算法**。在本節，我們會把該理論轉換成 Python 程式碼，再將其應用於 CartPole 問題上。

小編補充 REINFORCE 演算法由 Ronald J. Williams 於 1992 年 5 月提出，詳細的資訊可以參考 https://link.springer.com/content/pdf/10.1007/BF00992696.pdf。

■ 4.4.1 建構策略網路

首先，我們要建構一個神經網路來扮演策略網路的角色。該策略網路可以輸入狀態向量，然後傳回各種可能動作的機率分佈。接著，利用策略網路所傳回的機率分佈來決定該執行什麼動作。

以下就是策略網路的實作程式碼：

程式 4.4 建構策略網路模型

```
🖥 In
import gym
import numpy as np
import torch


L1 = 4      ◀── 輸入資料的向量長度
L2 = 150    ◀── 隱藏層會輸出長度為 150 的向量
L3 = 2      ◀── 策略網路所輸出的向量長度
```

NEXT

```
model = torch.nn.Sequential(
    torch.nn.Linear(L1, L2),    ◄── 隱藏層的 shape 為 (L1,L2)
    torch.nn.LeakyReLU(),
    torch.nn.Linear(L2, L3),    ◄── 輸出層的 shape 為 (L2,L3)
    torch.nn.Softmax(dim=0)     ◄── 用 softmax() 將動作價值轉換成機率
)
learning_rate = 0.009
optimizer = torch.optim.Adam(model.parameters(), lr=learning_rate)
```

以上程式碼中的模型只有兩層：第一層的激活函數為 ReLU，第二層則是 softmax。之所以在第一層中使用 ReLU，是因為在過去的經驗中，該函數的表現比起其他激活函數來的好。而 softmax 可以將數字陣列中的值轉換成 0 與 1 之間的數字，而且數字總和等於 1，這就相當於把該陣列轉換成了機率分佈的形式。舉例而言，softmax([-1, 2, 3]) = [0.0132, 0.2654, 0.7214]。如你所見，陣列中的數字（動作價值）越大，所對應到的機率值也越大。

■ 4.4.2 代理人與環境的互動

換言之，狀態會被輸入到策略網路中，然後策略網路會輸出：『在現有的狀態 s_t 以及參數 θ 下，各動作的機率分佈 $P(A|\theta, s_t)$ 』。請注意，大寫的 A 代表某狀態下所有可能動作的集合，而小寫的 a 則表示集合 A 當中的某個特定動作。代理人會根據策略網路輸出的機率分佈，隨機選擇一個動作 a。

策略網路會用向量傳回各動作的機率分佈。以 CartPole 為例，向左和向右的動作機率分佈可能是：[0.25, 0.75]。以上結果表示：策略網路認為動作 0（向左）是最佳動作的機率為 25%，而動作 1（向右）是最佳動作的機率則為 75%。在程式 4.5 中，我們將機率分佈向量命名為 pred。

使用策略網路來進行隨機動作選擇

```
🖥 In
pred = model(torch.from_numpy(state1).float())  ←── 呼叫策略網路模型以產生各動作
                                                      的機率分佈向量 (命名為 pred)

action = np.random.choice(np.array([0,1]), p=pred.data.numpy())  ←──┐
                            根據策略網路輸出的機率分佈 pred 來隨機選取動作

state2, reward, done, info = env.step(action)  ←── 執行動作並記錄不同資料
```

　　動作會讓環境的狀態發生改變,並產生一個回饋值。我們重複將新狀態輸入至模型,並記錄下一個狀態和回饋值,直到整個遊戲結束(done 為 True 時)。

▌4.4.3　訓練策略網路模型

　　訓練策略網路的過程相當於:找到一組能最小化損失函數 $- \gamma_t * G_t * \log \pi_s(a|\theta)$ 的神經網路參數。該過程可以分為三個步驟:

1. 計算各動作在某狀態下的機率分佈向量。

2. 將步驟 1 的輸出向量乘以『打折過的回報值(即折扣係數 γ_t 乘以回報值 G_t)』。

3. 利用步驟 2 中獲得的結果計算損失值,然後進行反向傳播,進而最小化損失。

　　接下來,我們會針對每一步進行討論。

1. 計算動作機率

計算某動作被選中的機率並不困難。在遊戲進行的過程中，我們會使用一個名為 transitions 的串列將代理人經歷過的所有資訊儲存起來（ **編註**：transitions 儲存了狀態、動作及回饋值）。等到該場遊戲結束以後，再將這些資訊輸入到策略網路中並重新計算一次機率分佈。要注意的是，只有在遊戲中曾經執行過的動作才有學習的價值，因此我們會另外把和這些動作對應的機率值抽取出來，做法參見下文的例子。

假設環境目前的狀態為 s_5（即：遊戲走到了第 5 步），將此狀態輸入策略網路後可得 $P_\theta(A|s_5) = [0.25, 0.75]$。依照隨機選擇的結果，代理人最有可能執行了第 2 個動作，其所對應的機率為 0.75。在執行該動作後後桿子就倒了，因此遊戲結束，這場遊戲的總長度為 T = 5。在這 5 步當中，代理人每次都會根據機率分佈 $P_\theta(A|s_t)$ 選擇某個動作 a，於是我們把與這些動作對應的機率值記錄在某個陣列中，例如：[0.5, 0.3, 0.25, 0.5, 0.75]（ **編註**：最後一個元素值等於前文提到的 0.75）。

2. 計算折扣回報值

有了機率值 $P(a_t|\theta, s_t)$ 以後，我們會將該值和第 t 步的回報值（即回饋值總和）相乘。在本節稍早曾經提過，只要將第 t 步之後所有的**回饋值**加起來便可以得到第 t 步的**回報值**了。在 CartPole 的例子中，回報值等於剩下的總步數（ **編註**：因為每一步的回饋值為 1，因此剩下多少步就代表可以得到多少回報值）。對於一場持續了 5 步的遊戲而言，我們可以利用『讓回報值遞減直到 1』的方式來產生一個回報值陣列，也就是 [5, 4, 3, 2, 1]（ **編註**：該陣列中的元素分別對應到不同時間點的回報值）。其中第一個動作的回報值是最高的，而遊戲結束的前一個動作則是回報值最低的，因為它直接導致了桿子的傾倒（桿子傾倒就表示輸了，所以該動作的回報值最低）。不過，以上的遞減方式是線性的，因此我們還要加入折扣係數，好讓回報值能以指數方式遞減。

為了計算折扣回報值，我們先設置一個名為 gamma_t 的張量來儲存不同時間點下，各折扣係數 γ 的值。接著自訂一個初始折扣係數，例如：0.99，然後根據每一步和最後一步之間的距離，讓折扣係數呈指數式遞減。例如，先令 gamma_t = torch.tensor([0.99, 0.99, 0.99, 0.99, 0.99])，再產生一個指數陣列 exp =torch.tensor([0, 1, 2, 3, 4])，然後利用 torch.pow(gamma_t, exp) 進行計算，便可得到 [1.0, 0.9900, 0.9801, 0.9703, 0.9606] 的折扣係數陣列。來看看實際的程式碼：

程式 4.6 計算折扣回報值

```
In
def discount_rewards(rewards, gamma=0.99):
    lenr = len(rewards)   ◀── 計算遊戲進行了幾步
    disc_return = torch.pow(gamma,torch.arange(lenr).float()) * rewards  ◀──  計算呈指數方式下降的折扣回報值陣列
    disc_return /= disc_return.max()   ◀── 正規化以上的陣列，使其元素的值落在 [0,1]
    return disc_return
```

我們特別定義一個函式，即 discount_rewards()，來計算折扣回報值。該函式會以回報值陣列做為輸入；以一個持續 50 步的 CartPole 遊戲為例，回報值陣列可能長這樣：[50, 49, 48, 47, …]。最終，函式會將該線性陣列轉換成一個呈指數式衰減的回報值陣列 disc_return（例如：[50.0000, 48.5100, 47.0448, 45.6041, …]），並將所有數值除以陣列中的**最大值**（編註：此過程稱為正規化），使得它們的範圍落在 [0,1]。

假設訓練初期的回報值是 50，在訓練末期變成了 200，這樣的回報值波動是很大的，學習效果可能會因此而變得不穩定。**正規化**（normalization）可以提升代理人的學習效率和穩定性，因為無論原始的回報值有多大，正規化後每個回報值的大小（介於 0 至 1）都是相近的。當然，不做正規化也是可以的，但訓練的穩定性就會因此降低。

3a. 損失函數

　　獲得折扣回報值以後，我們便可計算損失，並以此來訓練策略網路了。依照本章之前的討論，此處的損失函數等於負的對數化機率值乘上折扣回報值，這在 PyTorch 中可以用如下方法表示：- 1* torch.sum(r * torch.log(preds))。我們會利用每場遊戲中搜集到的資料來計算損失，並使用優化器來最小化損失值。

3b. 反向傳播

　　既然已經有了損失函數中的所有變數，我們便可以開始計算損失、並利用反向傳播來修正策略網路中的參數了。以下定義了損失函數（基本上只是把我們之前討論過的數學式子用 Python 表示而已）：

程式 4.7 定義損失函數

```
🖥 In
def loss_fn(preds, r):  ◀── 輸入參數為：機率陣列以及折扣回報值陣列
    return -1 * torch.sum(r * torch.log(preds))
```

▌ 4.4.4　完整的訓練迴圈

　　以下定義了 REINFORCE 的訓練迴圈，其步驟為：環境初始化、搜集經驗、根據經驗計算損失並進行反向傳播，然後不斷重複以上過程。

程式 4.8 REINFORCE 演算法的訓練迴圈

```
🖥 In
MAX_DUR = 200  ◀── 每場遊戲的最大步數
MAX_EPISODES = 500  ◀── 訓練的遊戲次數
gamma = 0.99
score = []  ◀── 創立一個串列來記錄每場遊戲的長度
```

NEXT

```
for episode in range(MAX_EPISODES):
    curr_state = env.reset()
    done = False
    transitions = []    ◀── 使用串列記錄狀態、動作、回饋值（即經驗）
    for t in range(MAX_DUR):
        act_prob = model(torch.from_numpy(curr_state).float())  ◀──┐
                                           用模型預測各動作的機率分佈

        action = np.random.choice(np.array([0,1]), p=act_prob.data.numpy())  ◀──┐
                                             參照機率分佈隨機選擇一個動作

        prev_state = curr_state
        curr_state, _, done, info = env.step(action)  ◀──┐
                                     在環境中執行動作，並取得新狀態以及是否結束的訊息

        transitions.append((prev_state, action, t+1))  ◀──┐
                                     將當前狀態的資料記錄下來（ 編註 ：每一輪遊戲
                                     後，會把回饋值遞增並存進串列，接下來會將這個
                                     串列反轉（由遞增改為遞減排列）為回報值張量）

        if done:  ◀── 如果輸掉了遊戲，就跳出迴圈
            break
    ep_len = len(transitions)  ◀── 取得整場遊戲的長度
    score.append(ep_len)
    reward_batch = torch.Tensor([r for (s,a,r) in transitions]).flip(dims=(0,))  ◀──┐
                                     將整場遊戲中的所有回饋值記錄到一個張量中，flip() 可
                                     將指定階（第 0 階）中的元素進行反轉（前後順序對調）

    disc_returns = discount_rewards(reward_batch)  ◀── 計算折扣回報值陣列

    state_batch = torch.Tensor([s for (s,a,r) in transitions])  ◀──┐
                                             將整場遊戲中的所有狀態記錄到一個張量中

    action_batch = torch.Tensor([a for (s,a,r) in transitions])  ◀──┐
                                             將整場遊戲中執行過的所有動作記錄到一個張量中

    pred_batch = model(state_batch)  ◀── 重新計算所有狀態下各動作的機率分佈
    prob_batch = pred_batch.gather(dim=1,index=action_batch.long(). 接下行
        unsqueeze(dim=1)).squeeze()  ◀──────────────────────┐

    loss = loss_fn(prob_batch, disc_returns)        找出所執行動作對應到的機率
    optimizer.zero_grad()                           值,gather() 及 unsqueeze() 已在第
    loss.backward()                                 3.3.2 小節的小編補充中介紹過了
    optimizer.step()
```

我們每開始一場遊戲就使用策略網路來選取動作，並將觀察到的狀態和動作資料記錄下來，等到遊戲結束後，就重新計算一次各狀態的動作機率分佈，並將計算結果輸入損失函數中，以進行優化。在訓練迴圈中，transitions 串列記錄了每場遊戲的**狀態、動作、以及回饋值**（以 tuple 的形式），因此當一場遊戲結束以後，我們可以將以上三項資訊分別儲存到獨立的張量中，並以批次的方式訓練策略網路。請運行範例 4.8 的程式碼，然後將遊戲長度（維持的步數）如何隨著遊戲次數而變化的趨勢畫出來（利用程式 4.9 與 4.10），你應該會看到如圖 4.10 的上升折線（ 編註 ：這代表遊戲的持續時間越來越長，也就是代理人的表現越來越好）。

看來代理人已經掌握 CartPole 了！這是一個很容易實作的例子，因為就算你只是使用自己的電腦來運行，訓練時間也不會超過一分鐘。由於 CartPole 的狀態向量只有 4 維，策略網路更是只有兩層，訓練時間自然較第 3 章的 DQN 短上許多。依照 OpenAI 的說明文件，只要代理人能將遊戲長度維持到 200 步，那麼該代理人便算是『學會』CartPole 了，因此只要執行到 200 步即會自動結束遊戲（ 編註 ：也因此程式中設定最多只執行 200 步）。但從圖 4.10 看來，我們的代理人好像最多只能讓遊戲持續 190 步，其背後的原因是：圖 4.10 顯示的是移動平均值（ 編註 ：見圖 4.10 的說明）；也就是說，在許多場遊戲中，代理人的表現其實是有到達 200 步的，只不過它的平均表現被部分失誤拉低了而已。

程式 4.9 **計算移動平均值**

```
In
def running_mean(x, N=50):
    kernel = np.ones(N)
    conv_len = x.shape[0]-N
    y = np.zeros(conv_len)
    for i in range(conv_len):
        y[i] = kernel @ x[i:i+N]
        y[i] /= N
    return y
```

程式 4.10 將移動平均值畫成圖形

```
In
import matplotlib.pyplot as plt
score = np.array(score)
avg_score = running_mean(score, 50)

plt.figure(figsize=(10,7))
plt.ylabel("Episode Duration",fontsize=22)
plt.xlabel("Training Epochs",fontsize=22)
plt.plot(avg_score, color='green')
```

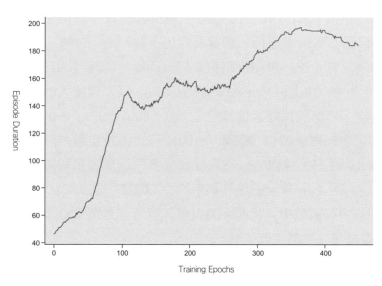

圖 4.10 讓策略網路經歷 500 次訓練後,我們發現代理人確實學會了如何解決 CartPole 問題。請注意,為了讓圖形看上去更平滑,本圖中的每個資料點其實是過去 50 場遊戲的移動平均值。

▌ 4.4.5 本節結論

　　如果想要訓練策略網路,REINFORCE 演算法的確是一個簡單而有效的方法;然而,它有點太過簡單了。由於 CartPole 的狀態空間不大而且只有 2 種動作選擇,因此 REINFORCE 可以表現得很好。不過,一旦環境中的可能動作變多,這種『等每場遊戲結束後,再對演算法參數進行修正』的做法就會變得越來越不可靠。因此,在接下來的兩章,我們將介紹更複雜的代理人訓練方法。

總 結

● 在一個**隨機過程**中,每種可能結果都有發生的**機率**,範圍為 [0,1],且所有機率值加總起來必須等於 1。若我們相信,某種結果較另一種結果更容易出現,那麼前者的機率就會高於後者。要是有新的資訊改變了我們的判斷,那麼各種結果的機率值也會隨之發生變化。

● 將所有可能結果的機率值列出來後,就成了**機率分佈**。機率分佈可以被視為一種將所有可能結果(O)映射到機率值(範圍在 [0,1])的函數,以符號表達時寫成:P:O → [0,1],機率分佈中所有機率值的總和為 1。

● 在**退化機率分佈**中,只有一種結果的機率值為 1(一定會發生),其餘結果的機率值皆為 0(一定不會發生)。

● **條件機**率指:在某個條件成立的情況下,某種結果出現的機率。

● **策略**是一種函數,記為 π:s → A,代表函數 π 會把狀態(s)映射至動作集合(A)上。策略函數往往是機率函數,在輸入某種狀態後,它會輸出各動作的機率分佈 π:P(A|s)。

● 每場遊戲的**回報值**等於該場遊戲中每一步獲得的回饋值總和。

● **策略梯度法**是強化式學習演算法的一種。在此方法中,我們會透過訓練,使神經網路能實現策略函數的功能,並讓其依照回饋值來調整各動作的機率。

● REINFORCE 是最簡單的一種策略梯度法。它會根據回饋值大小(以及目前的狀態)來調整各動作的機率值。

小編重點整理 策略函數

　　給定某個**狀態**，該函數可傳回**各動作的機率分佈**，接著便可直接依照該機率分佈來隨機選擇動作。

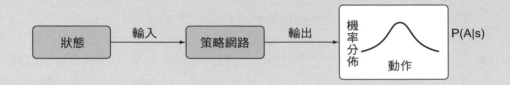

CHAPTER

演員 - 評論家模型
與分散式訓練

本章內容

● **REINFORCE** 演算法的局限性

● 演員 - 評論家模型

● 利用**優勢值函數**（advantage function）加速模型的收斂

● 透過**分散式訓練**來加速模型參數的優化

在前面的章節中，我們分別介紹了 DQN 和 REINFORCE 演算法。回想一下，REINFORCE 是參考『一整場遊戲』的資訊來學習的演算法（此類演算法在英文中稱為 episodic algorithm），意思是：模型的參數是在代理人完成一場遊戲後才進行更新。與 REINFORCE 不同，DQN 是每執行一次動作，便會進行一次參數更新，無需等到整場遊戲結束。在本章，我們將學習另一種融合 REINFORCE 和 DQN 優點的新模型，**演員 - 評論家**（actor-critic）。

REINFORCE 演算法可以解決 CartPole 這樣單純的問題，但我們仍需其它強化式學習方法才能應付更複雜的環境。之前的討論已經讓大家知道，DQN 可以有效處理擁有**離散動作空間**的問題（ 編註 ：如上一章的 Cartpole 遊戲，我們的動作空間只有向左或向右兩種）。這種方法有一個缺點，那就是它必須依賴一個獨立的策略函數（如 ε - 貪婪策略）來選擇動作。所謂的『策略』，即函數 $\pi : s \rightarrow P(A)$；換言之，策略函數以狀態資料做為輸入，並傳回該狀態下各種可能動作的機率分佈（圖 5.1）。

圖 5.1 策略函數得到狀態資訊後，會傳回各動作的機率分佈。

接著，演算法會參考策略函數輸出的機率分佈，隨機選擇一個動作來執行（某動作被選上的可能性，與其機率值大小成正比）。在遊戲結束後，我們會計算遊戲中，每一步的**回報值 R** 是多少，計算過程可以用公式表示為：

$$R_t = \sum_t \gamma_t \cdot r_t$$

小編補充 在 4.2.4 節中，我們定義了回報值，並以 G 來代表它。之後，我們也提到了將折扣係數 γ 與回報值相乘，即可得到折扣回報值（discounted return）。因此，第 t 步的折扣回報值 = $\gamma_t * G_t$。在本章，我們直接用 R_t 來表示第 t 步的折扣回報值（下文皆簡稱為『回報值』），以讓公式變得更加簡潔，讀者請多加留意。

　　白話來說，遊戲中第 t 步的回報值 R 等於：將該步至遊戲結束前，每一步的回饋值乘上折扣係數後，再將這些折扣過的回饋值加總起來。之後，我們便可透過回報值來調整各動作在特定狀態下的機率值。例如：在狀態 s 下代理人執行了動作 1 並得到 +10 的回報值，則在狀態 s 下執行動作 1 的機率會增加；如果代理人在狀態 s 下執行了動作 2 並得到 -20 的回報值，則在狀態 s 下執行動作 2 的機率會降低，依此類推。遊戲的**損失**（Loss）可以透過以下損失函數來獲得：

$$Loss = -log(P(a|s)) \cdot R$$

　　這裡的損失等於『將選擇的動作 a 在狀態 s 下的機率取對數後，乘上負號，再乘上回報值 R』，而『最小化損失』就是演算法的目標。讓我們以實際數字來舉例：假設 $P(a_1|s) = 0.5$，其中 a_1 代表動作 1，且代理人得到非常大的正回報值（R 很大），若要縮小損失，則 $P(a_1|s)$ 的值就會增加（**編註**：$P(a_1|s)$ 越大，即越趨近於 1，損失就會越小）。綜上所述，在 REINFORCE 演算法中，我們會記錄代理人和環境在整場遊戲中的資訊（即每一步所『採取動作之機率值』及『回報值』），並以『最小化損失』為原則來更新策略網路中的參數。

NOTE 回憶一下，機率值取對數的目的在於：將狹窄的機率範圍（介於 0 和 1）轉換成較寬廣的對數值範圍（介於 -∞ 和 0 之間）。這樣在表示極小（趨近於 0）或極大（趨近於 1）的機率時，才不至於因為電腦處理浮點數的精準度不足而發生問題。因此，幾乎所有和機器學習有關的論文和演算法都使用對數化機率（即使在概念上，我們關心的是機率值本身）。對數還有其它有用的數學性質，在此就不贅述了。

有了整場遊戲的完整資料，我們便不會只關注某單次動作的回饋值（這很容易受環境中的隨機因素影響），而是會了解它在整場遊戲中的影響，並藉此精準地評估該動作的價值。這種分析整場遊戲的做法屬於**蒙地卡羅法**的一種。然而，並非所有環境都具備『完整一場』的概念，因此我們也需要對神經網路進行**即時**的更新，也就是**即時學習**（online learning，每執行一個動作就更新一次參數）。

之前提過的 DQN 便是一種即時學習的演算法，但它需要經驗回放的緩衝才能順利進行學習。即時學習之所以依賴經驗回放，是因為環境中的隨機變動會降低訓練的穩定度。一個多數情況下效果不錯（期望回饋值很高）的動作，可能因為某個偶然的原因，在某次執行時帶來很大的負回饋值，要是演算法根據這一次結果去調整參數（ **編註**：可能因此覆蓋掉先前學習到的經驗），則沒有辦法進行有效的學習。

在本章，我們將討論名為**分散式優勢演員 - 評論家**（distributed advantage actor-critic, DA2C）的策略梯度法。它具有 DQN 能即時學習的優點，卻不需仰賴經驗回放。與此同時，該方法也能像策略網路一樣直接產生各動作的機率分佈，讓演算法可以直接選取動作。

5.1 結合『價值函數』與『策略函數』

Q-Learning 的最大好處是：由於該演算法的功能就是預測動作回饋值，因此我們可以直接使用環境所提供的真實回饋值來訓練代理人（計算『真實回饋值』及『預測回饋值』的誤差）。以訓練 DQN 玩彈珠台（pinball）為例，神經網路最終將習得如何精準預測遊戲中兩個動作（操作左側桿子或右側桿子）的價值，然後代理人便能依據該預測來決定要執行哪一個動作。

與價值函數相比，策略梯度函數利用更多**強化** (reinforcement) 的概念：當某個動作產生正回饋值時，策略函數便強化（提高）它的權重（即機率）；若產生負回饋值，則弱化（降低）其權重。在彈珠台的例子中，假如操作左側桿子使我們得分，那麼策略函數將增加該動作的機率值，使代理人下次再遇到類似狀態時更有機會選到同一個動作。

總的來說，Q-Learning 演算法（如 DQN）所用的可訓練函數（ 編註 ：本書選用深層神經網路）能夠習得（在某狀態下）動作的價值。對於馬可夫決策過程（MDP）而言，這是非常直觀的問題解決方法，因為我們不需要處理機率的問題，只要觀察狀態和價值資訊即可。不過，策略網路（如策略梯度函數）本身也有優點：藉由條件機率 P(A|s)，代理人可以直接依機率分佈來隨機選擇動作，這樣就可以省去了決定動作選擇策略（如 ε - 貪婪策略）的麻煩。

既然兩種做法各有優缺點，不如將它們結合起來，發展出一套兼具兩者優點的新方法。以下我們將以策略學習為基礎，嘗試建立一個**價值 - 策略（value-policy）演算法**。我們有兩個目標：

● 透過提升神經網路參數的更新頻率，加速模型的學習（不用等到整場遊戲結束）

● 降低用來更新參數的回饋值變異數（使訓練過程更穩定）

上面的兩個目標是有關聯的：模型的更新頻率越高（收集到越多的訓練樣本），回饋值的變異數也就越小。價值 - 策略演算法的主要概念是：讓**價值網路**去降低用來訓練**策略網路**之回饋值的變異數。根據這個想法，我們在 REINFORCE 演算法的損失函數中加入一個**狀態價值項**，請見下頁的公式：

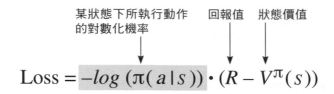

$$\text{Loss} = -log\ (\pi(\,a\,|\,s\,)) \cdot (R - V^{\pi}(s))$$

這裡的 $V^{\pi}(s)$ 是狀態價值函數（變數為**狀態**，用來預測某狀態價值，具體說明請參考 3-3 頁），而非動作價值函數（變數為**狀態**及**動作**）。『$R - V^{\pi}(s)$』一般稱為**優勢值**（advantage），優勢值的大小反映了一個動作的真實回報值 R 比預測價值 $V^{\pi}(s)$ 好多少。

> **NOTE** 回憶一下之前的內容：價值函數（無論是狀態價值還是動作價值）的輸出結果和我們的策略有關，所以價值函數應該表示成 $V^{\pi}(s)$ 才對（ 編註 ：π 代表選擇的策略）。然而，為了維持符號上的簡潔，我們會先把上標的 π 給省略。即便如此，請記得策略對於價值的影響是巨大的。例如：若我們的策略是『讓演算法每次都隨機亂選動作』，可想而知每個狀態的價值最後都不會太高。

回想一下第 3 章 Gridworld 遊戲的環境：它具有離散的動作空間和狀態空間，其狀態空間小到可以用一個向量表示（此向量可視為 $V^{\pi}(s)$ 的查詢表）。向量中的每個位置代表一個狀態，而位置上的值則是相應狀態的價值。假設我們憑藉某策略選中了動作 1 並取得 +10 的回報值，但查詢表卻顯示該狀態的價值為 +4，則動作 1 在該狀態下的優勢值為 10 - 4 = +6。這個結果表明，動作 1 在此狀態下所產生的實際價值遠高於預期價值，因此是一個好動作。相反的，若動作 1 產生 +10 的回報值，但查詢表的狀態價值卻是 +15，則動作 1 的優勢值為 10 - 15 = -5，這表示該動作不是個好動作（因為它實際帶來的價值比預期低）。

在一些較為複雜的 Gridworld 遊戲，由於狀態數量太多，使用查詢表顯然是不實際的，因此我們使用參數式模型（例如：神經網路）來代替查詢表。在經過訓練後，該模型便可以根據輸入狀態，預測出該狀態的價值，取得與查詢表同樣的效果。為了達成此目的，我們必須同時對策略網路和狀態價值網路進行訓練。

　　結合了策略網路和價值網路的演算法稱為**演員 - 評論家**，其中『演員』指的是策略函數，因為該執行什麼動作是由它（輸出的機率分佈）決定的；而『評論家』則是指價值函數，因為它能為演員評價動作的好壞。注意，由於此處我們將利用 R-V(s)（而非單純的 V(s)）來訓練策略網路，因此該演算法也叫做**優勢演員 - 評論家**（advantage actor-critic）（圖 5.2）。

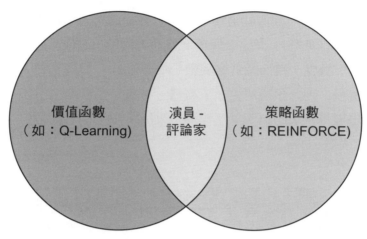

圖 5.2 Q-Learning 屬於價值函數演算法，因為該演算法預測的是動作價值；而 REINFORCE 則屬於策略梯度演算法，因為它可直接輸出各動作的機率分佈。將兩者結合後，我們便可得到名為演員 - 評論家的新架構。

NOTE 以上描述的模型還不是真正的演員 - 評論家，因為我們僅用價值函數來評估動作優勢值，即 A=R-V (s)，並未用它引導演算法根據目前狀態，對未來狀態進行預測。能對未來狀態進行預測的機制叫做 bootstrap（ **編註**：中文叫做自舉法，本書會沿用英文的說法），在 5.4 節中我們會說明更具體的內容。

　　在第 3 章的 Gridworld 遊戲中，代理人每一步的回饋值都是 -1，除了最後一步（回饋值為 10 或 -10）。對於單純的策略網路而言，由於大多數動作的回饋值都是 -1，所以它根本不知道應該強化哪些動作（ **編註**：以上現象就是之前講的**稀疏回饋值問題**）。因此，策略網路的損失函數會十分依賴遊戲最後一步的回饋值。如果我們想要加快模型的訓練，並對參數進行即時更新，則模型最後可能會因為回饋值太過稀疏而無法有效學習。反觀 Q 網路，由於它具有 bootstrap 的機制，因此即使回饋值是稀疏的，Q 網路仍然可以對 Q 值進行合理的修正。這裡的 bootstrap 是指：演算法能夠以現有預測結果為基礎，產生新的預測結果。

　　舉例而言，若想要預測兩天後的氣溫，我們可以先對明天的氣溫進行預測，然後利用該結果預測後天的氣溫（圖 5.3）。注意，若第一天的預測值就不精準，那麼第二天的預測效果就會變得更糟。換句話說，bootstrap 會引入**偏值**（bias）。偏值就是預測值與真實值之間產生的**系統性偏差**（即固定、有規律的誤差）。從另一個角度來講，利用預測值來產生預測值可以增加預測的一致性，進而降低**變異數**（variance）。變異數越大，代表預測的精準度越差，因此預測值會上下震盪。在氣溫預測的例子中，若第二天的氣溫是根據第一天的預測氣溫預測出來的，那麼兩者的數值應該不會相差太大（變異數小）。

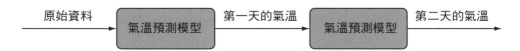

圖 5.3　由左到右：原始資料輸入氣溫預測模型後，會輸出明天的氣溫預測值。該預測值接著輸入到另一個預測模型中，並輸出後天的氣溫預測值。原則上，這個程序可以不斷進行下去，但如果我們在第一天的氣溫預測就存在誤差，這個誤差就會反映到明天的預測值中，造成接下來預測的誤差越來越大。

　　偏值和變異數在機器學習領域中是關鍵議題（圖 5.4），一般來說，偏值減少會讓變異數增加，反之亦然（圖 5.5）。在預測明天與後天的氣溫時，其中一種方式是『給出精準的值』，例如：預測明天和後天的氣溫分別是攝氏 20.1 度和 20.5 度。以上兩個預測值精準到小數點以下第一位，而這很可能會偏離真正的氣溫（即產生偏值）。另一種預測方法則是『給出一個範圍』，例如：明天和後天的氣溫分別是攝氏 15〜25 度和 18〜27 度。這種預測結果變異數較大（產生的預測值變動範圍較大），但產生偏值的機會卻變小了（因為真實氣溫有很大機會落在我們所預測的範圍內）。

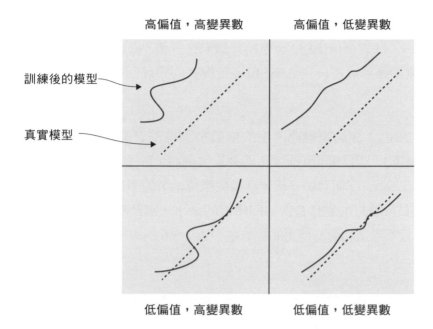

圖 5.4 從『訓練後的模型』和『真實模型』的函數圖形
中，探討個別模型之偏值及變異數的高低。

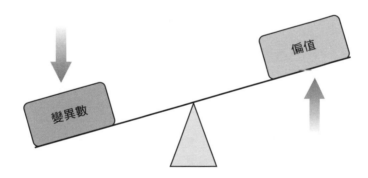

圖 5.5 偏值和變異數的取捨。增加模型的複雜性可以使偏值降低，
但變異數會增加。反之，降低變異數則會使偏值增加。

　　為了進行即時訓練，我們必須將『高偏值低變異』的價值預測（**編註**：
價值網路直接給出一個確定的值，即 Q 值，因此高偏值低變異）與『低偏
值高變異』的策略預測（**編註**：策略網路在動作選擇上是隨機的，因此低偏
值高變異）混在一起，產生偏值和變異數皆適中的結果。此時便是評論家

發揮功能的時候：每當演員（策略網路）根據輸出的機率分佈隨機選擇一個動作，評論家（狀態價值網路）便會給予該動作評價（協助我們算出優勢值），因此策略網路可以不再只依賴『環境所提供的稀疏回饋值』來判斷是否強化該動作。

我們已經知道，評論家網路產生的價值是訓練演員網路的重要資料（用以計算優勢值），但狀態價值函數（即評論家網路）到底該如何訓練呢？評論家會像 Q-Learning 演算法一樣，直接從環境給予的回饋值中學習；但與此同時，演員所執行的動作會決定回饋值的大小，因此演員也會對評論家產生影響，只不過這種影響要更間接一些（見圖 5.6 的說明）。

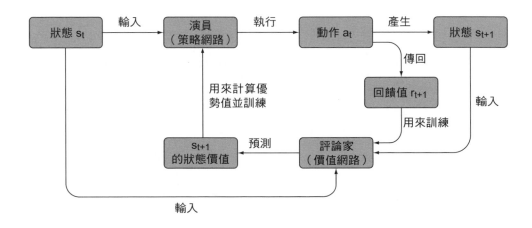

圖 5.6 演員 - 評論家模型的概念圖。首先，演員會輸出各動作的機率分佈，並隨機選擇一個動作來執行，接著產生新狀態（s_{t+1}）。評論家網路接著會預測狀態價值，藉此計算出新狀態的優勢值。演算法會根據該值來強化（或弱化）演員所執行的動作。

5.2 分散式訓練

如同開頭所說的，我們在本章中要實作的演算法名為**分散式優勢演員 - 評論家**（DA2C）。之前已經為各位介紹過『優勢演員 - 評論家』的部分了，現在來談談『分散式』吧！

幾乎所有的深度學習模型會使用**批次訓練**（batch training）的訓練方法。在這種訓練方法中，我們會隨機選取一小部分的訓練資料組成子集，並且以該子集為基礎來計算損失，執行反向傳播與梯度下降演算法，進而更新模型參數（即第 3 章所用的經驗回放）。如果我們讓演算法每接受一筆資料便計算一次損失，則資料間變異數的影響會過大，導致模型參數無法收斂到理想值。反之，透過平均多筆資料，我們便可以削弱其中的**雜訊**（noise，即環境的隨機因素），讓模型依據實際的資訊進行參數更新。

舉個例子，在訓練手寫數字辨識器的過程中，如果你讓演算法每讀取一張圖片便更新一次參數，模型是沒辦法知道背景和數字的區別的。只有在比較多張圖片以後，模型才能了解數字共有的特徵為何，並對參數進行更新。以上的想法也適用於強化式學習，這就是在第 3 章訓練 DQN 時要使用經驗回放的理由。

建立足夠大的經驗池（即經驗回放中的記憶串列）需耗費大量記憶體資源。若強化式學習環境和演算法符合**馬可夫性質**（ 編註：各狀態之間是獨立的，不會互相影響），就可以不考慮過去的狀態資訊，直接選出當前狀態中的最佳動作。在這個前提下，我們還可以考慮使用經驗回放（ 編註：只需處理當前的狀態資訊，資料處理量會變小很多）。不過，對於複雜的遊戲環境而言，想要決定目前狀態的最佳動作為何，就一定得參考過去的狀態資訊，那麼，要使用經驗回放的難度便大大增加了。

有一種方式可以讓模型的訓練不依賴經驗回放，那就是把代理人複製到不同的環境實例上同時運作，也稱為**分散式計算**。

藉由將獨立代理人分散到不同 CPU 上（圖 5.7），我們可以讓代理人各自經歷不同的經驗資料，並從中計算出多個梯度。最後，只要將這些梯度平均起來，便可以把個別梯度的變異數給抵消掉。以上做法能幫助我們擺脫經驗回放，並且以完全即時的方式來訓練演算法（環境中的所有狀態只需經歷一遍）。

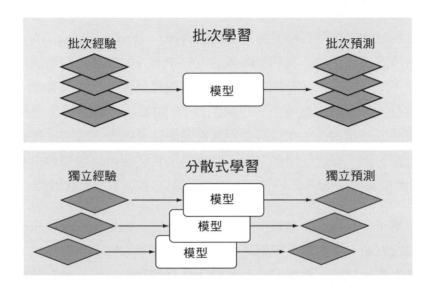

圖 5.7 訓練深度學習模型最常見的一種方式，就是以**批次**為單位向模型輸入資料，同時讓模型以批次為單位傳回輸出。接著，計算批次中每一筆預測的損失，再把這些損失平均或加總，並依此來進行反向傳播與參數更新。另一種做法是，先讓多個模型分別經歷經驗資料並產生預測，然後分別進行反向傳播得到梯度，再將這些梯度相加或平均起來，並依此平均梯度進行參數更新。

　　大型機器學習模型需要**圖形處理器**（graphics processing units, GPUs）才能有效運行，但對於一些較簡單的模型而言，利用多個處理單元並進行分散式處理也能達到類似的效果。

⤨ 多程序處理（multiprocessing）vs. 多執行緒（multithreading）

現代電腦的**中央處理器**（central processing units, CPUs）基本上都是多核心的，其中每個核心都是一個獨立的處理單元。為了縮短運算的時間，作業系統會將要執行的工作分配到不同核心（處理單元）上，從而實現**平行計算**（parallel computing）。一般上，我們把這一種平行計算的方式稱為**多程序處理**（multiprocessing）。在多程序處理中，不同的處理單元會在同一個時間內，執行不同的計算工作（即**程序**，process）。

另一個跟多程序處理很像的運作方式是**多執行緒**（multithreading）。**執行緒**（thread）是電腦運算的最小單位，而多執行緒就是將每一個程序拆解成多條執行緒進行處理，但同一程序同一時間只能執行一條執行緒。當某條執行緒閒置下來時，處理單元便會將它切換去執行另一條執行緒的任務。由於切換的時間間隔很短，所以會給人『多個執行緒同時執行』的錯覺，但是多執行緒並不是一種平行計算的技術，它只是用來提高任務執行效率的一種機制，在涉及大量的 I/O 操作時效果十分顯著。一般來說，我們在運行機器學習模型時，並不會有太多 I/O 操作，所以多執行緒的幫助其實不大。

另外，Intel 公司於 2002 年發展出一個叫做**超執行緒**（hyperthreading）的技術，提高了 CPU 的利用效率。超執行緒是利用特殊的硬體指令，將單一處理單元模擬成兩個邏輯處理單元，同時處理兩個執行緒的任務，實現平行計算。雖然這兩個邏輯處理單元可以同時執行不同的執行緒，但它們並不像真正的處理單元，擁有獨立的資源。當這兩個執行緒同時需要某一個資源時，其中一個執行緒便會終止，直到另外一個執行緒使用完畢。因此，超執行緒的效能比起真正具有 2 個處理單元的 CPU 來得稍差。

NEXT

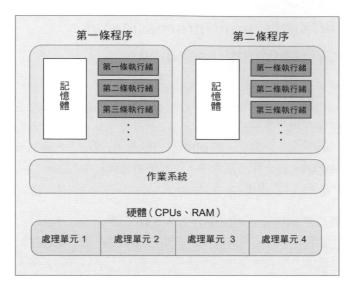

第一條程序　　　　　　第二條程序

記憶體	第一條執行緒
	第二條執行緒
	第三條執行緒

記憶體	第一條執行緒
	第二條執行緒
	第三條執行緒

作業系統

硬體（CPUs、RAM）

| 處理單元 1 | 處理單元 2 | 處理單元 3 | 處理單元 4 |

若你的電腦有 4 個 CPU，就可以同時執行 4 條程序（process）。每條程序中又有多個執行緒（thread），但同時間只有一條執行緒會執行。當某條執行緒因為外部原因（例如：等待輸入或輸出資料）而暫停時，才會執行其它執行緒。

在本章，我們會利用多程序處理來運行演算法模型，藉此達到分散式計算的目標。接下來，會先用幾個簡單的程式帶大家了解與多程序處理相關的操作。Python 提供了名為 multiprocessing 的函式庫（將在程式 5.1 進行介紹），可以幫助我們輕鬆實現**多程序處理**。

假設某陣列中有數字 0、1、2 … 63，一共 64 個元素，我們的目標是計算所有數字的平方值。由於陣列內的各數字的平方計算是獨立的（即不互相影響），因此我們可以將它們分配到不同的程序中處理：

程式 5.1 介紹多程序處理

💻 In

```
import multiprocessing as mp
from multiprocess import queues
import numpy as np
```

NEXT

```
def square(x):
    return np.square(x)
x = np.arange(64)
print(x)
```
將陣列輸入此函式後，會傳回個別數字的平方結果
生成內有數字序列的陣列
印出陣列中的數字

Out

```
>>> array([ 0,  1,  2,  3,  4,  5,  6,  7,  8,  9, 10, 11, 12, 13, 14, 15, 16,
          17, 18, 19, 20, 21, 22, 23, 24, 25, 26, 27, 28, 29, 30, 31, 32, 33,
          34, 35, 36, 37, 38, 39, 40, 41, 42, 43, 44, 45, 46, 47, 48, 49, 50,
          51, 52, 53, 54, 55, 56, 57, 58, 59, 60, 61, 62, 63])
```

In

```
mp.cpu_count()
```
輸出 CPU 數量，結果因電腦而異

Out

```
>>> 8
```

In

```
pool = mp.Pool(8)
squared = pool.map(square, [x[8*i:8*i+8] for i in range(8)])
squared
```
建立內含 8 個程序的多程序池 (processor pool)
印出結果串列
使用多程序池的 map()，對陣列中的每個數字呼叫 square()，並將結果存入串列中傳回

Out

```
>>> [array([ 0,  1,  4,  9, 16, 25, 36, 49]),
     array([ 64,  81, 100, 121, 144, 169, 196, 225]),
     array([256, 289, 324, 361, 400, 441, 484, 529]),
     array([576, 625, 676, 729, 784, 841, 900, 961]),
     array([1024, 1089, 1156, 1225, 1296, 1369, 1444, 1521]),
     array([1600, 1681, 1764, 1849, 1936, 2025, 2116, 2209]),
     array([2304, 2401, 2500, 2601, 2704, 2809, 2916, 3025]),
     array([3136, 3249, 3364, 3481, 3600, 3721, 3844, 3969])]
```

在上述程式碼中，我們定義了 square() 函式，它可以計算陣列中數字的平方結果。接著我們定義目標陣列（即要進行平方計算的數字陣列），其中包含 0 到 63 之間的整數。注意，我們的程式會將陣列中的數字分成 8 等分，並交給 8 個 CPU 進行計算（圖 5.8 所示為具有 2 個 CPU 的計算過程）。

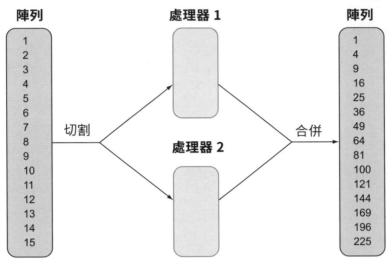

圖 5.8 為了讓陣列中各數字的計算更有效率，我們可以將陣列一分為二，交由不同的處理器來平行處理。最後，只要將兩個處理器的輸出陣列合併為一個即可。

透過 mp.cpu_count()，我們可以知道自己的電腦上有多少個處理單元（CPU）。在程式 5.1 中，該函式的傳回值為 8（因每台電腦而異），代表有 8 個處理單元（編註：透過超執行緒模擬的邏輯處理單元數量，也會反映到該輸出結果中）。我們先利用 mp.Pool(8) 建立了內含 8 條程序的**程序池**（processor pool），然後再透過 pool.map() 將 square() 分散給 8 個程序中的資料使用。程式最終的輸出包含 8 個陣列，其中的元素皆已平方，這和我們預期的一模一樣。

有時我們想對程序有更多的控制權，就不能再依賴內建的程序池函式，而是要手動安排每一條程序的執行：

程式 5.2 用手動方式開啟多程序

In

```
def square(i, x, queue):
    print("In process {}".format(i,))
    queue.put(np.square(x))  ◄── 將輸出結果存進 queue
processes = []       ◄── 建立用來儲存不同程序的串列
queue = mp.Queue()  ◄── 建立多程序處理的 queue (該資料結構可以被不同的程序共享)
x = np.arange(64)   ◄── 生成一個數列做為目標數列 (內含 0～63 的整數)
for i in range(8):  ◄── 開啟 8 條程序，並讓它們利用 square 函數分
                        別處理目標數列中的一部份資料

    start_index = 8*i
    proc = mp.Process(target=square,args=(i,x[start_index:start_index+8], queue))
    proc.start()
    processes.append(proc)


for proc in processes:
    proc.join()  ◄── 待所有程序皆執行完畢後，再將結果傳回主執行緒


for proc in processes:
    proc.terminate()  ◄── 終止各程序
results = []
while not queue.empty():        將 queue 內的資料存進 results 串列，
    results.append(queue.get())  ◄── 至到資料已清空
```

Out

```
>>> In process 0
    In process 1
    In process 2
    In process 4    ◄── 各程序完成計算的先後順序 (每一次執行結果或有不同)
    In process 3
    In process 5
    In process 6
    In process 7
```

```
🖥 In

results
```

```
Out
>>> [array([ 0,  1,  4,  9, 16, 25, 36, 49]),
    array([ 64,  81, 100, 121, 144, 169, 196, 225]),
    array([256, 289, 324, 361, 400, 441, 484, 529]),
    array([1024, 1089, 1156, 1225, 1296, 1369, 1444, 1521]),
    array([576, 625, 676, 729, 784, 841, 900, 961]),
    array([1600, 1681, 1764, 1849, 1936, 2025, 2116, 2209]),
    array([2304, 2401, 2500, 2601, 2704, 2809, 2916, 3025]),
    array([3136, 3249, 3364, 3481, 3600, 3721, 3844, 3969])]
```

注意這兩個陣列沒有按大小順序排列,原因請參見下文解釋,你的執行結果也可能和此處不同

和前一個範例相比,此處的 square() 函式做了一些調整,它的輸入參數包括:一個代表程序號碼的 i、目標陣列 x 以及名為 queue 的**可共享全域資料結構 Queue**。我們可以使用 put() 將資料存入 queue,並以 get() 將資料取出。

在程式一開始,我們創建用來儲存不同程序的 processes 串列、分享資料用的 queue 與要進行平方處理的目標陣列 x。接著,使用迴圈產生 8 條程序來進行平方計算,並將結果存入 queue。為了日後取用方便,我們利用 append() 將這些程序儲存在 processes 串列中。然後我們對每條程序呼叫 join(),讓各程序先不急著傳回結果,而是等所有程序都完成計算之後再一併傳回。以上步驟結束後,利用 terminate() 來終止程序。最後,把 queue 的所有元素存進 results 串列中,再將其列印出來即可。

以上程式碼較為繁瑣,但其功能和之前使用 Pool 所寫的程式差不多。現在,只要利用 Queue 這種資料結構,便能允許不同程序之間共享資料。與此同時,我們對各程序的控制權也會加大。注意,程序完成計算的時間各有不同,因此結束運行的順序有可能不會按照原本的排列(參考前文的程式輸出)。

5.3 分散式優勢演員 - 評論家模型

　　了解如何將電腦的運算分散到不同處理器後，現在回到強化式學習的討論中，看看如何實作出**分散式優勢演員 - 評論家模型**。為了縮短訓練所需時間，並方便與上一章的結果進行比較，本節仍然使用 CartPole 遊戲做為測試環境。

　　截至目前，我們都將演員和評論家視為兩個獨立的函數（或神經網路）。但事實上，兩者可以結合成一個具有兩個『輸出端』的神經網路。這種神經網路不像一般網路只輸出單一向量（或純量），而是會傳回兩個相異的輸出：其中一個是策略網路（演員）的輸出；另一個則是價值網路（評論家）的輸出。利用該方法，策略網路與價值網路得以共享部分網路參數，節省記憶體空間及運算時間。不過，要是讀者還不習慣具有兩個輸出端的神經網路，那麼將策略和價值網路分開也無傷大雅。總之，先來研究上述演算法的**虛擬碼**，等大家熟悉以後，我們再將其轉換成 Python 程式碼。

程式 5.3　**優勢演員 - 評論家的虛擬碼**

```
🖥 In

gamma = 0.9
for i in epochs:  ◀── 重複訓練 epochs 次
    state = environment.get_state()  ◀── 取得環境目前的狀態
    value = critic(state)  ◀── 價值網路預測目前狀態的價值
    policy = actor(state)  ◀── 策略網路預測目前狀態下各動作的機率分佈
    action = policy.sample()  ◀── 根據策略網路輸出的機率分佈選擇動作
    next_state, reward = environment.take_action(action) ◀─┐
                              執行動作，產生新狀態及回饋值
    value_next = critic(next_state)  ◀── 預測新狀態的價值
    advantage = (reward + gamma * value_next) - value ◀─┐
                優勢值函數（這與本章開始提到的公式不同，下文會詳細說明）
    loss =-1 * policy.logprob(action) * advantage  ◀── 根據動作的優勢值來強化
    minimize(loss)  ◀── 想辦法最小化損失          （或弱化）該動作
```

程式 5.3 中的虛擬碼非常簡單，但卻包含了所有重點。本章再次使用 CartPole 環境來訓練 DA2C（分散式優勢演員 - 評論家）模型。如果我們和之前一樣，等一場遊戲結束後再更新模型參數（蒙地卡羅法），那麼優勢值函數（advantage）中的 value_next 必為 0，因為沒有下一個狀態了。在此情況下，優勢值函數可化簡為 advantage = reward - value，這就是本章開頭時公式 A=R-V(s) 的簡化版（**編註**：R 為遊戲結束前每一步的回報值，在沒有下一個狀態的前提下，R 即現有狀態所產生的回饋值 reward）。不過在進行即時訓練（每執行 1 個動作就更新一次模型參數）或 N- 步學習（每執行 N 個動作就更新一次模型參數）時，我們還是要用上完整公式，也就是 A = R-V(s)。

⤳ N 步學習

N 步學習介於即時訓練和蒙地卡羅法之間，正如它的名稱所示，我們會先累積 N 步的回饋值，再計算損失與進行反向傳播。N 值可以設定的範圍從 1（即時訓練），到整場遊戲的總步數（蒙地卡羅法）為止，而為了能同時享有即時訓練和蒙地卡羅法的好處，我們通常會選擇一個中間值當做 N。接下來，會先説明如何以『一場遊戲』為單位訓練演員 - 評論家演算法，之後，我們會介紹 N 步學習的做法（以 N=100 為例）。

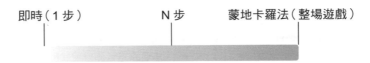

圖 5.9 展示了演員 - 評論家模型的概念。這種模型必須能同時產生狀態價值以及動作機率分佈。有了動作機率分佈，代理人才能選擇動作並接收回饋值，接著與狀態價值進行比較，計算出優勢值大小，然後依照優勢值大小來強化（或弱化）動作和訓練模型。

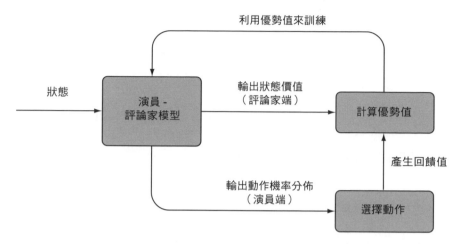

圖 5.9 演員 - 評論家模型會產生狀態價值和動作機率分佈，它們是計算優勢值時必不可少的元素。與 Q-Learning 將『回饋值』當做訓練依據不同，演員 - 評論家模型使用『優勢值』進行訓練。

現在來實作一個能解決 CartPole 問題的演員 - 評論家模型，以下是我們所進行的步驟：

1. 建構具有兩個輸出端的演員 - 評論家模型（你也可以建構兩個網路，分別對應演員和評論家）。該模型的輸入是 CartPole 遊戲的狀態（包含 4 個實數的向量，參見 4-18 頁的說明）。至於輸出的部分，演員端（即策略網路）會傳回一個二維向量，代表兩種可能動作（左或右）的機率分佈；而評論家端則會輸出一個純量，代表狀態價值。評論家記為 $V(s)$，演員則為 $\pi(s)$。請記住，$\pi(s)$ 傳回的結果是對數化後的機率分佈。

2. 遊戲過程中：

   a. 定義超參數：γ（即折扣係數）。

   b. 假設初始狀態為 s_t，開啟一場新遊戲。

   c. 計算狀態價值 $V(s_t)$，並且將結果存於串列中。

   d. 計算 $\pi(s_t)$ 並將結果存於串列中，根據此機率分佈選取動作 a_t 執行。接著，取得新狀態 s_{t+1} 和回饋值 r_{t+1}，再將回饋值存入串列。

3. 訓練的過程中：

    a. 將回報值 R 初始化為 0。取得整場遊戲的回饋值，並透過公式 $R_t = \sum_t \gamma_t \cdot r_t$ 來計算該場遊戲的回報值陣列。

    b. 將演員的損失：$-1 * \gamma_t * (R_t - V(s_t)) * \log \pi(a_t | s_t)$ 最小化。

    c. 將評論家的損失 $(V(s_t) - R_t)^2$ 最小化。

4. 進入下一場遊戲並重複上述過程。

    程式 5.4 將以上過程轉換為 Python 程式碼：

程式 5.4 CartPole 演員 - 評論家模型

🖥 In

```python
import torch
from torch import nn
from torch import optim
import numpy as np
from torch.nn import functional as F
import gym
import torch.multiprocessing as mp
import matplotlib
import matplotlib.pyplot as plt

class ActorCritic(nn.Module):        ← 定義演員 - 評論家模型
    def __init__(self):
        super(ActorCritic, self).__init__()
        self.l1 = nn.Linear(4,25)
        self.l2 = nn.Linear(25,50)
        self.actor_lin1 = nn.Linear(50,2)      ← 定義模型中各神經層的
        self.l3 = nn.Linear(50,25)                 shape，參考圖 5.10
        self.critic_lin1 = nn.Linear(25,1)
```

NEXT

```
def forward(self,x):
    x = F.normalize(x,dim=0)  ◄── 正規化輸入資料
    y = F.relu(self.l1(x))
    y = F.relu(self.l2(y))
    actor = F.log_softmax(self.actor_lin1(y),dim=0)  ◄──
    c = F.relu(self.l3(y.detach()))  ◄──┐
                先將評論家端的節點分離，再經過 ReLU 的處理
    critic = torch.tanh(self.critic_lin1(c))
                評論家端輸出一個範圍在 -1 到 +1 之間的純量原因將在稍後說明
    return actor, critic  ◄── 使用 tuple 傳回演員和評論家的輸出結果
```

演員端輸出遊戲中兩種
動作的對數化機率值

雖然上面的網路具有兩個輸出端，但它的架構非常簡單。在程式 5.4
中，我們先正規化模型的輸入資料（即狀態），如此一來，所有輸入值便能
處在相同的範圍。接著，輸入資料進入網路的前兩層（以 ReLU 為激活函
數的線性層 l1 及 l2）。在此之後，模型的資料處理路徑便一分為二。

第一條路徑為演員端，它會把第二層神經層的輸出結果輸入到
使用 log_softmax 函數的線性層當中。這裡的 log_softmax 函數等同
log(softmax())，不過前者的數值計算結果較後者穩定。若我們將 log 和
softmax 函數分開計算，則可能遇到產生的機率值過大或過小的問題。

另一條路徑為評論家端。第二層神經層的輸出進入該路徑後，會先
經過一層線性層（激活函數為 ReLU）。要注意的是，過程中我們呼叫了
y.detach()，以便將 y 的節點從整張運算圖中分離開來，這樣評論家的損
失便無法參與反向傳播，因此不會改變第一層和第二層神經層的參數（圖
5.10）（換句話說，只有演員的損失會影響前兩層神經層的參數更新）。這麼
做的目的在於：避免演員和評論家在更新神經網路參數時發生衝突。當我
們的模型有兩個輸出端時，『將其中一端的節點分離，並讓另一端主導參數
更新』是很常見的做法。最後，評論家會以線性層（激活函數為 tanh）處理
資料，輸出結果的範圍會在 -1 到 1 之間，這是專為 CartPole 設計的，因
為此遊戲的回饋值為 +1 或 -1。

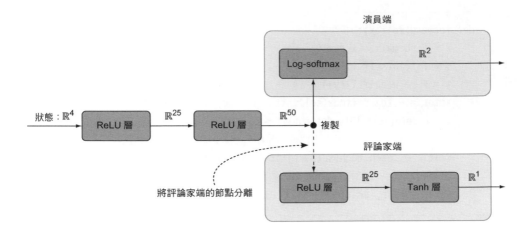

圖 5.10 雙輸出端演員 - 評論家模型的架構概念圖。所有資料都必須先經過兩層線性層，然後再分別進入演員端和評論家端中。演員端會以 log-softmax 層處理資料，而評論家端則依次把資料輸入 ReLU 層和 tanh 層當中。Tanh 函數是激活函數的一種，它可以將輸出值的範圍限制在 -1 和 1 之間。該模型會以 tuple 的形式傳回兩個張量（而非單一張量）。請注意，我們把評論家端的節點從運算圖中分離開來（在本圖中以虛線表示），因此其損失不會反向傳播到演員端或更早的神經層中。換言之，模型的前兩層的神經層參數只會受到演員端的影響。

下面的程式可以將演員 - 評論家模型分散到多個程序中（ **編註**：程式 5.5 中所用到的函式會在程式 5.6 至程式 5.8 中定義，建議先從後面的程式看起，最後才來看程式 5.5，這樣或許比較好理解）：

程式 5.5　分散式訓練

```
💻 In
MasterNode = ActorCritic()  ◀── 建立一個共享的全域演員 - 評論家模型
MasterNode.share_memory()   ◀── share_memory() 允許不同程序共用同一
                                組模型參數（無須複製參數，節省空間）
processes = []  ◀── 用來儲存不同程序實例的串列
params = {
    'epochs':500,   ◀── 進行 500 次訓練
    'n_workers':7,  ◀── 設定程序數目為 7
}
```

NEXT

```
counter = mp.Value('i',0)
```
← 使用 multiprocessing 函式庫創建一個全域
計數器，參數『i』代表其資料型態為整數

```
buffer = mp.Queue()
```
← **編註**：小編在這裡創建了一個 buffer，用來儲存
每一場的遊戲長度 (桿子維持多少回合不倒)

```
for i in range(params['n_workers']):
    p = mp.Process(target=worker, args=(i,MasterNode,counter,params))
```
← 啟動新的程序來運行 worker 函式 (該函式的定義見程式 5.6)

```
    p.start()
    processes.append(p)
for p in processes:
    p.join()
```
← 利用 join 讓每條程序皆完成運算後，再將結果傳回

```
for p in processes:
    p.terminate()
```
← 終止各程序

✎ **小編補充** ：原文沒有畫出平均遊戲長度的程式，因此小編加上了以下程式：

```
n = params['n_workers']
score = []
running_mean = []
total = torch.Tensor([0])
mean = torch.Tensor([0])
while not buffer.empty():
    score.append(buffer.get())
```
← 將 buffer 中的資料存入 score

```
print(len(score))
for i in range (params['epochs']):
    if (i>=50):
        total = total - sum(score[n*(i-50) : n*(i-50)+n])/n
        total = total + sum(score[n*i : n*i+n])/n
        mean = int(total/50)
```
若訓練次數已超過 50，則計算
過去 50 場遊戲的平均長度

```
    else:
        total = total + sum(score[n*i : n*i+n])/n
        mean = int(total/(i+1))
```
若訓練次數未超過
50 次，則計算到目
前為止的遊戲長度

```
    running_mean.append(mean)
plt.figure(figsize=(17,12))
plt.ylabel("Mean Episode Length",fontsize=17)
plt.xlabel("Training Epochs",fontsize=17)
plt.plot(running_mean)

print(counter.value, processes[0].exitcode)
```
← 列印全域計數器的值、以及第一個程
序的退出碼 (exit code，此值應為 0)

程式 5.5 和前一節透過 multiprocessing 來處理陣列數字的平方計算很類似，只不過這一次我們的 target 函式為 worker。程式 5.6 定義了 worker 函式，它負責在 CartPole 的環境中運行代理人。

程式 5.6　**主要訓練迴圈**

```
In
from IPython.display import clear_output
def worker(t, worker_model, counter, params):
    worker_env = gym.make("CartPole-v1")
    worker_env.reset()
    worker_opt = optim.Adam(lr=1e-4,params=worker_model.parameters())  ◀─┐
                          每條程序有獨立的運行環境和優化器，但共享模型參數
    worker_opt.zero_grad()
    for i in range(params['epochs']):
        worker_opt.zero_grad()
        values, logprobs, rewards, length = run_episode(worker_env,worker_model) ◀─┐
        呼叫 run_episode() 來執行一場遊戲並收集資料 (該函式的定義見程式 5.7)─────┘
        actor_loss,critic_loss,eplen= update_params(worker_opt,values, 接下行
            logprobs,rewards)  ◀── 使用所收集的資料來更新神經網路參數
                                  (update_params() 的定義見程式 5.8)
        counter.value = counter.value + 1  ◀─┐
                              counter 是一個全域計數器，被所有程序共享
        if(i%10 == 0):
            print(i)
            print(len(rewards))  ◀──印出當前的訓練進度
            clear_output(wait=True)
        buffer.put(length)  ◀── 將遊戲長度存進 buffer 中
```

　　每一條程序都會執行各自的 worker 函式，而每一個 worker 函式都會建立自己的 CartPole 環境以及優化器，不過，各程序所用的是同一個演員 - 評論家模型，我們會將模型當作一個參數傳遞給所有的 worker 函式。注意，因為模型是共享的，因此當一個 worker 函式更新了模型參數，其它 worker 函式收到的模型參數就會是更新後的版本 (見圖 5.11)。

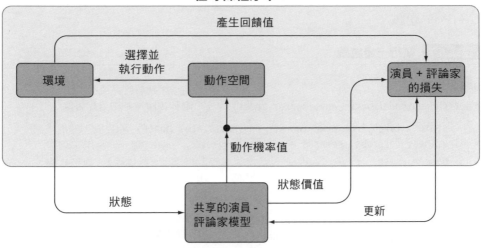

圖 5.11 每個程序會用共享的模型來運行一場遊戲。不過程序會分開計算損失,並使用自己的優化器來更新共享模型的參數。

透過讓不同程序共享同一個模型,可以大大地節省記憶體空間,也能提高訓練的效率。

程式 5.7 定義了 run_episode 函式，它讓演員 - 評論家模型執行一場 CartPole 遊戲。

程式 5.7 執行一場遊戲

```
In
                                          將環境狀態的資料型態從 NumPy
def run_episode(worker_env, worker_model):  陣列轉換為 PyTorch 張量
    state = torch.from_numpy(worker_env.env.state).float() ◄┘
    values, logprobs, rewards = [],[],[] ◄── 建立三個串列，分別用來儲存
    done = False                              狀態價值（評論家）、對數化機
    j=0                                       率分佈（演員）以及回饋值
    while (done == False): ◄── 除非滿足結束條件，否則遊戲繼續進行
        j+=1
        policy, value = worker_model(state) ◄── 計算狀態價值以及各種
        values.append(value)                     可能動作的對數化機率
        logits = policy.view(-1) ◄── 呼叫 .view(-1) 將對數化機率扁平化成向量
        action_dist = torch.distributions.Categorical(logits=logits)
        action = action_dist.sample() ◄── 參考演員所提供的對數化機率來選擇動作
        logprob_ = policy.view(-1)[action]
        logprobs.append(logprob_)
        state_, _, done, info = worker_env.step(action.detach().numpy())
        state = torch.from_numpy(state_).float()
        if done: ┐
            reward =-10        若某動作造成遊戲結束，則將回饋值設
            worker_env.reset()─ 為 -10，並且重置環境
        else:
            reward = 1.0
        rewards.append(reward)
    return values, logprobs, rewards, len(rewards)
```

run_episode 函式能執行一場 CartPole 遊戲，並收集評論家的狀態價值、演員的對數化動作機率及由環境產生的回饋值。我們將這些資料分別存入不同的串列中，然後再透過 update_params 函式（程式 5.8）來計算損失。回想一下：在 Q-Learning 中，我們必須先選定一個策略（例如：ε - 貪婪策略）才能選擇動作；然而在演員 - 評論家中，可以直接透過策略網路輸出的機率分佈來選擇動作。接下來，來看看負責更新參數及計算損失的 update_params 函式：

程式 5.8　計算並最小化損失

```
In
def update_params(worker_opt,values,logprobs,rewards,clc=0.1,gamma=0.95):

    設定一個 clc 參數來控制演員損失和評論家損失的影響力（詳見倒數第 4 排的程式）

        rewards = torch.Tensor(rewards).flip(dims=(0,)).view(-1)
        logprobs = torch.stack(logprobs).flip(dims=(0,)).view(-1)
        values = torch.stack(values).flip(dims=(0,)).view(-1)
        Returns = []
                                        將 rewards、logprobs 及 values 陣列中的元
        ret_ = torch.Tensor([0])        素順序顛倒，以方便計算折扣回報值陣列

        for r in range(rewards.shape[0]):    ◄── 使用順序顛倒後的回饋值來
            ret_ = rewards[r] + gamma * ret_      計算每一步的回報值，並將
            Returns.append(ret_)                  結果存入 Returns 陣列中
        Returns = torch.stack(Returns).view(-1)
        Returns = F.normalize(Returns,dim=0)  ◄── 將 Returns 陣列中的值做正規化處理

        actor_loss =-1*logprobs * (Returns - values.detach()) ◄

                            將 values 張量的節點從運算圖中分離（用之
                            前講的 detach()），並計算演員的損失

        critic_loss = torch.pow(values - Returns,2) ◄── 計算評論家的損失
        loss = actor_loss.sum() + clc*critic_loss.sum() ◄
        loss.backward()             將演員和評論家的損失加起來，變成總損失。
        worker_opt.step()           注意，我們使用 clc 參數來降低評論家損失的影響
        return actor_loss, critic_loss, len(rewards)
```

　　在程式 5.8 中，我們將記錄著回饋值、對數化機率及狀態價值的串列分別轉換成 PyTorch 張量。接著，將這些張量中的元素順序顛倒，以便優先處理離遊戲結束較近的動作（ 編註 ：在 4.2.4 節中我們提過，離遊戲結束越近的動作，對遊戲結果的影響力也越大）。同時，我們還呼叫了 view(-1) 函式，它能將不同階數的張量扁平化成向量。

　　演員損失 actor_loss 可以由本節介紹過的數學公式（參考 5-6 頁）計算出，計算的基礎是優勢值（此處的優勢值計算無涉及 bootstrap 機制），而

非單純的回饋值。請記得，在計算**演員損失**時一定要用 detach() 把 values 張量從運算圖分離，否則無法按我們所想，只更新演員端。至於**評論家損失**則較為單純，即狀態價值和回報值的誤差平方值。然後，將兩種損失相加，得到總損失。在相加的過程中，我們將評論家損失乘上 clc 參數以降低其影響力，進而讓演員的學習率高於評論家。最後，update_params 函式會傳回演員損失、評論家損失及回饋值張量的長度（代表整場遊戲的長度），如此便能追蹤演算法的訓練過程。

在這裡，每個 worker 更新模型參數的過程是**非同步**（asynchronously）的。換言之，worker 只要一完成遊戲，就會立即更新模型。當然，我們也可以等所有 worker 都完成遊戲並加總它們的梯度後，再對模型參數進行同步更新，但這麼做較複雜，且效果不一定比較好。

在現代的多核心 CPU 電腦中，執行上述演算法通常只需要不到一分鐘。執行完畢後，便可以得到經過訓練的 CartPole 代理人。要注意的是，訓練過程中的損失變化圖可能不會呈漂亮的下降趨勢（圖 5.12 右），這是由於演員和評論家之間的競爭所導致的。評論家的目標是精準地預測回報值（回報值的大小由演員的動作決定），但演員的目標則是超越評論家的期待。因此，倘若演員學習的速度快於評論家，那麼評論家的損失便會升高，反之亦然。

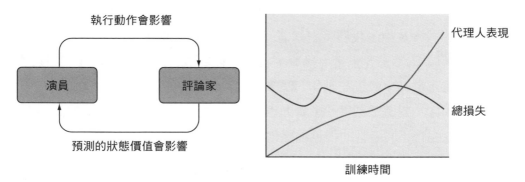

圖 5.12 演員和評論家之間存在某種競爭關係：代理人執行的動作（由演員輸出的機率分佈決定）會影響評論家的損失；而評論家預測的狀態價值進而影響演員的損失。這種競爭關係導致代理人的總損失變化不穩定，但其表現是會隨著訓練穩步上升的。

　　演員 - 評論家這種對抗式（adversarial）的訓練方法不僅能在強化式學習中發揮成效，它在整個機器學習領域中都有廣泛的應用。以**對抗式生成網路**（generative adversarial networks, GANs）為例，它也包含了兩個模型（編註：生成器和鑑別器），藉由兩者的競爭，GAN 能夠以訓練資料為基礎，生成以假亂真的合成資料。我們在第 8 章中會看到更複雜的對抗式模型。

　　小編補充 如果讀者想要了解 GAN 背後的原理及完整的理論，可參考旗標出版的《GAN 對抗式生成網路》一書。

　　此處想強調的重點是：在使用對抗式模型時，損失變化通常沒什麼意義（除非它下降為 0 或爆增成無限大，這通常代表演算法中有地方出錯了）。想要評估代理人的表現，我們必須去觀察演算法是否能成功完成任務（以 CartPole 而言，代理人能夠『讓桿子維持多久不倒』就是評估的重點）。圖 5.13 顯示在前 500 次訓練中，代理人每場遊戲的平均長度是多少。

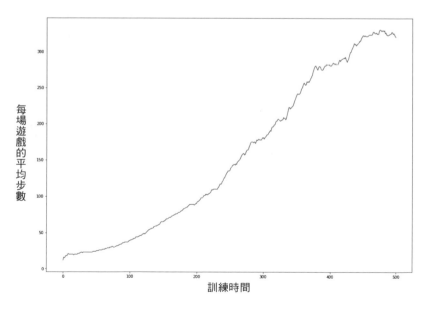

圖 5.13　使用蒙地卡羅法更新分散式演員 - 評論家模型時，遊戲平均長度隨訓練過程變化的趨勢圖。

5.4 N 步演員 - 評論家

在上一節，我們利用蒙地卡羅法來訓練分散式演員 - 評論家模型，也就是說，模型的參數更新是在每場遊戲結束後才進行的。雖然對於 CartPole 這樣的簡單遊戲而言，這種做法並無不妥，但有時我們也需要對模型進行更頻繁的更新。在之前的討論中，我們有提過 N- 步學習法：在這種方法中，演算法每執行 N 個動作便會計算一次損失並更新參數。其中，N 的範圍介於 1 和整場遊戲的總步數之間。如果 N 等於 1，則相當於即時（online）訓練；若 N 等於一場遊戲的總步數，則等同於蒙地卡羅法。為了同時享有以上兩種極端狀況的好處，通常會將 N 定在中間的位置。

假設使用蒙地卡羅法，由於演算法已經有了整場遊戲的資訊，因此它不需要 bootstrap 機制（不需預測未來狀態的價值）。相反地，在即時訓練（如之前訓練 DQN 的做法）中，bootstrap 機制是必要的，但讓演算法每走一步便進行一次 bootstrap，可能會造成偏值過大的問題。如果模型的參數是朝著正確的方向更新，那麼可以不去理會偏值的大小。但有些時候，偏值會造成參數朝錯誤的方向更新，這時我們就必須正視這個問題了。

這就是 N 步學習為什麼比即時訓練好的原因：由於評論家的目標價值更準確（編註：可以參考過去 N 步的遊戲資訊，而不是只利用最近一步的遊戲資訊），因此其訓練過程會更穩定，預測值的偏值也就更少。請記住，bootstrap 機制是利用前一個預測結果，產生下一個預測結果的過程。我們手上收集的資訊越多，模型預測的品質也就越高。另外，bootstrap 機制還可以提升模型訓練的效率，因為不用等到整場遊戲結束才能更新模型參數。

只要在之前的 run_episode 函式中多加一個輸入參數（N_steps），便可實現 N 步學習演算法。如果遊戲步數少於 N_steps，則回報值為 0（因為遊戲結束後就沒有新狀態了），就和蒙地卡羅法一樣。然而，如果遊戲超過 N 步卻還未結束，那麼我們便會將第 N 步得到的回報值設為『最終狀態的預測價值』，並用在 update_params() 中。這裡便使用了 bootstrap 機制：

在計算遊戲中每一步的回報值時，我們會把最終狀態的預測價值納入考量
（之前我們會直接設為 0）。

程式 5.9 使用 N 步學習來訓練 CartPole 代理人

In

```
def run_episode(worker_env, worker_model, N_steps=100):
    raw_state = np.array(worker_env.env.state)
    state = torch.from_numpy(raw_state).float()
    values, logprobs, rewards = [],[],[]
    done = False
    j=0
    check = 1
    G=torch.Tensor([0])    ◀── 變數 G 代表回報值，它的初始值為 0
    while (j < N_steps and done == False):  ◀── 持續進行遊戲，直到經過 N 步、
        j+=1                                      或者遊戲結束
        policy, value = worker_model(state)
        values.append(value)
        logits = policy.view(-1)
        action_dist = torch.distributions.Categorical(logits=logits)
        action = action_dist.sample()
        logprob_ = policy.view(-1)[action]
        logprobs.append(logprob_)
        state_, _, done, info = worker_env.step(action.detach().numpy())
        state = torch.from_numpy(state_).float()
        if done:
            reward =-10
            worker_env.reset()
            check = 1
        else:
            reward = 1.0     ◀── 若遊戲並未結束，令回報值等於最新的狀態價值
            G = value.detach()
            check = 0
        rewards.append(reward)
    return values, logprobs, rewards, G, check
```

在上述程式碼中，我們增加了一個跳出 while 迴圈的條件（達到 N 步便跳出），並且在跳出迴圈時令回報值等於第 N 步的狀態價值，讓演算法具備 bootstrap 機制。新的 run_episode 函式會傳回變數 G(回報值)，因此 update_params 和 worker 函式也必須進行相應的調整才行。

> **小編補充** 由於篇幅上的問題，N-步學習法的完整程式碼請參考 Colab 筆記本中的 Bonus 部分。

首先，將 G 做為參數加入 update_params 中，並且令 ret_ = G：

```
💻 In
def update_params(worker_opt,values,logprobs,rewards,G,clc=0.1,gamma=0.95):
                                                    └──── 加入 G
    rewards = torch.Tensor(rewards).flip(dims=(0,)).view(-1)
    logprobs = torch.stack(logprobs).flip(dims=(0,)).view(-1)
    values = torch.stack(values).flip(dims=(0,)).view(-1)
    Returns = []
    ret_ = G  ◄── 用 G 來代替原本的 torch.Tensor([0])

        ...
```

剩下來的程式碼和之前完全相同，因此予以省略。

接下來，我們只要讓 worker 函式能夠接受傳回的 G 陣列、並將其輸入 update_params 函式中即可：

```
💻 In
def worker(t, worker_model, counter, params, buffer):
    worker_env = gym.make("CartPole-v1")
    worker_env.reset()
    worker_opt = optim.Adam(lr=le-4,params=worker_model.parameters())
```

NEXT

```
worker_opt.zero_grad()
tot_rew = torch.Tensor([0])
for i in range(params['epochs']):
    worker_opt.zero_grad()
    values, logprobs, rewards, G = run_episode(worker_env,worker_model)
    actor_loss,critic_loss,eplen = update_params(worker_opt,values, 接下行
            logprobs,rewards, G)
    while(check == 0):
        worker_opt.zero_grad()
        values, logprobs, rewards, G, check = run_episode 接下行
            (worker_env,worker_model)
        actor_loss,critic_loss,eplen = update_params 接下行
            (worker_opt,values,logprobs,rewards,G)
        tot_rew += eplen

    counter.value = counter.value + 1
    if(i%10 == 0):
        print(i)
        print(tot_rew)
        clear_output(wait=True)
    buffer.put(tot_rew)
```

　　修改完成後，再次執行訓練演算法。得到的結果和之前很像，不過代理人的表現比之前來得好。圖 5.14 顯示了在訓練階段的前 500 步中，代理人每場遊戲的平均長度變化。如你所見，N- 步學習法所帶來的效率提升是非常顯著的。

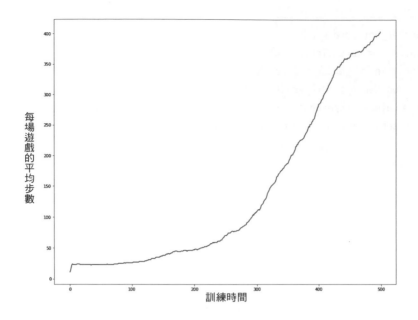

圖 5.14 在使用 N- 步學習法來訓練分散式演員 – 評論家時，遊戲平均長度隨訓練過程變化的趨勢圖。與使用蒙地卡羅的演算法相比，此處的曲線顯得更平滑，代表評論家的表現更穩定（ **編註**：因為使用了 bootstrap 機制，所以模型表現的變異數變小了）。

從圖 5.14 我們發現：經過 500 次的訓練後，N- 步學習法模型的平均遊戲長度可達 400 步以上（ **編註**：本章我們用的是 Cartpole-v1 版本，最大步數可以到 500 步。上一章用的是 Cartpole-v0 版本，最大步數只有 200 步），而之前的蒙地卡羅法模型在相同條件下只能達到 300 步左右（見圖 5.13）。同時，利用 bootstrap 機制降低了評論家端的變異數，因此 N- 步學習法的表現曲線比蒙地卡羅法的平滑，且學習速度也較快。

舉個實際的例子來說明 bootstrap 機制的影響。假設代理人玩了兩場遊戲（長度皆為 3 步），第一場的回饋值為 [1, 1,-1] 第二場的則為 [1, 1, 1]。若令折扣係數 γ 為 0.99，則第一場遊戲的總回報值為 0.01（ 1+ 0.99 ×-1= 0.01），第二場則是 1.99 (1+ 0.99 × 1 = 1.99)，兩者相差了近 200 倍。也就是說，遊戲結果中微小的波動有可能造成很大的變異數。在使用 bootstrap 機制後，計算每場遊戲的回報值時必須考慮利用 bootstrap 機制預測的回報值。現在假定兩場遊戲的狀態相似，且 bootstrap 機制預測的回報值皆為 1.0，則回報值的計算結果將分別變成 0.99 和 2.97。可以看到，bootstrap 機制讓兩者的差距從 200 倍降低到 3 倍。以下程式碼重現了上面的說明：

程式 5.10 bootstrap **對回報值的影響**

🖥 In

```
# 兩場遊戲（長度為 3 步）的模擬回饋值
r1 = [1,1,-1]
r2 = [1,1,1]
R1,R2 = 0.0,0.0  ◀── 初始化兩場遊戲的回報值為 0

# 不使用 bootstrap
for i in range(len(r1)-1,0,-1):  ◀── i 的值從 len(r1)-1 開始，一直往後遞減至 0（不包含 0）
    R1 = r1[i] + 0.99*R1
for i in range(len(r2)-1,0,-1):
    R2 = r2[i] + 0.99*R2
print("No bootstrapping")
print(R1,R2)

# 使用 bootstrap
R1,R2 = 1.0,1.0  ◀── 利用 bootstrap 事先預測遊戲的回報值皆為 1
for i in range(len(r1)-1,0,-1):
    R1 = r1[i] + 0.99*R1
for i in range(len(r2)-1,0,-1):
    R2 = r2[i] + 0.99*R2
print("With bootstrapping")
print(R1,R2)
```

Out

```
>>> No bootstrapping
0.01 1.99
With bootstrapping
0.9901 2.9701
```

最後，總結一下本章的要點。在先前章節介紹的策略梯度法中，我們只會訓練策略函數。該函數會傳回各動作的機率分佈，其中預測出的最佳動作所對應的機率值最高。與透過目標價值進行學習的 Q-Learning 演算法不同，策略函數直接根據回饋值來調整動作的機率值，但由於同一動作有可能產生相反的回饋值（ **編註**：在相似的狀態下，相同的動作可能會造成不同的結果），因此在訓練過程中變異量會很大。

為了解決這個問題，我們加入了能預測狀態價值的評論家模型（在本章中，評論家和策略網路整合在一起，變成具有兩個輸出端的模型）。當演員（策略函數）執行的動作產生過大或過小的回饋值時，評論家便能發揮調節的功能，避免過大的參數更新對策略網路產生不良影響。說得更具體一點，我們不再以回報值（累計回饋值）訓練策略網路，而是以『優勢值』這個新概念（即：實際回饋值比評論家的預期價值高多少）做為訓練依據。在未導入優勢值概念之前，演算法會單純地將產生相同回饋值的動作視為等價。在導入優勢值後，會去預測某狀態理論上的價值，若某動作的回饋值高於此預測值，則該動作便會成為演算法強化的對象。

如同其它深度學習模型，我們必須將數筆資料打包成批次，使訓練更有效。以單筆資料來進行訓練會導致結果的變異數過大，模型難以收斂。在 Q-Learning 中，我們使用經驗回放來實現批次訓練（隨機選擇部分經驗資料放入經驗池中）；但對於演員 - 評論家而言，分散式訓練是更常見的做法。

事實上。經驗回放也適用於某些演員 - 評論家模型，而分散式訓練也可用於 Q-Learning 演算法。分散式訓練之所以在演員 - 評論家中比經驗回放更常見，是因為強化式學習模型中時常會包含**循環神經網路**（RNN）層。對 RNN 而言，資料必須按照時間的先後順序排好，但經驗回放中的資料則是各自獨立的。當然，我們也可以將過去經歷過的所有經驗資料**依時序**存入經驗池中，但這麼做實在太複雜了。在分散式訓練中，每條程序在各自的環境裡執行，如此便能降低在模型中加入 RNN 層的難度（ **編註**：由於每條程序會產生不同的經驗資料，它們只需要記錄自己的經驗順序即可）。

◁△ 循環神經網路 (Recurrent Neural Networks, RNNs)

在面對高度複雜的遊戲時，我們經常會使用 RNN 演算法，此類演算法包括**長短期記憶模型**（long short-term memory, LSTM）以及**閘控循環單元**（gated recurrent unit, GRU）等，它們具有『可追蹤過去資訊』的內部狀態（圖 5.15）。循環神經網路在**自然語言處理**（natural language processing, NLP）中特別有用，因為演算法要根據前後文來分析一個句子。除非經驗回放能將資訊**按順序**完整記錄下來，否則經驗回放對於專門處理**序列資料**的 RNN 來說用處不大。

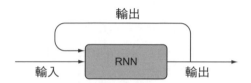

圖 5.15 本圖為 RNN 模型的圖示，該網路透過將『之前的輸出』與『當前的輸入』結合來處理序列資料。可以看到，圖中的 RNN 模組會接受當前的輸入以及上一次的輸出，並且產生新的輸出，新的輸出將與下一步的輸入一起被送進 RNN 內。與此同時，該輸出也能被複製到神經網路的其它層中。

　　除了分散式訓練，還有另一種方法可以訓練演員 - 評論家模型（本章未詳細說明）：即將環境複製多份，把它們各自產生的狀態打包成批次，一起輸入到相同的演員 - 評論家模型中，再讓模型輸出各環境的獨立預測結果。當環境很簡單時，這的確是一個有效的替代方案。但以複雜的環境來說，這會消耗大量記憶體或運算資源，進而造成處理速度過慢的問題。此時，分散式訓練便成了較佳的選擇。

　　目前，我們已經介紹了當代強化式學習的理論基礎，例如：馬可夫決策過程（MDP）以及 Q-Learning、策略梯度和演員 - 評論家等演算法。只要掌握這些內容，讀者便能挑戰其它強化式學習領域了。在接下來的章節，我們將說明更進階的強化式學習演算法。

總 結

- Q-Learning **演算法**可以預測在特定狀態下，某動作所產生的**回饋值**為何。

- **策略網路**可以輸出特定狀態下，各動作的**機率分佈**。

- 將 Q-Learning 演算法和策略網路結合起來，便得到**演員 - 評論家模型**。

- 透過比較『預測的價值』以及『實際回饋值』，可以計算出某動作的**優勢值**。例如：動作 A 的預測價值為 +9，實際回饋值為 +10，則其優勢值為 10 - 9 = 1。

- **多程序處理**即將程序分配到不同的處理器上同時執行，每條程序的運作皆為獨立的。

- **多執行緒**屬於分時多工處理，它透過讓作業系統在不同的任務之間快速切換，縮短這些任務的處理時間。當某條執行緒閒置時（例如：等待檔案下載完畢），作業系統可以先處理其它任務。

- 在**分散式訓練**中，我們會產生多個環境實例並分配到多個程序中同時執行，但這些程序會共享同一組模型參數。演算法會分別計算各程序的損失，最後再將個別的梯度加總（或取平均），用以更新模型參數。這種方法讓我們在不使用**經驗池**的情況下，實現**批次訓練**。

- N- **步學習法**介於**即時訓練**（代理人每走一步，模型參數就更新一次）和**蒙地卡羅法**（等整場遊戲結束後，再更新模型參數）之間，同時具有『即時訓練的高效性』以及『蒙地卡羅法的準確性』。

小編重點整理　演員 - 評論家

　　價值網路（DQN）及策略網路各有其優缺點，故可將它們結合在一起成為策略 - 價值演算法，即**演員 - 評論家**（Actor-Critic）。每當演員（策略網路）根據輸出的機率分佈隨機選擇一個動作，評論家（狀態價值網路）便會給予該動作評價（預測各動作的價值，並與真實收到的回饋值做比較），進而更新神經網路模型的參數。

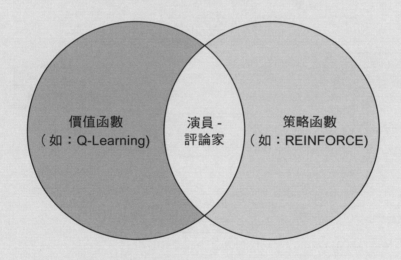

強化式學習之基礎架構

強化式學習中有幾個重要元素，即**代理人**（agent）、**動作**（action）、**環境**（environment）、**狀態**（state）、**回饋值**（reward），這幾個元素的關係可用下圖來表示：

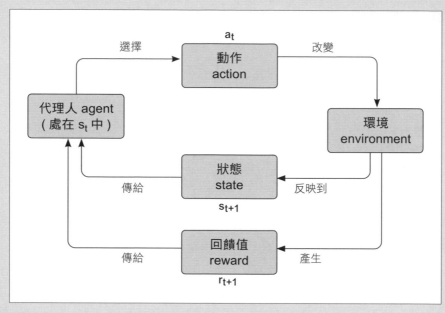

強化式學習之基礎架構

強化式學習中之常見函數

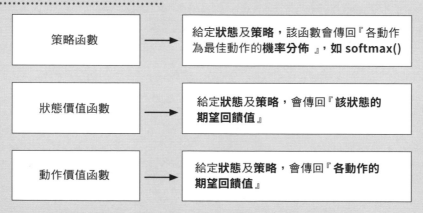

價值函數

價值函數分為兩類：

(i) 動作價值函數（也稱 Q 函數）

給定某個**狀態**及**動作**，該函數可傳回該動作的**價值**（即預計可得到的回饋值）。其中，**Q-Learning** 是實現動作價值函數的一種演算法。有了各動作的價值，我們便可遵循某種策略（如：ε - 貪婪策略）來選擇動作。

(ii) 狀態價值函數

給定特定**狀態**，該函數可傳回該**狀態的價值**（即該狀態開始至遊戲結束前，每一步期望回饋值之加權總和）。

$$V^{\pi}(s_0) = E^{\pi}[\sum_{i=0}^{t} w_i r_{i+1}|s_i] = w_0 E[r_1|s_0] + w_1 E[r_2|s_1] + \ldots + w_t E[r_{t+1}|s_t]$$

策略函數

給定某個**狀態**，該函數可傳回**各動作的機率分佈**，接著便可直接依照該機率分佈來隨機選擇動作。

演員 - 評論家

　　價值網路（DQN）及策略網路各有其優缺點，故可將它們結合在一起成為策略 - 價值演算法，即**演員 - 評論家**（Actor-Critic）。每當演員（策略網路）根據輸出的機率分佈隨機選擇一個動作，評論家（狀態價值網路）便會給予該動作評價（預測各動作的價值，並與真實收到的回饋值做比較），進而更新神經網路模型的參數。

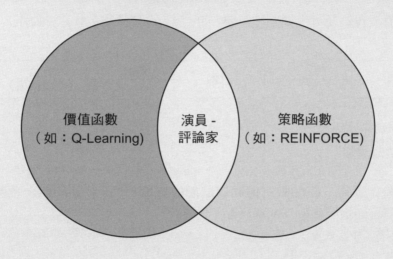

　　在閱讀本書的第二部分前，讀者請務必搞懂以上內容，以便更好的銜接接下來的章節。

第二篇
進階篇

讀者已經在第一篇中掌握了**深度強化式學習**的基礎知識，第二篇則要帶各位探討『更高階』的演算法以及『更複雜』的環境。由於第二篇中各章內容彼此獨立，因此讀者可以直接跳至自己感興趣的章節。但在安排上，後面章節所研究的課題會比前面章節困難，因此想要按部就班學習的讀者建議還是依照順序閱讀會比較好。

第 6 章會介紹另一種訓練神經網路的方法：**進化演算法**。該方法源自達爾文（Charles Darwin）的進化論，即以**物競天擇**（natural selection）的方式訓練機器學習模型。

第 7 章要說明：大多數的強化式學習方法在表現環境狀態上都有局限性，而我們會透過模擬完整的機率分佈來解決此問題。第 8 章會教各位如何讓強化式學習的代理人擁有人類的好奇心。第 9 章則會讓上百個代理人藉由彼此互動的方式來達成訓練的目的。

第 10 章將實作本書的最後一個專案，該專案能幫助大家瞭解神經網路的內部行為，進而提升模型的**可解釋性**。結尾的第 11 章則替大家歸納了本書的重點，並且為想深入研究強化式學習的讀者提供學習路徑圖。

6

進化演算法

神經網路技術是受到生物大腦結構的啟發，例如卷積神經網路的架構就是從大腦的視覺皮質那裡得到靈感。事實上，科技和工程學的進步往往受到生物學的啟發。由於**物競天擇**（natural selection）的機制在漫長的進化過程中攻克了一道又一道難題，於是人們想問：類似的機制是否也可以運用到電腦科學上呢？答案是肯定的。而且這種進化方法的效果不僅好，實作起來也相當容易。

在演化過程中，能夠賦予生物生存優勢的『新特徵』將取代舊特徵，因為它們會透過增加個體的生存機會，把該特徵的基因遺傳給下一代。一個特徵能否帶來生存優勢通常難以預料，因為這完全是由環境來決定的，而環境總是不斷在變化。所幸在電腦科學的模擬環境裡，我們的進化程序會簡單很多，畢竟演算法的目標只是將某個數值（如：損失）最大或最小化而已，不需要考慮存活或繁衍等難題。

在本章，讀者會學到如何在不使用『反向傳播』和『梯度下降』的情況下，利用進化演算法來訓練神經網路。

6.1 梯度下降演算法的缺點

為什麼我們不想使用反向傳播呢？原因如下：在 **DQN** 和**策略梯度法**中，我們的代理人是使用神經網路來實現 **Q 函數**或**策略函數**的功能。如圖 6.1 所示，代理人會與環境互動、搜集經驗資料、並且利用反向傳播來提升神經網路的預測準確率。在過程中，我們必須小心地調整各項超參數，包括：選擇正確的**優化器**（optimizer）、決定**訓練批次的大小** (batch size) 等，還要指定適當的**學習率**（learning rate）以穩定訓練效果。此外，由於 DQN 和策略梯度演算法都仰賴『隨機（stochastic）梯度下降演算法』，因此它們皆會受隨機因素影響。以上環節只要有地方出錯，都會導致模型無法順利學習（即：模型中的參數無法收斂到最佳值）。

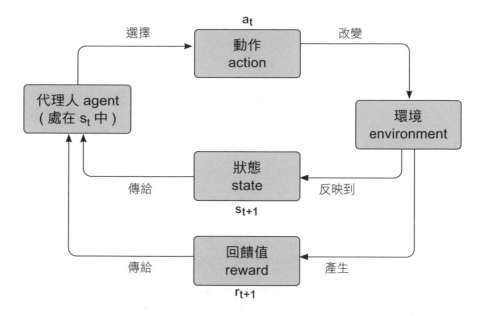

圖 6.1 在過去的所有演算法中，代理人都會和環境互動、收集經驗資料、並透過反向傳播來更新參數。以上過程會不斷重複，直到訓練結束為止。

隨著環境和神經網路的複雜度增加，超參數的決定會變得越來越困難。另外，只有『可微分』的模型能夠進行梯度下降和反向傳播，這就造成我們在模型選擇上有很多的限制（許多有用的模型是不可微分的）。

為了解決這些問題，我們從達爾文的**物競天擇**（natural selection）理論中，建構出以下的**進化演算法**：首先，產生許多具有不同權重參數的代理人（即神經網路），再找出表現最好（如：損失最小）的那一個。接著，以此代理人的參數為基礎去複製下一代，使下一代的代理人保有上一代的良好特徵（權重參數）。此方法讓我們不必再花時間更新參數，就直接選擇表現最優者即可（在之前的演算法中，只有當模型進行一次完整的訓練後，才能驗證當前的模型參數是否合適，這過程很浪費時間）。

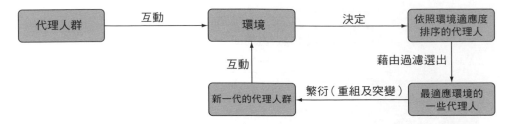

圖 6.2 在進化演算法中，我們產生多個代理人，並將『最佳代理人』的模型權重參數傳給新一代的代理人。

在進化演算法中，單一代理人不用針對特定目標（如降低損失）學習，因此不需使用梯度下降法，此類演算法一般稱為**無梯度演算法**（gradient-free algorithm）。但要注意的是，『不以特定目標引導代理人進行學習』不代表要完全憑運氣選擇代理人。演化學家道金斯（Richard Dawkins）曾經說過：『物競天擇一點也不隨機』，我們的進化演算法也是如此。

6.2 利用進化策略實現強化式學習

本節會介紹進化演算法中的**適應度**（fitness）概念，並簡單描述怎麼將適應度最好的一些代理人挑出來。然後，我們會解釋如何將這些代理人重組成新代理人，同時加入**突變**（mutations）的概念。進化是一個橫跨好幾代的過程，本節會撰寫一支簡單的程式來示範整個訓練過程。

▋ 6.2.1 『進化』的理論基礎

各位在高中生物課堂上都學過：天擇會將**最適應**環境的個體保留下來。『最適應』的意思即個體的『繁殖成功率最高』，因此更可能把自己的遺傳資訊傳遞給後代。以鳥類為例，具有『容易取得果實』的鳥喙形狀將更有機會獲得食物，進而更有可能存活下來並把基因傳給後代子孫。不過我們一定要記得，『最適應』的定義會隨著環境而變。例如：北極熊非常適應在極地生活，但要是把牠們放到亞馬遜雨林中恐怕就難以適應了。就這一點而言，環境就如同**目標函數**：它能根據個體的表現為其評定一個適應分數，而該分數則受其基因資訊（ 編註 ：本章的基因資訊即網路模型的權重參數）所控制。

在自然界中，**突變**會改變生物的基因。這種改變通常很細微，但經過好幾代的累積過後，就可能產生顯著的變化。再以鳥喙形狀為例：一開始，族群中每隻鳥的鳥喙形狀都差不多，但隨著時間演進，『隨機突變』漸漸讓鳥喙形狀產生明顯的差異。在這些突變中，絕大多數是對個體有害或沒有影響的，但只要族群數量夠大且繁衍次數夠多，隨機突變就有機會發生好的突變，並增加這些鳥類適應環境的能力。這是因為鳥喙形狀越適合環境的個體，就越有可能將自己的基因傳承下去。換句話說，在下一代的鳥群中，擁有該種鳥喙形狀的機率會上升。

在**進化類強化式學習**（evolutionary reinforcement learning）中，我們會選擇具有優良特徵的代理人（神經網路模型）。這裡的『特徵』指的是模型參數（即神經網路的權重）或模型的整體架構，而好的特徵可以幫助代理人在特定環境中取得高回饋值。我們可利用回饋值為代理人的適應度進行評分。

舉例而言，假設代理人 A 有能力在 Breakout 遊戲（Atari 電子遊戲的一種）中拿下 500 分，而代理人 B 只能拿 300 分。那麼我們會認定代理人 A 的適應度較 B 來得高，所以前者較接近我們理想中的代理人。注意，代理人 A 之所以表現得比 B 好，是因為 A 的模型參數比 B 的更能適應 Breakout 環境。

進化類強化式學習的目標也是『找到最優的模型參數』，不同的是，它不使用反向傳播和梯度下降來訓練，而是使用進化程序來達成訓練目的，這種演算法一般被稱為**基因演算法**（genetic algorithm）（圖 6.3）。

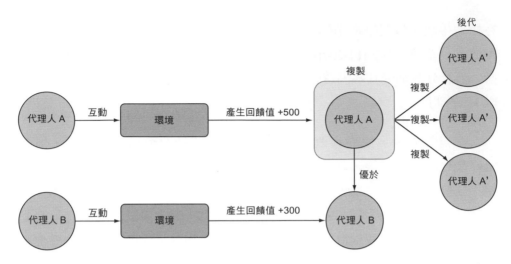

圖 6.3 在使用進化演算法的強化式學習中，不同的代理人必須在環境中競爭，而適應度最高（得到最多回饋值）的代理人更有可能產生後代。在經歷多次如上所述的選汰過程後，最終將只剩下適應度最高的代理人。

　　基因演算法的流程並不複雜，我們將以 Gridworld 進行說明，在此之前請記住兩點：第一，所謂**訓練**，就是透過不斷更新神經網路中的權重來增進其表現。第二，在神經網路架構相同的前提下，模型的表現完全由其參數決定，因此『複製神經網路』就等同於『複製神經網路的參數』。

　　以下就是利用基因演算法訓練神經網路的步驟，圖形化的說明請見圖6.4：

1. 產生一堆由隨機參數組成的向量（即神經網路模型的參數），這些向量被稱為**個體**（individual），它們的集合則稱為**初始族群**（initial population）。我們假設初始族群中有 100 個個體。

2. 使用不同個體和 Gridworld 環境互動，並將產生的回饋值記錄下來。隨後，我們便能依照觀察到的回饋值為不同個體的適應度評分。由於初始族群中的個體權重參數都是隨機生成的，因此它們的表現可能都很差，但總有一些個體會稍稍優於其它個體。

3. 利用適應度資訊，從初始族群中隨機挑選個體組成一對**親代**（適應度越好的個體越容易被選中），然後將這些親代個體共同組成**繁殖族群**（breeding population）。

NOTE 挑選『親代』個體的方法有很多種，其中一種是將不同個體的適應度轉換成機率分佈（適應度越高就會分配到越高的機率），再根據此機率分佈隨機選擇個體。在這種方法中，適應度最高者最有可能被選中，但偶爾也會挑到適應度低的個體，這可以幫助我們維持族群的**多樣性**。另一種方法更簡單，即依照適應度由高至低為個體排序，並選擇最佳的 N 個個體進行交配並產生後代。實務上，只要能讓演算法傾向選擇高適應度的個體，使用哪一種方法都行。但要注意的是，『只選擇最佳個體』和『增加族群多樣性』之間存在取捨（tradeoff），這跟強化式學習中的『開發』和『利用』取捨很像。

4. 我們選出的繁殖族群將透過**交配**（mate）來產生**後代**（offspring），產生同樣擁有 100 個個體的新族群。若我們的個體是『由實數構成的參數向量』，則所謂的交配就是：先取向量 1 中某個範圍的子集，再取向量 2 中與之互補的子集，然後將兩子集結合。舉個例子，假設向量 1 為 [1 2 3 4]、向量 2 為 [5 6 7 8]，那麼向量 1 和 2 的交配結果有可能是 [1 2 7 8] 和 [5 6 3 4]（將向量 1 中的前半段與向量 2 的後半段結合）。每一對交配的親代都是從繁殖族群隨機配對（當然，適應度越高的越有可能被選中）的，且每對親代一次會產生兩個後代，直到新族群被填滿（達到 100 個個體）。這樣既能讓後代繼承優秀**基因**（相當於模型參數），又能增加遺傳多樣性。

5. 為了進一步增加遺傳多樣性以防止模型過早收斂，我們還要在後代個體中加入隨機的突變。此處突變的意思是：在參數向量中加入雜訊。以二元向量（由 0 和 1 組成的向量）而言，突變會隨機**翻轉**向量中的某些值；而對於其它種類的向量來說，我們會在其中加入**高斯雜訊**（Gaussian noise）。注意，後代的突變率不能太高，否則可能會把親代的優點破壞掉。

6. 重複以上過程，直到個體經歷了 N 代（可自訂）進化或是模型已經很難再收斂（每一代族群的平均適應度不再提高）為止。

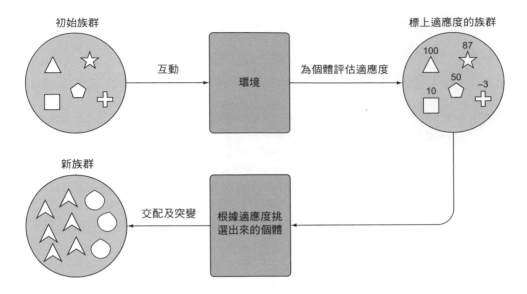

圖 6.4 利用基因演算法訓練強化式學習模型。我們先讓一群初始神經網路（即：代理人）在環境中進行測試並獲取回饋值。接著，根據每一個代理人所得到的回饋值高低來評估其**適應度**；適應度越高，越有可能被選為下一代個體的親代。我們會透過讓親代『交配』與讓後代『突變』兩個手段來增加後代的遺傳多樣性。

▌ 6.2.2　實作進化過程

接著，讓我們先來研究一個簡單的例子：隨機產生一群字串，並試著運用基因演算法來組合出**目標字串**，如：『Hello World!』。

在此例中，初始族群包含如『hellOran.d!!』和『lofrind.suk.』之類的隨機字串。為了給字串的適應度打分，我們會定義一個函式，它能評估隨機字串和目標字串之間的相似度（相似度越高，適應度也就越高）。接著，依適應度來選擇親代（適應度越高的字串越容易被選中），再讓親代字串交配（或稱為**重組**），進而產生後代字串。最後，引入**突變**，即隨機改變後代字串中的數個英文字母。我們將不斷重複上述過程來提高族群『隨機字串』與『目標字串』的相似度，直到『新族群的個體數量』和『初始族群的個體數量』相同為止。整個流程以圖 6.5 表示。

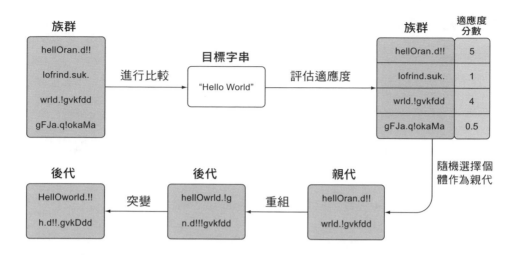

圖 6.5 以線圖說明如何用基因演算法產生目標字串。我們先產生一群隨機字串，並分別計算它們和目標字串的相似度（此相似度即字串的適應度）。接著，我們將隨機挑出字串來進行重組（即交配），再對交配出的後代進行突變處理以增加遺傳多樣性。『交配』和『突變』的過程會重複進行，直到『新族群的個體數量』和『初始族群的個體數量』相同為止。

　　以上例子以最簡單的方式展現了基因演算法的概念，這種概念可以直接運用到強化式學習任務上。完整的程式碼可參考程式 6.1 到 6.4。

　　在程式 6.1 中，我們定義了兩個函式。其中一個能生成隨機字串並組成初始族群，另一個則負責計算兩字串之間的相似度。

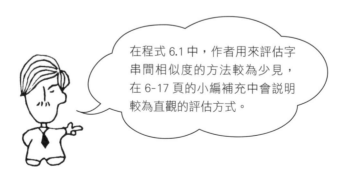

在程式 6.1 中，作者用來評估字串間相似度的方法較為少見，在 6-17 頁的小編補充中會說明較為直觀的評估方式。

程式 6.1 生成隨機字串

```
🖵 In

import random
import numpy as np                              我們用來組成字串的字元清單
from matplotlib import pyplot as plt            （包含空格及一些符號）


alphabet = "abcdefghijklmnopqrstuvwxyzABCDEFGHIJKLMNOPQRSTUVWXYZ,.! " ◀
target = "Hello World!" ◀── 目標字串

class Individual: ◀── 建立類別來儲存族群中每個個體的資訊
    def __init__(self, string, fitness=0):
        self.string = string
        self.fitness = fitness


        要生成的字串長度         族群中字串（個體）的數量

def spawn_population(length, size): ◀── 生成初始族群中的隨機字串
    pop = []
    for i in range(size):
        string = ''.join(random.choices(alphabet,k=length)) ◀  將選出的字元
        individual = Individual(string)                         拼在一起
        pop.append(individual)
    return pop
                                              傳回值介於 0～1，1 代表完全
from difflib import SequenceMatcher           符合，0 代表完全不符合


def similar(a, b): ◀── 計算兩字串的相似度，並傳回適應度分數
    return SequenceMatcher(None, a, b).ratio() ◀
```

　　上述程式將初始族群中的個體定義成**類別**（class），該類別的物件具有字串內容（string）和適應度（fitness）2 個屬性。同時，我們在建立初始族群的 spawn_population() 中建立了一個字元清單，並從中隨機挑選字母來組成新字串。初始族群建立完成（**編註**：其中包含 100 個字串）後，便可利用 similar() 來計算每個個體（即字串）的適應度。由於我們處理的是字串資料，因此可以用 Python 內建的 SequenceMatcher 模組來計算兩個字串的相似度。

　　程式 6.2 同樣定義了兩個函式，即 recombine() 和 mutate()。前者可以將兩個字串重組並產生兩個新字串，後者則會透過隨機改變字串中的字元來達到突變的目的。

程式 6.2 重組與突變

```
In

def recombine(p1_, p2_):        ←── 將兩個親代字串重組，並產生兩個後代字串
    p1 = p1_.string
    p2 = p2_.string
    child1 = []
    child2 = []
    cross_pt = random.randint(0,len(p1))    ←── 隨機設定重組的切割位置，
    child1.extend(p1[0:cross_pt])                會切成兩段以進行重組
    child1.extend(p2[cross_pt:])
    child2.extend(p2[0:cross_pt])           ←── 重組兩個親代字串
    child2.extend(p1[cross_pt:])
    c1 = Individual(''.join(child1))
    c2 = Individual(''.join(child2))
    return c1, c2

def mutate(x, mut_rate):        ←── 透過隨機改變字串中的字元來達到突變的目的
    new_x_ = []                     └── 突變率
    for char in x.string:
        if random.random() < mut_rate:              從之前的字元清單
            new_x_.extend(random.choices(alphabet,k=1))  ←── 中隨機選出一個字
        else:                                            元替換原有字元
            new_x_.append(char)     ←── 保留原有字元
    new_x = Individual(''.join(new_x_))
    return new_x
```

　　重組函式可接受兩個親代字串（如：『Hello there.』和『chase World!』），同時會隨機產生一個整數 cross_pt 做為切割位置，然後從切割位置將字串分成兩段，再將兩者的第一段**交換**以形成後代字串（以 cross_pt = 5 為例，生成的兩字串為『Hello World!』和『chase there.』）。也就是說，若親代字串中包含與目標字串有關的元素（如第一個字串中的『Hello』與第二個字串中的『World！』），那麼重組後便有機會得到目標字串『Hello World！』。

至於突變的部分，突變函式會隨機將輸入字串（如『Hellb』）中的字母替換掉，而替換多少字母則由突變率（mut_rate）來決定。例如突變率是20%（0.2），那麼在大多數的情況下，長度為5的字串『Hellb』中會有1個字母被隨機替換掉（以這個例子而言，我們希望『b』的位置可以突變成『o』）。

　　引入突變的目的在於提升『族群多樣性』，如果只執行重組，則族群中的個體很快就會變得高度一致，而這種現象會讓我們難以組合出目標字串（ 編註：如果一開始產生的隨機字串中都沒有目標字串的字元，單單透過重組是無法產生該字元的）。要注意的是，突變率的大小非常關鍵。突變率過高，個體的適應度可能會因為突變而降低；突變率過低，則很難得到目標字串（因為族群多樣性過低）。遺憾的是，我們只能憑經驗來決定突變率的數值。

　　現在來看程式 6.3。其中第一個函式會計算個體的適應度分數，並將該評分存入個體的 fitness 屬性中。第二個函式則可以幫助我們產生新一代的字串族群。

程式 6.3　評估個體與產生新一代字串族群

🖥 **In**

```
def evaluate_population(pop, target):   ◀── 計算族群中每個個體的適應度分數
    avg_fit = 0   ◀── 用來儲存族群內個體的平均適應度
    for i in range(len(pop)):
        fit = similar(pop[i].string, target)   ◀── 利用程式 6.1 中的 similar()
                                                    函式計算適應度
        pop[i].fitness = fit
        avg_fit += fit
    avg_fit /= len(pop)   ◀── 計算整個族群的平均適應度
    return pop, avg_fit
                          ┌── 初始族群內個體數
                          ▼
def next_generation(pop, size, length, mut_rate):   ◀── 透過重組和突變來產生
    new_pop = []                                        新一代字串族群
    while len(new_pop) < size:   ◀── 當新一代的個體數少於初始族群內的個體數時
```

NEXT

```
        parents = random.choices(pop,k=2,weights=[x.fitness for x in pop])
                          根據適應度隨機選出 2 個親代個體
        offspring_ = recombine(parents[0],parents[1])
                          利用程式 6.2 中的 recombine() 函式進行重組
        child1 = mutate(offspring_[0], mut_rate=mut_rate)
                                                        進行突變處理
        child2 = mutate(offspring_[1], mut_rate=mut_rate)
        offspring = [child1, child2]
        new_pop.extend(offspring)
    return new_pop
```

　　程式 6.3 中的兩個函式是進化過程所需的最後兩塊拼圖。evaluate_population() 函式會評估族群中每個個體與目標字串的相似度，並計算它們的適應度分數。最後的 next_generation() 函式則會依適應度分數隨機選擇個體進行重組、突變，進而生成新一代字串族群。

　　在程式 6.4 中，我們將之前的各種函式組合起來，讓字串能夠不斷『繁衍』出新世代字串，直到達成我們所設定的世代數。整個繁衍的過程如下：評估初始族群中個體的適應度、隨機選擇優秀個體進行重組與突變、產生下一代字串族群，接著不斷重複以上過程。在繁衍足夠多代以後，我們預期最終將會繁衍出與目標字串極為相似（甚至相同）的字串。

程式 6.4 完整的進化過程

💻 **In**

```
num_generations = 150        總世代數
population_size = 900        族群大小
str_len = len(target)        取得目標字串的長度
mutation_rate = 0.00001      將突變率設定為 0.001%


pop_fit = []     建立一個儲存族群適應度的串列
pop = spawn_population(size=population_size, length=str_len)     建立初始族群
done = False     用來記錄是否已繁衍出目標字串，若已生成則為 True
```

NEXT

```
for gen in range(num_generations):
    pop, avg_fit = evaluate_population(pop, target)
    pop_fit.append(avg_fit) ◀── 將訓練過程中，每個世代的族群平均適應度記錄下來
    new_pop = next_generation(pop, size=population_size, length=str_len, 接下行
            mut_rate=mutation_rate) ◀── 產生新世代的族群
    pop = new_pop
    for x in pop:
        if x.string == target:
            print("Target Found!")
            done = True
    if done: ◀── 只要繁衍出目標字串，就提前結束進化過程
        break
```

在只使用 CPU 的情況下，上述演算法可能耗時數分鐘。然後，你可以透過以下指令顯示最終族群中，適應度最高的個體：

🖳 In

```
pop.sort(key=lambda x: x.fitness, reverse=True) ◀── 直接對 pop 進行排序，
pop[0].string                                        適應度高的在前面
```

Out

```
>>> "heAlowowrld." ◀── 每次執行的結果都會有所不同
```

我們的程式碼產生了類似於目標字串的結果，而每一世代族群的平均適應度則顯示在圖 6.6 中。

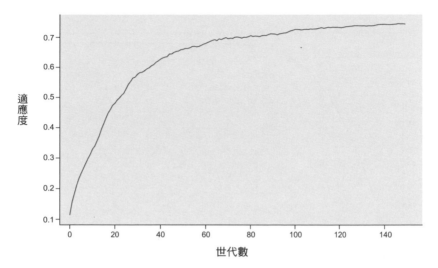

圖 6.6 此圖顯示族群平均適應度如何隨著世代數上升而變化。適應度曲線一開始迅速上升，然後逐漸穩定，這個趨勢看來相當理想。如果圖中的曲線呈鋸齒狀，就可能是突變率設太高了或族群數量太小；要是曲線太快收斂但適應度不佳，則應該是突變率過低所導致的。

🖉 **小編補充** 程式 6.1 的 similar() 函式是用 Python 內建的 SequenceMatcher() 函式來評估字串相似度，但此函式的評估方式較為複雜，因此訓練結果較不理想，很難在 150 個世代內產生『**完全符合**』目標字串的結果。有鑑於此，小編試著將 similar() 函式改為以「同位置字元相同的比例」做為適應度分數，程式如下：

🖵 **In**

```
def similar(a, b): ◀—— 改為比較同位置的字元，並以相同的比例做為適應度分數
    cnt = 0
    for i in range(len(a)):
        if a[i] == b[i]:
            cnt += 1
    return cnt / len(a)
```

利用改良後的 similar() 函式進行測試，通常不到 20 代就能產生完全符合目標的字串了。若讓程式跑完 150 代，則可畫出下頁的變化圖。從變化圖中可以發現，族群的平均適應度在 60 代之後就接近 1 了，表示這裡使用的進化演算法應具有不錯的實用性。

NEXT

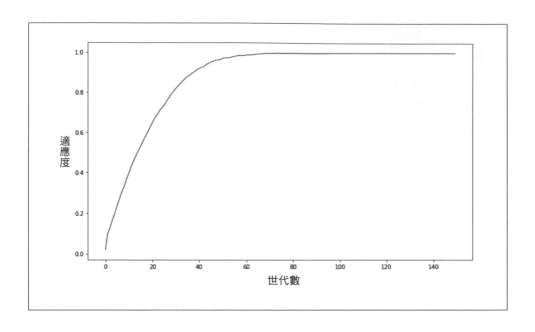

6.3 用基因演算法來玩 CartPole

本節將以第 4 章的 CartPole（透過車子的移動維持桿子不倒）為例，研究如何利用基因演算法來優化強化式學習代理人。

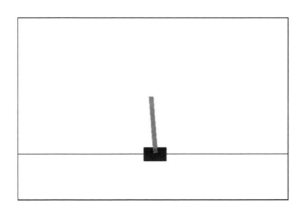

圖 6.7 本節將使用 CartPole 環境來測試代理人的進化能力。此遊戲的目的是藉由向左或向右移動車子，維持車上的桿子不倒。

　　這裡我們選擇神經網路作為代理人，來實現策略函數的功能。該網路以狀態資料及參數向量做為輸入，並輸出各動作的機率分佈。程式 6.5 中的 model() 函式定義了三層網路，前兩層使用 ReLU 做為激活函數，最後一層則用 log-softmax() 來輸出各動作的對數化機率。model() 函式的輸入為狀態資料 x 和 unpacked_params，後者的資料型別為 tuple，其內容為神經網路各層的參數矩陣。

> 　　**小編補充** 底下 model() 的功能，簡單來說就是建立三層的模型，並以 unpacked_params 的內容做為模型的參數（權重及偏值）。然後再將 x 輸入模型並正向傳播輸出 y，再將 y 值傳回。

程式 6.5　定義代理人

💻 **In**

```python
import random
import numpy as np
import torch

                  狀態資料   參數向量
def model(x,unpacked_params):                      # 對參數向量進行拆解，將不同
    l1,b1,l2,b2,l3,b3 = unpacked_params            #   層的參數矩陣獨立出來
    y - torch.nn.functional.linear(x,l1,b1)        # 加入包含偏值的簡單線性層
    y = torch.relu(y)                              # 以 ReLU 函數做為激活函數
    y = torch.nn.functional.linear(y,l2,b2)
    y = torch.relu(y)
    y = torch.nn.functional.linear(y,l3,b3)
    y = torch.log_softmax(y,dim=0)                 # 輸出各動作的對數化機率
    return y
```

　　我們將神經網路中所有的參數都扁平化為一個向量（1 階張量），以便讓稍後的重組和突變過程更簡單。而程式 6.6 則可將這個參數向量轉換為適合輸入前面 model() 函式的參數矩陣，例如將 shape 為 [407] 的向量，拆解成 shape 為 [[25, 4], [25], [10, 25], [10], [2, 10], [2]] 的參數矩陣。

第 1 層的權重與偏值　第 2 層的權重與偏值　第 3 層的權重與偏值

程式 6.6 拆解參數向量

```
In                                        ─── 定義每一層網路的矩陣形狀

def unpack_params(params, layers=[(25,4),(10,25),(2,10)]):
    unpacked_params = []  ◄─── 儲存每一層網路的權重及偏值
    e = 0
    for i,layer in enumerate(layers):  ◄─── 逐一走訪網路中的每一層
        s,e = e,e+np.prod(layer)   ◄─── 計算目前層權重資料的索引位置（由 s 到
                                        e），例如第一層，s = 0，e = 25×4 = 100

        weights = params[s:e].view(layer)  ◄──┐
                                取出目前層的權重參數並轉成矩陣形式，例如第一層
                                會取出 params[0:100] 並轉成 25×4 的權重矩陣

        s,e = e,e+layer[0]   ◄─── 計算目前層偏值資料的索引位置（由 s 到 e），
                                例如第一層，s = 100，e = 100+25 = 125

        bias = params[s:e]   ◄─── 取出目前層的偏值參數並轉成矩陣形式，例如第一層
                                會取出 params[100:125] 做為偏值向量

        unpacked_params.extend([weights,bias])  ◄─── 將獨立出來的 2 個
    return unpacked_params                          張量存入串列中
```

以上函式的參數 params 為扁平化的參數向量，layers 則為神經網路中每一層參數的 shape。函式會依照每一層的 shape，將參數向量中的參數分配到不同層的『權重矩陣 (weight matrix)』和『偏值向量（bias vector）』中，再把拆好的結果一併存入串列中傳回。在本例中，我們將函式的 layers 參數預設為 3 層，每一層參數的 shape 分別為：25×4、10×25 和 2×10；而 3 個偏值向量的 shape 則為：25、10 和 2。因此，函式所接收的扁平化參數向量中應該有 25×4 + 25 + 10×25 + 10 + 2×10 + 2 = 407 個元素。

之所以將不同神經層的參數轉換為向量，是因為我們想對『整個神經網路的模型參數』進行重組和突變處理（這樣做比較簡單，而且和之前的字串範例相同）。事實上，我們也可以採取另一種做法：將每一層神經層看做一條『染色體（chromosome）』（請回憶一下生物課的內容），且只允許來自同一條染色體（即：同一神經層）的參數進行重組。這種同層重組的做法可以避免後方神經層的資訊影響到前面神經層的進化狀況。在閱讀並熟悉本

章內容後，我們鼓勵各位讀者親自實作這種『染色體』方法。你可以利用迴圈走訪每一層神經層，再分別讓不同層的參數進行重組與突變。

接下來，讓我們定義一個能產生代理人族群的函式：

程式 6.7 產生族群

```
In
def spawn_population(N,size):     ← N 代表族群中的個體數量，size 則是
    pop = []                        參數向量的參數總數
    for i in range(N):
        vec = torch.randn(size) / 2.0  ← 隨機產生代理人的初始參數向量
        fit = 0
        p = {'params':vec, 'fitness':fit}  ← 將參數向量和適應度分數存入字
        pop.append(p)  ← 將代理人加入串列中       典中，代表一個代理人的資訊
    return pop
```

本例中每個代理人都是一個 Python 字典，其中存有參數向量和適應度分數。現在，來實作能夠把兩個『親代』代理人重組成兩個『後代』代理人的函式：

程式 6.8 基因重組

```
In
def recombine(x1,x2):  ← x1 和 x2 代表『親代』代理人，資料型別為字典
    x1 = x1['params']  ┐
    x2 = x2['params']  ┘ ← 將代理人的參數向量抽取出來
    n = x1.shape[0]    ← 取得參數向量的長度
    split_pt = np.random.randint(n)  ← 隨機產生一整數，代表重組時的切割位置索引
    child1 = torch.zeros(n)
    child2 = torch.zeros(n)
    child1[0:split_pt] = x1[0:split_pt]  ┐ 第一個後代是由 x1 的前段和 x2
    child1[split_pt:] = x2[split_pt:]    ┘ 的後段組合而成
    child2[0:split_pt] = x2[0:split_pt]  ┐ 第二個後代是由 x2 的前段和
    child2[split_pt:] = x1[split_pt:]    ┘ x1 的後段組合而成
    c1 = {'params':child1, 'fitness': 0.0}  ┐ 將新產生的兩個參數向量分別存
    c2 = {'params':child2, 'fitness': 0.0}  ┘ 入字典中，產生兩個後代代理人
    return c1, c2
```

以上函式可接受兩個代理人，並以它們為親代來產生兩個後代。函式會先隨機產生一個分割位置（介於 0 與親代向量長度之間），然後將第一個親代參數向量的前段（第 1 個元素到重組位置之前的元素）與第二親代參數向量的後段（重組位置的元素到最後一個元素）結合成第一個後代，再把第一親代的後段與第二親代的前段結合成第二後代。以上流程和之前重組字串的方法是相同的。

上述步驟是產生後代的第一步，第二步則是使代理人突變。突變是唯一能在每一代代理人中引入『新遺傳資訊』的程式，因為重組只是把舊資訊重新洗牌而已（ **注意**：突變率不能太高，否則可能會讓親代良好的基因消失）。

程式 6.9 使參數向量突變

In

```
def mutate(x, rate):        ← rate 代表突變率
    x_ = x['params']        ← 取出參數向量
    num_to_change = int(rate * x_.shape[0])    ← 使用突變率來決定參數向量
                                                 中有多少參數發生突變
    idx = np.random.randint(low=0,high=x_.shape[0],size=(num_to_change,)) ←
                                                 產生要替換數值的索引位置串列

    x_[idx] = torch.randn(num_to_change) / 10.0 ←
    x['params'] = x_                             將參數向量中指定位置的參數，
    return x                                     替換成標準常態分佈的隨機值
```

此處的突變過程仍然和處理字串的方式大致相同：該函式會將參數向量中的數個參數隨機替換成新值。另外，在設置突變率時一定要多加留意，盡可能在『保留舊資訊』和『引入新資訊』之間取得平衡。接下來，在環境中（CartPole 環境）實際評估代理人的適應度。

✏️ **小編補充** 在使用 CartPole 前，我們要先執行以下指令來安裝 gym 環境：
!pip install gym[classic_control]

程式 6.10 在環境中測試代理人

```
💻 In
import gym
env = gym.make("CartPole-v0")

def test_model(agent):                          將代理人的參數套入模型中,
    done = False                                並產生各動作的機率分佈
    state = torch.from_numpy(env.reset()).float()
    score = 0  ◄── 追蹤遊戲進行了多少步,並以此做為代理人的得分
    while not done:  ◄── 只要遊戲還沒有結束便持續執行迴圈
        params = unpack_params(agent['params'])
        probs = model(state, params)  ◄─────────────────┐
        action = torch.distributions.Categorical(probs=probs).sample() ◄─┐
                依照各動作的機率分佈,隨機選擇一個動作 ─────────────┘
        state_, reward, done, info = env.step(action.item())
        state = torch.from_numpy(state_).float()
        score += 1
    return score
```

test_model() 函式可以在 CartPole 環境中執行特定代理人來玩遊戲,並傳回遊戲結束前的總步數做為遊戲得分。我們的目標是讓『後代』代理人在 CartPole 遊戲中的步數越來越多(讓得分越來越高)。

接著,我們對族群中的所有代理人進行相同的測試:

程式 6.11 測試族群中的所有代理人

```
💻 In
def evaluate_population(pop):
    tot_fit = 0  ◄── 儲存族群的總適應度,可用來計算族群的平均適應度
    for agent in pop:  ◄── 測試族群中的每一位代理人
        score = test_model(agent)  ◄── 在環境中執行代理人,評估其適應度
        agent['fitness'] = score  ◄── 將代理人的適應度儲存起來
        tot_fit += score
    avg_fit = tot_fit / len(pop)  ◄── 計算族群的平均適應度
    return pop, avg_fit
```

evaluate_population() 函式會逐一測試族群中的每位代理人，並使用 test_model() 函式來評估它們的適應度。接著，計算出族群內所有個體的平均適應度。

我們所需要的最後一個函式是程式 6.12 的 next_generation() 函式。在先前的『字串基因演算法』中，我們會參考字串的適應度來隨機選擇親代（適應度越大的字串被選中的機率越大），本例的 next_generation() 函式則採用了不同的做法。在上個例子中，選擇親代的方法稱為**機率型選擇機制**（probabilistic selection mechanism），這種方法和策略梯度法決定動作的機制很像。雖然在字串的範例中該機制看起來沒什麼問題，但實際上它經常會造成收斂過早的問題。相較於以梯度下降為基礎的方法，基因演算法需要更多的**隨機探索**。因此，我們在這裡會使用一種名為**競賽式選擇**（tournament-style selection，參見圖 6.8）的方法。

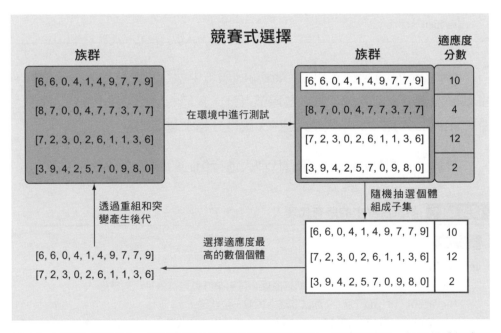

圖 6.8 在競賽式選擇中，我們先評估族群裡個體的適應度，再隨機選取一部分個體組成子集（在上面的例子中，子集數為 3。接下來，將子集中適應度最高的數個個體挑出來，通常選擇 2 個），對它們進行重組和突變處理以產生後代。上述過程會持續進行，直到後代族群滿額（和親代族群個體數相同）為止。

在競賽式選擇中，我們會從族群中隨機抽取數個個體組成子集，再選擇其中適應度最高的兩個個體做為親代。如此便可以在維持『表現較好的代理人較易被選中』的前提下，確保演算法不會一直選中相同的親代（藉此增加族群的多樣性）。

透過改變**競賽人數**（tournament size，即子集的大小），我們便可以在保持族群多樣性的同時，操縱演算法選中最佳代理人的機率。以兩種極端狀況來說明：若我們讓競賽人數等於族群人數，則演算法只會選擇族群中適應度最高和次高的個體（多樣性小）；而倘若將競賽人數設為 2，則相當於讓演算法隨機抽選兩個代理人做為親代（多樣性大）。（ 編註 ：我們要慎選競賽人數，在『族群多樣性』和『族群適應度』之間取得平衡）

在本例中，我們使用百分比的方式來指定競賽人數。根據經驗，可以將競賽人數設定為族群大小的 20%。

程式 6.12 **產生下一代**

⌨️ In

```python
def next_generation(pop,mut_rate,tournament_size):
    new_pop = []                    # 介於 0 和 1 之間，用來決定競賽人數
    lp = len(pop)
    while len(new_pop) < len(pop):  # 若後代族群尚未被填滿，則持續執行迴圈
        rids = np.random.randint(low=0,high=lp,size=(int(tournament_size*lp)))
        # 隨機選擇一定比例的族群個體組成子集（將它們的索引存到 rids）
        batch = np.array([[i,x['fitness']] for (i,x) in enumerate(pop) if i in rids])
        # 從族群中挑選代理人組成代理人批次，並記錄這些代理人
        # 在原始族群中的索引值，以及它們的適應度
        scores = batch[batch[:, 1].argsort()]
        # 將批次中的代理人依照
        # 適應度由低至高排序
        i0, i1 = int(scores[-1][0]),int(scores[-2][0])
        # 順序位於最下方的代理人具有最高的適應度
```

NEXT

```
        parent0,parent1 = pop[i0],pop[i1]  ◄──── 此處選擇最末的兩個代理人做為親代
        offspring_ = recombine(parent0,parent1)  ◄──── 將親代重組成後代
        child1 = mutate(offspring_[0], rate=mut_rate) ┐
        child2 = mutate(offspring_[1], rate=mut_rate) ┘◄── 在放入後代族群前，對
                                                          新代理人進行突變處理
        offspring = [child1, child2]
        new_pop.extend(offspring)
    return new_pop
```

next_generation() 函式會產生一個隨機索引值串列（rids），而族群中與這些索引值對應的個體，便是競賽式選擇中的子集。程式 6.12 使用了 enumerate() 函式來追蹤子集內代理人在原族群中的索引值，確保接下來可以找到它們的適應度。接下來，將子集中的代理人依照適應度由低到高排序。如此一來，串列最後兩個元素便是該批次中適應度最高的 2 個個體。最後，只要將上述個體的資料從 pop（族群）中挑出來，即可進行重組及突變處理，然後將產生的子代加入後代族群中。

在以上幾個函式的幫助下，代理人只需經歷幾十代的繁衍便能掌握 CartPole 遊戲。各位讀者可以自行調整各項超參數，嘗試以不同的突變率、族群大小和世代數來運行下面的程式 6.13。

程式 6.13 訓練模型

```
🖥 In
num_generations = 20  ◀── 進化過程的世代數（經歷 20 代的繁衍）
population_size = 500  ◀── 每一代族群中的個體數
mutation_rate = 0.01  ◀── 突變率
pop_fit = []
pop = spawn_population(N=population_size,size=407)  ◀── 產生初始族群
for i in range(num_generations):
    pop, avg_fit = evaluate_population(pop)  ◀── 評估族群中每一個代理人的適應度（得分）
    pop_fit.append(avg_fit)
    pop = next_generation(pop, mut_rate=mutation_rate,tournament_size=0.2)◀┐
                                                      產生後代族群 ────────┘
```

　　進化過程中的第一世代是由許多隨機生成的參數向量所組成。這些向量的適應度有高有低，為了維持遺傳多樣性，每個個體都有微小的機會（1%）發生突變。以上過程會持續直到我們的個體能在 CartPole 遊戲中取得高分。如圖 6.9 所示，隨著進化世代數的增加，代理人的遊戲得分也在穩定上升。

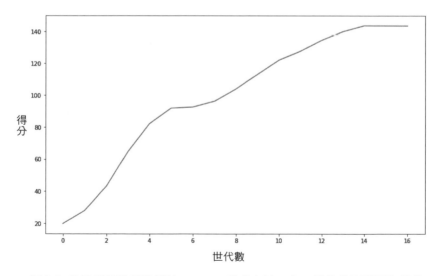

圖 6.9 使用基因演算法訓練 CartPole 代理人時，每一世代的族群平均得分隨著世代數變化的趨勢。

6.4 進化演算法的好處與壞處

在某些情況下（例如：需要大量隨機探索時），進化演算法的表現是比較好的；然而在另一些狀況中（例如：資料的搜集成本高昂時），此方法就顯得不切實際了。本節的重點就在於討論進化演算法的好處與壞處，並說明進化演算法的表現會優於梯度下降法的狀況。

■ 6.4.1　進化演算法允許更多探索

與梯度方法相比，使用無梯度方法的其中一項好處便是：演算法能進行更多探索。在 DQN 和策略梯度法中，演算法都會搜集經驗資料，並以此來引導代理人獲得正回饋值。如之前所述，當代理人心目中已經有一個理想動作時，它便不會再去探索新的狀態。為了解決這個問題，在實作 DQN 時我們加入了 ε- 貪婪策略，即讓代理人在一定機率下（ε）去隨機探索其他動作。而在機率型策略梯度中，我們則以動作的機率向量為基礎，讓模型用抽籤（隨機）的方式選擇動作。

基因演算法不會引導代理人進行特定的選擇。我們在每一世代中產生大量代理人，它們可以朝任何方向隨機變異。雖然進化演算法仍會面臨『探索』和『利用』之間的取捨問題（若突變率過低，則族群中很快便會充斥類似的個體，造成模型過早收斂），但與梯度下降類的方法相比，基因演算法較能確保演算法有足夠的探索機會。

■ 6.4.2　進化演算法需要更多資料

看過本章的程式碼後，各位讀者可能已經發現了：為評估族群中 500 位代理人的適應度，我們必須讓它們在環境中一一執行；也就是說，在每一次的世代更新，演算法需完成 500 次的大量計算。以上範例顯示：由於進化演算法必須產生大量代理人（其中絕大多數都是適應度很低的無效代理人）、並期望『重組』和『變異』能產生更好的有效代理人，因此其所處理

（評估）的無效資料量遠高於『策略性調整模型參數』的梯度方法。換句話說：進化演算法的**資料利用效率**（data-efficiency）遠低於 DQN 和策略梯度方法。

假如我們為了加快演算法的運行而縮減族群大小，那麼在選擇親代時，可供選擇的代理人便減少了，適應度低的個體進入後代的機會就會增加。換言之，想要組合出適應度高的後代，增加代理人的數目非常必要。除此之外，和生物課上所教的一樣，突變所產生的影響通常是不好的。唯有當族群足夠龐大時，我們才能期待有良性的突變出現。

當搜集資料所需的成本很高時（例如：機器人和自駕車），『資料利用效率低』就會變成很嚴重的問題。舉個例子，讓機器人完成一場任務並搜集資料，通常需耗費數分鐘的時間。根據之前的經驗，想要訓練一個代理人至少需要上百、甚至上千場的任務資料，自動駕駛汽車任務也是一樣，試想一下：一台自駕車得經歷多少場測試才能掌握道路上的各種狀況。除了需要較多時間，訓練具有實體的代理人（如機器人）通常也較貴。以機器人為例，你必須購買機體並負擔維護費用。因此，要是能在不給予代理人實體的狀況下，對其進行訓練那就再好不過了。

▋ 6.4.3　模擬器

上述問題可以透過模擬器的使用來解決。換句話說，我們不需花錢購買機器人、或者想辦法打造具有無數感測器的汽車，而可以藉由電腦軟體來模擬出代理人和環境的互動。以訓練代理人開車的例子來說，我們可以利用軟體環境（如：俠盜獵車手 Grand Theft Auto 遊戲）來訓練模型，這樣就不必使用真正的自駕車了。代理人會接收周圍環境的圖片，並學習哪些動作可以讓車子平安抵達目的地。

使用模擬器訓練模型不僅很便宜，還能縮短整個訓練的時間（模擬環境的運行速度比真實世界快）。對於一場兩小時的電影而言，人類可用兩倍或三倍速播放的方式省下約一個小時的時間；而電腦則更厲害，它能以比人類好幾十倍的速度來處理電影。假如我們在具有 8 個 GPU 的電腦上運行 ResNet-50（一種具有圖片分類功能的深度學習模型），則該模型每秒可以處理 700 張圖片。根據電影每秒播放 24 幀畫面（好萊塢的標準）來計算，兩小時的電影總共包含 172,800 幀畫面，因此 ResNet-50 模型的處理時間只需四分鐘。以最新的強化式學習機器人 OpenAI Five 為例，該模型每天可以玩 180 年份的 Dota 2 遊戲。另外，我們也可以同時使用多台電腦來增加運算效能，並加快處理速度。總而言之，電腦的處理速度遠超過人類，這正是模擬器十分重要的原因。

6.5 進化演算法是可『調整規模』的

在模擬器的輔助下，進化演算法在搜集資料上所需的時間和金錢不再是問題。由於不再需要計算梯度並進行反向傳播，它的處理速度在許多例子中都快於梯度類方法（大約可節省 2 到 3 倍的計算時間，依神經網路複雜度而定）。除此之外，在平行處理的情況下，我們可以輕易調整進化演算法的規模（scale），這也是本節的討論重點。

▌ 6.5.1 調整進化演算法的規模

OpenAI 的研究員 Tim Salimans 等人曾於 2017 年發表名為『Evolutionary Strategies as a Scalable Alternative to Reinforcement Learning』的論文，其中描述了如何透過『增加機器數量』來縮短代理人的訓練時間。例如：讓兩足機器人在 18 CPU 核心的機器上學習走路共需 11 個小時；但若使用 80 台機器（共 1,440 個 CPU 核心），則可以降至 10 分鐘。

你可能會想：這個結論不是很明顯嗎？畢竟他們投入了那麼多經費和電腦資源，但事情遠比表面上看起來的要複雜。另外，利用梯度下降的演算法很難分佈到那麼多台機器上進行計算，那進化演算法有什麼特別之處呢？

　　進化演算法泛指所有進化類的演算法，它們的共同特徵是受到生物學的演化觀念啟發，藉由從世代繁衍的族群選擇優秀個體，來解決最佳化問題。本章用來處理 CartPole 問題的方法稱為**基因演算法**，它模仿的是基因在繁殖過程中受重組和突變影響，進而在世代間『進化』的過程。

　　這裡要介紹另一類進化演算法，名為**進化策略**（evolutionary strategies，也稱 ES 演算法），該演算法和真實的演化過程差異較大。圖 6.10 說明了它的概念。

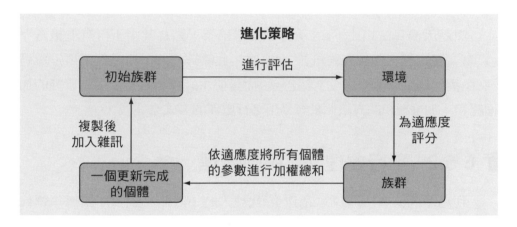

圖 6.10　在進化策略中，我們會透過『在**親代個體**中加入少量雜訊』來產生多個特徵各異的新一代個體。接著，仕環境中測試每一個個體並給予適應度分數。最後，將所有個體的參數依適應度進行加權總和，產生一個**新的親代個體**，然後再用它來進行下一輪的進化。

　　使用 ES 演算法訓練神經網路時，第一步是產生一個**參數向量** θ_t、以及數個長度與 θ_t 一致的**雜訊向量**（通常是高斯分佈，例如：$e_i \sim N(\mu, \sigma)$。其中 N 代表高斯分佈，其平均值是 μ，標準差則是 σ）。接著，我們會透過算式 $\hat{\theta_i} = \theta_t + e_i$ 來產生多個參數向量 θ_t 的突變版本，它們共同組成了新的族群。每一個突變版的參數向量都會經過環境的測試，並根據表現得到適應度評分。最後，只要把所有突變版向量作加權總和（權重的大小正比於該突變向量的適應度），便能得到新的參數向量 θ_{t+1}（圖 6.11）。

NOTE　下一頁公式是將所有的雜訊向量做加權總和，再與原來的參數向量相加。它與上文所説的算法（把所有突變版向量作加權總和）略有不同，但精神上是相同的。

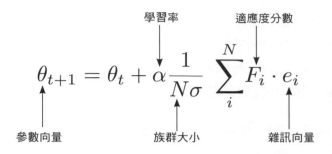

$$\theta_{t+1} = \theta_t + \alpha \frac{1}{N\sigma} \sum_i^N F_i \cdot e_i$$

學習率　　　　　適應度分數

參數向量　　　族群大小　　　雜訊向量

圖 6.11　在 ES 中，演算法每走一步，便把『原始參數向量』與『雜訊向量的加權總和』相加。其中，每個雜訊向量的權重正比於其適應度分數。

　　與基因演算法相比，ES 演算法簡單很多，因為其中不再有重組過程（只有突變過程，即加入雜訊）。換言之，此演算法的重組過程不再是透過『交換親代向量的部分片段』來達成，而是使用計算與實作上更為單純的加權總和。加權總和的方法比較容易用**平行處理**的方式來完成。

6.5.2　平行處理 vs. 序列處理

　　利用基因演算法訓練 CartPole 代理人時，我們必須依序讓每一位代理人玩 CartPole 遊戲，如此才能找到某世代中適應度最高的個體。假如每一位代理人的測試時間為 30 秒，且需評估的代理人共有 10 位，則完成所有測試所需的時間為 5 分鐘。這種處理方式被稱為**序列處理**（serial processing）（圖 6.12）。

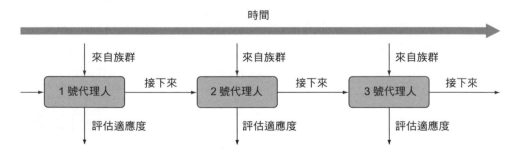

圖 6.12　由於必須在環境中實際執行代理人（可能需重複多次），因此評估代理人的適應度往往是最耗時的步驟。在只使用一台電腦的情況下，代理人得依序進行測試，即：必須等前一位代理人完成所有程序後，才能測試下一位代理人。

計算代理人的適應度通常是進化演算法中最耗時的步驟。事實上，每個代理人的適應度和其它代理人無關，因此在評估後面的代理人時，不需要等前面的代理人完成遊戲。為了節省時間，我們只要在不同電腦上評估不同的代理人就行了。若用 10 台機器同時評估 10 位代理人的適應度，則總測試時長只需約 30 秒；與之前使用一台機器時的 5 分鐘相比，效率提升了 10 倍。這種處理方式稱為**平行處理**（parallel processing）（圖 6.13）。

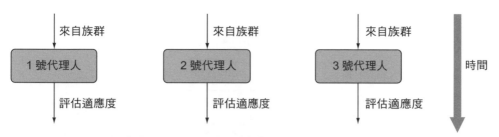

圖 6.13 倘若我們有數台機器，就可以讓代理人以平行的方式在不同機器上運行，並計算它們的適應度。也就是說，在評估後面的代理人時，沒必要等前面的代理人完成測試。如果代理人的任務很費時，此方法便可大幅度提升訓練速度。

6.5.3 規模擴張效率

所以藉由投入更多機器和經費，我們就可以縮短等待的時間。所謂**規模擴張效率**（scaling efficiency）是在計算：增加資源的投入可以帶來多少進步。在上一節的範例中，我們使用了 10 台電腦，並因此獲得 10 倍效率提升。以此例來說，規模擴張效率等於 1.0，計算公式如下。

$$規模擴張效率 = \frac{增加資源以後所得到的表現提升}{新增的資源數量}$$

在現實世界中，增加機器數量總會產生一些額外的成本，所以規模擴張效率不可能等於 1（理想中的最佳值）。以前例而言，假設使用 10 台機器只能為我們帶來 9 倍的效率提升，那麼根據上述公式，可以算出規模擴張效率為 0.9（這在真實情況中已經算是很好的成績了）。

再以前例來說，程式必須先準備 10 個代理人，然後才能將之分散到 10 台不同的機器。另外，為了對所有代理人進行重組和突變處理，最後還必須把分散到 10 台機器處理的結果匯集起來。換句話說，我們是先進行序列處理再進行平行處理，然後再進行序列處理。以上程序通常稱為**分散式運算**（圖 6.14），因為這種運算會以單一處理器（一般以**主節點**稱之）為起點，將不同的任務分散到不同機器中進行平行處理，最後再把得到的結果匯集到主節點中。

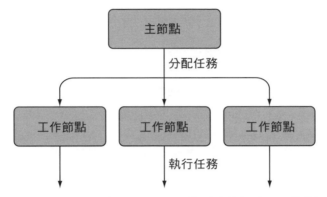

圖 6.14 分散式運算的運作原理。主節點會將任務分配給數個工作節點，而這些工作節點完成手上的任務後，會把結果傳回給主節點（圖中並未顯示傳回過程）。

在分散式運算中，機器需耗費一定的時間與其它機器進行溝通，這是只使用單一機器時不會遇到的狀況。另外，在溝通過程裡，若某機器回應速度較慢，則其它機器便需要等它。因此，為了最大化規模擴張效率，我們必須盡量避免節點之間的溝通，這包括『減少節點間傳送資料的次數』及『降低每次傳送的資料量』。

▍6.5.4 節點之間的溝通

OpenAI 的研究員想出了一個絕妙的策略，可以讓分散式運算中的節點一次只傳送一個數字（而非一整個向量）給其它節點，進而消除了獨立主節點存在的必要。以下是他們的想法：一開始，所有工作節點都包含相同的親代參數向量。接下來，透過在親代向量中加上各自的雜訊向量，不同節點會產生不同的子代向量。然後,每個節點會在各自的環境中評估子代向量的適應度。這些適應度分數稍後會被傳給其它所有工作節點,也就是說,節點只需要傳送這一個數字就好了。因為每個節點都知道其他節點所用的**隨機種子**(random seed)為何,所以它們能重現其它各節點所用的雜訊向量。最後,每個工作節點將以『權重加總』的方式(見圖 6.15),產生完全相同的新親代參數向量,接著再不斷重複進行整個過程。

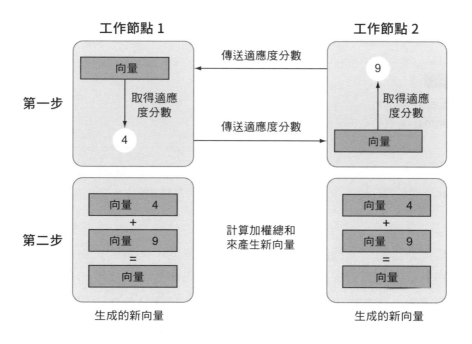

圖 6.15 以上模型架構來自 OpenAI 的分散式 ES 論文。每一個工作節點都會透過將親代參數向量和雜訊向量相加的方式產生子代向量。接著,節點各自評估子代的適應度,再將適應度傳送給其它所有節點。由於各節點都擁有其他節點的隨機種子,因此每個節點都能重現其它節點所用的雜訊向量,這就省去了節點必須傳送向量的麻煩。最後,各節點將子代向量進行加權總和得到新的親代向量,加權總和中的權重會與適應度分數成正比。

接著我們補充有關隨機種子的用法:使用同一個隨機種子能讓演算法每次都產生相同的隨機數字序列,即使是在不同機器上也不例外。因此,如果你執行範例 6.14 中的程式碼,你應該會得到和我們一模一樣的結果(即便範例中的數字理論上應該是『隨機』數字)。

程式 6.14 設定隨機種子

```
In
import numpy as np
np.random.seed(10)    ◄─── 設定隨機種子為 10
np.random.rand(4)     ◄─── 隨機生成 4 個數字

...........................................................................

Out
>>> array([0.77132064, 0.02075195, 0.63364823, 0.74880388])
```

```
In
np.random.seed(10)
np.random.rand(4)

...........................................................................

Out                                                    產生的結果與上面相同
>>> array([0.77132064, 0.02075195, 0.63364823, 0.74880388]) ◄──┘
```

　　當實驗需用到隨機數時，種子的設定可幫助不同研究人員得到相同的執行結果，因此該步驟是很重要的。在設計出新的強化式學習模型後，我們會希望他人能在自己的電腦上進行驗證，此時應該要保證他們所用的模型參數和我們的一致，這樣才能消除誤差（以及他人的疑慮）。所以我們得盡可能提供與演算法有關的所有細節，例如：模型架構、超參數、以及產生隨機數的種子等。話雖如此，如果我們的演算法確實有效的話，就算使用不同的隨機數字應該也不會影響到它的表現。

▌6.5.5　線性規模擴張

　　由於 OpenAI 的研究員減少了節點之間傳送的資料量，因此增加節點數量並不會對神經網路擴張的效率產生太大影響。就算將網路中的工作節點以線性方式增加到上千個也沒問題。

線性規模擴張（scaling linearly）的意思是：每增加一台機器，運算能力的提升幅度幾乎都相同。在此情況下，若我們將運算能力和機器運算資源之間的關係畫成圖，結果將會趨近一條直線，見圖 6.16。

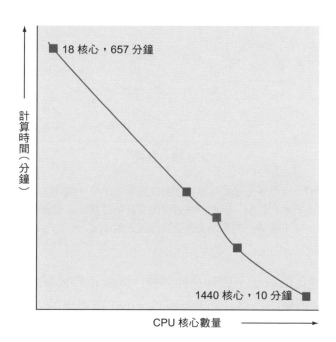

圖 6.16 依照 OpenAI 論文『Evolutionary Strategies as a Scalable Alternative to Reinforcement Learning』中的結果繪出的圖。本圖顯示：隨著運算資源的提升，運算所需時間的下降率接近常數。

▌ 6.5.6 對梯度類方法進行規模擴張

以梯度下降演算法實作的模型，也可以用多台機器進行訓練，但對它們進行規模擴張的效果遠不及 ES 的好。目前，大多數的『分佈式梯度下降演算法』都是在不同工作節點上訓練代理人，然後再把產生的梯度傳回給主節點進行彙整。因為每執行一次訓練（或更新循環）都必須傳送一次梯度，所以神經網路所需的傳送頻寬很大，主節點的負荷也很高。最終，神經網路將會達到**飽和狀態**，訓練速度無法再因為運算資源的增加而提升（圖 6.17）。

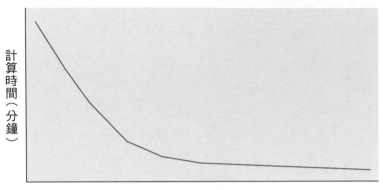

規模擴張對梯度訓練表現的影響

計算時間（分鐘）

CPU 核心數量

圖 6.17 梯度類方法的規模擴張曲線如圖所示。一開始，由於神經網路尚未達到飽和，因此訓練速度的提升接近線性。但隨著運算資源的上升，演算法的表現上升幅度將越來越小。

　　相反的，進化演算法不依賴反向傳播，因此工作節點沒必要傳送梯度給主節點。要是再使用一些技巧（例如 OpenAI 所提出的方法），那麼節點更是只要傳送單一數值就好了。

總 結

- **進化演算法**為我們提供了更強而有力的工具。其理論基礎源自生物學中的**進化論**，包含如下步驟：

  - 產生數個個體。

  - 挑出目前世代中**適應度最高**的個體。

  - 將遺傳資訊**重組**。

  - 為增加遺傳資訊的**多樣性**，對其進行**突變**處理。

  - 重組及突變完成後即產生新世代的族群。

- 與**梯度類方法**相比，進化演算法所需的資料量更大、資料利用效率也較低。但在特定情況下（尤其是使用模擬器時），此問題並不嚴重。

- 與梯度類方法不同，進化演算法可以用來優化**不可微分**、甚至是**離散**的函數。

- **進化策略**（ES）是進化演算法中的一員，它是透過對族群中的個體加入**雜訊**，再進行加權總和來產生新個體，而不是藉由類似生物的配對重組和突變手段。

分散式 DQN

本章內容

- 完整 Q 值機率分佈優於單一 Q 值的原因
- 讓 Deep Q-Network（DQN）預測出完整的 Q 值機率分佈
- 訓練分散式 DQN 模型玩 Atari Freeway 遊戲
- Bellman 方程式的一般版本及分散式版本
- 使用優先經驗回放來加快訓練速度

第 3 章說明了如何使用 **Q-Learning** 來預測某動作在特定狀態下的價值，該預測值通常稱為**動作價值**或 **Q 值**。接著運用某種策略，便能找出價值最高的動作。在本章，我們會介紹一種名為**分散式 Q-Learning**（distributional Q-Learning）的進階模型，它不止會給出一個特定 Q 值，還可預測每個動作的完整價值分佈。讀者之後會看到，分散式 Q-Learning 在很多測試中的表現都優於傳統的 Q-Learning，且可以做出更精準的決策。將分散式 Q-Learning 與本書提到的其它技巧一併使用，是強化式學習領域中最前端的技術。

許多強化式學習的應用環境都包含一些不可預測的隨機因素，這些因素會造成特定**狀態 - 動作對**每一次的回饋值都不同。在一般的 Q-Learning 中（也稱**期望值 Q-Learning**，英文：expected-value Q-Learning），演算法收集到的是包含了雜訊的平均回饋值。然而在某些情況下，我們觀測到的回饋值不會趨近單一數值，而是會具有兩個或以上的峰值。例如：相同的狀態 - 動作對在大部分情況下會產生很大的正回饋值或負回饋值。若將它們全部平均起來，則結果為 0，這顯然無法反映真實的回饋值分佈。

分散式 Q-Learning 的出現，是為了能更精準地表示回饋值的分佈狀況。想要達成此目標，其中一種做法是：將特定狀態 - 動作對所帶來的回饋值全部記錄下來。但這麼做會消耗大量記憶體，且當狀態空間很大時，電腦的計算資源便會不堪負荷。因此，我們勢必得採取其他替代方案。首先，我們要瞭解期望值 Q-Learning 的不足。

7.1 期望值 Q-Learning 的不足

以『期望值』為基礎的 Q-Learning 演算法本身存在缺陷，以下會用醫學相關的例子來說明。某間醫療公司想開發一套演算法來預測：在接受了 4 週藥物 X（一種新型抗高血壓藥）的療程後，病患的反應如何。此演算法能幫助醫生決定，是否要開藥物 X 給特定的病患。

為此，該公司進行了一系列臨床實驗，並收集了大量數據。首先，將患有高血壓的病患隨機分成兩組，即：**治療組**（服用真正的藥物）和**控制組**（服用無作用的藥物，即**安慰劑**，placebo）。接著，分別記錄這兩組病患在治療過程中的血壓變化情形。最後，再根據結果找出『治療組』的狀況相比『控制組』好轉了多少（圖 7.1）。

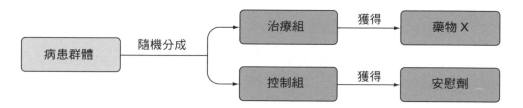

圖 7.1 在上述藥物實驗中，為了能顯示藥物 X 的作用，我們將病患隨機分成兩組進行比較。其中一組服用藥物 X（治療組），另一組則只服用安慰劑（控制組）。一段時間後，我們會測量兩組病患的血壓，然後觀察治療組的血壓狀況（平均而言）是否較控制組好。

收集完數據後，將治療組和控制組病患在完成 4 週療程後的血壓狀況畫成直方圖，如圖 7.2 所示。

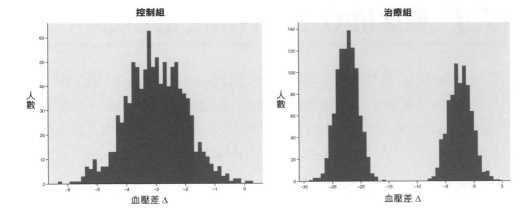

圖 7.2 控制組和治療組病患的血壓變化直方圖，圖中 x 軸代表治療前後的血壓差（治療後的血壓減去治療前的血壓，以 mmHg 為單位）。由於我們希望看到血壓下降，因此負值越大，表示治療效果越好。控制組的峰值出現在 -3，代表大多數的人血壓下降了 3 mmHg。至於治療組的峰值則出現在 -3 及 -22，代表其中一群人的血壓有明顯的下降，而另一群人的血壓則沒什麼變化。像治療組這樣的資料組稱為**雙峰分佈**（bimodal distribution），其具有兩個**眾數**（mode，即峰值）。

乍看之下，控制組的直方圖似乎呈現**常態分佈**，其中心值位於 -3.0 mmHg，代表安慰劑的血壓下降效果不顯著，這和我們預期的一樣。

再來看看治療組的直方圖：病患的血壓差具有兩個峰值，呈現**雙峰分佈**，就好像把兩個常態分佈組合在一起。其中右邊的眾數落在 -3 mmHg，這個結果和控制組類似，代表藥物 X 在這一群病患身上發揮的作用和安慰劑差不多。然而，左邊的眾數落在 -22 mmHg，代表血壓有明顯的下降。這個結果表明：藥物 X 能明顯降低治療組中**某一群**病患的血壓。

問題來了：假如你是一位醫師，當高血壓病患走進診所時，你是否該開藥物 X 給他們呢？若將**血壓差平均數**當作藥物 X 的治療期望值，則會得出約為 -12.5 mmHg（兩個眾數的中間值）的結果。雖然此效果仍明顯優於安慰劑（-3.0 mmHg），但卻比市售的許多抗高血壓藥物來得差。因此，若以平均數為判斷基準，則藥物 X 的療效不是太好（雖然其中有部分病患的血壓下降明顯）。同時，-12.5 mmHg 根本無法代表治療組的真實血壓差分佈情況，因為在該分佈中血壓差等於 -12.5 mmHg 的病患數少之又少。

在真實狀況中，病患要麼對藥物 X 沒什麼反應，要麼反應明顯，也就是說，反應位於中等狀況的病患極其少見。

　　圖 7.3 比較了期望值和整體分佈之間的差異，並說明了前者的限制。如果我們只考慮不同藥物（這裡利用藥物 A 與藥物 X 進行比較）的血壓差期望值，並選擇期望值較低的一方（期望值越低代表效果越明顯），則可以預期：該做法對大部分病患而言會是最佳選擇，但對於個別病患來說卻不一定。

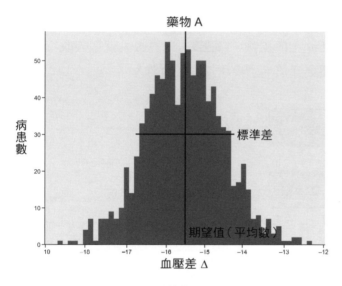

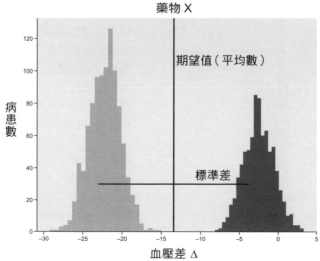

圖 **7.3** 這裡我們比較藥物 A 和 X，看看哪一種藥的效果較明顯。藥物 A 的血壓下降期望值（或平均值）較低，為 -15.5，且標準差也較小。但在藥物 X 的雙峰分佈中，其中一個眾數達到了 -22，另一個眾數則在 -3 左右，因此可以知道藥物 X 的血壓下降期望值為 -12.5。請注意，在藥物 X 的分佈中，完全沒有病患的血壓下降值落在 -12.5 這個數字附近。雖然使用藥物 X 的患者中，有不少人的血壓差落在 -22 附近（優於藥物 A），但由於我們是以期望值作為選擇依據，因此藥物 X 會被淘汰掉。

以上討論究竟和深度強化式學習有什麼關連呢？正如之前所學，傳統 Q-Learning 演算法所傳回的值是狀態 - 動作對的期望值。所以，當狀態 - 動作對的回饋值分佈為**多峰分佈**（multimodal distributions）時，Q-Learning 就會面臨我們在上述藥物例子中所提到的困境（ 編註 ：即期望值無法呈現真實的回饋值分佈狀況）。換言之，讓模型學習『完整的狀態 - 動作價值分佈』比只學習『期望值』有用，因為這讓我們得以檢驗該分佈中是否有多個眾數，並知道變異數大小為何。圖 7.4 顯示某三種動作的動作價值分佈，如你所見，某些動作價值的變異數高於其它動作。有了這項資訊，我們便可以引入 risk-sensitive 策略，此類策略不僅會考慮如何最大化期望值，還能控制過程中所產生的風險。（ 編註 ：變異數大就代表收集到的回饋值波動很大，因此就要更謹慎地選擇所採取的動作）

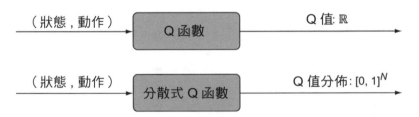

圖 7.4 **上圖**：一般的 Q 函數會以狀態 - 動作對為輸入，並預測出單一的 Q 值。分散式 Q 函數同樣以狀態 - 動作對為輸入，但會計算所有可能 Q 值的機率分佈向量。由於機率的範圍是 [0,1]，所以在傳回的向量中，所有元素的範圍皆為 [0,1]，且它們的總和必為 1。圖中的 N 代表可能動作的數量。**下圖**：以分散式 Q 函數預測不同動作在特定狀態下的 Q 值機率分佈。其中動作 A 的平均回饋值為 -5，動作 B 的平均回饋值則為 +4，動作 C 的平均回饋值則為 0。

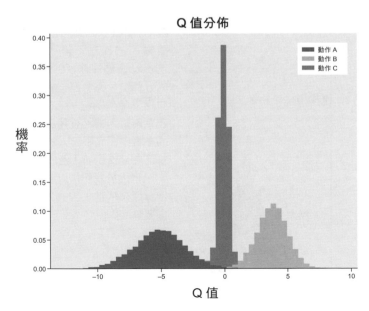

在本章，你將學會如何在給定狀態 - 動作對下，利用分散式 Q 網路（簡稱 Dist-DQN）預測出該狀態下動作的價值分佈。我們在第 4 章介紹過機率，那時探討的主題是如何讓深層神經網路發揮策略函數的功能，並直接傳回各動作的機率分佈。由於機率的概念對於理解和實作 Dist-DQN 來說很重要，所以在此我們會回顧並加深該主題的討論。一開始，讀者或許會覺得這些關於機率和統計的說明太過學術，但等到真正實作的時候，大家便會明白為什麼這些概念如此重要了。

因為接下來會牽涉到複雜的機率學觀念，所以第 7 章是全書中數學理論最多的章節。讀者可以藉由本章的內容，學習或回顧許多機器學習和強化式學習的基礎知識，進而加深對這些領域的瞭解。

> **NOTE** 在 Hessel 等人於 2017 年發表的研究論文（Rainbow: Combining Improvements in Deep Reinforcement Learning）中，研究人員檢驗了數種傳統 DQN 演算法的改進版本，並分別評估哪些版本的表現最好。結果顯示：在這些 DQN 改進版本中，分散式 Q-Learning 的效果是最出眾的。不僅如此，Hessel 等人還將所有演算法組合起來，形成『複合式』的 DQN（也稱 Rainbow DQN，此處的 rainbow 有『將各種演算法組合在一起』的意思）。比起使用單一演算法，這個複合式演算法的表現更好。然後，研究人員檢查哪幾個演算法對此複合式演算法的貢獻最大。結果顯示：分散式 Q-Learning、多步 Q-Learning（multi-step Q-Learning，即第 5 章的 N 步學習）及優先經驗回放（prioritized experience replay，在 7.7 節中會帶到）是讓複合式演算法表現提升的主要原因。

7.2 機率與統計學

雖然機率理論背後的數學是一致的，但對於『投擲一枚公正硬幣，其中正面出現的機率是 0.5』這件事的解釋卻存在不同看法（ **編註**：我們在 4-6 頁有稍作探討）。我們可以將這些看法區分成兩個主要學派，即：**頻率學派**（frequentists）和**貝氏學派**（Bayesians）。

對於頻率學派的支持者而言，硬幣出現正面的機率代表：投擲硬幣無限多次後，正面出現的次數在總投擲次數中所占的比率。假如我們只投了幾次硬幣，則正面出現的機率可能會高達 0.8。但只要持續投下去，該值便會往 0.5 趨近，並且在投擲次數達到無限大時剛好等於 0.5。換句話說，機率相當於某事件發生的**頻率**。在硬幣的例子中存在兩種可能結果：正面和反面。每一種結果的機率相當於：經歷無限多次測試（即擲硬幣）後，出現該結果的頻率。這就是機率的範圍介於 0（不可能發生）到 1（肯定會發生）及所有結果的機率總和為 1 的原因。

頻率學派對於機率的看法很直觀，但卻有很大的局限性。假如採用這種觀點，我們就無法回答像是『Jane Doe 選上市議員的機率』之類的問題（因為無論在理論或實務上都不可能舉辦無限多次的選舉）。對於各種**一次性事件**而言，頻率學派的觀點是不適用的，因此我們需要更強而有力的理論架構才行，而貝氏機率便是我們的解答。

在貝氏理論中，機率代表我們對某結果會出現的**信心程度**。即使是在一次性事件中（例如：選舉），我們也會對各種結果發生的可能性抱有不同的信心。這種信心程度的高低與我們所掌握到的資訊多寡有關，且新資訊的出現會造成信心程度的改變（見表 7.1）。

表 7.1　頻率學派 vs. 貝氏學派

頻率學派	貝氏學派
• 機率代表某結果出現的**頻率**	• 機率代表對某結果出現的**信心程度**
• 給定模型，計算資料的機率	• 給定資料，計算模型的機率
• 透過檢驗假設（hypothesis）來實現	• 透過參數估計或模型比較來實現
• 計算上較簡單	• 計算上（通常）較困難

NOTE 機率理論遠比此處說明的要複雜，並且會牽涉到數學中的測量理論（measure theory）。但就本書的目的而言，目前的討論已經足夠了。在之後的內容中，我們會沿用這種不太正規，且在數學上較不嚴謹的機率概念。

機率的基礎數學架構由**樣本空間**（sample space，記為 Ω），即『某事件中的所有可能結果所構成的集合』所組成。例如，選舉的樣本空間中包含了個別候選人當選的結果，每個結果各自對應一個機率。以上對應關係可以用機率分佈函數 P:Ω → [0,1]（P 函數將樣本空間中的個別結果，映射至範圍在 0 和 1 之間的實數）來描述。我們可以將特定候選人代入此函數，例如：P(候選人 A)，然後此函數會傳回一個介於 0 和 1 之間的值，代表候選人 A 當選的機率。

另外，我們還會看到機率分佈的**支撐集**（support）這個術語。所謂支撐集，是指由機率不為 0 的結果所構成的子集。舉個例子，以凱氏（Kelvin，簡寫成 K）為單位去測量溫度時，溫度不可能小於 0°K，因此所有負數溫度出現的機率皆為 0。也就是說，對凱氏溫度的機率分佈而言，支撐集只會包含從 0°K 到正無限大的溫度值。由於我們通常不去理會樣本空間中機率為 0 的結果，所以常把『支撐集』和『樣本空間』當成同義詞使用（即便兩者不必然相同）。

■ 7.2.1 先驗與後驗

若有人問你：在一場有 4 個候選人的選舉中，每位候選人勝選的機率各是多少？如果不告訴你候選人是誰，由於資訊不足，你只能先假設每位候選人的勝選機率皆為 1/4。請注意，你在此處為各候選人設定了一個均勻的**先驗機率分佈**（prior probability distribution）。

根據貝氏理論，機率代表信心程度，在隨時可能獲得新資訊的環境中，信心程度會不斷改變。因此，先驗機率分佈就是我們在**得到新資訊之前所假設的分佈**。一旦取得了新資訊（例如：各候選人的政績），我們便可以依照資訊內容來修改機率分佈，修改過後的分佈即**後驗機率分佈**（posterior probability distribution）。一個分佈究竟是先驗或後驗要依情況而定，因為後驗分佈會在我們收到一條新資訊後，變為下一輪的先驗分佈。透過不斷經歷從先驗分佈到後驗分佈的過程，我們的信心程度也在不斷更新，以上程序被稱為**貝氏推論**（Bayesian inference）。

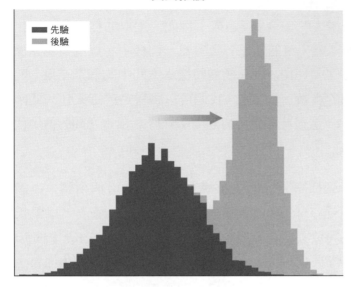

貝氏推論

先驗
後驗

圖 7.5 貝氏推論的過程
如下：以先驗分佈為起
點來收集新資訊，再根
據此資訊將原本的分佈
更新，形成後驗分佈。

▌ 7.2.2　期望值與變異數

有了機率分佈以後，我們可以回答許多問題。例如，我們可以知道某
事件中最可能出現的結果為何，答案通常是所有結果的**平均值**（除非該事
件是雙峰分佈等，如前面的圖 7.2 所示）。大家應該很熟悉平均值的計算方
式，即：將所有結果相加以後除以結果的總數。

現在，我們請 5 個人分別預測芝加哥明日的氣溫，而他們給出的預測
為：[18, 21, 17, 17, 21]℃。若想得到明天的平均氣溫，我們可以採取和
之前一樣的計算方式：將所有數字相加後除以樣本數量，進而得到 18.8℃
的結果。不過，如果給出第一個預測值的人是一位氣象學家呢？顯然，他
的答案和其他四位路人的比起來可信度更高，所以應該要提高此答案的**信
心程度**。假定氣象學家給出的預測有 60% 的正確率，而其它 4 人的正確
率各只有 10%（請注意，0.6 + 4×0.1 = 1.0），則我們可以進行**加權平均**
（weighted average），即：先將每個預測值與對應的權重（此處假設權重
為預測正確率）相乘，再把它們加總起來。以此例而言，計算過程如下：
$[(0.6×18) + 0.1×(21 + 17 + 17 + 21)] = 18.4$℃。

期望值 expected value

在加權平均的算法中，雖然每個預測氣溫值都有可能在明天出現，但它們出現的信心程度是不同的，因此我們會先把預測值和各自的權重相乘，然後再將結果相加。若每個權重皆相同且總和為 1，則加權平均其實就等於一般的平均值。然而，在許多情況中權重的大小是不一致的，如此計算出來的加權平均值稱為某分佈的**期望值**（expected value）。

機率分佈的期望值其實就是該分佈的**質心**（center of mass，物理學的名詞），即最有可能出現的結果。若給定一離散機率分佈 P(x)，其中 x 為樣本空間，則我們可以透過以下計算得到該分佈的期望值：

表 7.2　計算機率分佈的期望值

數學式	Python 程式碼

$$\mathbb{E}[P] = \sum x \cdot P(x)$$
 	
 編註：x 為某個出現的結果，P(x) 為該結果出現的機率
	💻 In
	
	``python
	x = np.array([1, 2, 3, 4, 5, 6])
	p = np.array([0.1, 0.1, 0.1, 0.1, 0.2, 0.4])
	def expected_value(x,p):
	    return x @ p ← 將這兩個陣列進行內積計算
	expected_value(x,p)
	``
	
	Out
	
	``
	>>> 4.4
	``

期望值的 operator（算符，可將其視為函數的同義詞）記為 $\mathbb{E}$，它是一個以機率分佈 P 為輸入，並輸出期望值的函數。該 operator 的運作原理為：先將所有 x 值乘上對應的機率 P(x)，然後再加總。若我們以 NumPy 陣列 probs 表示機率分佈，outcomes 表示樣本空間，則期望值可以透過以下程式求得：

```
🖥 In
import numpy as np
outcomes = np.array([18, 21, 17, 17, 21])    ◀── 所有可能的結果
probs = np.array([0.6, 0.1, 0.1, 0.1, 0.1])  ◀── 各結果發生的機率
expected_value = 0.0  ◀── 初始化期望值為 0
for i in range(probs.shape[0]):
    expected_value += probs[i] * outcomes[i]  ◀── 計算期望值
expected_value
```

```
Out
>>> 18.4
```

或者，我們也可以利用 probs 和 outcomes 的內積（inner product，又稱點積）來計算期望值。在 Python 中，@ 用來表示兩個陣列的內積運算。

```
🖥 In
expected_value = probs @ outcomes
expected_value
```

```
Out
>>> 18.4
```

離散機率分佈（discrete probability distribution）的樣本空間一定是一個**有限集合**：即『可能結果』的數量是有限的。以投擲硬幣來說，我們只可能得到『正面』或『反面』2 種結果。

反之，明日氣溫則可以是任何實數（若以 K 為單位，則氣溫是介於 0 和正無限大之間的任意實數）。實數本身及其子集都是**無限集合**，因為我們可以對實數進行無限分割，例如：1.5 是實數，1.500001 仍是實數，以此類推。當樣本空間中的元素無限多時，其對應的機率分佈稱為**連續機率分佈**（continuous probability distribution）。

　　連續機率分佈無法告訴我們某個結果發生的機率有多大。這是因為可能結果的數量有無限多個，而為了使它們的機率相加後等於 1，它們所分配到的機率必然是無限小的（趨近於 0）。連續機率分佈可以告訴我們的，其實是**機率密度**（probability density）。所謂機率密度，代表最終結果落入某個『數值區間』內的機率。關於連續機率分佈的說明就點到為止，因為在本書中我們只會處理離散機率分佈的問題。

　　圖 7.6 總結了離散和連續機率分佈的差異。

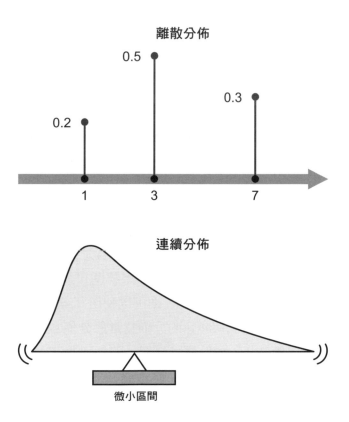

圖 7.6 上圖：離散分佈可用存有機率的 NumPy 陣列來表示，它與對應的樣本空間陣列皆為有限集合。**下圖**：連續分佈包含了無限多個可能結果，它能表示機率密度（某結果落入某微小區間的機率）。

變異數 variance

除了平均值,我們還能從機率分佈中知道各結果的分散程度,或稱為**變異數**(variance)。變異數的計算會使用到期望值 $\mathbb{E}$,其具體定義如下:

$$Var(X) = \sigma^2 = \mathbb{E}[(X - \mu)^2]$$

雖然這個公式看似很複雜,但你可以直接使用 NumPy 內建的函式來計算出結果。變異數的符號是 $Var(X)$ 或 σ^2,其中 σ 代表標準差,也就是說:變異數等於標準差的平方。公式中的 μ 是平均值的標準符號,因此 ($\mu = \mathbb{E}[X]$)。

隨機變數 random variable

上式中的 X 是我們感興趣的**隨機變數**。一組隨機變數會與某種機率分佈有關,而機率分佈則可以產生特定的隨機變數。例如:明日的氣溫值雖不確定,但卻符合某種機率分佈,我們可以將明天的氣溫表示成隨機變數 T。

隨機變數也可以和確定數值一併使用,但若是將兩者相加,則最終的結果將成為新的隨機變數。舉例而言,如果將明日氣溫看成是今日氣溫(確定數值)加上隨機雜訊(隨機變數),則可以利用 $T = t_0 + e$ 來表示。其中 e 代表某種隨機雜訊,我們假設它的分佈為**常態分佈**(又稱**高斯分佈**),且平均值為 0、變異數為 1。在這種情況下,隨機變數 T 將是一個平均值為 t_0 的常態分佈,而變異數則仍為 1。將常態分佈圖畫出來後,便能得到我們常說的**鐘形曲線**(bell-shaped curve)。

表 7.3 列舉了一些常見的分佈。除了寬度會隨著變異數而變化以外,**常態分佈**的外形不會受其它參數影響。相反的,**beta 分佈**和 **gamma 分佈**的外形就有可能因為參數的不同而產生明顯變化,這部分可以參考表 7.3 的圖形。傳統上,隨機變數多用大寫字母(如 X)表示。在 Python 中,我們可以使用 NumPy 的 random 模組來設定隨機變數。

表 7.3　常見的機率分佈

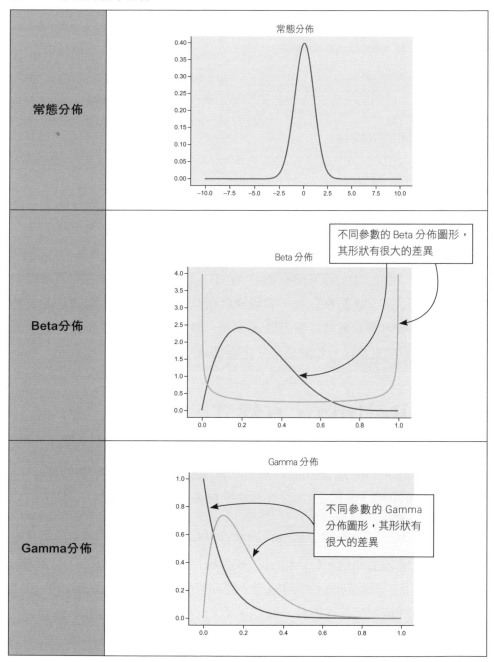

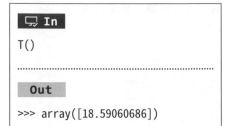

```
In
t0 = 18.4
T = lambda: t0 + np.random.randn(1)
T()
```

```
Out
>>> array([18.94571853])
```

```
In
T()
```

```
Out
>>> array([18.59060686])
```

在以上程式碼中，我們將 T 定義成無需輸入參數的 lambda 函式，每次呼叫該函式時，便會為 18.4 加上一個微小的隨機數值，並傳回該結果。該隨機數值的變異數為 1，這代表在大多數時候（**編註**：約 68%），函數 T 的傳回值即 18.4±1。若將變異數改為 10，則 T 可能傳回值的範圍就會更廣。一般而言，我們會先有一個變異數很高的先驗分佈，隨著資訊量的增加，該分佈的變異數會逐漸下降。不過，當得到一項出乎預料的新資訊時，會降低我們對當前分佈的信心，進而造成變異數上升。

7.3 Bellman 方程式

第 1 章時我們提過 Richard Bellman（**編註**：提出**動態規劃**的那位），此處要討論的則是 Bellman 方程式，它是眾多強化式學習方法的基石。

複習一下，Q 函數可以告訴我們某個狀態 - 動作對的價值。以第 3 章的 Gridworld 遊戲為例，$Q^\pi(s,a)$ 代表在採用策略 π 的前提下，在狀態 s 時執行動作 a 所能得到的平均回饋值。最理想的 Q 函數一般記為 Q^*，其具有完美的預測精準度。在遊戲一開始，當 Q 函數使用的是隨機參數時，它的 Q 值預測是非常不準確的，而我們的目標便是不斷更新 Q 函數，直到其表現接近 Q^* 為止。

Bellman 方程式的功能便是告訴我們：在觀察到回饋值時，該如何更新 Q 函數。

$$Q^{\pi}(s_t, a_t) \leftarrow r_{t+1} + \gamma V^{\pi}(s_{t+1})$$

其中 $V^{\pi}(s_{t+1}) = \max[Q^{\pi}(s_{t+1}, A)]$。

換句話說，當前的 Q 值，即 $Q^{\pi}(s_t, a_t)$，會被更新成：下個狀態的預測價值 $V^{\pi}(s_{t+1})$ 乘上折扣係數 γ 後，加上實際回饋值 r_t（式中往左指的箭頭表示：將左側的值更新成右側的值）。在這裡，$V^{\pi}(s_{t+1})$ 等於 s_{t+1} 中，可以得到的最高 Q 值（即最佳動作對應的 Q 值）。

若將神經網路當成 Q 函數，則我們的目的便是透過更新網路的參數，最小化 Bellman 方程式中 $Q^{\pi}(s_t, a_t)$ 與 $r_t + \gamma V^{\pi}(s_{t+1})$ 之間的誤差（**編註**：可參考 3-6 頁的公式）。

■ 7.3.1　分散式 Bellman 方程式

Bellman 方程式有一個前提，即：環境是確定的，因此我們觀察到的回饋值也是確定的（在同一狀態下，執行相同動作所產生的回饋值每次都一樣）。這個前提在某些情況下是合理的，但在另一些情況中則不適用。除了 Gridworld 外，本書中已經用過或即將用到的遊戲環境多少都具有一點隨機性。例如：當我們對遊戲畫面進行 downsampling（**編註**：將影像大小乘上一個小於 1 的 scale ratio，藉此節省記憶體空間）時，兩個原本相異的狀態可能在 downsampling 後產生相同的狀態資訊，讓回饋值 r_t 變得更難預測。

在這種狀況下，我們可以用遵循某種機率分佈的『隨機變數 R(s_t,a)』取代『確定值 r_t』。若在狀態轉換的過程中加入了隨機性，則 Q 函數也會是隨機變數。經過修改後的 Bellman 方程式可以表示如下：

$$Q(s_t,a_t) \leftarrow \mathbb{E}[R(s_t,a_t)] + \gamma \cdot \mathbb{E}[Q(s_{t+1},A)]$$

再次重申，由於環境的狀態轉換具有隨機性，因此這裡的 Q 函數是隨機變數。也就是說，在某一狀態下，執行同一個動作不一定會產生相同的新狀態，所以我們會得到一個動作與新狀態之間的機率分佈。另外，新狀態-動作對的期望 Q 值，很可能是『機率最高』的狀態-動作對所產生的 Q 值。

現在將 $\mathbb{E}$ 捨去，便可得到完整的分散式 Bellman 方程式：

$$Z(s_t,a_t) \leftarrow R(s_t,a_t) + \gamma \cdot Z(s_{t+1},A)$$

在此我們用符號 Z 來表示**分散式 Q 函數**（也稱為**價值分佈**，英文為 value distribution）。在使用原始的 Bellman 方程式進行 Q-Learning 時，Q 函數只能產生價值分佈的期望值。然而在本章中，我們將使用稍複雜的神經網路來取得完整的價值分佈，所以演算法不僅能得知期望值，還可以瞭解價值的分佈情況。我們在 7.1 節已經解釋過這麼做的好處了，透過學習價值的分佈情況，我們能更好的決定要使用的策略。

7.4 分散式 Q-Learning

我們已經介紹完建構 Dist-DQN（分散式 Q 網路）所需的基礎知識了。若各位讀者未完全搞懂前幾節的內容也沒關係，在撰寫程式碼的過程中你會有更深刻的領悟。

本章將使用 OpenAI Gym 中一款簡單的 Atari 遊戲 -Freeway（圖7.7）。和其它章節不同，本章會用到 Freeway 遊戲的 RAM 版本。在介紹各種遊戲環境的頁面中（https://gym.openai.com/envs/#atari），讀者可以看到：每種遊戲都有兩個版本，其中一版有『RAM』的標籤，即 RAM 版本（ 編註 ：RAM 版本的遊戲狀態維度通常較小，因此模型的學習也較易進行）。

Freeway 的遊戲目標是操控一隻雞穿越公路，同時避開公路上的汽車。玩家可以選擇的動作有 UP（向上）、DOWN（向下）以及 NO-OP（即『no-operation』，代表不執行任何動作）。若成功到達另一側，則可得到回饋值 +10，要是無法在指定時間之內穿越公路，則遊戲失敗，會獲得回饋值 -10。

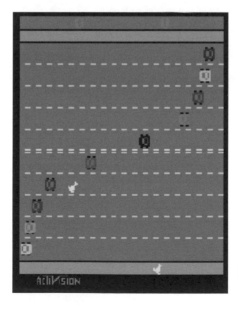

圖 **7.7** Freeway 的遊戲畫面。遊戲目標是讓雞穿越公路，同時避開公路上的車輛。

在本書大多數的例子裡，我們都是以遊戲畫面的原始像素資訊來訓練代理人。遊戲的 RAM 版本將原本的環境狀態壓縮成 128 個元素的向量（其中包含遊戲人物的位置與速度等資訊），該向量的長度小，只要用數個全連接（密集）層便可以處理。一旦讀者熟悉了本章說明的範例後，便能自行嘗試像素版本的遊戲環境，並在 Dist-DQN 中加入卷積層。

■ 7.4.1　表示機率分佈

對於選擇跳過 7.3 節的讀者，你只需要知道以下事情即可：本章中扮演 Q 函數（Q^π(s,a)）角色的神經網路並不會傳回單一 Q 值，而是會產生 Z(s,a) 的價值分佈，代表 Q 值在特定狀態 - 動作對下的分佈狀況。注意，此處的機率形式包含前幾章所用的**確定性演算法**，而確定性的結果可以用**退化機率分佈**（degenerate probability distribution）來表達，見圖 7.8（**編註**：退化機率分佈在本章接下來的內容中會不斷出現）。

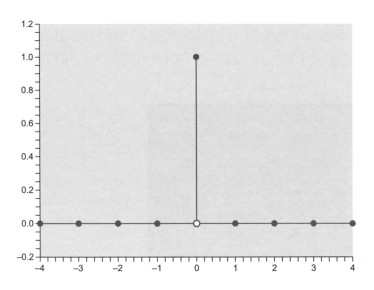

圖 **7.8** 此圖為退化分佈，除了其中一個結果之外，其餘所有結果的機率皆為 0。因為機率分佈的支撐集由機率不為 0 的結果所組成，所以退化分佈的支撐集中只會有 1 個元素（以圖中的例子而言，此元素為 {0}）。

先來看看該如何表示並處理價值分佈。這裡會使用 7.2 節的方法，以兩個 NumPy 陣列來表示一個離散機率分佈：其中一個陣列代表所有可能的結果（即支撐集），另一個陣列則存有每一種結果相應的出現機率。回想一下，只要讓支撐集陣列和機率陣列進行內積，我們便可得到該分佈的期望值。

利用上述方式表達價值分佈 Z(s,a) 的問題在於：陣列的長度有限，因此我們只能表示數量有限的可能結果。在某些例子中，可能結果會落在某個**固定且有限的區間**內；但對於股票市場而言，你會虧掉或賺到的金額將有無限多種可能。該問題已被 Dabney 等人發表於 2017 年的論文（Distributional Reinforcement Learning with Quantile Regression）解決，我們會在本章最後簡單地討論一下他們的做法。

回到 Freeway 遊戲的例子中，我們將支撐集的範圍定在 -10 與 +10 之間。只要**遊戲未結束**（即還未分出輸贏），演算法每走一步便會得到 -1 的回饋值。若成功穿越了公路，就得到 +10 的回饋值；若無法在規定時間內穿越馬路，則得到 -10 的回饋值。注意，被車子撞到不會導致遊戲結束，不過雞會被推離終點。

我們的 Dist-DQN 會接受狀態（包含 128 個元素的向量）輸入，並傳回 3 個獨立且長度相等的張量，分別代表在該狀態下 3 種可能動作（UP、DOWN 和 NO-OP）的支撐集機率分佈。此處所用的支撐集共包含 51 個元素（ 編註 ：可以表示 51 種動作價值的分佈，範圍在 -10 到 10 之間），所以支撐集和機率張量的長度皆為 51。

假設在遊戲剛開始的時候，代理人利用初始 Dist-DQN 選擇了動作 UP，並獲得 0 的回饋值，那麼該如何更新 Dist-DQN？我們的目標分佈是什麼？該如何計算目標分佈與預測分佈之間的損失呢？基本上，我們會把 Dist-DQN 所傳回『關於新狀態 s_{t+1} 的分佈』當成是先驗分佈，再利用觀測到的回饋值 0 來對該分佈進行更新，使整個分佈朝著 0 靠攏。

若起始分佈為均勻分佈且 $r_t = 0$，則後驗分佈將不再是均勻分佈，但各種可能結果的機率並不會相差太多（圖 7.9）。只有當我們在相同狀態下，重複接受到 $r_t = 0$ 的資訊時，分佈才會在 0 的位置產生明顯的高峰。在一般的 Q-Learning 中，折扣係數 γ 控制了『未來的期望回饋值對目前狀態價值的影響力』；而在分散式 Q-Learning 中，γ 則控制了『先驗分佈向實際回饋值靠攏的幅度』（圖 7.10）。

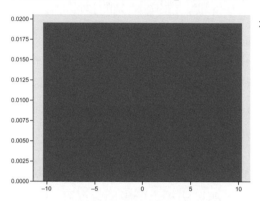

均勻分佈

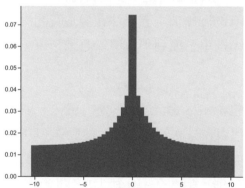

朝著常態分佈趨近

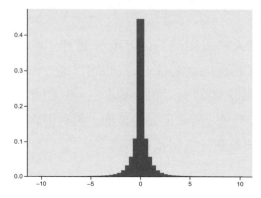

類常態分佈

圖 7.9 我們會建立以離散分佈為輸入，並用回饋值來更新該分佈的函數。這個函數會利用一種近似貝氏推論的方法，以後驗分佈來更新先驗分佈。本例子以均勻分佈為起點（上圖），在接收到回饋值為 0 的資訊後，分佈在 0 的位置產生了峰值（中圖）。最後，隨著觀察到回饋值為 0 的結果越來越多，分佈最終變成了狹窄且的類常態分佈（下圖）。

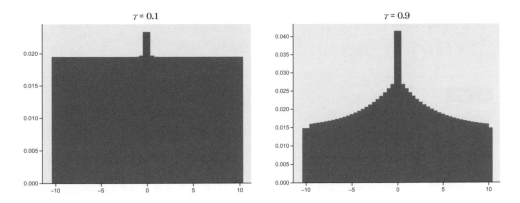

圖 7.10　此圖比較了不同的 γ 值（折扣係數）如何影響均勻分佈的變化。γ 越大，分佈每一次的更新幅度就越大。

　　若我們對未來影響的削減度增加（γ 大），則後驗分佈將明顯集中在最近觀測到的回饋值上。若我們對未來影響的削減度減少（γ 小），則最近觀測到的回饋值對先驗分佈的更新效果就沒那麼明顯。由於在 Freeway 遊戲前期，正回饋值出現的次數非常少（還沒掌握技巧，需走較多步才能取得勝利），因此我們會設定較小的 γ 值，對先驗分佈進行小幅度的更新。

　　在程式 7.1 中，我們初始化一個離散均勻分佈，並介紹如何將該分佈畫出來（分佈圖請參考本章的 Colab 筆記本）。

程式 7.1　建立離散機率分佈

> **🖥 In**

```python
import torch
import numpy as np
from matplotlib import pyplot as plt


vmin,vmax =-10.,10.   ◀── 設定支撐集的最小值與最大值
nsup=51   ◀── 設定支撐集的元素數量
support = np.linspace(vmin,vmax,nsup)   ◀──
probs = np.ones(nsup)
probs /= probs.sum()   ◀── 設定每個元素的機率皆為 1/51
z3 = torch.from_numpy(probs).float()   ◀── 將機率分佈存在 z3 中
plt.bar(support,probs)   ◀── 將分佈畫成長條圖
```

support 裡面的元素有 51 個，範圍介於 -10 到 10 之間，且元素間隔相等

我們將分佈的支撐集表示成向量，該向量的值介於 -10 和 10 之間，且每個數字的間隔大小相同：

```
In
support ◀── 印出支撐集中的元素
```

```
Out
>>> array([-10. ,  -9.6,  -9.2,  -8.8,  -8.4,  -8. ,  -7.6,  -7.2,  -6.8,
            -6.4,  -6. ,  -5.6,  -5.2,  -4.8,  -4.4,  -4. ,  -3.6,  -3.2,
            -2.8,  -2.4,  -2. ,  -1.6,  -1.2,  -0.8,  -0.4,  -0. ,  -0.4,
             0.8,   1.2,   1.6,   2. ,   2.4,   2.8,   3.2,   3.6,   4. ,
             4.4,   4.8,   5.2,   5.6,   6. ,   6.4,   6.8,   7.2,   7.6,
             8. ,   8.4,   8.8,   9.2,   9.6,  10. ])
```

定義了均勻機率分佈後，接下來研究如何更新此分佈。我們得先找出支撐集向量中，哪個元素的值最接近回饋值。若 $r_t = -1$，則我們應該將其映射至支撐集向量中，數值最近的 -1.2 或 -0.8（兩者和 -1 的距離一樣近）。同時，也必須知道它們在支撐集向量中的索引值，這樣才能取得所對應的機率。注意，支撐集是固定的，該向量中的值永遠不會更新，我們只會更新它們對應到的機率。

支撐集中每一對相鄰元素之間的距離為 0.4，NumPy 中的 linspace() 可以產生間隔相同的元素序列，間隔的計算公式為 $\frac{v_{max} - v_{min}}{N-1}$，其中 N 代表支撐集中的元素總數。若將 10、-10 和 N ＝ 51 代入上述公式，則會得到 0.4（該值記為 dz）。有了 dz，便可以借助公式（ $b_j = \frac{r - v_{min}}{dz}$ ）來求得與回饋值最接近之元素索引（b_j 表示索引）。由於 b_j 可能是分數，且索引值必須是非負**整數**，因此我們會使用 np.round() 將計算結果進位到最近的整數。例如，回饋值 $r_t = -2$，則 $b_j = \frac{-2 - (-10)}{0.4} = \frac{-2 + 10}{0.4} = 20$。讀者會發現，支撐集中索引值為 20 的元素為 -2，剛好等於回饋值，因此不需要進位。我們可以直接用此索引值找出對應的機率為何。

一旦找到了與回饋值對應的支撐集元素，便將一部分的**機率質量**分佈到該元素的機率以及其周圍元素的機率上。更新完成後，還必須確保所有機率的總和為 1。因此，我們直接從該元素左側和右側的元素中各奪走一點機率質量。接著，旁邊的元素也會從附近的元素奪走一點機率質量，以此類推。從圖 7.11 可見，某個元素被奪走的機率質量，將根據與回饋值的距離呈指數下降（**編註**：離觀測到的回饋值越遠的元素，被奪走的機率質量越多）。

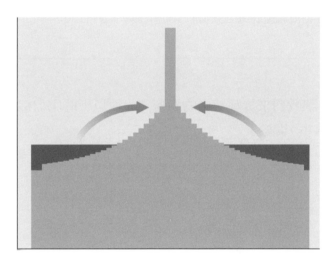

圖 **7.11** 機率質量會往『觀測到的回饋值』方向進行分配。

程式 7.2 的函式輸入為支撐集、相應的機率分佈及觀測到的回饋值，並傳回一個更新過的機率分佈。

程式 7.2 更新機率分佈

🖵 In

```
def update_dist(r,support,probs,lim=(-10.,10.),gamma=0.8):
    nsup = probs.shape[0]            ◀── 取得支撐集的元素數量
    vmin,vmax = lim[0],lim[1]        ◀── 取得支撐集內，元素值的上下限
    dz = (vmax-vmin)/(nsup-1.)       ◀── 計算支撐集中，元素的間隔大小
    bj = np.round((r-vmin)/dz)       ◀── 計算支撐集中，與回饋值對應的元素索引
    bj = int(np.clip(bj,0,nsup-1))   ◀── 將輸出索引限制在 [0,nsup-1] 的範圍內，並
    對其做進位處理（編註：若 bj 小於 0，則傳回 0；若 bj 大於 nsup-1，則傳回 nsup-1）
```

NEXT

```
m = probs.clone()  ◄── 複製一份當前的機率分佈
j = 1
for i in range(bj,1,-1):
    m[i] += np.power(gamma,j) * m[i-1]  ◄── 從左側的元素拿走一部分機率質量
    j += 1
j = 1
for i in range(bj,nsup-1,1):
    m[i] += np.power(gamma,j) * m[i+1]  ◄── 從右側的元素拿走一部分機率質量
    j += 1
m /= m.sum()  ◄── 將 m 陣列中的機率進行數值正規化，確保所有機率質量相加後等於 1
return m
```

為瞭解該函式的運作，讓我們來拆解其中的過程。先從以下的均勻機率分佈 probs（由程式 7.1 產生）開始：

In

```
probs
```

Out

```
>>> array([0.01960784, 0.01960784, 0.01960784, 0.01960784, 0.01960784,
           0.01960784, 0.01960784, 0.01960784, 0.01960784, 0.01960784,
           0.01960784, 0.01960784, 0.01960784, 0.01960784, 0.01960784,
           0.01960784, 0.01960784, 0.01960784, 0.01960784, 0.01960784,
           0.01960784, 0.01960784, 0.01960784, 0.01960784, 0.01960784,
           0.01960784, 0.01960784, 0.01960784, 0.01960784, 0.01960784,
           0.01960784, 0.01960784, 0.01960784, 0.01960784, 0.01960784,
           0.01960784, 0.01960784, 0.01960784, 0.01960784, 0.01960784,
           0.01960784, 0.01960784, 0.01960784, 0.01960784, 0.01960784,
           0.01960784, 0.01960784, 0.01960784, 0.01960784, 0.01960784,
           0.01960784])
```

可以看到，每個支撐集元素所對應的機率大約是 0.02。假設回饋值 r_t =-1，則離它最近的元素索引 $b_j \approx 22$。我們找到它左側和右側的鄰居（索引值分別為 21 和 23），並將它們記為 m_l 和 m_r。接著，計算 m_l 和 γ^j 的乘積，其中 j 的起始值是 1，且每執行一次迴圈 j 的值都加 1，由此我們可以得到一系列呈**指數下降**的折扣係數：$\gamma^1, \gamma^2, \ldots \gamma^j$。請記住，$\gamma$ 的值必須在 0 和 1 之間；以 $\gamma = 0.5$ 為例，我們的序列為 0.5、0.25、0.125、0.0625。綜上所述，第一步就是計算左側和右側鄰居所削減的機率質量：$0.02 \times 0.5 = 0.01$（其中的 0.02 即 m_l 和 m_r 的機率，0.5 即 γ 值），再將這些機率質量加到 $b_j = 22$ 的機率上，使 $b_j = 22$ 的機率變成 0.01 + 0.01 + 0.02 = 0.04。

在此之後，元素 m_l 也會從左側的元素（索引值 20）那裡得到機率質量，但由於我們乘上了 γ^2，因此它獲得的機率質量會少於 0.01。元素 m_r 也會以相同的方式從右側的元素（索引值 24）得到機率質量。以上過程會持續進行，直到陣列的兩端為止。若 γ 的值非常接近 1（如：0.99），那麼大量的機率質量都會被分配至『r_t 對應到的元素』附近。（編註：γ 越大，每一次分配的機率質量就越大）

來測試一下我們的分佈更新函式，假設回饋值 r_t 為 -1，且初始的機率分佈為均勻分佈。

程式 7.3　根據單一觀測結果重新分配機率質量

```
🖵 In
ob_reward =-1 ◀── 假設觀測到的回饋值為 -1
Z = torch.from_numpy(probs).float()
Z = update_dist(ob_reward,torch.from_numpy(support).float(), 接下行
    Z,lim=(vmin,vmax),gamma=0.1) ◀── 更新機率分佈
plt.bar(support,Z)
```

圖 7.12 顯示，更新後的分佈仍然相當均勻，但在 -1 的位置上可以看到一個明顯的突起。藉由修改折扣係數 γ，我們就能控制突起的幅度，請自行試試其它的 γ 值，看看更新後的結果會變成什麼樣子。

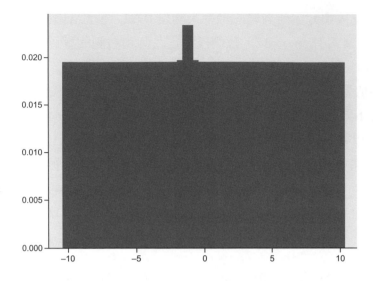

圖 7.12 此為根據『單一回饋值』更新初始均勻分佈的結果。可以看到部分機率質量被重新分配到支撐集裡靠近觀測回饋值的地方。

現在,來研究一下當我們觀測到一系列變化的回饋值時,機率分佈會有什麼改變。由於回饋值的大小不一,我們觀察到的機率分佈應該有多個峰值(圖 7.13)。

程式 7.4 **根據一系列觀測結果重新分配機率質量**

💻 In

```
ob_rewards = [10,10,10,0,1,0,-10,-10,10,10] ←── 假設一個回饋值序列
for i in range(len(ob_rewards)):
    Z = update_dist(ob_rewards[i], torch.from_numpy(support).float(), 接下行
        Z, lim=(vmin,vmax), gamma=0.5) ←── 根據回饋值序列中的值依序更新機率分佈
plt.bar(support, Z)
```

我們發現圖 7.13 中出現了 4 個高度不同的峰值,分別對應到之前觀測到的 4 種回饋值,即:10、0、1 和 -1。其中最高的峰值(即眾數)對應到 10,表示其為最常出現的回饋值(10 次中出現了 5 次)。

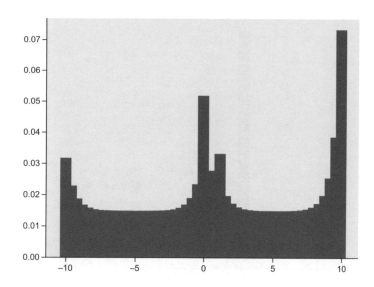

圖 **7.13** 根據一系列回饋值，更新均勻分佈的結果。圖中每一個峰值對應一種觀測到的回饋值。

來看看當某個回饋值頻繁出現時，分佈的變異數會有何變化。這裡仍以均勻分佈做為先驗分佈。

程式 7.5 相同回饋值組成的序列

```
🖥 In

ob_rewards = [5, 5, 5, 5, 5, 5, 5, 5, 5, 5, 5, 5, 5, 5, 5, 5, 5, 5]  ◄──
                                                假設觀測到的回饋值皆為 5
for i in range(len(ob_rewards)):
    Z = update_dist(ob_rewards[i], torch.from_numpy(support).float(), 接下行
        Z, lim=(vmin,vmax), gamma=0.7)  ◄── 根據回饋值序列中的值依序更新機率分佈
plt.bar(support, Z)
```

從圖 7.14 中看到，原本的均勻分佈已經變成了變異數極低（ **編註**：代表大部分機率集中在某幾個結果上）的類常態分佈，且中心位於 5。接下來，我們將利用 update_dist() 產生讓 Dist-DQN 模型進行學習的**目標分佈**。在那之前，讓我們先建構 Dist-DQN 模型。

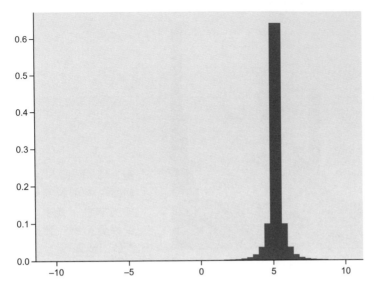

圖 7.14 根據一系列相同的回饋值，更新初始均勻分佈的結果。原本的均勻分佈收斂成了類常態分佈。

7.4.2 建構 Dist-DQN 模型

在之前我們曾提過：本章的 Dist-DQN 會接受長度為 128 的狀態向量，再讓該向量經過數個全連接層。接著，利用 for 迴圈將最後一層的輸出乘以 3 個獨立矩陣，得到 3 個獨立的機率分佈向量（對應 3 個可能的動作，shape 為 1×51）。我們還會以 softmax 處理這些向量，以確保其內部的機率總和為 1。綜上所述，此處的 Dist-DQN 是擁有 3 個輸出端的神經網路。我們可以將該網路輸出的 3 個向量堆疊成 3×51 的矩陣（**編註**：該矩陣中的 3 個列分別對應到 3 個動作的價值分佈，51 代表支撐集中的元素數量），並以此做為模型最終傳回的資料。也就是說，只要透過存取傳回矩陣中的某一**列**，就能得知某特定動作的價值分佈。圖 7.15 說明了整體架構及張量資料的轉換過程。程式 7.6 則定義了建構 Dist-DQN 模型的函式。

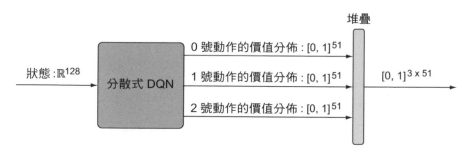

圖 7.15 Dist-DQN 會接受包含 128 個元素的狀態向量，並產生 3 個獨立的機率分佈向量（各有 51 個元素）。此 3 個獨立向量會被打包成 shape 為 3×51 的單一矩陣。

程式 7.6 建構 Dist-DQN 模型

```
In
def dist_dqn(x,theta,aspace=3):  ◄─── x 是 128 個元素的狀態向量、theta 是參數
                                      向量、aspace 則是動作空間的大小

    dim0,dim1,dim2,dim3 = 128,100,25,51  ◄─── 定義神經網路中不同層的維度，
                                              這樣才能將 theta 中的參數分到
                                              不同層的參數矩陣中

    t1 = dim0*dim1  ◄── 第一層網路參數矩陣的 shape
    t2 = dim1*dim2  ◄── 第二層網路參數矩陣的 shape
    theta1 = theta[0:t1].reshape(dim0,dim1)  ◄─── 將 theta 中 [0:t1] 的參數分配
                                                  到第一層網路的參數矩陣中

    theta2 = theta[t1:t1+t2].reshape(dim1,dim2)  ◄─┐
                  將 theta 中 [t1:t1+t2] 的參數分配到第二層網路的參數矩陣中

    l1 = x @ theta1  ◄─── 輸入資料的 shape 是 B×128，theta1 的
                          shape 是 128×100，因此 l1(第 1 層網路)
                          的 shape 為 B×100，其中 B 代表批次大小

    l1 = torch.selu(l1)  ◄── 以 scaled exponential linear units(SELUs) 作為激活函數
    l2 = l1 @ theta2  ◄─── l1 的 shape 是 B×100，theta2 的 shape 是
                           100×25，因此 l2(第 2 層網路) 的 shape 為 B×25
    l2 = torch.selu(l2)
    l3 = []
    for i in range(aspace):  ◄── 利用迴圈走訪每一個動作，並產生各動作的價值分佈
        step = dim2*dim3
        theta5_dim = t1 + t2 + i * step
        theta5 = theta[theta5_dim:theta5_dim+step].reshape(dim2,dim3)  ◄─┐
                                        將參數分配到不同動作的參數矩陣中
```

NEXT

```
        l3_ = l2 @ theta5  ◄─── l2 的 shape 是 B×25，theta5 的 shape 是 25×51，
        l3.append(l3_)            因此該計算結果的 shape 為 B×51
    l3 = torch.stack(l3,dim=1)  ◄─── 最後一層網路的 shape 為 B×3×51
    l3 = torch.nn.functional.softmax(l3,dim=2)
    return l3.squeeze()
```

在本章中，我們將以手動的方式執行梯度下降。為了讓整個過程更簡單，這裡的 Dist-DQN 會先接受單一參數向量 theta，之後把 theta 裡的參數拆解，再分配到各層的參數矩陣中。這麼一來，我們只要對 theta 進行梯度下降即可，不必處理多個獨立向量。同時，我們還會使用第 3 章中介紹過的**目標網路**：把整個 theta 參數向量複製一遍，再輸入另一個完全相同的 dist_dqn 函式中（關於目標網路，請見 3.4 節）。

該網路模型還有一個特別之處，就是它具有多個輸出端。在過去的大部分例子中，神經網路只會傳回單一輸出向量，但在本章的例子中，輸出則是一個矩陣。模型中設定了迴圈，使得 l2 矩陣可以分別和 3 個神經網路層的參數矩陣相乘，進而產生 3 個不同的向量。最後，我們將它們堆疊成單一矩陣。雖然有個多個輸出端，但 Dist-DQN 不過是一個由 5 個全連接層構成的簡單神經網路。

現在，我們還需要一個能接受 Dist-DQN 輸出（預測的動作價值分佈）、觀測到的回饋值及執行的動作，並產生目標分佈（學習的對象）的函式。該函式將包含先前定義的 update_dist()，但它只會更新**所執行動作**的價值分佈。要注意的是，最終狀態之後不再有新狀態，所以期望回饋值其實就是觀測到的回饋值，代表最終狀態時的 Bellman 更新公式可以化簡成 $Z(s_t,a_t) \leftarrow R(s_t,a_t)$。注意，因為在最終狀態下只能觀察到單一回饋值，因此目標分佈將變成**退化分佈**（degenerate distribution），即分佈中所有的機率質量都集中在單一值上面。

程式 7.7 計算目標分佈

```
 In

def get_target_dist(dist_batch,action_batch,reward_batch,support, 接下行
    lim=(-10,10), gamma=0.8):
    nsup = support.shape[0]
    vmin,vmax = lim[0],lim[1]
    dz = (vmax-vmin)/(nsup-1.)
    target_dist_batch = dist_batch.clone()        ◀── 建立一個目標分佈
    for i in range(dist_batch.shape[0]):          ◀── 用迴圈走訪整個批次
        dist_full = dist_batch[i]
        action = int(action_batch[i].item())
        dist = dist_full[action]
        r = reward_batch[i]
        if r !=-1:       ◀── 若回饋值不是 -1，代表已經達到最終狀態，目標分佈為
                              退化分佈 (所有機率質量集中在回饋值的位置)
            target_dist = torch.zeros(nsup)
            bj = np.round((r-vmin)/dz)
            bj = int(np.clip(bj,0,nsup-1))
            target_dist[bj] = 1.
        else:    ◀── 若目前狀態非最終狀態，則根據回饋值，以貝氏方法更新先驗分佈
            target_dist = update_dist(r,support,dist,lim=lim,gamma=gamma)
        target_dist_batch[i,action,:] = target_dist  ◀── 只變更與執行動作有關的分佈
    return target_dist_batch
```

上述的 get_target_dist() 會接受 shape 為 B×3×51 的批次資料（其中 B 代表批次大小），並傳回大小相同的張量。舉例而言，若批次中存在 1 筆資料（即 shape 等於 1×3×51），同時代理人採取了動作 1 並得到 -1 的回饋值，則 get_target_dist() 將傳回 shape 等於 1×3×51 的張量，其中只有動作 1 的分佈會根據回饋值來更新。倘若回饋值變為 10，則動作 1 的分佈將被更新為退化分佈，即：除了與回饋值 10 對應的元素（索引值為 50）以外，其餘地方的機率皆為 0。

7.5 比較機率分佈

有了 Dist-DQN 以及產生目標分佈的方法後，接著就要來定義損失函數，計算『模型預測的價值分佈』和『目標分佈』之間的誤差。有了損失值，我們便可以利用反向傳播計算梯度，藉此來更新 Dist-DQN 中的參數。在最小化兩批純量或向量之間的誤差時，我們經常會以**均方誤差**（mean squared error, MSE）做為損失函數；但對於兩個機率分佈而言，MSE 並非恰當的選擇。實際上，適用於機率分佈的損失函數有很多，我們的目標是測量出兩機率分佈之間的差距，再嘗試最小化此差距。

在機器學習中，我們所做的是透過訓練，使某個參數式模型（如：神經網路）產生與實際資料高度相符的預測。我們可將神經網路視為資料生成器，而訓練的目的是讓網路所生成的資料越來越符合真實資料。以上便是我們訓練**生成**（generative）模型（即可以生成資料的模型）的方法，藉由更新模型參數，它們最終能產生與訓練資料（即真實資料）非常類似的生成資料。

舉個例子，假設我們想建構一個生成模型 P 來產生名人的臉（圖 7.16）。為此，必須先收集訓練資料，這裡可以使用免費的 CelebA 資料集，其中包含了上千張高品質的名人照片，如：Will Smith 和 Britney Spears。讓我們將生成模型記為 P，訓練資料集記為 Q。

圖 7.16 生成模型可以被視為一種機率模型，它可以最大化『生成資料』與『訓練資料』的機率分佈相似度。為達成此目的，我們會將訓練資料輸入至生成模型，讓模型在訓練迴圈裡進行學習。在訓練之前，生成模型所生成的資料與訓練資料的機率分佈不會太相似，我們的目標便是提高此機率。在經歷足夠多次的訓練之後，生成模型就能生成與訓練資料相似的分佈。接下來，只要對生成模型的相似度機率分佈進行取樣，便能產生嶄新的生成資料。

訓練資料集 Q 中的名人圖片取自真實世界，但其數量卻遠小現實中的名人圖片總數。例如：資料集中可能包含一張 Will Smith 的大頭照，但世上還存在從另一個角度拍攝的 Will Smith 大頭照，它們也非常有機會被選進該資料集中。另外，Will Smith 頭上頂著大象寶寶的照片雖然有可能出現，但因為其存在的機率較小（一般人不會把大象寶寶放在頭頂上），因此被選入資料集中的概率也較小。

如前所述，由於各種照片出現的機率有所不同，所以真實世界中的名人照片符合某種機率分佈。讓我們將此分佈記為 Q(x)，其中 x 為任意照片，而 Q(x) 則是該照片出現的機率。若 x 是資料集 Q 中的一張相片，則 Q(x) = 1.0，代表此相片肯定存在；若是 x 不存在於資料集中，但極有可能出現在真實世界，那麼 Q(x) 可能等於 0.9。

隨機初始化的生成模型 P 會產生看似由雜訊構成的圖片，其參數是由隨機變數所組成的，而這些變數符合某種機率分佈 P(x)。我們可以利用目前的參數來預測某張圖片出現的機率有多高，在初始化時，模型會認為所有圖片的機率都很低，而且彼此相差不大。換句話說，若輸入 P("Will Smith 的相片")，傳回值會是一個很小的機率；但若輸入 Q("Will Smith 的相片")，則我們會得到 1.0。

想要用資料集 Q 教會生成模型 P 生成名人的照片，必須確保模型 P 賦予那些位於 Q 中、或者可能位於於 Q 中（但不存在）的相片較高的機率。以數學的語言來說，我們的目標是讓以下比率達到最大：

$$LR = \frac{P(x)}{Q(x)}$$

該比率稱做 P(x) 和 Q(x) 的**概度比**（likelihood ratio, LR）。這裡的**概度**可以理解成**機率**的同義詞（ 編註 ：概度正比於機率，所以概度比就等於機率比）。若以某張存在於 Q 中的 Will Smith 照片、與未經訓練的模型 P 為例，該比率有可能是：

$$LR = \frac{P(x = \text{Will Smith})}{Q(x = \text{Will Smith})} = \frac{0.0001}{1.0} = 0.0001$$

可以看到，計算出來的比率很小。我們得透過反向傳播和梯度下降來更新生成模型中的參數，想辦法**最大化該比率**。也就是說，概度比就是我們想要最大化的目標函數（在實作時，也可以改成在該比率前面加上負號，然後嘗試將其最小化）。

要注意的是，只針對一張照片進行上述處理是不夠的，我們要生成模型『最大化』資料集 Q 中所有圖片的總機率，而這個總機率相當於：將個別照片的機率**相乘**後的結果（若 A 和 B 來自同一分佈且互相獨立，則『A 和 B 一起發生的機率』就等於『A 發生的機率』乘以『B 發生的機率』）。換言之，新的目標函數等於資料集中，每一筆資料的概度比乘積。接下來，我們將介紹一連串數學公式，目的是說明演算法背後的機率概念，讀者不需要花太多時間背這些式子。

表 7.4　概度比

數學式	Python 程式碼

$$LR = \prod_i \frac{P(x_i)}{Q(x_i)}$$	```python
	p = np.array([0.1,0.1])
	q = np.array([0.6,0.5])
	def lr(p,q):
	    return np.prod(p/q)
	``　←
	計算個別元素的概度比，再把結果相乘

以上目標函數的問題在於：機率是很小的浮點數（將它們相乘後，結果會變成更小的浮點數），而電腦並不擅長處理一連串浮點數的乘積。要是真的那麼做，很可能會造成數值不準確或浮點數 underflow 的問題（因為電腦能夠表示的數字是有限的）。為改善這種情況，在實際計算中一般都會使用**對數化機率**（將機率取對數），在進行對數化處理後，數字範圍會變成負無限大（概度比等於 0 時）和 0（概度比等於 1 時）之間。

對數還有一項很有用的性質，即：$\log(a \cdot b) = \log(a) + \log(b)$。也就是說，可以把**乘法運算**轉換為**加法運算**。電腦更擅長處理加法運算，也不會遇到數值不穩定或 underflow 的問題。我們可以將表 7.4 中的公式改成表 7.5 的對數化版本：

表 7.5　對數化概度比

數學式	Python 程式碼
| $LR = \sum_i \log\left(\dfrac{P(x_i)}{Q(x_i)}\right)$ | ```python
p = np.array([0.1,0.1])
q = np.array([0.6,0.5])
def lr(p,q):
    return np.sum(np.log(p/q))
``` |

這個對數版本的公式在電腦運算上更為簡單，但仍有一個問題：我們希望為不同筆資料加上不同權重。舉例來說，資料集中出現 Will Smith 照片的機率應該比某些較不知名的演員來得大。我們的模型應該增加在現實世界中，出現機率較大的圖片的權重。所以，我們會把 Q(x) 作為對數化概度比的權重：

每張照片出現的機率分佈

表 7.6　加入權重的對數化概度比

數學式	Python 程式碼
| $LR = \sum_i Q(x_i) \cdot \log\left(\dfrac{P(x_i)}{Q(x_i)}\right)$ | ```python
p = np.array([0.1,0.1])
q = np.array([0.6,0.5])
def lr(p,q):
    x = q * np.log(p/q)
    x = np.sum(x)
    return x
``` |

現在，我們的目標函數能計算一個由『生成模型輸出的樣本分佈』與『真實世界的資料分佈』之間的概度比。不過，表 7.6 的公式仍有個小問題，那就是我們的目標是**最大化**該公式的輸出值。然而，因為計算上的方便以及習慣等原因，我們希望做的是**最小化**目標函數（如之前常做的最小化誤差或損失）。這個問題可以藉由加上負號來解決，只要引入負號，原本希望最大化的概度比，就會變成可以最小化的誤差或損失：

表 7.7 Kullback-Leibler 散度

數學式	Python 程式碼
| $$D_{KL}(Q \| P) = -\sum_i Q(x_i) \cdot \log\left(\frac{P(x_i)}{Q(x_i)}\right)$$ | ```python
p = np.array([0.1,0.1])
q = np.array([0.6,0.5])
def lr(p,q):
    x = q * np.log(p/q)
    x =-1 * np.sum(x)
    return x
``` |

　　讀者應該注意到了，之前的概度比符號 LR 被換成了 D_{KL}。這個目標函數也稱為 **Kullback-Leibler 散度**（Kullback-Leibler divergence，簡稱 **KL 散度**），該函數對於機器學習非常重要。KL 散度是一種適用於機率分佈的誤差函數，它能顯示兩個分佈之間存在多少差異。

　　一般來說，模型產生的機率分佈應該盡可能接近真實資料的機率分佈，因此我們的目標便是『最小化 KL 散度』。如之前所述，最小化 KL 散度等同於『最大化對數化概度比』。要特別注意的是，KL 散度是非對稱的，即：$D_{KL}(Q\|P) \neq D_{KL}(P\|Q)$，這一點從數學定義上就可以看出來：KL 散度包含了比率，而一個比率永遠不可能等於自己的倒數（除非該比率為 1），即：除非 a＝b，否則 $\frac{a}{b} \neq \frac{b}{a}$。

　　雖然 KL 散度已經是非常合適的目標函數了，但就本章的目的而言，我們還可以將它變得更精簡一些。請回想一下對數的性質：log(a/b) = log(a)－log(b)，因此 KL 散度可以改寫為：

$$D_{KL}(Q\|P) = -\Sigma_i Q(x) \cdot \left[\log(P(x_i)) - \log(Q(x_i))\right]$$

　　請注意，在機器學習中，我們只能最佳化模型（透過更新參數來縮小誤差），沒辦法改變真實世界的資料分佈 Q(x)。也就是說，對 KL 散度的右半部而言，我們真正要去優化的東西只有：

$$H(Q,P) = -\Sigma_i Q(x) \cdot \log(P(x_i))$$
```

　　以上精簡後的版本稱為**交叉熵**（cross-entropy loss），記為 H(Q,P)。本章我們將利用該損失函數來找出（模型預測的）動作價值分佈和目標分佈（真實觀測到的回饋值分佈）之間的誤差。

　　程式 7.8 定義了計算交叉熵的損失函數。該函數可接受一個批次的動作價值分佈，並算出其與目標分佈之間的損失為何。

程式 7.8 交叉熵損失函數

```
def lossfn(x,y):  ◀── 計算預測分佈 x 和目標分佈 y 之間的損失
    loss = torch.Tensor([0.])
    loss.requires_grad=True                    將個別資料的損失存放進一個陣列中
    for i in range(x.shape[0]):  ◀── 走訪批次中的每個元素
        loss_ =-1 * torch.log(x[i].flatten(start_dim=0)) @ y[i].flatten(start_dim=0)◀
        loss = loss + loss_  ◀── 將損失陣列中的元素加總，得到該批次的總損失值
    return loss
```

　　把 shape 為 B×3×51 的 x 及 y 輸入損失函數後，利用迴圈依次走訪矩陣中每一列的元素（1×3×51），再將該陣列扁平化為 1×153 的陣列。在程式 7.8 中，我們可以使用內積算符@直接求出 x[i] 及 y[i] 的內積結果。

　　雖然可以只計算實際執行動作的價值分佈損失，但我們選擇讓函數算出所有動作的價值分佈損失。如此一來，Dist-DQN 便能學會只更新與『執行動作有關』的價值分佈，另外兩個動作的價值分佈則保持不變。

7.6 利用 Dist-DQN 處理模擬資料

接下來，用模擬的目標分佈來測試我們的 Dist-DQN。在程式 7.9 中，我們使用由 2 個回饋值合成的向量，讓 Dist-DQN 以此為基礎，對初始的均勻分佈進行更新。

程式 7.9 使用模擬資料進行測試

```
💻 In

aspace = 3  ◄── 動作空間大小為 3
tot_params = 128*100 + 25*100 + aspace*25*51  ◄── 根據神經層大小來定義參數總數
theta = torch.randn(tot_params)/10.  ◄── 隨機生成 Dist-DQN 的初始參數向量
theta.requires_grad=True
theta_2 = theta.detach().clone()  ◄── 複製 theta，將其用於目標網路
vmin,vmax=-10,10
gamma=0.9
lr = 0.00001
update_rate = 75  ◄── 每隔 75 步同步一次主要和目標 Dist-DQN 網路
support = torch.linspace(-10,10,51)
state = torch.randn(2,128)/10.  ◄── 隨機產生兩個測試用的初始狀態
action_batch = torch.Tensor([0,2])  ◄── 生成動作資料
reward_batch = torch.Tensor([0,8])  ◄── 生成回饋值資料
losses = []
pred_batch = dist_dqn(state,theta,aspace=aspace)  ◄── 初始化預測分佈的批次
target_dist = get_target_dist(pred_batch,action_batch,reward_batch,support,接下行
    lim=(vmin,vmax),gamma=gamma)  ◄── 初始化目標分佈的批次
plt.plot((target_dist.flatten(start_dim=1)[0].data.numpy()),color='red',接下行
    label='target')
plt.plot((pred_batch.flatten(start_dim=1)[0].data.numpy()),color='green',label='pred')
plt.legend()
```

以上程式碼的目的是為了測試 Dist-DQN 是否能學習兩筆模擬資料的分佈。在我們的模擬資料中，動作 0 產生的回饋值為 0，動作 2 產生的回饋值則為 8。我們希望 Dist-DQN 學習到：狀態 1 和動作 0 有關，狀態 2 和動作 2 有關，並且學到它們的價值分佈。如圖 7.17 所示，在使用隨機的

初始參數向量下，模型對三個動作的預測分佈基本等同於均勻分佈，而目標分佈則在動作 0（即 NO-OP）的地方有一個峰值（該圖為狀態 1 下，各動作的價值機率分佈圖）。在訓練完成後，預測分佈和目標分佈應該要趨於一致。

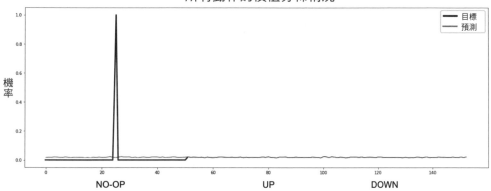

圖 7.17 此圖顯示在觀測到回饋值後，產生的目標分佈圖和未經訓練的 Dist-DQN 所預測的分佈圖。雖然模型會產生 3 個獨立的動作價值分佈（長度各為 51，代表每個動作出現的預測價值會有 51 種），但為了顯示預測和目標之間的吻合程度，我們將它們扁平化成一個向量（長度為 51×3 = 153）。該向量的前 51 個元素代表 NO-OP 動作的價值分佈；中間的 51 個元素對應 UP 動作的價值分佈；最後 51 個元素表示 DOWN 動作的價值分佈。從圖中可以看到，3 個動作的預測分佈是個近似於均勻的分佈，而目標分佈則在動作 0 有一個峰值，在其它兩個動作的位置也有一些小高峰。我們的目標是：讓預測分佈趨近於目標分佈。

請記住，目標網路就是主模型的複製品，只不過我們每隔一段時間才會更新其參數。目標網路所預測的分佈就是主模型學習的目標；然而，在進行梯度下降時，我們只會使用主模型的參數。對於 Dist-DQN 而言，目標網路的重要性相當明顯，它能夠幫助我們穩定訓練效果。

更明確的說，梯度下降的主要目的是讓模型參數朝『能產生目標分佈的方向』更新，要是在訓練過程中頻繁更新目標網路，會導致目標分佈發生劇烈變化，使網路學習變得不穩定。透過延遲目標網路參數的更新，目標分佈不再隨著主要 Dist-DQN 模型的參數更新而改變，進而使訓練過程變得穩定。倘若將 update_rate 參數改為 1（ **編註**：每走一步就更新目標網路的參數），則我們會發現：訓練時所用的目標分佈會朝著錯誤的方向發展。

在程式 7.10 中，我們將對剛剛建構的 Dist-DQN 進行 1000 次的訓練。

程式 7.10 使用合成資料訓練 Dist-DQN

```
💻 In
for i in range(1000):
    reward_batch = torch.Tensor([0,8]) + torch.randn(2)/10.0 ◀──┐
                              在回饋值批次中加入雜訊，避免過度配適

    pred_batch = dist_dqn(state,theta,aspace=aspace) ◀──┐
                              使用主要 Dist-DQN 模型產生預測分佈

    pred_batch2 = dist_dqn(state,theta_2,aspace=aspace) ◀──┐
                              使用目標 Dist-DQN 網路產生預測分佈

    target_dist = get_target_dist(pred_batch2,action_batch,reward_batch, 接下行
                          support, lim=(vmin,vmax),gamma=gamma) ◀──┐
                              利用目標網路所產生的分佈來建立訓練用的目標分佈

    loss = lossfn(pred_batch,target_dist.detach()) ◀──┐
                              將主模型的預測分佈代入損失函數中

    losses.append(loss.item())
    loss.backward()
    # 手動執行梯度下降
    with torch.no_grad():
        theta-= lr * theta.grad
    theta.requires_grad = True
    if i % update_rate == 0:
        theta_2 = theta.clone() ──┤◀── 讓目標網路的參數與主網路參數同步
plt.plot((target_dist.flatten(start_dim=1)[0].data.numpy()),color='red', 接下行
label='target')
plt.plot((pred_batch.flatten(start_dim=1)[0].data.numpy()),color='green', 接下行
label='pred')
plt.plot(losses)
```

　　圖 7.18 中的上圖顯示，目標分佈與主要 Dist-DQN 所預測的分佈在訓練後已經基本相同了（幾乎完全重疊），這表示訓練很成功。圖 7.18 中的下圖為損失變化圖，每當目標網路與主模型同步，造成目標分佈產生劇烈變化時，圖中便會出現一個尖峰，代表損失在參數同步時會瞬間上升。

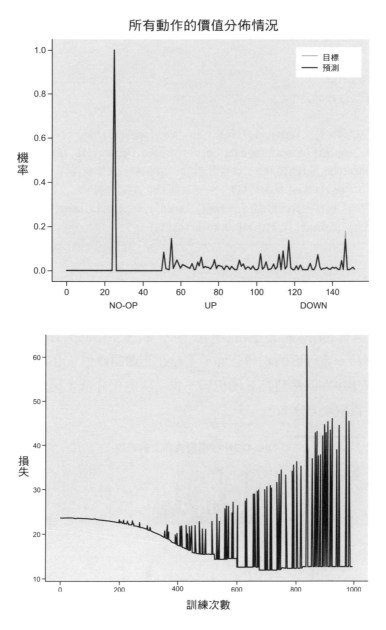

圖 7.18 上圖：將訓練後三種動作的動作價值分佈並列在一起。**下圖**：雖然每隔一段時間損失便會出現峰值，但損失整體底部的橫向趨勢線是呈現下降趨勢。

我們也可以分別檢視不同動作在每筆批次資料中的分佈狀況，請見以下程式：

程式 7.11 視覺化呈現模型所學到的動作價值分佈

```
In
tpred = pred_batch
cs = ['gray','green','red']
num_batch = 2
labels = ['Action {}'.format(i,) for i in range(aspace)]
fig,ax = plt.subplots(nrows=num_batch,ncols=aspace,figsize=(12,12))
for j in range(num_batch):    ← 以迴圈走訪批次中的每一筆訓練資料
    for i in range(tpred.shape[1]):    ← 以迴圈走訪每一種動作
        ax[j,i].bar(support.data.numpy(),tpred[j,i,:].data.umpy(),label= 接下行
    'Action {}'.format(i),alpha=0.9,color=cs[i])
```

　　圖 7.19 顯示：在狀態 1 中，動作 0 的分佈（左上圖）變成了退化分佈（ 編註 ：在程式 7.9 的模擬資料中，狀態 1 時採取了動作 0，得到的回饋值為 0，因此所有的機率都集中在 0 的位置）。狀態 1 中的另外兩個動作的價值分佈則維持一定程度的均勻分佈，不存在明顯的峰值。在狀態 2 中，動作 2 的機率集中在回饋值為 8 的位置，也呈現退化分佈，另外兩個動作的價值分佈則維持均勻分佈。

Dist-DQN 在模擬資料上的表現

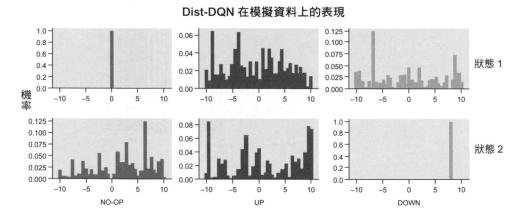

圖 7.19 圖中每一列代表個別狀態的動作價值分佈，每一行則分別表示動作 0、1 和 2 的價值分佈。

　　上面介紹的程式包含了進行 Atari Freeway 遊戲時所需的大部分功能，但我們還需要以下兩個函式。第一個函式用來處理從 OpenAI Gym 環境傳回的狀態資料。這些狀態資料為 128 個元素的 NumPy 陣列，其中每個元素的範圍在 0 到 255 之間。我們必須把它們轉換成 PyTorch 張量，同時為了控制梯度的大小，必須將值的範圍正規化至 0 和 1 之間。

　　另外，演算法還需要一個策略函式來根據『預測的動作價值分佈』決定該執行什麼動作。由於有了完整的動作價值分佈，我們可以採用較複雜的 risk-sensitive 策略。不過在本章中，為了將討論的複雜度降到最低，我們仍會使用與傳統 Q-Learning 相同的策略：即根據期望值來選擇動作。

程式 7.12 **對狀態資料進行預處理，並決定選擇動作的策略**

```
In

def preproc_state(state):    ◀── 資料預處理函式
    p_state = torch.from_numpy(state).unsqueeze(dim=0).float()
    p_state = torch.nn.functional.normalize(p_state,dim=1)    ◀──┐
    return p_state                          將狀態中的數值數值正規化至 0 和 1 之間

def get_action(dist,support):    ◀── 動作選擇策略函式
    actions = []
    for b in range(dist.shape[0]):    ◀── 以迴圈走訪批次中分佈維度上的資料
        expectations = [support @ dist[b,a,:] for a in range(dist.shape[1])]    ◀──┐
                                        計算每個動作價值分佈的期望值
        action = int(np.argmax(expectations))    ◀── 計算出擁有最高期望值的動作
        actions.append(action)
    actions = torch.Tensor(actions).int()
    return actions
```

　　對於離散分佈，只要求出支撐集張量和機率張量之間的內積，便可得出該分佈的期望值。所以我們分別對三種動作求內積，並選擇其中期望值最高的動作。熟悉此處的程式碼後，讀者可以嘗試採取更為複雜的策略，例如：能夠考慮到每個動作價值分佈之變異數的策略。

7.7 進行 Freeway 遊戲

我們總算做好讓 Dist-DQN 演算法玩 Atari Freeway 遊戲的所有準備。此處的演算法包含了一個主要 Dist-DQN 模型以及其複製網路，即用來穩定訓練效果的目標網路。我們選用的策略則是 ε-貪婪策略（模型會有 ε 的機率隨機選擇動作，其它時候則以 get_action() 來選擇期望值最高的動作），且 ε 的值會隨著訓練次數的增加而降低。同時，和傳統 DQN 一樣，模型中也會用上經驗回放的機制。

另外，在這裡我們會介紹**優先回放**（prioritized replay）的基本形式。在一般的經驗回放中，代理人的訓練資料都會存放在固定長度的經驗池中，且新的經驗會取代舊經驗。之後，我們再從該經驗池中隨機取樣，組成訓練用的批次資料。然而，對 Freeway 遊戲而言，由於多數動作的回饋值是 -1、只有少數會產生 +10 或 -10，因此經驗池中大部分的資料是大同小異的。從代理人的觀點來看，這些大同小異的資料沒有太大的價值，反倒稀釋了真正重要的經驗（即那些造成輸贏結果的資料），進而拖慢了學習速度。

為解決上述問題，每當有動作產生輸或贏的結果時（即回饋值為 +10 或 -10 時），我們便將此經驗先複製多份，再存入經驗池中，避免被產生 -1 回饋值的經驗所淹沒。也就是說，為了讓代理人學習那些會造成輸或贏的動作，我們得讓『**重要經驗**』的優先程度高於『**不重要的經驗**』。

在本書 GitHub（old_but_more_detailed 的資料夾）第 7 章的部分中，讀者能找到在訓練過程中，記錄實時遊戲畫面的程式碼。與此同時，為了讓各位看到遊戲決策和預測分佈之間如何相互影響，我們還記錄了動作價值分佈的即時變化。因為上述程式碼會佔據太多篇幅，所以書中並沒有將其列出。

在下方的程式 7.13 中，我們初始化了 Dist-DQN 演算法中會用到的各種超參數與變數：

程式 7.13 為 Freeway 遊戲做準備

💻 **In**

```
import gym
from collections import deque
env = gym.make('Freeway-ram-v0')
aspace = 3

vmin,vmax =-10,10                 ┐
replay_size = 200                 │
batch_size = 50                   │
nsup = 51                         ├── 參考程式 7.1 及程式 7.2 的註解
dz = (vmax- vmin) / (nsup-1)      │
support = torch.linspace(vmin,vmax,nsup) ┘

replay = deque(maxlen=replay_size)  ◄── 利用 deque 的資料結構建立經驗池
lr = 0.0001  ◄── 學習率
gamma = 0.1  ◄── 折扣係數
epochs = 1300
eps = 0.20             ◄── ε- 貪婪策略中的初始 ε 值
eps_min = 0.05         ◄── ε 的最小值
priority_level = 5  ◄── 優先回放：將重要經驗複製 5 次
update_freq = 25    ◄── 每隔 25 步同步一次目標網路

# 初始化 DQN 參數向量
tot_params = 128*100 + 25*100 + aspace*25*51   ◄── Dist-DQN 的總參數數量
theta = torch.randn(tot_params)/10.  ◄── 隨機產生 Dist-DQN 的初始參數
theta.requires_grad=True
theta_2 = theta.detach().clone()     ◄── 初始化目標網路的參數

losses = []
cum_rewards = []  ◄── 每次贏得遊戲（成功越過公路）便在該串列中記錄 1
renders = []
state = preproc_state(env.reset())
```

以上就是在進入主要訓練迴圈之前，所需的各種設定。這些設定和使用模擬資料進行測試時所用的基本上是一致的，只不過加入了優先回放的程式。另外，演算法中還使用了 ε - 貪婪策略：我們先讓初始 ε 在一個相對較高的值上，然後再讓它隨著訓練慢慢降低至一個最小值，以保證代理人在後期仍可以維持最低程度的探索。

程式 7.14 主要訓練迴圈

🖥 **In**

```
from random import shuffle
for i in range(epochs):
    pred = dist_dqn(state,theta,aspace=aspace)          利用 ε- 貪婪策略來選擇動作
    if i < replay_size or np.random.rand(1) < eps:
        action = np.random.randint(aspace)
    else:
        action = get_action(pred.unsqueeze(dim=0).detach(),support).item()
    state2, reward, done, info = env.step(action)  ◀── 在環境中執行選擇的動作
    state2 = preproc_state(state2)
    if reward == 1: cum_rewards.append(1)
    reward = 10 if reward == 1 else reward  ◀── 若成功穿越公路，將回饋值改成 +10
    reward =-10 if done else reward ◀──┐
            若遊戲以失敗告終（很長一段時間過後，仍未穿越公路），將回饋值改為 -10

    reward =-1 if reward == 0 else reward ◀──┐
                        將環境產生的回饋值 0（遊戲尚未有結果）修改成 -1

    exp = (state,action,reward,state2) ◀──┐
                        將得到的資訊打包成 tuple 的資料型態，做為訓練資料

    replay.append(exp) ◀── 將訓練資料加入經驗池中
    if reward == 10:   ◀── 若回饋值為 10，代表該資料是重要的，要複製 5 份到緩衝區
        for e in range(priority_level):
            replay.append(exp)
    shuffle(replay)
    state = state2

    if len(replay) == replay_size: ◀── 當經驗池放滿資料後，開始進行訓練
        indx = np.random.randint(low=0,high=len(replay),size=batch_size) ◀──┐
                                                    隨機從經驗池中選取訓練批次
```

NEXT

```
        exps = [replay[j] for j in indx]
        state_batch = torch.stack([ex[0] for ex in exps],dim=1).squeeze()
        action_batch = torch.Tensor([ex[1] for ex in exps])
        reward_batch = torch.Tensor([ex[2] for ex in exps])
        state2_batch = torch.stack([ex[3] for ex in exps],dim=1).squeeze()
        pred_batch = dist_dqn(state_batch.detach(),theta,aspace=aspace)
        pred2_batch = dist_dqn(state2_batch.detach(),theta_2,aspace=aspace)
        target_dist = get_target_dist(pred2_batch,action_batch,reward_batch, 接下行
                                support, lim=(vmin,vmax),gamma=gamma)
        loss = lossfn(pred_batch,target_dist.detach())
        losses.append(loss.item())
        loss.backward()
        with torch.no_grad():
            theta-= lr * theta.grad
        theta.requires_grad = True

    if i % update_freq == 0:  ◀──同步目標網路與主模型的參數
        theta_2 = theta.detach().clone()

    if i > 100 and eps > eps_min: ◀──┐
                      ε 會隨著訓練次數的增加而下降，除非已達到最小值
        dec = 1./np.log2(i)
        dec /= 1e3
        eps-= dec

    if done:  ◀── 當遊戲結束時，重置遊戲環境
        state = preproc_state(env.reset())
        done = False
```

　　以上程式碼和之前所用的傳統 DQN 大同小異，不同點在於：第一，
演算法並非產生單一 Q 值，而是完整的 Q 值分佈；第二，我們使用了優先
回放。若將損失變化畫出來，讀者將得到如圖 7.20 的結果。

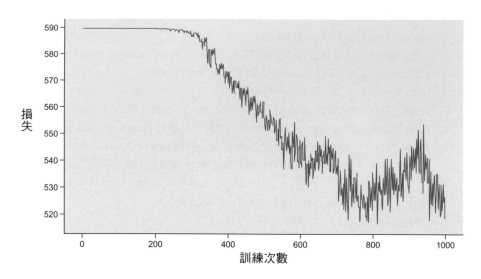

圖 7.20 使用 Atari Freeway 遊戲訓練 Dist-DQN 時的損失變化圖。雖然目標網路的週期性更新造成損失驟升，但整體的損失變化呈現下降趨勢。

圖 7.20 的損失變化呈下降趨勢，只有在目標網路更新時才會產生峰值，這和我們用模擬資料進行訓練時所看到的結果一致。若檢視 cum_rewards 串列，則讀者應該會看到一連串的 1（如：[1, 1, 1, 1, 1, 1]），每個 1 都代表遊戲人物成功穿越一次公路。如果你的代理人能夠成功取得四個或以上的 1，那就說明訓練已經大功告成了。

圖 7.21 顯示訓練過程中的某張螢幕截圖，並預測對應的動作價值分佈。

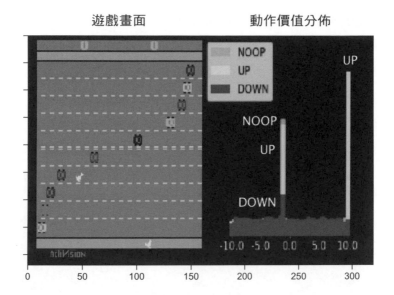

圖 7.21　**左圖**：Atari Freeway 的遊戲畫面。**右圖**：將各動作相應的動作價值分佈重疊表示的結果。其中，右方的峰值（回饋值為 +10）對應動作 UP；左方的峰值（回饋值約為 -1）則主要對應動作 NO-OP。既然右方的峰值較高，代理人選擇動作 UP 的機率也較高（ 編註 ：該分佈會產生較高的期望值）。其實動作 UP 在左側（回饋值約為 -1）時也出現了峰值，換句話說，UP 的動作價值分佈是雙峰的。這個結果表示：選擇動作 UP 時很可能產生回饋值 -1 或 +10，但由於後者的峰值較高，因此 +10 發生的機會也較大。

　　從圖 7.21 可以看出，動作 UP 的動作價值分佈具有兩個眾數（峰值）：其中一個位於 -1，另一個則位於 +10。因為該動作分佈的期望值遠高於其它動作，因此代理人最後將選擇動作 UP。

　　為了加深各位讀者對於分佈的瞭解，圖 7.22 展示了經驗池中數個狀態的分佈；其中每一列對應經驗池某一狀態的資料，而其中三張圖分別代表 NO-OP、UP 和 DOWN 在該狀態下的動作價值分佈。如你所見，在所有狀態中，UP 分佈的期望值都是最高的，且其具有兩個峰值：一個位於 -1（ 編註 ：在狀態 2 的圖中較明顯）、另一個位於 +10。一旦代理人發現採取動作 UP 可以取得較高的回饋值，便會增加選擇動作 UP 的頻率，因此另外兩個動作的訓練資料便會越來越少。這導致動作 DOWN 和 NO-OP 的分佈變異數變高，相對來說較接近均勻分佈。由於 ε - 貪婪策略允許演算法偶爾隨機選擇動作，所以若將訓練的時間拉長，DOWN 和 NO-OP 的分佈最終仍會在 -1 的地方產生峰值，並且有可能在 -10 的地方產生另一個較小的峰值。

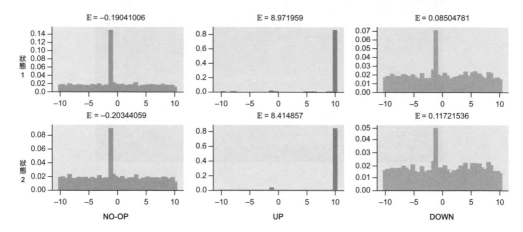

圖 7.22 圖中每一行代表某動作在特定狀態（以列表示）下的動作價值分佈。每張長條圖上方的數字是該分佈的期望值，相當於分佈的加權平均。期望值就是演算法選擇動作的參考標準。

分散式 Q-Learning 是近年來，Q-Learning 演算法中最進步的技術，且相關研究仍在蓬勃發展。若比較 Dist-DQN 和普通的 DQN，可以發現前者的整體表現優於後者。雖然我們並不清楚 Dist-DQN 在表現上的優勢從何而來（因為仍是依照期望值來選擇動作），但目前存在許多可能的原因。其中一個就是：訓練神經網路來同時預測數個結果，可以提升該網路的整體表現與普適性。在本章，我們的 Dist-DQN 並非只給出單一動作價值，而是學會如何預測出三個完整的機率分佈。

之前提過 Dist-DQN 的限制：由於是用有限的支撐集與離散機率分佈，所以只能表示某一狹窄數值範圍內的動作價值（以此例而言是 -10 到 10 之間）。雖然投入更多運算資源可以將上述範圍加大，但我們永遠無法表示任意大小的動作價值（**編註**：因為運算資源終究是有限的）。

本章的實作使用了固定的支撐集，並要求模型學習與其相關的機率集。為了要解決之前提到的限制，我們可以採取另一種做法，即：使用固定的機率集，並要求模型學習與其相關的支撐集。舉例而言，可以將機率張量的範圍限制在 0.1 到 0.9 之間，如：array([0.1, 0.2, 0.3, 0.4, 0.5, 0.6, 0.7, 0.8, 0.9])，並反過來讓 Dist-DQN 預測出與該機率集相關的支撐集。換句話說，我們希望 Dist-DQN 學會哪些支撐集元素與機率 0.1 有關；哪些又與機率 0.2 有關，以此類推。在以上方法中，固定機率集中的機率最後將代表分佈的**分位數**（圖 7.23），所以該方法稱為**分位數迴歸法**（quantile regression）。

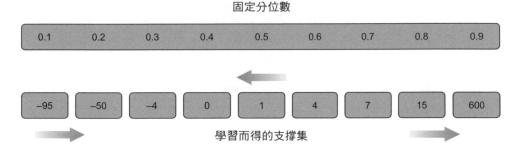

圖 7.23 在分位數迴歸法中，演算法並非學習與固定支撐集對應的機率，而是學習與固定機率（分位數）對應的支撐集。在本圖中，可以看到中位數為 1（因為其位於第 50 百分位數的位置）。

藉由分位數迴歸法，即可在使用離散機率分佈的前提下，表示任意的動作價值，其範圍不再受到限制。

總 結

- **分散式 Q-Learning** 的優點包括表現上的提升及允許我們使用 risk-sensitive 策略。

- **優先經驗回放**可以增加重要訓練資料在**經驗池**中的比例,藉此加速學習。

- **Q 函數**的更新是根據 Bellman **方程式**來進行的。

- OpenAI Gym 提供產生 RAM **狀態資料**的環境,替代產生**原始影像畫面**的環境。由於 RAM 狀態的維度通常較小,因此模型的學習也較易進行。

- **隨機變數**是一種具有多種可能結果的變數,個別結果出現的機率可用**機率分佈**來描述。

- 機率分佈的**熵**代表該分佈包含的資訊量大小。

- 我們可以用 **KL 散度**和**交叉熵**來計算兩機率分佈之間的損失。

- 機率分佈的**支撐集**是由分佈中,機率**不為零**的元素所組成之集合。

- **分位數迴歸法**學習的東西是支撐集,而非機率集,因此可以用來表示任意大小的動作價值。

CHAPTER

培養代理人的好奇心

目前為止所介紹的基礎強化式學習演算法（如：**Deep Q-Learning** 與**策略梯度法**等）在許多環境中都表現優異，但它們仍無法應付所有環境。Google DeepMind 是強化式學習領域的先驅，早在 2013 年，他們便使用 Deep Q-Learning 演算法來訓練代理人，並成功在多款 Atari 電子遊戲中的表現超越人類。然而，此代理人在不同遊戲中的表現落差很大。在某些簡單的遊戲中（如 Breakout），代理人的表現遠遠勝過人類玩家；而在較為複雜的遊戲中（如 Montezuma's Revenge，見圖 8.1），代理人的表現則遠遠輸給人類，甚至連第一關都過不了。

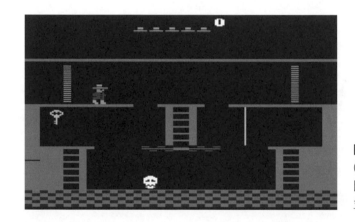

圖 8.1 Montezuma's Revenge（一款 Atari 遊戲）的螢幕截圖。玩家必須穿越各種障礙並拿到鑰匙才能得分。

NOTE Volodymyr Mnih 與 Google DeepMind 的同事於 2015 年發表的論文（Human-level control through deep reinforcement learning）讓深度強化式學習引起了關注。該論文相當易讀，且包含了所有細節，方便讀者自行實作他們的研究結果。

為什麼不同環境會造成了代理人的表現不一致呢？原來，在那些 DQN 可以掌握的遊戲中，代理人獲得回饋值的次數較為頻繁，且不需進行長期計劃。反之，在 Montezuma's Revenge 等遊戲中，玩家要面對房間中的種種阻礙與敵人，卻只有在找到鑰匙之後才會收到回饋值。對於基本的 DQN 來說，代理人最初的探索是完全隨機的。它們會隨意選擇動作，等待並觀察回饋值，再依這些回饋值來決定該強化哪些動作。但在 Montezuma's Revenge 的例子中，代理人很難透過隨機探索的策略，找到鑰匙並獲得回饋值，因此它們無法進行學習。由於導致問題的是環境中『回饋值分佈太過稀疏』，所以該問題也稱為**稀疏回饋值問題**（sparse reward problem）。

 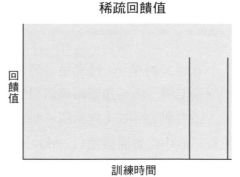

圖 8.2 在回饋值密集的環境下，演算法在訓練過程中會頻繁收到回饋值，所以學習可以順利進行。在回饋值稀疏的環境下，演算法要先完成好幾項小任務（ **編註**：這在初期的隨機探索中很難做到）才能獲得回饋值，因此代理人很難或無法單憑回饋值來學習。

　　那麼，我們要如何解決上述的問題呢？我們可以從人類或動物的學習過程中找到一些啟發。研究人員發現：人類不僅會嘗試最大化由環境提供的『外在回饋值（如：食物和金錢）』，還表現出了某種『內在好奇心』。這種好奇心給予人類探索的動力，進而在探索的過程中逐漸了解環境，降低環境帶來的不確定性。

　　在本章，你將學到如何運用類似人類的好奇心，在稀疏回饋值的環境下成功訓練強化式學習代理人，並利用它們來完成小任務及收集稀疏回饋值。更具體地說，我們要讓具有好奇心的代理人玩瑪利歐遊戲，並觀察它如何利用好奇心來完成任務。

8.1 預測編碼器模型

在神經科學界（特別是計算神經科學）中，有一種解釋高級神經系統的理論架構，名為**預測編碼器模型**（predictive coding model）。在該模型中，所有神經系統（無論單一神經元還是大型神經網路）都會先做預測，並嘗試最小化**預測誤差**（prediction error）。換言之，你的大腦會從環境收集大量感官資訊，藉此訓練預測『環境未來走向』的能力，而非只等待回饋值。

若某件意外的事情發生了，大腦就會收到巨大的預測誤差，進而啟動類似**參數更新**的機制來避免相同情況再次出現。舉個例子，在和陌生人說話的過程中，你的大腦會不斷地預測對方下一秒想要說什麼。由於你對他並不熟悉，因此你的大腦很可能產生巨大的平均預測誤差。不過，要是你們變成了很親密的朋友，你或許就能準確地猜中對方想要說的話。注意，以上行為並非刻意為之，因為大腦總會自動嘗試縮小預測誤差。

好奇心可以被視為一種想要『降低環境不確定性，進而讓預測誤差變小』的欲望。若你是一名軟體工程師，對機器學習還不是很了解。如果你想要掌握更多該領域的知識，你或許就會去參考一些書籍來彌補自己的不足。在這個例子中，對於機器學習領域的好奇心，正是你獲得新知識的驅動力。

最大化環境回饋值 + 最小化預測誤差

預測誤差機制是『讓代理人擁有好奇心』的第一個方法，它的基本概念是：代理人不僅要將外在（環境提供的）回饋值最大化，還要根據執行的動作去預測下一個狀態，並嘗試減少預測誤差。在熟悉的狀態中，代理人能知道環境的運作方式，預測誤差也就變得很低。透過**將預測誤差視為另一種回饋值訊號**，代理人就有了探索未知狀態的動力。這是因為狀態越出乎意料，預測誤差就會越大，代理人探索這些未知狀態的動力也就越大。圖8.3 說明上述方法的基本架構。

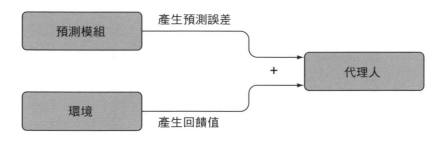

圖 8.3 將預測誤差與環境產生的外在回饋值相加,做為代理人的訓練資訊。

在該方法中,我們會把預測誤差(即**內在回饋值**,英文為 intrinsic reward)與外在回饋值相加,成為新的環境回饋值訊號。預測誤差的計算方法可參考圖 8.4。

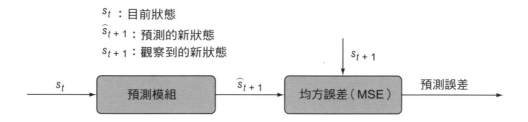

圖 8.4 預測模組接受狀態 s_t(以及動作 a_t,圖中未顯示),並預測產生的新狀態 $\hat{s}_{t+1}$(英文讀作『s hat t+1』,其中的 hat 符號代表『近似』)。該預測會連同觀察到真實的新狀態 s_{t+1} 一起被輸入到均方誤差函數中(或者其它種類的誤差函數),進而產生預測誤差。

環境雜訊問題 noisy TV problem

我們利用預測誤差來計算出內在回饋值,這種做法在一開始很有效,但研究人員發現最終會面臨另一個問題,即 **TV 雜訊問題**(noisy TV problem)(圖 8.5)。原來,在擁有隨機因素的環境下訓練代理人時,預測誤差將維持在很高的水平且無法降低。換句話說,由於雜訊是無法預期的,因此會產生預測誤差,進而造成代理人過度關注這些雜訊(因為未知的狀態會帶來較大的內在回饋值)。注意,上述問題並不限於學術領域中,許多真實世界的環境也有類似的隨機因素(如:樹葉隨風擺動)。

圖 8.5 TV 雜訊問題不僅僅是理論問題，也是實際問題。電視的
雜訊會勾起代理人的好奇心（產生內在回饋值），並導致其嘗試
去解讀這些不可預測的雜訊，進而造成惡性循環。

　　的確，預測誤差機制有發展的潛力，但必須先解決 TV 雜訊問題。或
許，我們不應該把注意力都放在預測誤差，而應該去關注預測誤差的**變化
率**。當遇到一個未知狀態時，理論上代理人的預測誤差會先上升，然後再
逐漸下降（ 編註 ：在第一次遇到未知狀態時，預測誤差是很高的。但重複
經歷幾次後，熟悉程度就會漸漸提高，因此預測誤差會下降），因此其變化
率為負值。但在 TV 雜訊的情況中，預測誤差上升之後，會一直維持在高
點，因此其變化率接近為零。

　　以上的想法雖然不錯，但仍有潛在的問題。想像一下：代理人看到一
棵樹的樹葉正在隨風擺動。由於擺動的幅度是隨機的，因此代理人產生的
預測誤差很大。當沒有風時，樹葉不再搖動（隨機因素減少），預測誤差也
就跟著下降。過後又來了一陣風，預測誤差便再次上升。在這個例子中，
風的大小會導致預測誤差變化率的起伏，我們也就無法單憑變化率來做出
正確的決定。因此，我們需要找到一個更好的方法。

　　從以上的例子中得出一個結論：我們不希望環境中『不重要的隨機因
子』干擾到代理人。該如何修改預測模組，才能讓演算法知道哪些是不重要
的東西呢？當我們說某件事物『不重要』時，代表我們的動作和這件事物是
互不影響的。我們可以嘗試建立一個模組，用它來篩選對演算法重要的資
訊，並與狀態預測模組結合在一起。

本章所解釋和實作的理論來自 Deepak Pathak 等人於 2017 年發表的論文（Curiosity-driven Exploration by Self-supervised Prediction），該研究解決了之前提到的種種問題。這篇論文的重要性在於以下幾點：首先，它是稀疏回饋值問題中最重要的文獻，並且啟發了許多後續研究。其次，該論文所描述的演算法是該領域中實作難度最低的。除此之外，本書的目標之一，便是在教授各種基礎知識和技術的同時，為讀者打下數學底子，使讀者能自行看懂強化式學習的論文，並實作其中的模型。總的來說，與其直接給各位讀者魚肉，本書更想給大家的是釣魚的技巧。

8.2 反向動態預測

之前已經說明了怎麼把預測誤差當成好奇心訊號，讓代理人有探索的動力。上一節的預測誤差模組實際上是一個函數 $f:(s_t,a_t) \to \hat{s}_{t+1}$，該函數可接受某狀態和相應的動作，並預測出下一個狀態（圖 8.6）。由於此模組產生的是環境未來的狀態，因此也被稱為**正向預測模型**（forward-prediction model，或直接稱為**預測模型**）。

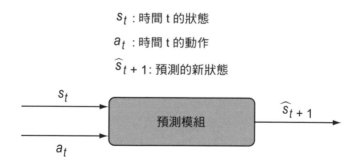

s_t：時間 t 的狀態

a_t：時間 t 的動作

$\widehat{s}_{t+1}$：預測的新狀態

圖 8.6 正向預測函數 $f:(s_t,a_t) \to \hat{s}_{t+1}$ 的說明圖。該函數將『目前狀態與動作』映射到『所預測的新狀態』。

請記住，我們只希望演算法預測出狀態中重要的部分，而不是那些無關緊要的雜訊。因此，我們加入另一個名為**反向模型**（inverse model）的模組 $g:(s_t,s_{t+1}) \rightarrow \hat{a}_t$。該函數接受的是目前狀態與新狀態，並預測出造成該狀態變化的動作（圖 8.7）。

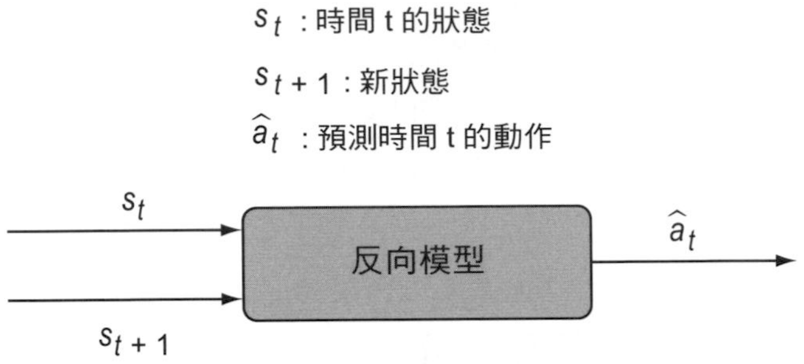

s_t : 時間 t 的狀態

s_{t+1} : 新狀態

$\hat{a}_t$: 預測時間 t 的動作

s_t → 反向模型 → $\hat{a}_t$

s_{t+1}

圖 8.7 反向模型接受兩個連續的狀態，並預測導致該狀態變化的動作。

然而，只有反向模型還不夠，它必須和另一種模型搭配，即**編碼器模型**（encoder model，記為 ø）。編碼器函數（$ø:s_t \rightarrow \tilde{s}_t$）可接受一個狀態，並傳回一個編碼狀態（$\tilde{s}_t$）。編碼狀態的維度要比原始狀態 s_t 小很多（圖 8.8）。以包含 RGB 資訊的遊戲畫面來說，原始狀態可能包含了高度、寬度以及顏色通道等維度，而 ø 會將其編碼成低維度向量。假設原始畫面的長與寬皆為 100 個像素，並有 3 個顏色通道，因此該畫面一共包含 30,000 個元素。由於這些元素中大部分都是多餘的，因此編碼器只會將有用的特徵留下，藉此將原始狀態陣列編碼成維度很小（如：僅有 200 個元素）的向量。

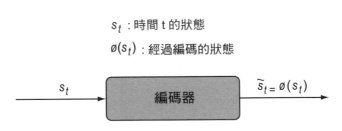

s_t : 時間 t 的狀態

$ø(s_t)$: 經過編碼的狀態

s_t → 編碼器 → $\tilde{s}_t = ø(s_t)$

圖 8.8 編碼器模型可接受一個高維度狀態陣列（如：RGB 陣列），並將其編碼成低維度向量。

NOTE 若狀態名稱上有一個帽，即『＾』符號（如：預測模組中的 $\hat{s}_{t+1}$），則表示該狀態由另一個狀態近似（或預測）而來，且兩者的維度相同。若狀態名稱上有波浪（如：編碼器模型中的 $\tilde{s}_t$），代表該狀態是由另一個狀態轉換而來，且兩者的維度可能不同。

我們設定正向和反向模型（即 f 和 g）的輸入為編碼過的狀態（而非原始狀態），換言之，正向模型將變成 $f:\phi(s_t)\times a_t \to \hat{\phi}(s_{t+1})$，其中 $\hat{\phi}(s_{t+1})$ 代表編碼過的新狀態；而反向模型則變成 $g:\phi(s_t)\times\hat{\phi}(s_{t+1}) \to a_t$（圖 8.9）。符號 $P:a\times b$ 的意義是：函數 P 會接受一對物件（a 和 b），並將其轉換成新物件 c，之前我們的表示法為 $P(a,b)\to c$，兩者是等同的。

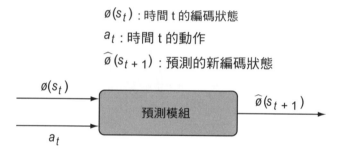

$\phi(s_t)$：時間 t 的編碼狀態

a_t：時間 t 的動作

$\hat{\phi}(s_{t+1})$：預測的新編碼狀態

圖 8.9 正向預測模組使用的是編碼過的狀態，而非原始狀態。編碼過的狀態符號是 $\phi(s_t)$ 或（$\tilde{s}_t$）。

編碼器模型是透過反向模型來訓練的，反向模型會以兩個編碼過的連續狀態做為輸入，並試圖預測造成該狀態變化的動作。為了最小化反向模型的誤差，會將該誤差同時反向傳播到編碼器模型（而不只是反向模型本身），藉此來訓練編碼器模型。雖然正向模型的輸入也是編碼過的狀態，但其預測誤差**並不會**反向傳播到編碼器模型上，否則編碼器模型會將所有狀態都編碼成同一種狀態，因為這可讓預測誤差降到最低（**編註**：如果新狀態只有一種，無論怎麼預測都會是對的，但這樣會丟失有用的資訊，顯然不是我們想要的結果）。

圖 8.10 總結了以上架構，再次提醒，只有反向模型的誤差會反向傳播至編碼器上，且編碼器的訓練只會和反向模型一起進行。為了避免正向模型的誤差反向傳播至編碼器上，我們使用了 detach() 將正向模型從運算圖分離出來。編碼器的訓練目標是，將狀態編碼成僅包括『預測動作所需資訊』的**低維度向量**。在編碼過的狀態向量中，不存在任何與選擇動作無關的隨機資訊，我們希望這可以幫助解決 TV 雜訊問題。

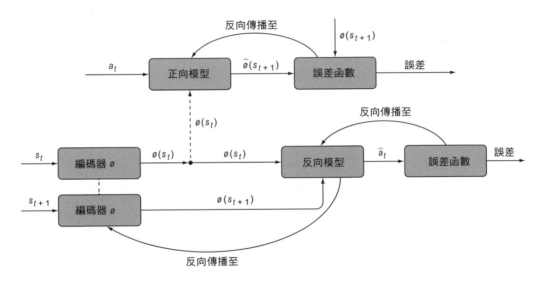

圖 8.10　上圖為好奇心模組的架構圖。首先，編碼器會把狀態 s_t 與 s_{t+1} 編碼成低維度的向量 $\emptyset(s_t)$ 與 $\emptyset(s_{t+1})$，並將它們傳給正向與反向模型。注意，反向模型的誤差會反向傳播至編碼器，作為編碼器的訓練依據，而正向模型的損失則不會反向傳播到編碼器上。圖中的小黑點為複製的動作，代表來自編碼器的輸出會複製成兩份，再分別傳給正向和反向模型。

　　注意，我們要有完整的狀態轉換資料，即：(s_t, a_t, s_{t+1})，才能訓練正向或反向模型。在之前使用經驗回放時（如：第 3 章的 DQN），我們可以不必顧慮這件事，因為經驗池中的單一經驗就包含了以上的資訊。

8.3 設定瑪利歐遊戲

上面所述的正向、反向與編碼器模型共同組成了**內在好奇心模組**（intrinsic curiosity module, ICM），本章稍後會介紹更多關於此模組的細節。ICM 中各元件的共同運作會產生內在回饋值，進而賦予代理人探索的好奇心。ICM 適用於任何環境，但在稀疏回饋值環境下，該模組能發揮最大的效用。

我們可以使用任意模型做為代理人，例如第 5 章中提過的演員 - 評論家。為了讓討論盡可能簡單，並把重點放在 ICM 的實作上，我們將以第 3 章的 DQN 作為代理人。

瑪利歐遊戲其實並非稀疏回饋值環境，只要代理人能持續推進遊戲，便可連續收到正回饋值。然而，我們可以透過將外在回饋值『關掉』，觀察代理人如何只靠內在回饋值（即好奇心）探索環境，同時研究外在和內在回饋值之間的關連。

在此處的瑪利歐遊戲中，代理人在每一步可選擇的動作共 12 種（其中包含了 NO-OP，無操作），全列在表 8.1 中。

表 8.1　瑪利歐遊戲中的動作

索引值	動作
0	無操作（NO-OP）/ 什麼也不做
1	往右走（Right）
2	往右跳（Right + Jump）
3	往右跑（Right + Run）
4	往右跑 + 跳（Right + Jump + Run）
5	跳（Jump）
6	往左走（Left）
7	往左跳（Left + Jump）
8	往左跑（Left + Run）

索引值	動作
9	往左跑＋跳（Left＋Jump＋Run）
10	往下走（Down）
11	往上走（Up）

讀者可以透過 pip 指令來安裝瑪利歐遊戲：

🖥 In

```
pip install gym-super-mario-bros
```

完成安裝以後，我們可以試著讓代理人執行幾個動作，藉此來測試環境。若讀者想複習如何使用 OpenAI Gym，請回顧第 4 章。在以下程式中，我們將建立一個瑪利歐遊戲的環境實例，並隨機執行幾個動作。

程式 8.1 建立瑪利歐遊戲環境

🖥 In

```
import gym
from nes_py.wrappers import JoypadSpace          ← 此 wrapper 模組透過結合不同動作
import gym_super_mario_bros                          來縮小動作空間
from gym_super_mario_bros.actions import SIMPLE_MOVEMENT, COMPLEX_MOVEMENT ←
import matplotlib.pyplot as plt
env = gym_super_mario_bros.make('SuperMarioBros-v0')
env = JoypadSpace(env, COMPLEX_MOVEMENT)  ←        我們可以匯入的動作空間共
done = True                                          有兩種：一種只包含 5 個動
                       選擇 complex 的動作空         作（simple），另一種則包
                       間（有 12 個離散動作）         含 12 個動作（complex）
for step in range(10):
    if done:
        state = env.reset()  ←── 如果遊戲結束，就重置環境
    state, reward, done, info = env.step(env.action_space.sample())  ←
                                       從動作空間中，隨機選擇動作來執行
    plt.imshow(env.render('rgb_array'))  ← 顯示遊戲畫面，請參考 Colab 筆記本
    plt.pause(0.05)
```

　　若一切順利，一個遊戲畫面的小視窗會跳出。這裡的代理人只會隨機執行一些動作，並不會實際進行遊戲。到了本章末，代理人將憑藉內在回饋值，學會如何避開或踩死敵人，並跳過各種障礙物。

　　在 OpenAI Gym 的介面中，環境實例是名為 env 的類別物件，可透過 step() 來操控。step() 的參數為一整數（ 編註 ：即動作在動作空間中的索引，參考表 8.1），代表我們希望代理人執行的動作。當一個動作執行完畢後，我們將得到以下變數：

1. state：shape 為 (240, 256, 3) 的 NumPy 陣列，代表遊戲的 RGB 畫面。

2. reward：範圍在 – 15 和 15 之間，其大小取決於遊戲進度。

3. done：一個布林值，代表遊戲結束與否（1：結束，0：未結束）。

4. info：一個 Python dictionary，其中包含各種中繼資料（metadata），如表 8.2 所列。

表 8.2　執行完一個動作後，變數 info 內所包含的中繼資料
來源：https://github.com/Kautenja/gym-super-mario-bros

資料	資料型態	描述
coins	int	收集到的金幣總數
flag_get	bool	若瑪利歐碰到旗子或斧頭，則此值為 True
life	int	剩餘生命，例如：{3, 2, 1}
score	int	遊戲內的累積得分
stage	int	當前所處的關卡，例如：{1, ⋯, 4}
status	str	瑪利歐的狀態，例如：{'small', 'tall', 'fireball'}
time	int	剩餘時間
world	int	當前所處的世界，例如：{1, ⋯, 8}
x_pos	int	瑪利歐目前的 x 軸位置

　　在本章的程式中，我們只會用到 info 中的 x_pos 資料。除了呼叫 step()，你也可以在任意時間點使用 env.render('rgb_array') 來取得當前狀態（state）。只要具備以上知識，我們便能開始訓練代理人了。

8.4 處理原始的遊戲狀態資料

原始的遊戲 RGB 畫面大小為 (240, 256, 3)。使用這麼高維度的資料十分消耗運算資源，因此，我們會將 RGB 狀態轉換成灰階狀態，並將它的 shape 調整成較小的 42×42（編註：該過程叫做 downsampling），藉此加速模型的訓練。

程式 8.2 將狀態資料轉成灰階並進行 downsampling

```
import matplotlib.pyplot as plt
from skimage.transform import resize  ◀── 該函式庫中內建可調整畫面 shape 的函式
import numpy as np

def downscale_obs(obs, new_size=(42,42), to_gray=True):
         ↑              ↑                  ↑
     原始狀態資料    調整後的 shape      轉換成灰階

    if to_gray:
        return resize(obs, new_size, anti_aliasing=True).max(axis=2)
    else:
        return resize(obs, new_size, anti_aliasing=True)
```

為了將圖片轉換成灰階，我們取出 obs 第 2 階（顏色通道）中的最大值

---

downscale_obs() 可接受狀態陣列（obs）、轉換後狀態的 shape 以及決定是否將圖片變為灰階的布林值（to_gray，預設為 True）。這裡使用了 scikit-image 函式庫的 resize()，若讀者尚未安裝此函式庫，請至 https://scikit-image.org/ 完成安裝（編註：利用 Colab 筆記本可以直接運行，無需另外安裝）。該函式庫在處理以『高維陣列形式』呈現的圖片資料時非常好用。

我們可以使用以下程式，將狀態資料視覺化：

```
plt.figure(figsize=(12,12))
plt.imshow(env.render("rgb_array"))  ◀── 呈現原始遊戲畫面
```

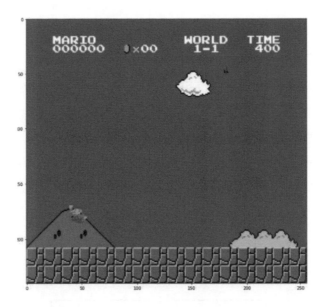

```
plt.figure(figsize=(12,12))
plt.imshow(downscale_obs(env.render("rgb_array")))   ← 呈現經過處理的遊戲畫面
```

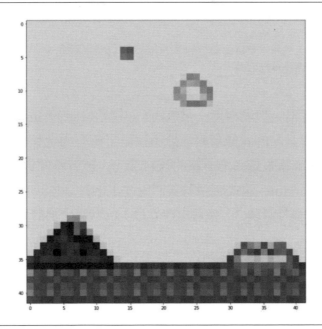

小編補充 讀者可以調整 plt.figure(figsize=(x,y)) 的 x 和 y 值來調整輸出圖片的大小。

經過 downsampling 的圖片看起來會很模糊，但足以提供代理人進行遊戲所需的訊息。

為了把狀態資料轉換為適合模型處理的樣子，我們還需要定義幾個資料處理函式。首先，我們不會只傳送最近的遊戲畫面給模型，而是會一併傳送最近的 3 張遊戲畫面。透過提供 3 張連續的遊戲畫面，模型不僅能得知位置資訊，還能取得速度資訊（如瑪利歐移動的快慢與方向）。因此，我們要再在狀態資料中加上一個名為 channel 的階（編註：代表遊戲畫面的數量），使狀態資料變成 3×42×42 （channel×height×width）的張量（圖8.11）。

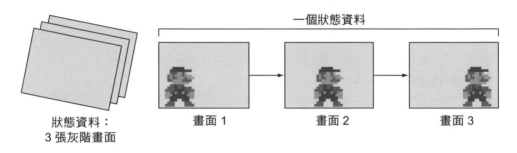

一個狀態資料

狀態資料：
3 張灰階畫面

畫面 1　　　　畫面 2　　　　畫面 3

圖 8.11　傳給代理人的狀態資料由最近的 3 張（灰階）遊戲畫面組成，這樣才能讓模型同時知道遊戲人物的位置及移動方向。

遊戲剛開始時，只能取得一張畫面（即初始畫面），這時會將該畫面複製成三份，當做最初的狀態資料。此處採用了擁有固定長度且先進先出的資料結構 deque（當張量右方有新的資料加入，舊資料便會從左方退出），Python 的 collections 函式庫中為我們內建了名為 deque 的資料結構，只要將 maxlen 的屬性設為 3，便可以建立以上的狀態資料容器。

我們將用三個函式來準備適當的狀態資料：

1. prepare_state()：調整畫面的大小並轉成灰階、把原本的 NumPy 陣列轉換成 PyTorch 張量，最後使用 unsqueeze(dim=) 在資料中加入一個**批次（batch）**的階。

2. prepare_multi_state()：可接受 shape 為 batch(批次)×channel(遊戲畫面數量)×height(高度)×width(寬度)的張量(即程式 8.3 中的 state1)，然後利用新的遊戲畫面來更新 channel 中 3 張遊戲畫面的內容。

3. prepare_initial_state()：在遊戲剛開始時，為我們準備狀態資料。該函式會將初始遊戲畫面複製 3 份，產生 shape 為 batch×3×height×width 的張量。

程式 8.3 準備狀態資料

```
In

import torch
from torch import nn
from torch import optim
import torch.nn.functional as F
from collections import deque

def prepare_state(state):
    return torch.from_numpy(downscale_obs(state, to_gray=True)).float(). 接下行
                        unsqueeze(dim=0)
```

將 NumPy 陣列轉成 PyTorch 張量　　在第 0 階加入一個批次階 (batch)

更新最近的 3 個遊戲畫面。state1 是包含 3 個遊戲畫面的狀態資料；state2 則是最近的遊戲畫面。

```
def prepare_multi_state(state1, state2):
    state1 = state1.clone()
    tmp = torch.from_numpy(downscale_obs(state2, to_gray=True)).float()
```

調整 state2 的 shape

```
    state1[0][0] = state1[0][1]
    state1[0][1] = state1[0][2]
    state1[0][2] = tmp
    return state1
```

更新 state1 的 3 個遊戲畫面，最舊的畫面被淘汰，加入最近的遊戲畫面

```
def prepare_initial_state(state,N=3):
    state_ = torch.from_numpy(downscale_obs(state, to_gray=True)).float()
    tmp = state_.repeat((N,1,1))
    return tmp.unsqueeze(dim=0)
```

將初始遊戲畫面複製三份

在第 0 階的位置加入批次階

8.5 建立 Q 網路與策略函數

如前所述，我們會使用 Deep Q-Network（DQN）做為代理人。回想一下，輸入狀態到 DQN 後，網路會預測出各動作的價值（即：各動作的平均回饋值）。在本章的環境中有 12 種離散動作，因此 DQN 的輸出層會產生長度為 12 的向量。

一般而言，動作價值是沒有上下限的，所以我們不會在輸出層中使用任何激活函數（**編註**：在輸出層使用激活函數的目的，通常是為了限制輸出值的範圍大小）。DQN 的輸入則是 shape 為 batch×channel×42×42 的張量，其中 channel 存放了最近的 3 張遊戲畫面。

本章的 DQN 架構由 4 層卷積層與 2 層線性層組成。所有卷積層與第一層線性層的激活函數皆為**指數線性單元**（exponential linear unit, ELU）函數，最後一層線性層則不使用任何激活函數。在日後的練習中，讀者可嘗試加上**長期短期記憶**（long short-term memory, LSTM）或**閘控循環單元**（gated recurrent unit, GRU）層，讓代理人從長期的資料變化中學習。

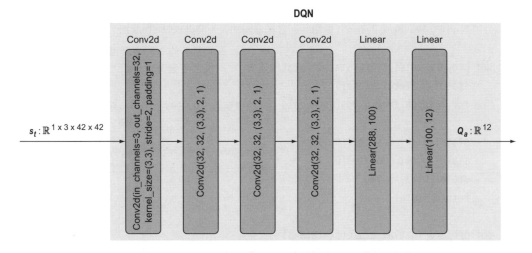

圖 8.12 本章所採用的 DQN 架構圖。狀態張量輸入模型後，會經過 4 層卷積層和 2 層線性層。前 5 層神經層都使用 ELU 為激活函數（圖中並未顯示），而最後一層（即輸出層）為了要產生任意大小的 Q 值，因此不使用任何激活函數。

DQN 將學習預測在特定狀態下，各動作的期望值（即動作價值，又稱 Q 值），代理人會根據這些動作價值來選擇動作。原則上，代理人應該選擇價值最高的動作，然而因為訓練初期 DQN 所做的預測並不準確，所以必須採取某些策略來進行隨機探索。

之前我們討論過 ε-貪婪策略，即：演算法有 ε 的機率隨機選擇動作，1-ε 的機率選擇價值最高的動作。我們通常會將 ε 設成一個很小的值（如：0.1），或者讓 ε 值隨著訓練的進行慢慢降低至一個最小值，以確保演算法可以有最低程度的探索。

我們之前也曾經把 softmax 作為策略函數，該函數可接受任意長度的實數向量，並輸出相應的離散機率分佈向量。若該函數的輸入向量為動作價值的集合，則 softmax 將根據這些價值傳回各動作的機率分佈（價值越高的動作，機率值就越大）。假如演算法依照該機率分佈來隨機選擇動作，那麼將最容易選到具有最高價值的動作，但其它動作仍然有被選中的可能（保有探索的機制）。該策略的問題在於：如果最佳動作的價值只比其它動作稍高，則其它動作被選上的機率也會過高。在以下的例子中，我們把 softmax 函數應用在包含 5 個動作價值的張量上：

```
In
torch.nn.functional.softmax(th.Tensor([3.6, 4, 3, 2.9, 3.5]))
```

```
Out
>>> tensor([0.2251, 0.3358, 0.1235, 0.1118, 0.2037])
```

如你所見，最佳動作（索引值為 1）的價值（4）只比其它動作高一點，因此這些動作的機率都差不多。換句話說，在本例中利用 softmax 策略的表現和隨機（機率均勻分佈）選擇動作的策略相差無幾。在本章，我們一開始會使用 softmax 策略，鼓勵演算法進行探索。當遊戲進行到一定步數後，我們會換成 ε-貪婪策略，確保演算法可以在多數時候選擇最佳動作，同時保有探索的能力。

程式 8.4 策略函數

```
In
```

```
def policy(qvalues, eps=None):  ◄─── 策略函數接受動作價值向量與 ε 參數 (eps)
    if eps is not None:  ◄─── 若有指定一個 eps 值，則使用 ε- 貪婪策略
        if torch.rand(1) < eps:
            return torch.randint(low=0,high=11,size=(1,))  ◄─── 從 12 個動作中隨機
                                                               選取一個來執行
        else:
            return torch.argmax(qvalues)
                                              選擇一個要執行的動作
    else:  ◄─── 若未指定 eps 值，則使用 softmax 策略
        return torch.multinomial(F.softmax(F.normalize(qvalues)), num_samples=1)  ◄─
```

　　本章的 DQN 還有另一個重要部分，即**經驗回放記憶空間**（experience replay memory，之前稱為**經驗池**）。由於梯度通常包含很多雜訊，故『以梯度為基礎』的優化方法若每次只處理單一資料，那麼表現不會太好。為了將梯度中的雜訊消除，我們必須先選取一定數量的資料（稱為批次或小批次），再將它們平均或相加起來（**編註**：關於小批次可降低雜訊的原理，請參考本書第 3 章的 3.3 節）。在玩遊戲時，代理人每次只能觀測到一筆經驗資料，所以我們先將這些經驗儲存於一個『記憶空間』中，之後再隨機選取一些來組成訓練用的小批次。

　　為達成上述目標，我們會建立一個經驗回放的 class，其中包含可儲存經驗資料（以 tuple (s_t, a_t, r_t, s_{t+1}) 表示）的串列。該 class 還具有『新增經驗資料』及『選取小批次』的 method。

程式 8.5 經驗回放

```
In
```

```
from random import shuffle
import torch
from torch import nn
from torch import optim
import torch.nn.functional as F
```

NEXT

```python
class ExperienceReplay:
    def __init__(self, N=500, batch_size=100):
        self.N = N          ◄──── N 為記憶串列的最大長度
        self.batch_size = batch_size  ◄──── 訓練批次的長度
        self.memory = []
        self.counter = 0

    def add_memory(self, state1, action, reward, state2):
        self.counter +=1
        if self.counter % 500 == 0:        記憶串列每新增 500 筆資料，便對
            self.shuffle_memory()          記憶串列的內容進行洗牌，以更隨
                                           機的方式選取訓練批次

                                           若記憶串列未滿，則將資料新增
        if len(self.memory) < self.N:  ◄── 到串列中，否則隨機將串列中的
                                           一筆資料替換為新資料

            self.memory.append( (state1, action, reward, state2) )
        else:
            rand_index = np.random.randint(0,self.N-1) ◄──┐
                        隨機產生串列中要被替換掉的經驗索引
            self.memory[rand_index] = (state1, action, reward, state2)

    def shuffle_memory(self):  ◄──   使用 Python 內建的 shuffle 函式來
        shuffle(self.memory)         對記憶串列的內容進行洗牌

    def get_batch(self):   ◄──── 從記憶串列中隨機選取資料出來組成小批次
        if len(self.memory) < self.batch_size:
            batch_size = len(self.memory)
        else:
            batch_size = self.batch_size
        if len(self.memory) < 1:
            print("Error: No data in memory.")
            return None
        ind = np.random.choice(np.arange(len(self.memory)),batch_size, 接下行
                replace=False)  ◄──  隨機選出要組成訓練批次的經驗索引
        batch = [self.memory[i] for i in ind]
        state1_batch = torch.stack([x[0].squeeze(dim=0) for x in batch],dim=0)
        action_batch = torch.Tensor([x[1] for x in batch]).long()
        reward_batch = torch.Tensor([x[2] for x in batch])
        state2_batch = torch.stack([x[3].squeeze(dim=0) for x in batch],dim=0)
        return state1_batch, action_batch, reward_batch, state2_batch
```

程式 8.5 的 class 創立了儲存經驗資料所需的記憶串列，我們可以設定該串列的資料上限，同時也可以從串列中隨機抽取資料。當我們使用 get_batch() 來選取資料時，會先產生一個長度與記憶串列相同的整數數列。接著用它來隨機產生一些索引，然後用這些索引選取記憶串列中與索引對應的經驗資料作為訓練批次。

由於每筆經驗資料的形式皆為 (s_t, a_t, r_t, s_{t+1})，故在此必須先將 tuple 中的各元素分開，再分別放進 state1_batch、action_batch、reward_batch 等等。每個張量的第 0 階為批次大小，例如 state1_batch 張量的 shape 是 batch size×3 (channels)×42 (height)×42 (width)。程式中的 stack() 會將不同張量的資料整合至單一張量中，我們還使用了 squeeze() 與 unsqueeze() 來在指定的位置加入或刪去維度。

現在，除了訓練迴圈的程式碼以外，已經有了訓練 DQN 所需的一切工具。在下一節中，我們將開始實作內在好奇心模組（ICM）。

8.6 內在好奇心模組（ICM）

如前所述，ICM 是由 3 個獨立的神經網路模型：正向模型、反向模型及編碼器所組成（圖 8.13）。經過訓練後，只要提供編碼過的當前狀態以及動作，正向模型便能預測出編碼過的新狀態。要是提供兩個編碼過的連續狀態（ø(s_t) 與 ø(s_{t+1})）給訓練後的反向模型，模型就可以預測出代理人執行的動作。編碼器的功能是把原始的狀態資料，轉換成低維度的向量。訓練完成後的編碼器會將原始狀態資料中，與預測動作無關的資訊去除。因此，編碼器的訓練會受到反向模型的影響。

圖 8.13 內在好奇心模組（ICM）的示意圖。ICM 由三個獨立的神經網路所組成。編碼器模型可將狀態資料編碼為低維度向量，它會透過反向模型來間接進行訓練。反向模型會在接受兩個連續狀態後，預測出代理人執行的動作。正向模型則會預測接下來出現的狀態，該模型所產生的預測誤差就是代理人的內在回饋值。

圖 8.14 顯示了 ICM 中，各模型的輸入與輸出資料型態。我們要使用的正向模型是由兩層線性層組成的簡單神經網路（編註：關於各模型的網路架構，讀者可參考接下來的程式 8.6），其輸入資料是由**狀態** $\emptyset(s_t)$ 與**動作** a_t 合併而成。編碼狀態 $\emptyset(s_t)$ 是 shape 為 B×288 的張量（B 代表 batch size）；動作 a_t 則是由一批次的整數構成的張量 (shape 為 B×12)，其中每個整數代表一個動作索引。

我們會將 a_t 編碼成 one-hot 向量，此向量長度為 12，且和 a_t 索引值對應的元素值為 1。接著，將編碼狀態與動作向量合併，產生 shape 等於 B×（288+12）= B×300 的張量。正向模型第一層的輸出結果會經過 ReLU 的處理，但第二層（輸出層）的結果不會經過任何激活函數處理，它所產生的張量 shape 為 B×288。

反向模型同樣是由兩層線性層所組成的神經網路，其輸入為兩個編碼狀態：$\emptyset(s_t)$ 與 $\emptyset(s_{t+1})$，這兩個狀態會合併成維度等於 batch×（288+288）= batch×576 的單一張量。反向模型第一層的輸出結果會經過 ReLU 的處理，輸出層的結果（shape 為 batch×12）則會經過 softmax 的處理，產生一個離散的動作機率分佈。在訓練反向模型時，我們會將模型產生的離散動作機率分佈與代理人實際執行的動作（以 one-hot 編碼的向量表示）比較，並計算出兩者的誤差。

編碼器的神經網路則由 4 層卷積層構成，每一層的輸出都會經過 ELU（Exponential Linear Unit）的處理。該模型最後的輸出會被扁平化成長度為 288 的向量。

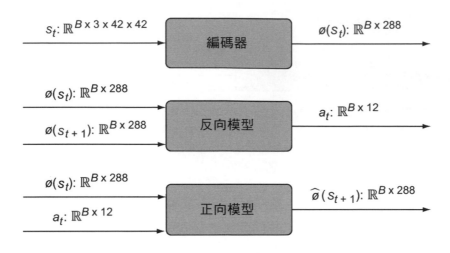

圖 8.14 ICM 中，各模型的輸出與輸入資料的維度及型態。

ICM 最主要的目的是輸出一個純量，即：由正向模型所產生的預測誤差（圖 8.15），該誤差也是 DQN 收到的內在回饋值。總回饋值等於內在回饋值與外在回饋值相加：r_t（總回饋值）= r_i（內在回饋值）+ r_e（外在回饋值），我們也可以透過調整內在與外在回饋值的**權重**來算出總回饋值，例如：$r_t = \alpha r_i + (1-\alpha)r_e$。

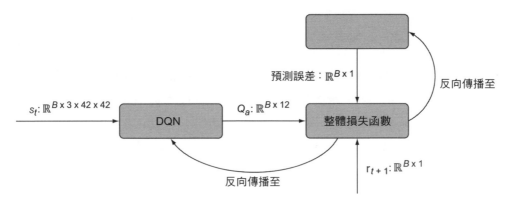

圖 8.15 DQN 和 ICM 使用相同的整體損失函數。在最小化損失的過程中，優化器會同時更新 DQN 與 ICM 模型的參數。DQN 的預測 Q 值會與實際回饋值進行比較，而實際回饋值則是由環境產生的外在回饋值和 ICM 所產生的預測誤差（內在回饋值）相加而成。

圖 8.16 說明了 ICM 和代理人模型（DQN）的更多細節。

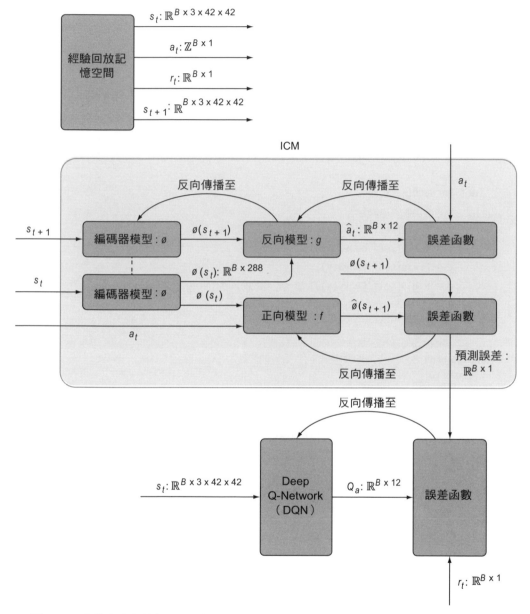

圖 8.16 演算法的完整概念圖（包含 ICM，即框起來的部分）。首先，從經驗回放記憶空間中抽選 B 組資料（單一批次資料）出來，供 ICM 和 DQN 使用。接著，利用 ICM 來產生預測誤差，並將該誤差輸入至 DQN 的誤差函數中。在訓練過程中，DQN 將學習同時預測出可反映**外在回饋值**（由環境提供）與**內在回饋值**（以預測誤差為基準）的**動作價值**。

現在，來看看建構 ICM 中各模型的程式碼：

程式 8.6 建構 ICM 中的各模型

```
class Phi(nn.Module):     ← Phi 代表編碼器網路
    def __init__(self):
        super(Phi, self).__init__()
        self.conv1 = nn.Conv2d(3, 32, kernel_size=(3,3), stride=2, padding=1)
        self.conv2 = nn.Conv2d(32, 32, kernel_size=(3,3), stride=2, padding=1)
        self.conv3 = nn.Conv2d(32, 32, kernel_size=(3,3), stride=2, padding=1)
        self.conv4 = nn.Conv2d(32, 32, kernel_size=(3,3), stride=2, padding=1)

    def forward(self,x):
        x = F.normalize(x)
        y = F.elu(self.conv1(x))
        y = F.elu(self.conv2(y))
        y = F.elu(self.conv3(y))
        y = F.elu(self.conv4(y))     ← 輸出的 shape 為 [1, 32, 3, 3]
        y = y.flatten(start_dim=1)   ← shape 扁平化成 N, 288
        return y

class Gnet(nn.Module):     ← Gnet 代表反向模型
    def __init__(self):
        super(Gnet, self).__init__()
        self.linear1 = nn.Linear(576,256)
        self.linear2 = nn.Linear(256,12)

    def forward(self, state1,state2):
        x = torch.cat( (state1, state2) ,dim=1)
        y = F.relu(self.linear1(x))
        y = self.linear2(y)
        y = F.softmax(y,dim=1)
        return y

class Fnet(nn.Module):     ← Fnet 代表正向模型
    def __init__(self):
        super(Fnet, self).__init__()
        self.linear1 = nn.Linear(300,256)
        self.linear2 = nn.Linear(256,288)
```

NEXT

```
def forward(self,state,action):
    action_ = torch.zeros(action.shape[0],12)
    indices = torch.stack( (torch.arange(action.shape[0]), action.接下行
            squeeze()), dim=0)
    indices = indices.tolist()
    action_[indices] = 1.
    x = torch.cat( (state,action_) ,dim=1)
    y = F.relu(self.linear1(x))
    y = self.linear2(y)
    return y
```

將執行的動作批次編碼
成 one-hot 向量

　　以上模型的結構都相當簡單，將它們組合在一起，便會形成一個強大的系統。接著，我們來定義 DQN 模型，它是由數個卷積層和線性層所構成。

程式 8.7 定義 DQN 模型

In

```
class Qnetwork(nn.Module):
    def __init__(self):
        super(Qnetwork, self).__init__()
        self.conv1 = nn.Conv2d(in_channels=3, out_channels=32, kernel_接下行
                            size=(3,3), stride=2, padding=1)
        self.conv2 = nn.Conv2d(32, 32, kernel_size=(3,3), stride=2, padding=1)
        self.conv3 = nn.Conv2d(32, 32, kernel_size=(3,3), stride=2, padding=1)
        self.conv4 = nn.Conv2d(32, 32, kernel_size=(3,3), stride=2, padding=1)
        self.linear1 = nn.Linear(288,100)
        self.linear2 = nn.Linear(100,12)

    def forward(self,x):
        x = F.normalize(x)
        y = F.elu(self.conv1(x))
        y = F.elu(self.conv2(y))
        y = F.elu(self.conv3(y))
        y = F.elu(self.conv4(y))
        y = y.flatten(start_dim=2)
        y = y.view(y.shape[0], -1, 32)
        y = y.flatten(start_dim=1)
        y = F.elu(self.linear1(y))
        y = self.linear2(y)
        return y
```

現在將 ICM 和 DQN 模型組合起來，我們要定義一個函式，其輸入為 (s_t, a_t, s_{t+1})，會傳回正向模型的預測誤差與反向模型的誤差。其中，預測誤差不僅用於正向模型的訓練，同時也是 DQN 的內在回饋值；而反向模型的誤差則只用於反向模型與編碼器的反向傳播與訓練。在定義上述的函式前，我們先來設定各項超參數，並產生模型實例。

程式 8.8　超參數與模型實例

```
🖵 In
params = {
    'batch_size':150,
    'beta':0.2,
    'lambda':0.1,
    'eta': 1.0,
    'gamma':0.2,                    ◀── 這些超參數的定義稍後會詳細說明
    'max_episode_len':100,
    'min_progress':15,
    'action_repeats':6,
    'frames_per_state':3
}

replay = ExperienceReplay(N=1000, batch_size=params['batch_size'])
Qmodel = Qnetwork()
encoder = Phi()
forward_model = Fnet()
inverse_model = Gnet()             我們將不同模型的參數加到同一串
forward_loss = nn.MSELoss(reduction='none')    列中，再將該串列傳給單一優化器
inverse_loss = nn.CrossEntropyLoss(reduction='none')
qloss = nn.MSELoss()
all_model_params = list(Qmodel.parameters()) + list(encoder.parameters())
all_model_params += list(forward_model.parameters()) + 接下行
                    list(inverse_model.parameters())
opt = optim.Adam(lr=0.001, params=all_model_params)
```

params 中的某些參數我們很熟悉（例如：batch_size），某些則很陌生，接下來會一一介紹這些參數。首先，來看一下整體損失函數。

以下是計算所有 4 個模型（包含 DQN）之整體損失的公式：

$$\text{minimize}[\ \lambda\,Q_{loss} + (1-\beta)\,F_{loss} + \beta\,G_{loss}]$$

DQN 的損失　　正向模型的損失　　反向模型的損失

在該公式中，來自 DQN 的損失會與正向及反向模型的損失相加，且每個損失前面都加上了用來**調整權重**的超參數。DQN 損失的權重參數是 λ，正向模型損失的權重參數是 $1-\beta$，反向損失損失的權重參數則是 β。在每一步訓練中，所有模型都是以該損失函數做為反向傳播的起點。

參數 max_episode_len 與 min_progress 為瑪利歐在一段遊戲時間內，必須達成的最小進度。若達不到此標準，則遊戲環境會重置。瑪利歐有時會卡在障礙物中間，不斷進行相同動作。因此，若在一定時間內，瑪利歐沒有向前移動，那麼我們就會認定它卡住了，並且重置環境。

在訓練階段中，參數 action_repeats 可以決定某動作的重複次數。假設執行了動作 3 且 action_repeats 為 6，則我們會將該動作重複 6 次。這種做法可以加速 DQN 學習動作價值的速度。而到了測試階段（又稱為**推論階段**，inference），每個動作則只會執行一次。

這裡的 gamma 參數就是之前介紹過的削減因子。由於訓練所用的目標 Q 值不只包含回饋值 r_t，還和新狀態的最大動作價值有關。因此，完整的目標 Q 值應該是 $r_t + \gamma\max(Q(s_{t+1}))$。

最後，我們將 frames_per_state 參數設為 3，因為一筆狀態資料是由最近的 3 張遊戲畫面所組成的。

 小編補充 eta 參數用來調整預測誤差的權重，參見程式 8.11。

程式 8.9　損失函數與重置環境函式

```
In
```

```python
def loss_fn(q_loss, inverse_loss, forward_loss):
    loss_ = (1 - params['beta']) * inverse_loss
    loss_ += params['beta'] * forward_loss
    loss_ = loss_.sum() / loss_.flatten().shape[0]
    loss = loss_ + params['lambda'] * q_loss
    return loss


def reset_env():
    env.reset()
    state1 = prepare_initial_state(env.render('rgb_array'))
    return state1
```

程式 8.10　計算 ICM 的預測誤差

```
In
```

```python
def ICM(state1, action, state2, forward_scale=1., inverse_scale=1e4):
    state1_hat = encoder(state1)        ← 使用編碼器將狀態 1 和 2(兩個連續狀態)編碼
    state2_hat = encoder(state2)
    state2_hat_pred = forward_model(state1_hat.detach(), action.detach())  ←
                                        利用正向模型預測新的狀態
    forward_pred_err = forward_scale * forward_loss(state2_hat_pred,state2_ 接下行
        hat.detach ()).sum(dim=1).unsqueeze(dim=1)
                                        反向模型傳回各
    pred_action = inverse_model(state1_hat, state2_hat)  ← 動作的機率分佈
    inverse_pred_err = inverse_scale * inverse_loss(pred_action,action.
                        detach().flatten()).unsqueeze(dim=1)
    return forward_pred_err, inverse_pred_err
```

　　在運行 ICM 的過程中,將適當的節點從運算圖中分離是很重要的一件事。回憶一下,包括 PyTorch 在內,幾乎所有的機器學習函式庫都會建立運算圖。其中,圖裡的節點代表某種**運算**(operations,或稱computations),而節點之間的**連結**(connections;亦稱為**邊緣**,英文為edges)則是流進或流出某節點的張量。我們可以透過呼叫 detach(),把某

張量從運算圖中分離，避免 PyTorch 順著該連結進行反向傳播。在本例運行正向模型與計算正向損失時，若不分離 state1_hat 和 state2_hat 張量，則正向模型的預測誤差就會反向傳播至編碼器中，對編碼器模型造成不良結果。

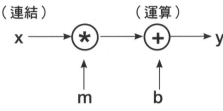

（連結）　　（運算）

y = m*x ＋ b 之運算圖

由於本章的演算法使用了經驗回放，因此得先從經驗池中選取資料，才可進行訓練。以下定義的函式可以從經驗池中選取資料，並計算每個模型的誤差。

程式 8.11 使用經驗回放進行小批次訓練

💻 **In**

```
def minibatch_train(use_extrinsic=True):
    state1_batch, action_batch, reward_batch, state2_batch = replay.get_batch()
    action_batch = action_batch.view(action_batch.shape[0],1)
                        在此張量中增加一個維度，以符合模型的需求
    reward_batch = reward_batch.view(reward_batch.shape[0],1)
    forward_pred_err, inverse_pred_err = ICM(state1_batch, action_batch, 接下行
        state2_batch)  ← 運行 ICM
    i_reward = (1. / params['eta']) * forward_pred_err
                        使用 eta 參數來調整預測誤差的權重
    reward = i_reward.detach()
                把 i_reward 張量從運算圖中分離，並開始計算總回饋值
    if use_extrinsic:  ← 決定演算法是否要使用外在回饋值
        reward += reward_batch
    qvals = Qmodel(state2_batch)  ← 計算新狀態的動作價值
    reward += params['gamma'] * torch.max(qvals)
    reward_pred = Qmodel(state1_batch)
    reward_target = reward_pred.clone()
```

NEXT

```
indices = torch.stack( (torch.arange(action_batch.shape[0]), 接下行
        action_batch.squeeze()), dim=0)
                                    action_batch 是由整數組成的張量,且每個
                                    整數代表一個動作的索引值,這裡將它們轉
indices = indices.tolist()          換成由多個 one-hot 編碼向量組成的張量
reward_target[indices] = reward.squeeze()
q_loss = 1e5 * qloss(F.normalize(reward_pred), F.normalize(reward_target.detach()))
return forward_pred_err, inverse_pred_err, q_loss
```

現在來討論主要訓練迴圈(程式 8.12)。首先,用之前定義過的 prepare_initial_state() 產生初始狀態資料,該函式會把初始遊戲畫面複製 3 份。我們還建立了一個 deque 實例,用來儲存最近的遊戲畫面。我們把 deque 的最大長度 maxlen 設為 3,所以它所儲存的資料是最近的 3 張遊戲 畫面。在將該 deque 傳給 Q 網路之前,我們會先將其轉換成串列,再轉成 shape 為 1×3×42×42 的 PyTorch 張量。

程式 8.12 主要訓練迴圈

🖥 **In**

```
from IPython.display import clear_output
epochs = 5000
env.reset()
state1 = prepare_initial_state(env.render('rgb_array'))
eps=0.15
losses = []
episode_length = 0
switch_to_eps_greedy = 1000
state_deque = deque(maxlen=params['frames_per_state'])
e_reward = 0.
last_x_pos = env.env.env._x_position     用來追蹤瑪利歐是否有在前進,
                                          若很久沒前進則重置遊戲
ep_lengths = []
use_explicit = False     不使用外在回饋值
for i in range(epochs):
    print("Epochs:",i," Game progress:",last_x_pos)
    clear_output(wait=True)
    opt.zero_grad()
    episode_length += 1
```

NEXT

8-32

```
q_val_pred = Qmodel(state1)    ◄── 運行 DQN 並預測一個動作價值向量
if i > switch_to_eps_greedy:   ◄── 在 1,000 次訓練過後，換成 ε - 貪婪策略
    action = int(policy(q_val_pred,eps))
else:
    action = int(policy(q_val_pred))
for j in range(params['action_repeats']): ◄── 為加速學習，將選擇的動作重複 6 次
    state2, e_reward_, done, info = env.step(action)
    last_x_pos = info['x_pos']
    if done:
        state1 = reset_env()
        break
    e_reward += e_reward_
    state_deque.append(prepare_state(state2))         將 state_deque 串列
state2 = torch.stack(list(state_deque),dim=1) ◄── 轉換成張量
replay.add_memory(state1, action, e_reward, state2) ◄── 將單一經驗資料存入
e_reward = 0                                             經驗池
if episode_length > params['max_episode_len']: ◄──┐
                    若瑪利歐未在遊戲中前進足夠距離，則將遊戲重啟，再試一次
    if (info['x_pos'] - last_x_pos) < params['min_progress']:
        done = True
    else:
        last_x_pos = info['x_pos']
if done:
    ep_lengths.append(info['x_pos'])
    state1 = reset_env()
    last_x_pos = env.env.env._x_position
    episode_length = 0
else:                                          根據從經驗池選出的一小批
    state1 = state2                            次資料，計算各模型的誤差
if len(replay.memory) < params['batch_size']:
    continue
forward_pred_err, inverse_pred_err, q_loss = minibatch_train(use_extrinsic=False) ◄┘
loss = loss_fn(q_loss, forward_pred_err, inverse_pred_err) ◄── 計算整體損失
loss_list = (q_loss.mean(), forward_pred_err.flatten().mean(), 接下行
             inverse_pred_err.flatten().mean())
losses.append(loss_list)
loss.backward()
opt.step()
```

以上的訓練迴圈其實非常簡單。我們所做的事情只有：準備狀態資料
→將狀態資料輸入 DQN →得到動作價值（Q 值）→將動作價值輸入策略函
數→選擇要執行的動作→利用 env.step(action) 實際執行該動作。過後，我
們便會收到新狀態及其它中繼資料，並將這些資料以 tuple（s_t,a_t,r_t,s_{t+1}）的
形式存入經驗回放記憶空間中。大多數的動作都是在小批次訓練函數（即：
程式 8.11）中發生，而該函式之前已經討論過了。

有了以上程式碼，我們就能建立 end-to-end 的 DQN 與 ICM 模型，
並在瑪利歐遊戲中訓練它們。在測試過程中，我們讓演算法進行 5,000 次
訓練。利用以下程式碼，我們便可以將 ICM 中各模型以及 DQN 的損失畫
出來。為了讓不同模型的損失值落在相近的範圍內，這裡對損失進行了對
數化處理。

```
In
losses_ = np.array(losses)
plt.figure(figsize = (8,6))
plt.plot(np.log(losses_[:,0]),label='Q loss')
plt.plot(np.log(losses_[:,1]),label='Forward loss')
plt.plot(np.log(losses_[:,2]),label='Inverse loss')
plt.legend()
plt.show()
```

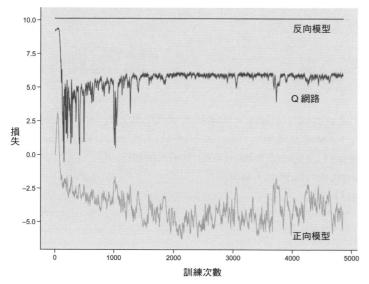

圖 8.17　上圖為 ICM 中各
模型與 DQN 的損失。由
於 DQN 和正向模型的訓
練存在對抗關係，因此這
裡的損失不會平滑下降。

　　如圖 8.17 所示，DQN 的損失一開始會驟降，接著緩緩上升，最後在某個損失值上下震盪。正向模型的損失看起來是在下降，但雜訊非常大。反向模型的損失雖然像是水平線，但將其放大後會發現，該損失隨著時間緩慢地下降。假如我們把 use_extrinsic 設為 True（使用外在回饋值），則損失圖的趨勢會變得比圖 8.17 好。若實際測試訓練過的 DQN，我們會發現：它的表現比損失圖的好很多。之所以會出現圖 8.17 的情形，是因為正向模型和 DQN 之間存在某種對抗關係：正向模型想要降低預測誤差，DQN 卻想要得到更大的預測誤差（內在回饋值更多），藉此來驅使代理人探索環境中的未知狀態（圖 8.18）。

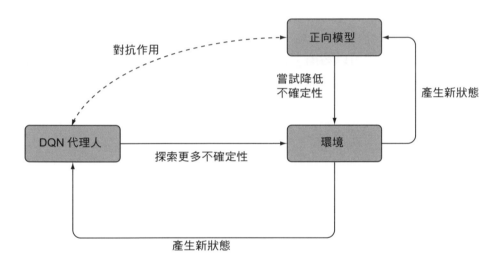

圖 8.18　由於 DQN 代理人和正向模型想達成的目標相反，因此存在對抗關係。

　　在**對抗式生成網路**（generative adversarial network, GAN）中，**生成器**（generator）與**鑑別器**（discriminator）的損失圖看起來就和圖 8.17 差不多。以上兩種情況都和使用『單一機器學習模型』的例子不同，損失不會呈現平滑下降的趨勢。

若想更準確地估計模型的整體訓練效果，可以觀察每場遊戲的長度如何隨著時間改變。如果代理人真的掌握了技巧，則遊戲長度應該會逐漸增加。在訓練迴圈中，每當遊戲結束（代理人死亡或沒有在一定時間內達到一定進度），演算法就會把瑪利歐目前的 info['x_pos'] 存入 ep_lengths 串列裡（ 編註 ：代表該場遊戲的長度）。我們希望隨著訓練時間的上升，遊戲長度也會跟著變長。

```
🖥 In
plt.figure()
plt.plot(np.array(ep_lengths), label='Episode length')
```

從圖 8.19 我們可以看出：在一開始，遊戲長度的高峰約在 150。隨著訓練時間增長，遊戲的長度也在穩定上升（雖然仍有許多隨機波動）。

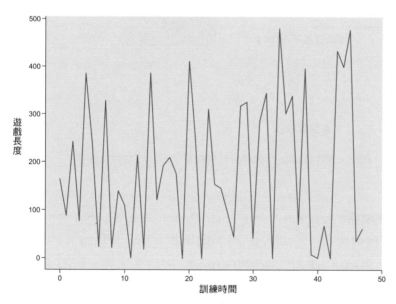

圖 8.19　x 軸代表訓練時間，y 軸代表遊戲長度。可以看到，隨著訓練時間增加，曲線的峰值變得越來越高，這也是我們的預期結果。

最後，我們使用程式 8.13 來測試完成訓練的代理人。

程式 8.13 測試完成訓練的代理人

```
In
eps = 0.1
done = True
state_deque = deque(maxlen=params['frames_per_state'])
for step in range(5000):
    if(step % 12 == 0):
        print(step,env.env.env._x_position)
        plt.pause(0.05)
        plt.figure(figsize=(8,8))
        plt.imshow(env.render('rgb_array'))
        clear_output(wait=True)
    if done:
        env.reset()
        state1 = prepare_initial_state(env.render('rgb_array'))
    q_val_pred = Qmodel(state1)
    action = int(policy(q_val_pred,eps))
    state2, reward, done, info = env.step(action)
    state2 = prepare_multi_state(state1,state2)
    state1 = state2
```

編註：小編加了這幾行程式
來顯示即時遊戲畫面

　　我們把程式 8.12 中，『運行神經網路』以及『執行動作』的部分抽出來，並進行遊戲測試。這裡所用的策略和訓練階段一樣，皆為 ε - 貪婪策略，其中 ε 的值為 0.1。這是因為即使是在測試（或推論）階段，代理人仍需偶爾進行探索以避免卡關。但測試階段與訓練階段之間仍有差異，即：在前者中每個動作只執行一次，而在後者中每個動作會重複六次（以加速訓練過程）。假設模型的訓練是成功的，那麼代理人應該能順利跳過障礙並往前邁進，如圖 8.20 所示。

圖 8.20　在僅用內在回饋值來訓練的狀況下，瑪利歐成功跳過了裂縫。這顯示代理人已經在沒有外在回饋值的幫助下，掌握了遊戲的基本操作。要是演算法的策略是隨機選擇動作，可能連在遊戲中前進都做不到，更別說是跳過裂縫了。

　　要是讀者的執行結果與書中不同，可以試試看更改超參數，特別是：學習率（Adam 優化器裡的 lr 參數）、訓練批次的大小（batch_size）、最大遊戲長度（max_episode_len）及最小的前進步數（min_progress）。在作者的經驗中，在只提供內在回饋值的前提下，5,000 次的訓練已經足夠，不過訓練結果對於上述超參數的變化很敏感。當然，5,000 次的訓練其實並不算多，增加訓練次數可以讓代理人學習更有趣的行為。

⧉ ICM在其它環境下的表現

在本章，我們在單一環境中（即：瑪利歐遊戲），以 ICM 輸出的內在回饋值來訓練 DQN 代理人。從 Yuri Burda 等人發表於 2018 年的論文（Large-Scale Study of Curiosity-Driven Learning）中，我們可以看出內在回饋值的強大之處。他們在不同遊戲環境中，利用以好奇心為基礎的回饋值進行了多次實驗，最後發現：具有好奇心的代理人不僅能在瑪利歐遊戲中連過 11 關，還能學會玩 Pong 等其它多種遊戲。Yuri Burda 等人所用的 ICM 模型與本章相同，不過他們的代理人並非 DQN，而是一種稱為**近端策略優化**（proximal policy optimization, PPO）的複雜演員 - 評論家模型。

讀者可以自行嘗試以下實驗：將 ICM 中的編碼神經網路換成**隨機投影（**random projection）。隨機投影指的是：將輸入資料乘上一個隨機生成的矩陣。根據 Yuri Burda 等人的研究，隨機投影所產生的結果幾乎和訓練過的編碼器一樣好。

8.7 另一種內在回饋值機制

本章討論了在稀疏回饋值環境下，代理人所面臨的重大問題，並說明如何透過『賦予代理人好奇心』來解決該問題。我們還實作了 Pathak 等人在 2017 年的論文中所使用的演算法，該論文是近年來在強化式學習領域中，引用度最高的研究。以好奇心為基礎的學習（curiosity-based learning）是非常熱門的研究領域，其中包含除了 ICM 以外的多種替代方法，有些方法其實比 ICM 更好。

上面提到的替代方法大多從**貝氏推論**與**資訊理論**（information theory）出發，進而產生能驅動好奇心的全新機制。我們在本章所實作的方法屬於**預測誤差**（prediction error, PE）方法的一種，這一類方法的概念是讓代理人嘗試降低 PE（即嘗試降低環境中的不確定因素），同時驅使代理人主動去探索未知的環境。

另一類方法則是代理人的**授權**（empowerment）機制。與預測誤差方法的目標（即：增加環境的可預測性）不同，授權機制的目標為『最大化代理人對於環境的控制能力』（圖 8.21）。該方法的其中一篇參考文獻為 Shakir Mohamed 和 Danilo Jimenez Rezende 於 2015 年發表的論文（Variational Information Maximisation for Intrinsically Motivated Reinforcement Learning）。以下我們會把『最大化代理人對環境的控制能力』這種非正式的敘述，轉換成較精確的數學語言（此處只進行粗略說明）。

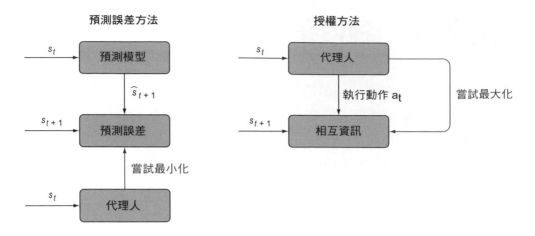

圖 8.21 預測誤差方法(即本章所使用的方法)與授權方法是以『好奇心』解決稀疏回饋值問題時,最主要的兩種方法。與讓代理人『最小化連續狀態之間預測誤差』的預測誤差方法不同,授權方法的目標是最大化『代理人執行的動作與新狀態的相互資訊(mutual information, MI)』。若 MI 值很大,代表代理人對於新狀態的控制能力(或影響力)很大。換句話說,一旦得知代理人執行了哪個動作,我們就能精準預測新狀態為何。這種機制會鼓勵代理人去學習如何控制環境。

　　授權方法的基礎是一種稱為**相互資訊**(mutual information, MI)的數值。這裡不會對該值進行嚴格的數學定義,而是用較通俗的說法理解它:MI 測量的是兩個**隨機變數**(因為我們所處理的資料通常都包含隨機性或不確定性)資料間共用了多少資訊。根據另一個更為簡潔的定義,MI 測量的是:當給定變數 x 時,另一個變數 y 的不確定性會降低多少。

　　資訊理論是從真實世界中的通訊問題發展出來的,例如:在利用某個存在雜訊的通道進行通訊時,該如何編碼訊息才能使接收到的訊息所受的失真程度最小(圖 8.22)。假設原始的訊息為 x,則目標是最大化傳送訊息 x 與接收到的訊息 y 之間的相互資訊(|編註|:即最小化兩者的資訊差異)。為了達成上述目標,訊息 x(可能是一段文字資訊)必須以特定方式編碼成無線電波訊號,而該編碼方式必須能將訊息 x『被雜訊破壞的機率』降到最低。因此,當某人接收到訊息 y 時,與原始訊息之間的差異將會非常小。

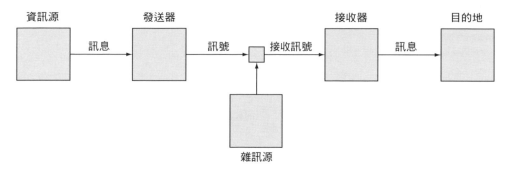

圖 8.22 以『利用含有雜訊的通道進行通訊時，該如何有效地編碼訊息』為起點，Claude Shannon 發展出了資訊理論。該理論的目標是：找到一種訊息編碼方式，使接收到的訊息與原始訊息之間的相互資訊達到最大。

　　在我們的例子中，x 和 y 皆為文字訊息，但它們可以不必是同一種資訊。例如，我們也能探討『股票一年中的價格』與『年收益』之間的相互資訊。上述問題可理解為：若掌握了某支股票在一年中的價格變化，對於公司年收益預測的不確定性可以降低多少？若不確定性顯著下降，則 MI 值就很高。以上例子包含了兩個不同的數值資料，但兩者的單位皆為『元』。在測量 MI 時，『單位』同樣不是必要條件，我們也可以計算氣溫和冰淇淋店銷售額之間的 MI。

　　在強化式學習的代理人授權機制中，我們的目標是最大化某動作（或者一系列動作）與對應未來狀態（或多個狀態）之間的相互資訊。若成功達成以上目標，就代表：一旦得知了代理人所執行的動作，我們便能準確預測接下來的狀態為何。由於代理人可以透過某動作精準產生特定狀態，代表代理人對環境有極高的控制權。換句話說，擁有最高控制權的代理人擁有最高的自由度。

　　ICM 和授權方法各有各的用途。當我們希望代理人在缺乏外在回饋值的情況下，學會複雜技能時（如：讓機器人執行任務或者運動類遊戲），授權方法是很有效。當探索行為非常重要時（如瑪利歐遊戲，因為遊戲關卡特別多），ICM 的效果則較佳。無論如何，兩種方法之間的相似處遠比它們的差異來得多。

總結

● 當環境產生的回饋值（也稱**外在回饋值**）很少時，傳統深度強化式學習代理人的學習將受阻，這就是所謂的**稀疏回饋值問題**。

● 稀疏回饋值問題可以透過名為**好奇心回饋**（也稱**內在回饋值**）的合成回饋值來解決。

● **內在好奇心模組**（ICM）可根據新狀態的**不可預測性**來產生回饋值，鼓勵代理人多去探索環境中的未知地帶。

● ICM 是由三種神經網路組成的，即**正向預測模型**、**反向預測模型**及**編碼器模型**。

● 編碼器可將**高維度**的狀態資訊編碼為僅包含**高階特徵**（去除雜訊與不重要特徵）的**低維度**向量。

● 正向預測模型可預測**新的編碼狀態**，該模型產生的預測誤差即為好奇心訊號。

● 給定兩個連續狀態，反向預測模型可預測出代理人執行了什麼動作，並根據誤差大小來訓練編碼器模型。

● **授權方法**是以『好奇心為基礎』讓代理人進行學習的另一種方法，代理人須學會如何最大程度地控制環境。

CHAPTER

多代理人的環境

本章內容

- 傳統 Q-Learning 在多代理人的環境中表現不佳的原因
- 解決多代理人的**維度災難**（curse of dimensionality）問題
- 實作能與其它代理人互動的多代理人 **Q-Learning 模型**
- 利用**平均場近似法**（mean field approximation）擴張多代理人 Q-Learning 的規模
- 在模擬遊戲環境中用 DQN 控制多個代理人

先前介紹過的所有強化式學習演算法（**Q-Learning**、**策略梯度法**及**演員 - 評論家**）都只能控制環境中的**單**一代理人。不過現實中，我們有可能需要控制**兩個或以上**可以『彼此互動』的代理人。其中，雙人遊戲是最簡單的例子，遊戲中每一名玩家都是一個代理人。在模擬交通狀況的環境中，演算法甚至得同時控制數以百計的代理人（每一台交通工具都可視為一個代理人）。在本章，讀者將以前幾章的知識為基礎，學習如何實作**平均場 Q-Learning**（mean field Q-Learning，MF-Q）演算法，並用它來解決多代理人問題。平均場 Q-Learning 最早是由 Yaodong Yang 等人在 2018 年的論文（Mean Field Multi-Agent Reinforcement Learning）中所提出。

9.1 多個代理人之間的互動

遊戲環境中通常存在許多非玩家控制的代理人，稱為**非玩家角色**（non-player characters，NPCs）。舉例而言，第 8 章中用來訓練模型的瑪利歐遊戲中就有許多 NPC。這些 NPC 被遊戲的原始設定控制著，且會和玩家發生互動。從 **Deep Q-Network**（DQN）的角度來看，NPC 只是環境中某種隨著時間而改變的狀態，DQN 模型無法控制它們。由於瑪利歐遊戲中的 NPC 不用進行學習（完全由遊戲的原始設定控制），因此上述問題不會造成影響。然而在本章中，讀者將會遇到需要控制多個代理人（每位代理人都具有學習能力，且能夠彼此互動）的情況（圖 9.1）。為達成這個目標，我們必須把之前的強化式學習架構做一些調整。

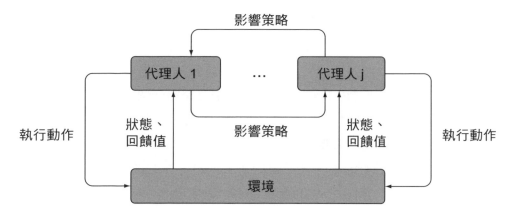

圖 9.1 在多代理人的環境中，每一個代理人的動作不僅會產生新狀態和回饋值，還會影響其它代理人的策略（彼此會互動）。

要把之前的內容延伸至多代理人的情境中，最直接的方法就是：產生多個 DQN（或類似的演算法），每個 DQN 代表不同的代理人，且它們能各自接受環境訊息並執行動作。若我們欲控制的代理人都使用**同樣的策略**，則單一 DQN 模型（即使用同一套模型參數）便能同時代表多個代理人。

以上的方法稱為**獨立 Q-Learning**（independent Q-Learning，IL-Q），它確實可行，但忽略了代理人的決策會**互相影響**這件事。換句話說，在 IL-Q 中，代理人並不會去考慮其它代理人的行為對自己產生的影響。雖然在代理人所取得的環境狀態資訊中，也會包含其它代理人的資訊，但這些資訊只會被當成環境狀態中的一部分（圖 9.2）。

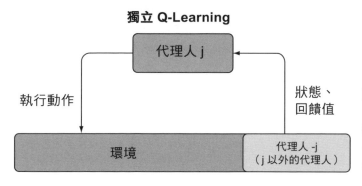

圖 9.2 在獨立 Q-Learning 中，代理人並不會直接察覺其它代理人的動作，而是將它們當成環境狀態的一部分。

在之前的環境中，都只存在一個代理人。只要時間夠長，神經網路模型的參數一定會收斂到某個最佳值。這是因為在該情境中，環境具有**穩定性**（stationary）：即特定動作在特定狀態下的回饋值分佈永遠是一樣的（9.3 上圖，平均回饋值不隨時間變化）。若環境中有超過一個代理人，則其接收的回饋值就不只和執行的動作有關，還會受到其它代理人的影響，所以環境的穩定性會被破壞。（ 編註 ：在失去穩定性的環境中，平均回饋值會隨時間變化，如 9.3 下圖所示）。如果我們在失去穩定性的環境中使用 IL-Q，那 Q 函數就不一定會收斂，進而影響演算法的表現。

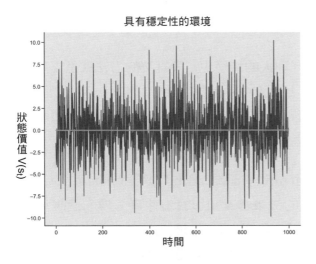

具有穩定性的環境

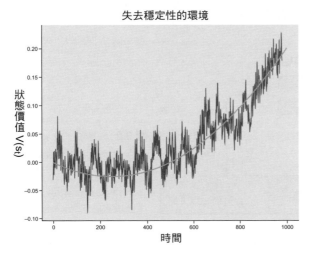

失去穩定性的環境

圖 9.3 上圖：在具有穩定性的環境中，某狀態的期望（平均）價值不隨時間發生改變。因為在狀態轉換的過程中存在一定的**隨機性**，所以圖中的深色曲線看起來有許多雜訊，但平均值（淺色線）則保持恆定。下圖：在失去穩定性的環境中，狀態的期望價值會隨著時間改變，如圖中所示：曲線的平均值是不停變化的。Q 函數會嘗試學習『狀態 - 動作對』與『期望價值』之間的關連，只有在狀態 - 動作的價值是**固定**時，Q 函數才會收斂。在多代理人的情境下，由於每位代理人的策略都在不斷變化，因此狀態 - 動作對的價值會隨著時間改變，進而導致 Q 函數無法收斂。

請記住，策略函數 π(s):s → A 會接受狀態 s，並傳回長度與動作空間相同的向量 A。若此策略是確定性策略，會傳回代表某特定動作的 one-hot 向量。若是隨機性策略，則函數會傳回各動作的機率分佈，如：[0.25，0.25，0.2，0.3]。

傳統的 Q 函數能把某狀態 - 動作對 (s,a) 映射至期望回饋值上，用符號表示為：Q(s,a)：s × a → r。想要彌補 IL-Q 的不足，只要在以上函數中加入其它代理人的動作空間就可以了，即：Q_j (s,a_j,A_{-j}): s × a_j × A_{-j} → r。這個 Q 函數可接受一個 tuple，其中包含狀態資料、代理人 j 的動作以及其它代理人的聯合動作空間（以 A_{-j} 表示），並將該 tuple 映射至相應的期望回饋值上。已知這一類的 Q 函數能在多代理人情境下收斂，故其表現較傳統 Q 函數（圖 9.4）來得好。

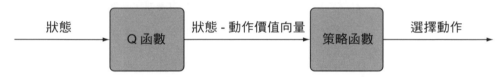

圖 9.4 傳統 Q 函數會接受狀態資料，並產生狀態 - 動作價值（又稱 Q 值）向量。接著，策略函數便可根據這個價值選擇一個動作。或者，我們也可以選擇直接訓練策略函數，使其能夠根據狀態資料產生各動作的**機率分佈**。

之前在編碼動作時，我們會先建立一個長度與**動作總數**相同的向量。當要編碼某一動作時，就把該動作索引對應到的元素值設為 1，其它元素的值都設為 0，這樣的向量稱為 **one-hot 向量**。在 Gridworld 環境中，代理人一共有 4 種動作可選（即：上、下、左、右），所以我們會用長度為 4 的向量來編碼這些動作。其中，代表『向上』的編碼向量可能是 [1，0，0，0]，而代表『向下』的向量為 [0，1，0，0]，以此類推。

由於動作空間 A_{-j} 在代理人數量眾多時，會變得過於龐大（隨著代理人數目的上升呈**指數增加**），因此上面所說的 Q 函數難以實現。這裡用一個例子來說明：在共有 4 種動作可選的 Gridworld 環境中，假設我們想編碼**兩個代理人**所產生的聯合動作空間，就必須使用長度為 4^2 = 16 的 one-hot 向量。這是因為在有 4 種動作可以選擇時，兩位代理人所能產生的動作排列數共有 16 種（詳見圖 9.5）。

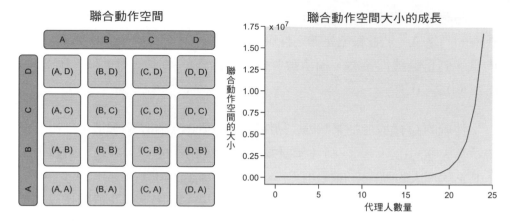

圖 9.5 若每位代理人的動作空間大小為 4（左圖用 A,B,C,D 來表示不同動作），則兩位代理人的聯合動作空間大小為 4^2= 16。若代理人數量增加至 N 個，則聯合動作空間的大小為 4^N。也就是說，聯合動作空間的大小隨著代理人數量的上升呈**指數增加**。右圖顯示了聯合動作空間大小如何隨著代理人的數量而成長。在僅有 25 個代理人的狀況下，聯合動作空間的大小就成長到接近 2 千萬，該問題稱為**維度災難**，因為電腦難以處理這麼龐大的運算。

在可能動作的數目為 A 的環境中，聯合動作空間的大小等於 A^N（N 為代理人數量）。在代理人很多的情況下，會發生**維度災難**（curse of dimensionality），造成上面所述的 Q 函數將變得不切實際。指數成長往往會產生不好的結果，因為它會讓演算法的規模難以擴張。在**多代理人強化式學習**（multi-agent reinforcement learning，**MARL**）中，這種現象是必須面對的難題，同時也是本章所要討論的重點。

9.2 鄰近 Q-Learning

所幸，我們還可以用一些近似方法來達到以上**聯合動作 Q 函數**的效果，以下就來介紹其中一種。在大多數環境中，只有**關係接近**的代理人之間才會產生顯著的交互影響。換句話說，我們其實沒必要去探討環境中**所有代理人的聯合動作**，只要討論同一**鄰近區域**（neighborhood）內，代理人之間的聯合動作即可。以上方法相當於：將完整的聯合動作空間分割成一系列互相重疊的子空間（子空間比完整空間小很多），並計算這些子空間的 Q 值。我們將此方法稱為**鄰近 Q-Learning**（neighborhood Q-Learning）或者**子空間 Q-Learning**（subspace Q-Learning）（圖 9.6）。

鄰近 MARL

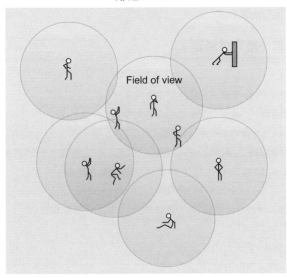

Field of view

圖 **9.6** 在鄰近 MARL 中，每個代理人都有自己的 FOV（field of view）或鄰近區域，並且只會看見此區域的其它代理人執行了什麼動作。話雖如此，它們還是能接收環境的完整狀態資訊。

　　透過限制鄰近區域的範圍，我們便能將聯合動作空間控制在一定的大小內。以具有 4 個動作的 Gridworld 為例，若代理人數量為 100，則完整的聯合動作空間大小是 4^{100}（這個世界上沒有任何電腦能處理或儲存如此大的向量）。如果我們將聯合動作空間分成多個子集（或鄰近區域），並把每個子集的大小設為 3，則每個子集的動作空間大小為 $4^3 = 64$。雖然與單一代理人的狀況（動作空間為 4）相比，這個數字仍然很大，但這絕對是電腦可以計算的範圍。

　　假設我們要計算代理人 1 的 Q 值，則要先找到距離代理人 1 最近的 3 個代理人，並建立它們的聯合動作 one-hot 向量（長度為 64），接著再將此資料提供給 Q 函數（圖 9.7）。對於所有代理人，我們都以相同方式來建立聯合動作空間的子集，然後用它們來計算 Q 值。最後，只要根據 Q 函數傳回的 Q 值來選擇動作就可以了。

圖 9.7 代理人 j 的鄰近 Q 函數會接受目前狀態,以及鄰近區域(或視野)中其它代理人的聯合動作向量,以符號 A₋ⱼ 表示。接著,策略函數便可以根據所產生的 Q 值選擇動作 aⱼ。

程式 9.1 是上述想法的虛擬碼:

程式 9.1 鄰近 Q-Learning,第一部分虛擬碼

```
# 初始化所有代理人的動作
for j in agents:  ◀── 走訪環境中所有代理人(儲存於串列中)
    state = environment.get_state()  ◀── 取得環境目前的狀態
    neighbors = get_neighbors(j, num=3)  ◀── 找出距離代理人 j 最近的 3 個代理人
    joint_action = get_joint_action(neighbors)  ◀── 傳回代理人 j 附近代理人的聯合動作
    q_values = Q(state, joint_action)  ◀── 給定狀態與鄰居的聯合動作,
                                             取得代理人 j 的動作 Q 值
    j.action = policy(q_values)  ◀── 接受各動作的 Q 值後,傳回一個離散動作
    environment.take_action(j.action)
    reward = environment.get_reward()
```

根據程式 9.1,我們需要定義一個 get_neighbors 函式,在輸入代理人 j 之後,它能找出 3 個離 j 最近的**鄰居**(neighbors)。接著,再利用 get_joint_action 函式來建立這些鄰居的聯合動作空間,藉此來推算為代理人 j 的 Q 值。在建立聯合動作空間前,我們必須先知道代理人 -j(離 j 最近的 3 個鄰居)選擇的動作。想要知道代理人 -j 選擇的動作為何,就必須去計算它們的 Q 值(進而要得知代理人 -j 的鄰居所執行的動作),這就形成了一個死循環。

為了避開上述問題,我們會先隨機決定各代理人的初始動作,並依照這些隨機動作來計算聯合動作空間。由於這些動作都是隨機的,所以對演算法的學習並沒有多大幫助。在程式 9.2 的虛擬碼中,我們會透過執行數次程式 9.1 來解決該問題。在第一次執行該程式時,聯合動作是隨機的,但代理人會將它們輸入 Q 函數來選擇新的動作。因此,當我們第二次運行該程式時,隨機性會降低。重複幾次之後,初始狀態的隨機性幾乎就可以消除了,接著再將最終選擇的動作運用到實際的環境當中。

程式 9.2 鄰近 Q-Learning，第二部分虛擬碼

```
🖥 In
# 初始化所有代理人的動作
for m in range(M):  ◀── 重複計算 M 次，以降低最初的隨機性
    for j in agents:
        state = environment.get_state()
        neighbors = get_neighbors(j，num=3)  ◀── 找出離代理人 j 最近的 3 個鄰居
        joint_actions = get_joint_action(neighbors)  ◀── 建立鄰居的聯合動作空間
        q_values = Q(state，joint_actions)  ◀── 根據鄰居的聯合動作空間及
                                                當前狀態，計算各動作 Q 值
        j.action = policy(q_values)  ◀── 選擇動作

for j in agents:  ◀── 走訪每位代理人，執行在以上迴圈的最後一輪所選擇的動作
    environment.take_action(j.action)
    reward = environment.get_reward()
```

　　程式 9.1 和 9.2 展示了鄰近 Q-Learning 的基本架構，但有一項細節被省略了：該如何建立鄰居代理人的聯合動作空間？答案是利用線性代數中的**外積**（outer product）。想進行外積，我們會先把向量**升級**為矩陣。舉個例子，我們可以將『長度為 4 的向量』升級為『4×1 的矩陣』。透過 PyTorch 的 reshape()，便能達成以上目標（ 編註 ：在前面章節中我們用過的 unsqueeze() 也能達到同樣的效果）。

```
🖥 In
import torch
a = torch.Tensor([1，0，0，0])  ◀── 創建向量 a
print(a.shape)
b = a.reshape(4,1)  ◀── 將向量 a reshape 成矩陣 b
print(b.shape)
```
```
Out
>>> torch.Size([4])
    torch.Size([4，1])
```

矩陣乘法所產生的結果取決於『矩陣的 shape』以及『相乘的順序』。若我們將矩陣 A (shape 為 1×4) 與矩陣 B（shape 為 4×1）相乘，則最後會產生 shape 為 1×1 的結果，也就是一個**純量**（scalar，即單一數字）。以上乘法相當於計算向量的**內積**（inner product），其中兩矩陣各階中較大的數字（4）被夾在維度為 1 的階中間。**外積**則是上述計算的反過程：矩陣各階中較大的數字需放在外側，維度為 1 的階則被夾在中間，最後產生 shape 為 4×1 ⊗ 1×4＝4×4 的矩陣。

假設在 Gridworld 環境中存在兩個代理人，它們分別執行了動作 [0，0，0，1]（往右）與 [0，0，1，0]（往左），則它們的聯合動作可透過將以上兩向量進行外積來取得。以下是使用 NumPy 進行外積的方法：

```
In
import numpy as np
np.array([[0,0,0,1]]).T @ np.array([[0,1,0,0]])    ← 用 T() 對 NumPy 陣列進行
                                                      轉置，@ 為 Python 語法中
                                                      矩陣外積的符號
```

```
Out
>>> array([[0,0,0,0],
           [0,0,0,0],
           [0,0,0,0],
           [0,1,0,0]])
```

正如之前所說，以上計算會產生 4×4 的矩陣，總共包含 16 個元素。向量 A 和 B 外積結果的 shape 等於 dim(A)*dim(B)，其中 dim 代表向量的長度。一般而言，Q 網路處理的資料型態為向量，但由於外積會產生矩陣，因此我們會**扁平化**輸出矩陣，將其轉換為向量：

```
In
z = np.array([[0,0,0,1]]).T @ np.array([[0,1,0,0]])
z.flatten()   ← 使用 flatten() 將矩陣 z 扁平化成向量
```

```
Out
>>> array([0,0,0,0,0,0,0,0,0,0,0,0,0,1,0,0])
```

透過以上說明，可以發現鄰近 Q-Learning 並不會比傳統的 Q-Learning 複雜太多。我們不過是提供多一項資訊給演算法，也就是每位代理人之鄰居的聯合動作向量。讓我們藉由實際的例子來說明細節吧。

9.3 1D Ising 模型

本節的主題是應用鄰近 Q-Learning，解決一個由 Wilhelm Lenz 與他的學生 Ernst Ising，於 1920 年代初期提出的真實物理問題。為此，我們得先補充一些物理知識。在過去，物理學家嘗試使用數學模型來解釋磁性物質（如：鐵）的行為。一塊鐵是由許多鐵原子組成的，這些原子之間以金屬鍵相連，而原子則是由原子核（其中包含帶正電的**質子**以及中性的**中子**）和位於外殼的**電子**（帶負電）所構成。與其它基本粒子一樣，電子具有**自旋**（spin）的性質。在任意時間點中，電子只可能有**向上**（spin-up）或**向下**（spin-down）的自旋（圖 9.8）。

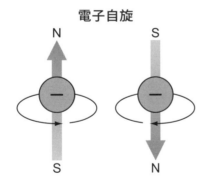

電子自旋

圖 9.8 電子是一種帶負電的基本粒子，它們環繞在原子核的周圍。電子具有『自旋』的性質，且自旋方向只能是向上或向下。由於電子是帶電粒子，因此它們會產生磁場，而磁場的極性（N 或 S）取決於電子自旋的方向。

我們可以將自旋想像成電子正在**順時針**或**逆時針**自轉，而帶電物體的旋轉將會產生**磁場**。若我們把一顆氣球放在地毯上摩擦，再旋轉這顆已經產生靜電的氣球，則該氣球便會形成一顆磁力很弱的『磁鐵』。如上所述，因為電子帶電且會自旋，故可以將其視為很小的磁鐵。若我們能讓鐵塊中所有電子的自旋方向趨於一致（即：全部向上或向下自旋），則該鐵塊將會變成一個強力磁鐵。

物理學家想瞭解的是：怎麼讓所有電子的自旋方向趨於一致，而溫度在其中又扮演了什麼角色。若我們將一塊磁鐵加熱，在超過一定溫度後，原本排列整齊的電子會開始**隨機**朝不同方向自旋，造成該磁鐵的淨磁場（net magnetic field）消失。物理學家知道單一電子會產生磁場，且這種微弱磁場還會影響周圍的其它電子。若讀者曾經玩過條形磁鐵，你一定會發現磁鐵在某些擺放角度時會互相吸引；某些角度則會互相排斥。在電子身上我們也能觀察到類似的現象：它們會嘗試朝同一方向自旋（圖 9.9）。

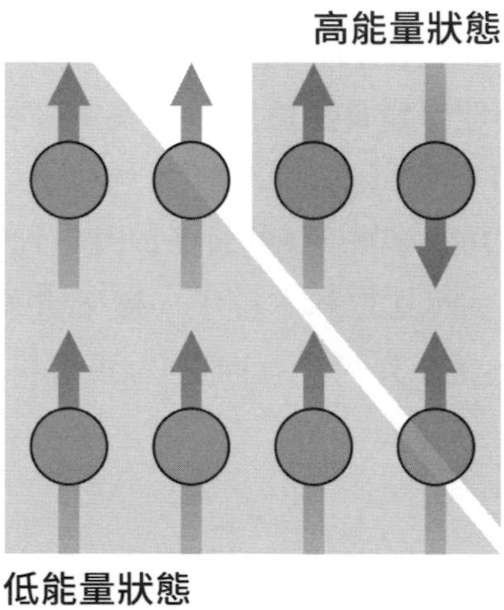

高能量狀態

低能量狀態

圖 9.9 當其它所有條件皆一致時，所有物理系統都會往**低能量狀態**發展。由於電子朝相同方向自旋時能量較低，因此電子便傾向於讓自旋方向和鄰近的電子相同。

雖然電子會傾向朝相同方向自旋，但當同方向的電子太多時，這些電子就會變得不穩定。這是因為整齊排列的電子越多，產生的磁場就越大，進而產生某種內部**應變**（strain）。因此真實的情況是，電子會聚集成一個個稱為**域**（domain，也有人稱為**疇**）的群集。同域中的電子有一致的自旋方向，不同域中的電子則有不同的自旋方向。舉例而言，一個鐵塊中可能存在某個由 100 顆『向上』自旋電子組成的域，而旁邊則是另一個由 100 顆『向下』自旋電子組成的域。總而言之，在小區域範圍內，電子會透過整齊排列來降低系統整體的能量。當同向的電子變多且合成的磁場變得太強時，系統能量又會上升，這會限制小區域不會持續變大。因此，只有在相對小的域中，電子才會保持相同的自旋方向。

　　根據以上描述，我們可以假設：數量龐大的電子會聚集成許多域，進而形成複雜的結構，但想要將這樣的結構模擬出來非常困難。為了簡化問題，物理學家預設每個電子只會受其鄰居影響，這和我們在鄰近 Q-Learning 中的做法是完全相同的（圖 9.10）。

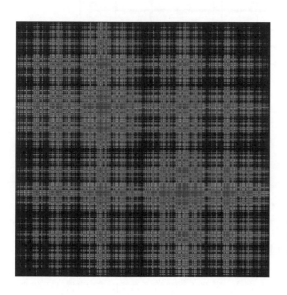

圖 9.10　此圖為高解析度的 Ising 模型（用 Ernst Ising 的名字來命名），其中每個像素代表一個電子。顏色較亮的像素為向上自旋的電子，顏色較暗者則為向下自旋的電子。可以看到，電子會聚集成許多域。每個域中的電子有相同的自旋方向，而鄰近域中的電子則排列成完全相反的方向。這樣的排列方式可以降低整體的系統能量。

　　透過鄰近 Q-Learning，我們便可模擬出多電子的行為，並觀察這些電子所形成的特殊結構。想達成這個目標，只要把『電子的自旋方向』當成回饋值訊號即可。若某電子將自旋的方向調整成和鄰居一樣，則我們提供正回饋值，反之則提供負回饋值。在上述情境中，所謂的『最大化回饋值』，就相當於降低整個系統的能量。

　　讀者可能會覺得奇怪：既然讓自旋方向與鄰近電子相同便可得到正回饋值，那為什麼電子不會全都朝相同方向自旋，而是可以模擬真正的磁鐵，形成電子域的結構呢？原因在於：在我們的模型中，由於自旋方向的選擇具有一定的隨機性（ **編註**：如之前使用的 ε - 貪婪策略，我們會保留最低程度的探索），故當電子數量越多時，它們全都轉向相同方向的機率也就越低（圖 9.11）。

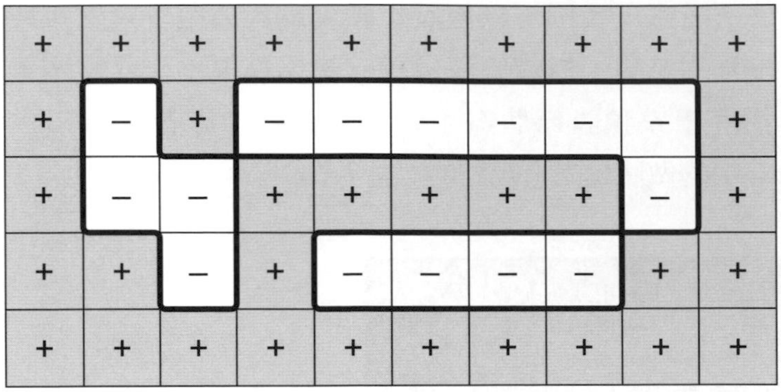

圖 9.11 此圖為 2D 的 Ising 模型，其中 + 代表向上自旋，而 - 則代表向下自旋。圖中存在一個電子全部向下自旋的域（以黑色邊框顯示），該域的周圍則包圍著向上自旋的電子。

在之後的內容中讀者還會看到，藉由改變**探索**與**利用**的比例，我們可以進一步模擬系統的**溫度**。例如在探索時，演算法會隨機決定電子的自旋方向，這和分子在高溫時的隨機運動很像。

模擬電子自旋的行為看起來不太重要，但同樣的技巧也可以應用在遺傳、金融、經濟、植物學與社會科學等眾多領域。同時，Ising 模型也是測試 MARL（多代理人強化式學習）的最簡單方法之一，因此本節才以此問題為討論對象。

想要建立 Ising 模型，我們只需產生一個以二元數字（0 和 1）組成的表格即可。該表格可以是任意的階數：如一階向量、二階矩陣或更高階的張量。

在接下來的數個程式中，我們將建立 1D（一階）的 Ising 模型。由於該模型相當簡單，因此完全不需要經驗回放或分散式演算法等高深技巧。事實上，我們甚至不必使用 PyTorch 內建的優化器。在這個例子中，我們將親自撰寫用來進行梯度下降的程式碼（僅需數行）。程式 9.3 定義了產生電子格狀結構所需的函式。

程式 9.3 1D Ising 模型：產生格狀結構與回饋值

> 💻 **In**

```python
import numpy as np
import torch
from matplotlib import pyplot as plt

def init_grid(size=(10,)):
    grid = torch.randn(*size)       ◀── 產生長度為 10 的 1D Ising 模型 (每個元素為一個隨機數)
    grid[grid > 0] = 1       ◀── 若元素值大於 0，則將該元素設為 1(代表向上自旋)
    grid[grid <= 0] = 0       ◀── 若元素值小於 / 等於 0，則將該元素設為 0(代表向下自旋)
    grid = grid.byte()       ◀── 將浮點數轉換成位元組 (byte) 物件，使其變成二元數
    return grid

def get_reward(s,a):       ◀── s 是某個代理人 a 的鄰居串列
    r = -1       ◀── 初始化回饋值為 -1
    for i in s:
        if i == a:
            r += 0.9       ◀── 如果陣列 s 中的元素值 (自旋
                           方向) 與 a 的自旋方向相同，
                           則回饋值加上 +0.9
    return r
```

　　程式 9.3 中包含了兩個函式。第一個函式會建立一個隨機初始化的 1D 方格 (即一個長度為 10 的向量，長度可自訂)，其過程如下：先隨機從一常態分佈中抽取數字填滿方格，再將所有非正數的元素設為 0、所有正數的元素設為 1。如此一來，格子中 0 和 1 的數目便會大致相同。方格中的每個元素值 (0 或 1) 分別表示電子自旋的方向 (向上 = 1，向下 = 0)。在強化式學習的術語中，這裡的電子便是環境的**代理人**。我們可以用 matplotlib 函式庫來視覺化該方格：

> 💻 **In**

```python
size = (20,)
grid = init_grid(size=size)       ◀── 初始化一個長度為 20 的方格
grid
```

⋯⋯

> **Out**

```
>>> tensor([1，0，0，0，0，1，0，0，1，0，0，1，0，0，0，1，0，1，0，0], 接下行
       dtype=torch.uint8)
```

```
plt.imshow(np.expand_dims(grid,0))
```

結果如圖 9.12 所示，其中淺色的方格代表 1，深色的方格則代表 0。注意，因為 plt.imshow 只能接受 2 階或 3 階張量，故使用了 np.expand_dims() 為 grid 在第 0 階的地方添加一個維度，使其變成 shape 為（1，20）的矩陣（ **編註**：用 reshape() 或 unsqueeze() 也可達到同樣效果）。

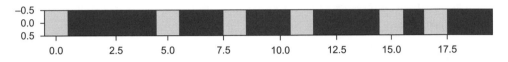

圖 9.12 以上的 1D Ising 模型將擁有不同自旋方向的電子排列在一個橫列上。

程式 9.3 中的第二個函式為回饋值函式。該函式可接受一個二元數 a（代表某顆電子）以及由二元數組成的串列資料 s（a 的鄰居），並比較 s 中有多少元素的數值和 a 相同（ **編註**：即比較自旋方向）。若 s 的所有元素值都和 a 一樣，傳回的回饋值便會是最大的。倘若所有值都和 a 不同，則傳回的回饋值便會是最小的。

在本例中，我們只考慮距離最近的兩個鄰居。在 1D Ising 模型中，所謂的鄰居就是代理人左邊和右邊的格子。要是某代理人的位置位於最右端，則我們會將第一個格子當成它的右方鄰居。換句話說，我們可將 1D Ising 模型看成一個頭尾相接的圓圈。

由於每位代理人需有價值與策略函數，所以它們無法用單純的二元數字來表示。此處 1D 方格中的數字其實只能代表代理人的動作，即『向上自旋』或『向下自旋』。至於真正的代理人則要用神經網路來模擬，程式 9.4 定義了產生神經網路參數向量的函式。

程式 9.4 1D Ising 模型：產生神經網路的參數

🖵 In

```
def gen_params(N,size): ◄── N 代表代理人數目，size 代表一個代理人的神經網路參數數量
    ret = [] ◄──────────────  編註：這裡的 ret 和前面幾章的回報 (Return)
    for i in range(N):        是不同的東西，讀者不要搞混了
        vec = torch.randn(size) / 10.
        vec.requires_grad = True
        ret.append(vec) ◄── 將第 i 個代理人的神經網路參數存進 ret
    return ret ◄── 傳回所有代理人的網路參數
```

　　由於我們想要用神經網路來模擬代理人，因此要先產生網路參數。在本例中，每個代理人有獨立的神經網路。事實上，因為所有代理人都使用相同的策略（讓自旋方向與鄰居相同），所以可以共享同一個神經網路。這裡先告訴讀者如何使用多個神經網路來模擬代理人，在之後的例子中，我們都會讓使用『相同策略』的多個代理人共用一個 Q 函數。

　　1D Ising 模型極為簡單，就不使用 PyTorch 內建的神經層了。我們會自行編寫『個別矩陣相乘動作』的程式。另外，我們的 Q 函數必須能接受一個狀態向量以及參數向量，並把參數向量分配成多個矩陣，其中每個矩陣代表一層神經層。

程式 9.5 1D Ising 模型：定義 Q 函數

🖵 In

```
def qfunc(s,theta,layers=[(4,20),(20,2)],afn=torch.tanh):
    l1n = layers[0] ◄── 取出第一層神經層的 shape
    l1s = np.prod(l1n) ◄── 取 layers 中的第一個 tuple，再將其中的數字相乘，
                            得到第一層神經層的參數數量
    theta_1 = theta[0:l1s].reshape(l1n) ◄── 將 theta 向量的子集轉換成矩
    l2n = layers[1]                          陣（shape 為 l1n），做為第一
    l2s = np.prod(l2n)                       層神經層的參數矩陣
    theta_2 = theta[l1s:l2s+l1s].reshape(l2n)
    bias = torch.ones((1,theta_1.shape[1])) ◄── 加上一個偏值的張量
```

NEXT

```
l1 = s @ theta_1 + bias ◀── 此為第一層神經層所執行的計算，s 是 shape
                            為 (4,1) 的聯合動作向量
l1 = torch.nn.functional.elu(l1) ◀── 採用 elu 做為第 1 層網路的激活函數
l2 = afn(l1 @ theta_2) ◀── 採用 tanh 做為第 2 層網路的激活函數
return l2.flatten() ◀── 傳回扁平化後的 l2
```

　　上面所定義的 Q 函數為一個簡單的雙層神經網路，其輸入參數包括：
狀態向量 s（代表鄰居動作的二元向量）以及參數向量 theta。同時，該函
式還需要輸入一個 layers，它的格式為 [(s1,s2),(s3,s4)…]，其中每個 tuple
資料代表各神經層的參數矩陣大小。Q 函數會傳回每個可能動作的 Q 值，
本例中有兩個動作，即向下或向上。以實際的例子來說，我們的 Q 函數可
能傳回向量 [1,-1]，這代表：向下自旋的 Q 值為 1，向上自旋的 Q 值則是
-1。

圖 9.13 代理人 j 的 Q 函數會接受一個參數向量（θ），以及鄰
居的 one-hot 聯合動作向量（A$_{-j}$）。

　　由於我們想在後面的專案中，重新利用此處的 Q 函數，所以這裡把激
活函數設為可調整參數的函數（afn）。在程式 9.6 中，我們會定義兩個輔助
函式，它們能傳回環境（即 1D 方格）的狀態資料。

程式 9.6 1D Ising 模型：取得環境的狀態

```
In
def get_substate(b):    ← 將一個二元數字轉換為 one-hot 編碼的動作向量，如 [0,1]
    s = torch.zeros(2)  ← 將動作向量 s 初始化為 [0,0]
    if b != 0:
        s[1] = 1        ← 若輸入的數字不等於 0，則動作向量為 [0,1]
    else:                 （向上），否則動作向量為 [1,0]（向下）
        s[0] = 1
    return s

def joint_state(n):    ← n 為具有兩個元素的向量，其中，n[0]= 左方鄰居，n[1]= 右方鄰居
    n1_ = get_substate(n[0])
    n2_ = get_substate(n[1])    ← 取得左右鄰居的 one-hot 動作向量
    ret = (n1_.reshape(2,1) @ n2_.reshape(1,2)).flatten()  ← 使用外積 @ 產生聯合動作向量，
    return ret                                                並把結果扁平化為向量
```

本例中的 1D 方格僅顯示了各代理人的自旋方向（以 0 或 1 表示），將這些二元狀態資料輸入 Q 函數前，要先將它們轉成動作向量，再透過外積取得聯合動作向量。程式 9.6 中定義了兩個輔助函式，它們能為 Q 函數準備狀態資料。其中，get_substate 函式可以將一個二元數字（0 代表向下自旋，1 代表向上自旋）轉換成 one-hot 編碼動作向量。此向量對應的動作空間為 [向下 , 向上]，0 會被轉變成 [1,0]，而 1 則轉換為 [0,1]。

在程式 9.7 中，我們會把上面所定義的幾個函式組合起來，建立包含多個代理人的 1D 方格，以及各代理人的參數向量。

```
In
plt.figure(figsize=(8,5))
size = (20,)    ← 將方格的大小設定為長度 20 的向量（20 個代理人）
hid_layer = 20  ← 設定隱藏層的寬度，由於我們的 Q 函數只有兩層
                   （不包含輸入層），故隱藏層只會有一層
params = gen_params(size[0],4*hid_layer+hid_layer*2) ← 產生 20 個代理人的參數向量
grid = init_grid(size=size)
grid_ = grid.clone()  ← 將方格複製一份（在程式 9.8 時會用到）
print(grid)
plt.imshow(np.expand_dims(grid,0))
```

　　實際執行程式 9.7 中的程式碼，就會看到類似圖 9.14 的結果（由於該結果是隨機生成的，故讀者所產生的結果和書上的可能不同）。

```
Out
tensor([0，0，1，0，0，1，1，0，1，0，0，1，0，0，1，0，1，0，1，0],
dtype=torch.uint8)
```

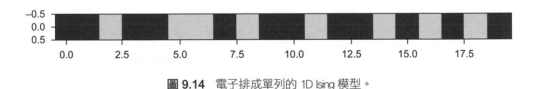

圖 9.14　電子排成單列的 1D Ising 模型。

　　讀者會發現，向上自旋（1，淺色）和向下自旋（0，深色）的分佈相當隨機。在訓練 Q 函數時，我們期望看到自旋的方向逐漸一致（ 編註 ：在此例中我們並未使用 ε - 貪婪演算法等策略來讓 Q 函數進行探索，也就是說電子不會有隨機自旋的問題）。目前為止，所有輔助函式都已準備好，讓我們來看看主要的訓練迴圈吧。

程式 9.8 1D Ising 模型：訓練迴圈

```
💻 In
```

```
epochs = 200
lr = 0.001  ◄── 學習率
losses = [[] for i in range(size[0])]  ◄── 儲存每個代理人的損失串列
for i in range(epochs):
    for j in range(size[0]):  ◄── 走訪每一位代理人
        l = j - 1 if j - 1 >= 0 else size[0]-1  ◄── 取得左方鄰居的索引 ( 若代理人
                                                     位於模型最左端，則左方鄰居索
                                                     引為模型最右端的代理人索引 )
        r = j + 1 if j + 1 < size[0] else 0  ◄── 取得右方鄰居的索引 ( 若代理人位於
                                                  模型最右端，則右方鄰居索引為模型
                                                  最左端的代理人索引 )
        state_ = grid[[l,r]]  ◄── state_ 由兩個二元數字組成，分別代表左右鄰居的自旋方向
        state = joint_state(state_)  ◄── state_ 中包含兩位代理人的二元動作向量，
                                          將此向量轉換為 one-hot 聯合動作向量
        qvals = qfunc(state.float().detach(),params[j],layers=[(4,hid_layer),接下行
            (hid_layer,2)])
        qmax = torch.argmax(qvals,dim=0).detach().item()  ◄── 此處的策略是執行
        action = int(qmax)                                     Q 值最高的動作
        grid_[j] = action  ◄── 我們在程式 9.7 複製的方格 grid_ 中執行動作，當所有代理人
                               都執行完動作後，才將 grid_ 的最新結果複製給主要方格 grid
        reward = get_reward(state_.detach(),action)
        with torch.no_grad():         ┐      將原本的 Q 值向量複製一份，將所
            target = qvals.clone()    ├─◄── 執行動作的 Q 值替換成實際回饋值
            target[action] = reward   ┘      後，當成目標 Q 值
        loss = torch.sum(torch.pow(qvals - target,2))
        losses[j].append(loss.detach().numpy())
        loss.backward()
        with torch.no_grad():  ◄── 手動進行梯度下降
            params[j] = params[j] - lr * params[j].grad
        params[j].requires_grad = True
    with torch.no_grad():  ◄── 將 grid_ 中的暫存資料複製到 grid 向量中
        grid.data = grid_.data
```

在主要訓練迴圈中，我們走訪了全部 20 個代理人（在本例中代表電子），並分別找到它們的左方與右方鄰居、得出聯合動作向量、再利用該向量計算出個別代理人『向上自旋』與『向下自旋』的 Q 值為多少。在此處的設定中，1D Ising 模型裡的格子並非排成一列，而是繞成一個圓圈，因此所有代理人都有自己的左方和右方鄰居（圖 9.15）。

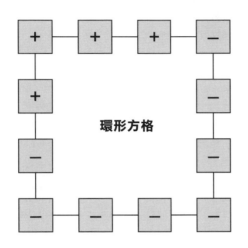

環形方格

圖 9.15　雖然我們使用二元向量來表示我們的 1D Ising 模型，但在此處的設定中，我們的方格其實是將二元向量頭尾相接的環形方格。

　　每位代理人的 Q 函數有各自的參數向量，也就是說，它們是由不同的 DQN 所控制的。這裡再強調一次，由於所有代理人皆具有相同的策略（即：讓自己的自旋方向和鄰居相同），故可以使用單一 DQN 來控制它們。我們會在未來的專案中採用上述方法，但這裡還是要提醒讀者，在某些環境中，代理人可能具有不同的最佳化策略，這時我們就要用不同的 DQN 來操控不同代理人了。

　　另外，程式 9.8 中的主要訓練迴圈是已經簡化過的（圖 9.16）。首先，我們所使用的策略是貪婪策略（代理人只會選取 Q 值最高的動作，而不是像 ε - 貪婪策略，偶爾隨機選擇動作）。一般而言，讓代理人進行一定程度的隨機探索是必須的，但是因為 1D Ising 模型實在是太簡單了，所以即使不探索也無所謂。在下一節中，我們將討論 2D 的 Ising 模型（即電子存在於正方形的 2D 方格上），那時就會用到 softmax 策略，其中還包含一個溫度參數，可以模擬電子系統的真實物理溫度。

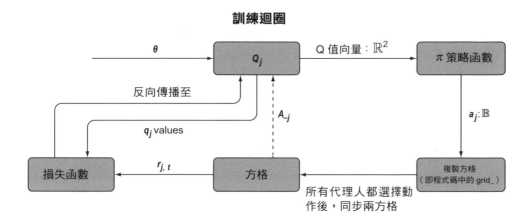

圖 9.16 此為主要訓練迴圈的線圖。每位代理人 j 對應的 Q 函數都會接受一個『參數向量 θ』和『聯合動作向量』(記為 A₋ⱼ)。Q 函數會傳回包含兩個元素的 Q 值向量,而策略函數在接受該 Q 值向量後便會選擇一個動作 aⱼ(以二元數字表示),並將其記錄在一個複製出的方格中。等到所有代理人都完成動作選擇以後,上述複製的方格會與主要的方格進行同步。每位代理人都會收到回饋值,這些回饋值會被輸入到損失函數中計算損失,該損失會反向傳播到 Q 函數與參數向量中,進而更新模型的參數。

我們做的另一項簡化是:令目標 Q 值直接等於執行動作後得到的回饋值 r_{t+1}。在正常情況下,訓練用的目標 Q 值應該是 $r_{t+1} + \gamma * V(s_{t+1})$ 才對。加號後面的項代表:削減因子(γ)乘上 $V(s_{t+1})$,其中 $V(s_{t+1})$ 等於新狀態 s_{t+1} 中的最大 Q 值。在稍後討論 2D Ising 模型時,我們會把它重新納入模型中。

執行以下的訓練迴圈後,將方格畫出來。讀者應該會看到類似圖 9.17 的結果:

> 💻 **In**

```
fig,ax = plt.subplots(2,1)
for i in range(size[0]):
    ax[0].scatter(np.arange(len(losses[i])),losses[i])
ax[0].set_xlabel("Epochs",fontsize=15)
ax[0].set_ylabel("Loss",fontsize=15)
print(grid,grid.sum())
ax[1].imshow(np.expand_dims(grid,0))
```

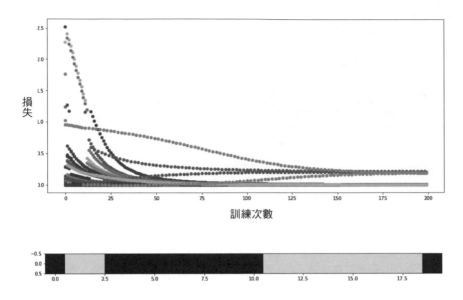

圖 9.17　上圖：訓練過程中，每位代理人的損失變化。可以看到多數代理人損失都在約 75 次訓練後達到最小值。**下圖**：最大化回饋值（即最小化系統能量）後的 1D Ising 模型。其中，自旋方向相同的電子聚集成數個域。

　　圖 9.17 的上圖是每位代理人在每次訓練中的損失散佈圖（不同顏色代表不同代理人）。讀者會發現，多數代理人的損失在約 75 次訓練後便降到了最低點。下圖則顯示了我們的 Ising 模型方格。可以很清楚看到，將方格頭尾相連後，電子會聚集成 4 個域，每個域中的電子朝相同方向自旋。以上結果顯然比最初的隨機分佈來得好，這也就是說：我們的 MARL 演算法已順利解決了 1D Ising 問題（**編註**：也就是每個域內的電子自旋方向都相同，系統已在最低能量狀態了）。

　　取得初步成功後，接下來要研究複雜一點的問題，即 2D Ising 模型。在此我們不僅會深入討論在之前的演算法中被簡化的部分，還會介紹一種新的鄰近 Q-Learning 模型：**平均場 Q-Learning**（mean field Q-Learning）。

9.4 平均場 Q-Learning

如各位所見，鄰近 Q-Learning 能很好地解決 1D Ising 問題。這是因為我們只考慮代理人左右鄰居的聯合動作，而並未考慮完整的聯合動作空間（共包含 $2^{20} = 1,048,576$ 個聯合動作向量）。該方法讓聯合動作向量的長度下降到 $2^2 = 4$，這是電腦能輕鬆處理的數量。

在 2D 的方格中，每位代理人的鄰居有 8 位（見以下的示意圖），因此聯合動作空間是個長度為 $2^8 = 256$ 的向量。

鄰居	鄰居	鄰居
鄰居	代理人	鄰居
鄰居	鄰居	鄰居

這當然還在電腦可應付的範圍內，但如果要對一個 20×20 方格中的全部 400 位代理人進行上述計算，那麼演算法跑起來就會有些吃力了。事實上，在 3D Ising 模型中，每位代理人的鄰居多達 26 位，因此聯合動作空間的大小為 $2^{26} = 67,108,864$，我們又將碰到另一場維度災難。

雖然只考慮『鄰居』的聯合動作向量可以減少電腦的運算量，但對於更複雜的環境而言，隨著鄰居數量的增加，只考慮鄰居的聯合動作空間依然大到無法處理。也就是說，我們得找出其它的方法，讓情況變得更加簡單才行。請記住，鄰近 Q-Learning 之所以對 Ising 模型有用，是因為電子的**自旋最容易**受鄰居的磁場影響。隨著與磁場中心的距離越來越遠，磁場強度也會越來越弱，所以可以合理地忽略遠處電子的影響。

當兩個磁鐵互相作用時，所產生的總磁場**等於**個別磁場的疊加（superposition，如圖 9.18）。這讓我們找到了另一種近似方法：不去考慮環境中的個別磁鐵，而是把整個環境想像成一個大磁鐵，其磁場是個別磁鐵的磁場總和（疊加）。

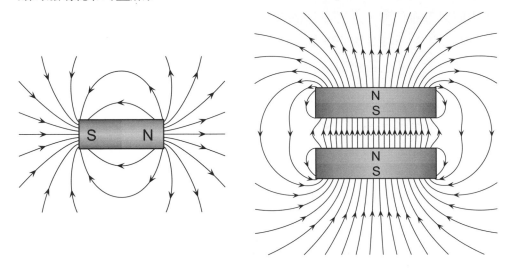

圖 9.18　左圖：單一條形磁鐵及其磁力線。一塊磁鐵具有兩極，通常稱為 N 與 S 極。**右圖**：當兩塊條形磁鐵靠近時，它們的獨立磁場會結合為更複雜的磁場。在模擬 2D 或 3D 方格中的電子自旋狀況時，我們只會考慮所有鄰居電子的**總磁場**，毋須探討每個電子的個別磁場。

把多個磁場加總後，我們就不再用 Q 函數傳回每個鄰居電子的自旋資訊，而是傳回加總後的結果。舉個例子，在 1D 的方格中，若左方鄰居的動作向量為 [1,0]（向下），右方鄰居的動作向量是 [0,1]（向上），則它們的總和就是 [1,0] + [0,1] = [1,1]。

由於激活函數的輸出值範圍（**對應域**，英文為 codomain）有限，且容易受過大或過小輸入值的影響而『飽和』，因此我們要**正規化**這些輸出值，藉此提升演算法的表現。例如：tanh 的對應域為 [-1,+1]，若我們輸入兩個正值（如 5 及 9），雖然兩數字的數值不同，但兩者經過 tanh 處理後的輸出值都將**非常接近 1**。在處理浮點數的精準度有限的情況下，這兩個輸出值有可能都被進位為 1。

在這種狀況下，原有輸入值的差別沒辦法體現至輸出值上。因此我們將所有輸入至 tanh 前的數值正規化至 [0,1]，tanh 的輸出就會變成差異較大的兩個數字 0.34 及 0.56，這樣就可以比較出不同輸入資訊的差異了。

為了實現正規化，我們要把相加後的結果除以動作向量的總數，如：（[1,0]＋[0,1]）/2＝[0.5,0.5]。經過正規化的向量，其元素總和等於 1，且每個元素的數值範圍落在 [0,1]。各位讀者可能已經發現，這和機率分佈的性質相同。換言之，以上過程的本質相當於計算鄰居的『動作機率分佈』，該分佈會以向量的形式輸入至 Q 函數當中。

⤜ 計算平均場動作向量

我們可以用以下公式計算出平均場動作向量：

$$a_{-j} = \frac{1}{N}\sum_{i=0}^{N} a_i$$

其中，a_{-j} 代表代理人 j 周圍鄰居的平均場；而 a_i 則代表其中一個鄰居的動作向量。我們先將代理人 j 所有鄰居（一共 N 位）的動作向量進行加總，然後再除以鄰居總數，將結果正規化。接下來，我們將學習如何用 Python 進行該計算。

上述方法稱為**平均場近似法**（mean field approximation），我們也可以稱呼其為**平均場 Q-Learning**（mean field Q-Learning，MF-Q）。主要概念為：不考慮個別鄰居的磁場，而是去計算它們的平均磁場（圖 9.19）。此方法的好處是：平均場向量的長度和單一動作向量相同，不會受到鄰居或總代理人數量的影響。也就是說，無論是在 1D 還是 2D 的 Ising 模型中，每位代理人的平均場向量長度皆為 2。因此，即便是更高階或更複雜的環境，也不會讓計算變得太困難。

平均場近似法

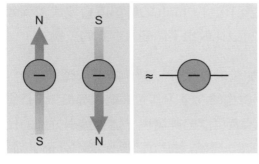

[0, 1] ⊗ [1, 0]   ≈   [0.5, 0.5]

圖 **9.19** 一對電子的聯合動作向量為個別電子動作向量的外積,以長度為 4 的 one-hot 向量表示。除了計算聯合動作,也可以將兩電子的動作向量平均起來,進而產生長度為 2 的向量。以兩個電子為例(一個向上自旋、另一個向下),平均場近似法可以將兩電子融合為一個『虛擬的』大電子,其自旋方向則介於兩電子之間,即 [0.5,0.5]。

　　現在,來看看平均場 Q-Learning 如何解決 2D Ising 問題。基本上,2D Ising 模型和 1D 是一樣的,只不過環境變成了 2D 的方格(即矩陣)。在該矩陣中,左上角代理人的左方鄰居為位於右上角的代理人,而上方鄰居則是位於左下角的代理人,以此類推。因此,2D Ising 模型中的方格其實相當於一個球面(圖 9.20)。

圖 **9.20** 我們使用 2D 正方形方格(如:矩陣)來表示 2D Ising 模型。透過將位於角落的代理人拼接起來,可以將此矩陣轉換成一個 2D 的球面。

程式 9.9 平均場 Q-Learning:策略函數

```
from collections import deque
from random import shuffle
                               此策略函數會接受 Q 值向量,並傳回一特定動作。
                               其中 temp 參數的作用將在下文進行說明

def softmax_policy(qvals,temp=0.9):
    soft = torch.exp(qvals/temp) / torch.sum(torch.exp(qvals/temp))
                               參考下一頁 softmax 函數的定義

    action = torch.multinomial(soft,1)    依據動作的機率分佈來隨機抽選一個動作
    return action
```

在 2D Ising 模型中，我們使用的第一個新函式為 softmax_policy()。在第 2 章中介紹策略函數時，讀者已經接觸過 softmax 函數了。一個策略函數可記為 $\pi:s \rightarrow Pr(A)$（將狀態 s 映射至動作的機率分佈 $Pr(A)$），換句話說，給策略函數一個**狀態**，則它將傳回一個**機率分佈**。在第 4 章中，我們把神經網路當成策略函數，並且直接訓練該網路來輸出最佳動作。對於 Q-Learning 演算法而言，我們要先計算在某狀態下各動作的價值（即 Q 值），才能決定要執行什麼動作。所以，Q-Learning 需要能接受 **Q 值**並傳回**動作**的策略函數。

✂ softmax 函數的定義

$$P_t(A) = \frac{\exp(q_t(A)/\tau)}{\sum_{i=1}^{n} \exp(q_t(i)/\tau)}$$

Pt(A) 代表動作的機率分佈；qt(A) 代表各動作的 Q 值向量（共 n 個動作）；τ 代表溫度參數。

提醒一下，將任意的數值向量輸入 softmax 函數後，該函數便會對向量進行『正規化』處理，使其轉變為機率分佈。在轉換後的向量中，所有元素皆為正數且總和為 1，而元素的大小與轉換前的數值大小成**正比**（也就是說，在原向量中數值越大的元素，會轉換成越大的機率值）。此處的 softmax 函數還多了一項輸入參數，即**溫度參數（τ）**。

τ 若上升，則元素機率值之間的差異會縮小；反之，若 τ 下降，則之間的差異會被放大。舉例來說，softmax([10,5,90]，**temp=100**) = [0.2394，0.2277，0.5328]，而 softmax([10,5,90]，**temp=0.1**) = [0.0616，0.0521，0.8863]。當 τ 很大（100）時，儘管最大的元素（90）比第二大元素（10）大了 9 倍，其機率值也只大了 2 倍左右；當 τ 很小（0.1）時，這兩個元素的機率值則差了 14 倍左右。

從上面的例子中，我們可以得出以下結論。假如 τ 趨近於無限大，則 softmax 所傳回的機率分佈會變成**均勻分佈**，即所有機率值都相同。要是 τ 趨近於 0，則機率分佈會變成**退化分佈**，也就是所有機率質量都集中到單一元素上。因此，使用 softmax 做為策略函數後，當 $\tau \to \infty$，動作選擇將變為完全隨機；當 $\tau \to 0$，則策略函數的行為相當於直接選出 Q 值最大的動作。

該參數之所以叫『溫度』參數，是因為物理學也用 softmax 函數來描述『行為會受溫度影響』的物理系統，如：電子的自旋系統。事實上，物理和機器學習之間有很多共通點。例如，物理中的 **Boltzmann 分佈**（Boltzmann distribution）能夠以『狀態能量和系統溫度』為輸入參數，並輸出系統『處於特定狀態的機率』。在強化式學習的學術論文中，softmax 策略有時也稱為 **Boltzmann 策略**，兩者在說的就是同一件事情。

本章是用演算法來解決物理問題，所以這裡的溫度參數對應的正是電子系統的實際溫度。若將系統溫度設得很高，電子與鄰居的自旋方向變得隨機；而要是將溫度設得過低，電子則會卡在特定狀態中動彈不得。在程式 9.10 中，我們定義了能傳回『代理人座標』以及能在 2D 環境中『產生回饋值』的函式。

程式 9.10　平均場 Q-Learning：傳回座標與回饋值的函式

```
In                              從方格中取得索引值，並推算原始的 [x,y] 座標，
def get_coords(grid,j):  ◀──  j 為代理人的索引
    x = int(np.floor(j / grid.shape[0]))  ◀──  找出 x 座標，grid.shape[0] 為 2D 方格的邊長
    y = int(j - x * grid.shape[0])   ◀──  找出 y 座標
    return x,y

def get_reward_2d(action,action_mean):  ◀──  2D 方格的回饋值函式
    r = (action*(action_mean-action/2)).sum()/action.sum()  ◀──
                           根據代理人動作和平均場動作之間的差異，計算回饋值
    return torch.tanh(5 * r)  ◀──  使用 tanh 將回饋值的範圍轉換成 [-1,1]
```

　　雖然我們經常會將 2D 方格扁平化成向量，並用此向量的索引值來表示特定代理人，但有時仍需將索引值轉換回 [x,y] 座標，此時便需要 get_coords() 的幫忙。get_reward_2d() 則是 2D 方格環境中的回饋值函式，它能計算某動作向量和平均場向量之間的差異。舉例而言，若平均場向量為 [0.25，0.75]，則動作向量 [1,0] 所產生的回饋值應該低於動作向量 [0,1] 的回饋值（ **編註**：後者的動作向量與平均場向量較為接近）。

```
🖵 In
get_reward_2d(torch.Tensor([1,0]),torch.Tensor([0.25，0.75]))
```

```
Out
>>> tensor(-0.8483)
```

```
🖵 In
get_reward_2d(torch.Tensor([0,1]),torch.Tensor([0.25，0.75]))
```

```
Out
>>> tensor(0.8483)
```

　　現在，我們要定義一個函式來找出某代理人的鄰居，並計算出它們的平均場向量：

程式 9.11 平均場 Q-Learning：計算平均動作向量

```
🖵 In
def mean_action(grid,j):    將向量的索引 j 變回座標 [x,y]，其中 [0,0] 代表方格的左上角
    x,y = get_coords(grid,j) ◀┘
    action_mean = torch.zeros(2)
    for i in [-1,0,1]:   ┐◀─ 設定鄰居在 x 方向及 y 方向上與代理人 j 的距離範圍
        for k in [-1,0,1]: ┘
            if i == k == 0: ◀┐
                若 x 方向及 y 方向的距離皆為 0，則代表代理人 j 自己，直接跳過
                continue
```

NEXT

```
            x_,y_ = x + i,y + k ◀─┐
                 該鄰居的 x 座標為代理人的 x 座標 +i；y 座標為代理人 j 的 y 座標 +k
            x_ = x_ if x_ >= 0 else grid.shape[0] - 1 ─┐    計算鄰居的座標,把
            y_ = y_ if y_ >= 0 else grid.shape[1] - 1 ◀┤    代理人 j 位於角落時
            x_ = x_ if x_ <  grid.shape[0] else 0     ◀┤    的狀況考慮進去,對
            y_ = y_ if y_ < grid.shape[1] else 0      ─┘    其鄰居座標加以處理
            cur_n = grid[x_,y_] ◀── 將鄰居的座標存進 cur_n
            s = get_substate(cur_n) ◀── 利用鄰居的自旋方向取得其動作向量
            action_mean += s
        action_mean /= action_mean.sum() ◀── 將動作向量正規化,形成各動作的機率分佈
        return action_mean
```

上述函式可接受代理人的索引值 j（代表代理人在扁平化向量上的索引位置）,並傳回代理人 j 周圍 8 位鄰居的平均動作向量。我們先取得代理人 j 的座標,例如：[5,5],然後再分別加上 [-1,-1]（左下）、[-1,0]（左）、[-1,1]（左上）、[0,-1]（下）、[0,1]（上）、[1,-1]（右下）、[1,0]（右）與 [1,1]（右上）,就可以取得 8 個鄰居的座標。

以上就是在處理 2D Ising 模型時所需的額外函式。同時,我們會重新使用之前的 init_grid() 和 gen_params()。現在,讓我們產生初始方格與模型參數：

🖥 In

```
size = (10,10)    ◀── 設定方格板大小為 10×10
J = np.prod(size) ◀── 計算代理人總數
hid_layer = 10
layers = [(2,hid_layer),(hid_layer,2)]       ◀── 兩個神經層的 shape
params = gen_params(1,2*hid_layer+hid_layer*2) ◀── 產生參數向量
grid = init_grid(size=size)
grid_ = grid.clone()   ─┐
grid__ = grid.clone()  ─┘ ◀──作用將於程式 9.12 說明
plt.imshow(grid) ◀── 畫出隨機初始化的 2D Ising 模型,如圖 9.21 所示
```

　　為了縮短程式的執行時間，這裡先用 10×10 的方格示範，不過讀者可以自行嘗試更大的方格。從圖 9.21 中可以看到，電子的自旋方向在初始方格裡是隨機分佈的。我們希望在跑完演算法後，自旋方向相同的電子會聚集成不同的域，讓整個分佈看上去更規則。同時，為了縮小運算成本，這裡將隱藏層的寬度降至 10（**編註**：同樣只用一層隱藏層）。請注意，本例只生成了一個參數向量（由於代理人的策略皆相同，故使用同一個 DQN 來控制它們）。另外，我們將主要的 2D 方格複製了兩份，其中的原因會在訓練迴圈的程式中說明。

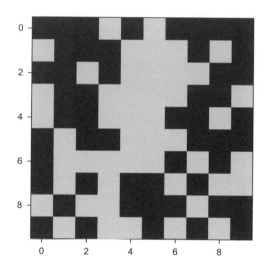

圖 **9.21** 隨機初始化的 2D Ising 模型。方格中的每一小格都代表一顆電子。其中淺色部分為向上自旋的電子，深色部分為向下自旋的電子。

　　因為 2D Ising 模型較 1D 的複雜，所以得將之前省略的條件加回演算法中。首先，這裡會用**經驗回放機制**來儲存經驗資料，並啟用**小批次訓練**。這能幫助我們降低梯度的**變異數**，從而穩定訓練效果。再來，此處將使用完整的目標 Q 值計算公式：$r_{t+1} + \gamma * V(s_{t+1})$，這代表每一輪訓練需計算兩次 Q 值：一次是為了決定該執行什麼動作，另一次則是為了取得下一個狀態的預測價值 $V(s_{t+1})$。程式 9.12 就是 2D Ising 模型的主要訓練迴圈。

程式 9.12 平均場 Q-Learning：主要訓練迴圈

```
🖵 In
```

```
epochs = 75
lr = 0.0001
num_iter = 3       ◄─── 重複計算的次數 (為了消除初始平均場動作的隨機性)
replay_size = 50   ◄─── 經驗池中的經驗資料總數
replay = deque(maxlen=replay_size)   ◄─── 經驗池的資料型態為 deque
batch_size = 10    ◄─── 將小批次量設為 10，代表我們會隨機從經驗池
                        中選取 10 筆資料來進行訓練
gamma = 0.9        ◄─── 削減因子
losses = [[] for i in range(J)]   ◄─── 儲存每位代理人的損失串列


for i in range(epochs):
    act_means = torch.zeros((J,2))   ◄─── 初始化用來儲存平均場動作的張量
    q_next = torch.zeros(J)   ◄─── 儲存新狀態 Q 值的張量
    for m in range(num_iter):
        for j in range(J):   ◄─── 走訪方格中的所有代理人
            action_mean = mean_action(grid_,j).detach()
            act_means[j] = action_mean.clone()   ◄───將代理人的平均場向量存進 act_means
            qvals = qfunc(action_mean.detach(),params[0],layers=layers)
            action = softmax_policy(qvals.detach(),temp=0.5)
            grid__[get_coords(grid_,j)] = action
            q_next[j] = torch.max(qvals).detach()
        grid_.data = grid__.data
    grid.data = grid_.data
    actions = torch.stack([get_substate(a.item()) for a in grid.flatten()])
    rewards = torch.stack([get_reward_2d(actions[j],act_means[j]) for j in range(J)])
    exp = (actions,rewards,act_means,q_next)       ─┐
                                                    │◄─── 搜集經驗資料，並儲存到經驗池中
    replay.append(exp)
    shuffle(replay)   ◄─── 將經驗池內的經驗進行洗牌
    if len(replay) > batch_size:   ◄─── 當經驗池中的資料大於批次量參數
                                        (batch_size) 時，啟動訓練程序

        ids = np.random.randint(low=0,high=len(replay),size=batch_size)   ◄───┐
                                                              產生一系列隨機索引值

        exps = [replay[idx] for idx in ids]   ◄───利用隨機索引值從經驗池中抽取訓練批次
        for j in range(J):
            jacts = torch.stack([ex[0][j] for ex in exps]).detach()
            jrewards = torch.stack([ex[1][j] for ex in exps]).detach()
```

NEXT

```
jmeans = torch.stack([ex[2][j] for ex in exps]).detach()
vs = torch.stack([ex[3][j] for ex in exps]).detach()
qvals = torch.stack([qfunc(jmeans[h].detach(),params[0], 接下行
        layers=layers) for h in range(batch_size)])
target = qvals.clone().detach()
target[:,torch.argmax(jacts,dim=1)] = jrewards + gamma * vs
loss = torch.sum(torch.pow(qvals - target.detach(),2))
losses[j].append(loss.item())
loss.backward()
with torch.no_grad():
    params[0] = params[0] - lr * params[0].grad
params[0].requires_grad = True
```

以上程式碼雖然很長，但其實只比 1D Ising 模型複雜一些。首先要指出的是，由於每位代理人的平均場和其鄰居有關，而鄰居的自旋方向又是隨機初始化的，因此一開始的平均場也具有很高的隨機性。為了讓模型更易達成收斂，我們會進行以下處理：先讓每位代理人根據隨機平均場選擇一個暫時性的動作，再將此動作儲存至暫存方格 grid__ 中。這樣一來，主要方格就不會在所有代理人做出最後決定前受到影響。

等所有代理人都選好暫時動作後，更新另一個暫存方格 grid_（ 編註：注意第一個『grid__』有兩條底線，此處則只有一條底線）；我們會根據此方格中的資料來計算新的平均場。而在下一輪迴圈中，由於平均場發生改變，代理人所選擇的動作也會發生改變。以上過程會重複數次（重複的次數由參數 num_iter 決定），好讓代理人根據現有的 Q 函數，盡可能消除初始平均場的隨機性。完成上述程序以後，我們才會更新主要方格（grid）並搜集經驗資料（包括：代理人所執行的動作、回饋值、平均場以及新狀態的價值 $V(s_{t+1})$ 或 q_next），並把經驗資料存入經驗池中。

一旦回放經驗池中的經驗資料數量大於批次大小（batch_size）時，演算法便啟動小批次訓練。我們會先隨機一些索引值（數量為 batch_size），將經驗池裡與索引對應的資料組成訓練批次，再進行一次梯度下降。讓我們實際執行一次訓練迴圈，並利用程式將結果畫出來。

```
In
fig,ax = plt.subplots(2,1)
fig.set_size_inches(10,10)
ax[0].plot(np.array(losses).mean(axis=0))
ax[0].title.set_text('DQN Loss')
ax[0].set_xlabel("Epochs",fontsize=11)
ax[0].set_ylabel("Loss",fontsize=11)
ax[1].imshow(grid)
```

　　圖 9.22 的下圖顯示我們的模型很成功：除了少數的電子（代理人）外，剩下的電子都朝相同方向自旋。這裡的損失圖看上去非常混亂，這是因為所有的代理人共用同一個 DQN 所致。當某位代理人嘗試和鄰居的自旋方向一致，但鄰居又想和它鄰居的自旋方向一致時，DQN 便會與自己對抗，進而導致訓練效果的不穩定。

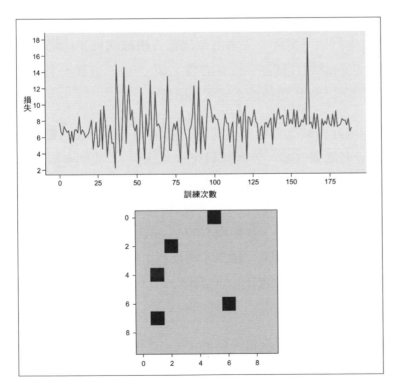

圖 9.22 上圖是 DQN 的損失圖。雖然損失看上去並沒有收斂，但透過下圖可以看出，模型確實學會了如何降低系統能量（盡可能讓電子自旋方向一致）。

　　下一節，我們會把目前學到的技巧應用到更困難的問題上：即讓兩隊代理人在遊戲中互相競爭。

9.5 包含『競爭』與『合作』關係的遊戲

由於在 Ising 模型中，所有代理人的目標一致，故該模型可視為單純的多玩家**合作類遊戲**。對西洋棋而言，其中一位玩家獲勝就代表另一位玩家輸掉遊戲（零和），所以西洋棋是一種單純的**競爭類遊戲**。而團隊競賽類遊戲（如：籃球或橄欖球）則是**合作 - 競爭類遊戲**（cooperative-competitive games）：同隊的成員需合作才能贏得比賽，但隊伍之間則必須互相競爭。其中一個隊伍的勝利，就代表另一個隊伍的失敗。

本節將使用一個以 Gridworld 為基礎的開源遊戲環境。該環境是為了測試多代理人強化式學習演算法在**合作、競爭**與**合作 - 競爭類**遊戲中的表現而設計的（圖 9.23）。在我們的專案中，多名 Gridworld 代理人將被區分為兩組，它們不但能在方格板上移動，還能攻擊敵對的代理人，藉此建立一個合作與競爭混合的環境。每位代理人一開始會有 1 點『健康值（health point，HP）』。在受到攻擊時，HP 會一點點下降，直到變成 0 為止。此時，該代理人會死亡，並從 Gridworld 方格板上消失。代理人在攻擊或消滅敵對的代理人時，可以獲得正回饋值。

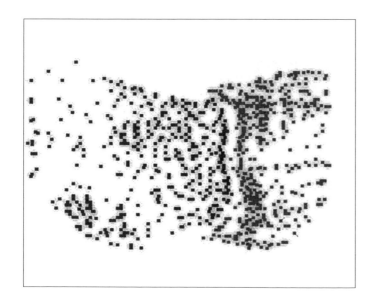

圖 9.23 MAgent 多玩家 Gridworld 遊戲的螢幕截圖。可以看到兩組敵對的代理人在互相競爭，它們的遊戲目標是把另一組代理人消滅。

由於同隊的代理人有一致的目標（消滅敵對陣營的代理人），所以可以用單一 DQN 來控制它們，至於另一隊的代理人則都由另一個 DQN 來控制。因此，上述遊戲就是兩個 DQN 模型的戰爭。我們可以嘗試將 DQN 換成其他的網路模型，藉此比較哪一種模型的表現較佳。這裡為了簡單起見，兩組代理人都使用 DQN 來控制。

在開始之前，讀者必須先到 https://github.com/geek-ai/MAgent，並依照 readme 頁面中的指示來安裝 MAgent 函式庫。在安裝完畢後，讀者可以嘗試運行程式 9.13。

> **小編補充** 在 Colab 筆記本上，讀者可以運行以下指令來完成 MAgent 函式庫的安裝：
>
> ```
> pip install magent
> ```

程式 9.13 建立 MAgent 環境

```
💻 In
import magent
import math
from scipy.spatial.distance import cityblock

map_size = 30
env = magent.GridWorld("battle", map_size=map_size)  ←  將環境模式設定為『battle（對戰）』，並把 Gridworld 方格板的大小設為 30×30
team1,team2 = env.get_handles()  ←  初始化兩個隊伍
```

MAgent 函式庫允許進行許多客製化的設定，這裡我們使用內建的『battle』參數來產生我們的小組**對戰模式**。MAgent 的 API 和 OpenAI Gym 很類似，但兩者仍有以下幾點不同。首先，我們需為兩個小組設定『控制代碼（handles）』。這會產生兩個小組物件（上例中的 team1 和 team2），它們有各自的方法（methods）與屬性 (attributes)。例如：想獲得 team1 中所有代理人的位置座標時，只需利用程式碼：env.get_pos(team1) 便可達到目標。

我們在該專案中所用的技巧和 2D Ising 模型是一樣的，不過其中包含兩個 DQN（**編註**：因為代理人被分成了兩個陣營）。演算法的策略為 softmax 策略，且會用上經驗池。由於代理人可能會死亡並從方格板上消失，故代理人的數量在訓練過程中是不斷變化的，這提升了問題的複雜度。

在 Ising 模型裡，環境的狀態資訊只有鄰居的聯合動作向量，不需要其它額外訊息。但在 MAgent 中，我們的狀態還包含另外兩項資訊，即代理人的位置以及健康值。本例中的 Q 函數可記為 $Q_j(s_t,a_{-j})$，其中 a_{-j} 代表代理人 j 的視野（field of view，FOV）或鄰近區域的平均場。在初始設定中，每位代理人的 FOV 相當於自身周圍半徑為 6 的區域，因此某代理人所得的狀態資料可以用二元的 13×13 FOV 方格表示。

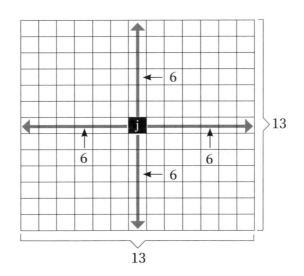

當區域內的方格出現其它代理人時，方格數值為 1，否則為 0。不過，由於 MAgent 中不同陣營的 FOV 矩陣是各自獨立的，所以每位代理人其實會對應兩個 13×13 FOV 方格：其中一個是對照自己陣營的代理人，另一個則對照敵方陣營的代理人。在演算法中，我們會將上述兩個方格合併，並扁平化為單一狀態向量。MAgent 還提供了 FOV 中每位代理人的健康值（HP），但為了簡單起見，我們不會使用這項資料。

程式 9.13 已經將遊戲環境初始化，但還未初始化方格板上的代理人。
在程式 9.14 中，我們將決定『代理人的數量』以及它們在『方格板上的位
置』。

程式 9.14 加入代理人

```
hid_layer = 25 ─┐
in_size = 359   │ ◄── 設定各神經層的 shape 參數        產生兩個 DQN 模型的參數向量
act_space = 21 ─┘
layers = [(in_size,hid_layer),(hid_layer,act_space)]
params = gen_params(2,in_size*hid_layer+hid_layer*act_space) ◄─

map_size = 30
width = height = map_size
n1 = n2 = 16 ◄── 將每個陣營的代理人數量設為 16
gap = 1         ◄── 設定代理人的初始間隔距離
epochs = 300
replay_size = 70
batch_size = 25                               產生 team1 代理人 (在方格板左半邊)
side1 = int(math.sqrt(n1)) * 2                的位置，// 代表 floor division
pos1 = []
for x in range(width//2 - gap - side1，width//2 - gap - side1 + side1，2): ◄─
    for y in range((height - side1)//2，(height - side1)//2 + side1，2):
        pos1.append([x，y，0])

side2 = int(math.sqrt(n2)) * 2        產生 team2 代理人 (在方格板右半邊) 的位置
pos2 = []
for x in range(width//2 + gap，width//2 + gap + side2，2): ◄─
    for y in range((height - side2)//2，(height - side2)//2 + side2，2):
        pos2.append([x，y，0])

env.reset()
env.add_agents(team1，method="custom"，pos=pos1) ◄─┐
                根據之前產生的位置串列，將 team1 代理人加入到方格板上
env.add_agents(team2，method="custom"，pos=pos2)
```

在以上程式中，我們設定了一些基本參數的值。為了降低計算成本，本例使用大小為 30×30 的方格板，其中每一陣營的代理人數目（n1,n2）為 16。如果讀者的電腦配備 GPU，也可以自行增加方格尺寸或代理人數量。我們還分別為兩個小組各產生了一組參數向量，和之前一樣，本例將使用由兩層神經網路構成的簡單 DQN。現在，請將 Gridworld 方格板畫出來：

```
🖥 In
plt.imshow(env.get_global_minimap(30,30)[:,:,:].sum(axis=2))
```

圖中 team1 代理人在左邊；team2 代理人在右（圖 9.24）。在初始狀況中，代理人被排成了正方形的樣子，且小組內的代理人之間相隔一個方格。每一位代理人的動作空間為長度 21 的向量，如圖 9.25 所示。

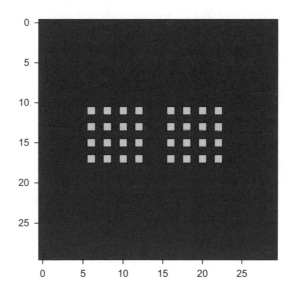

圖 9.24 MAgent 環境中代理人的起始位置，每個小亮點代表一個代理人。

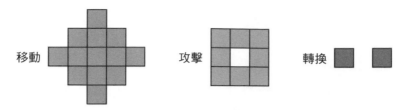

移動   攻擊   轉換

圖 9.25 此圖為代理人在 MAgent 函式庫中的動作空間。每位代理人可
以朝 13 個不同方向移動,或者對直接相鄰的 8 個位置發動攻擊。轉換
(turn) 的動作在預設中則是關閉的。因此動作空間的大小為 13 + 8 = 21。

在程式 9.15 中,我們將定義一個能找出某代理人周圍所有鄰居的函
式。

程式 9.15 找出鄰居

```
🖵 In
                                      接收了包含所有代理人位置的 pos_list 後,
def get_neighbors(j,pos_list,r=6):  ◀── 傳回以代理人 j 為中心,半徑 r 以內的代理
    neighbors = []                       人索引值
    pos_j = pos_list[j] ◀── 將代理人 j 的位置存進 pos_j
    for i,pos in enumerate(pos_list):
        if i == j:
            continue
        dist = cityblock(pos,pos_j) ◀── 比較 pos 及 pos_j 之間的距離
        if dist < r:
            neighbors.append(i) ◀── 將半徑 r 內的代理人索引存進 neighbors 串列中
    return neighbors
```

有了每位代理人 FOV 內的鄰居,演算法才能計算平均動作向量。我
們可以用 env.get_pos(team1) 取得 team1 中所有代理人的座標,再將這些
座標和特定代理人的索引值 j 一起輸入到 get_neighbors() 中,藉此找出代
理人 j 的鄰居。

```
🖥 In

get_neighbors(5,env.get_pos(team1))
```

```
Out

>>> [0,1,2,4,6,7,8,9,10,13]
```

以上結果表明：在代理人 5 的 FOV 方格中，存在 10 個來自 team1 的代理人。

現在來定義幾個輔助函式。在本例中，代理人能執行的動作是用 0 到 20 的整數來代表。因此，需要一個能把『整數轉換為 one-hot 動作向量』以及把『one-hot 動作向量轉換回整數』的函式。除此之外，我們也需要能計算平均場向量的函式。

程式 9.16 計算平均場動作向量

```
🖥 In

def get_onehot(a,l=21):  ◀── 將動作的整數索引轉換為 one-hot 動作
    x = torch.zeros(21)        向量，a 為所選擇的動作索引
    x[a] = 1
    return x


def get_scalar(v):  ◀── 將 one-hot 動作向量轉換為整數索引
    return torch.argmax(v)
                                          計算代理人 j 的平均場動作，
                                          其中 pos_list 是各代理人的
                                          座標值，act_list 記錄了各代
def get_mean_field(j,pos_list,act_list,r=6,l=21):  ◀──  理人選擇之動作索引，而 l 則
    neighbors = get_neighbors(j,pos_list,r=r)  ◀──      代表動作空間的維度
    mean_field = torch.zeros(l)
    for k in neighbors:
        act_ = act_list[k]                        使用 pos_list 找出代理人 j 的所有鄰居
        act = get_onehot(act_)
        mean_field += act
    tot = mean_field.sum()
    mean_field = mean_field / tot if tot > 0 else mean_field  ◀── 處理分母為
    return mean_field                                              零的狀況
```

程式 9.16 的 get_mean_field() 會接受動作向量 act_list（其中的動作以整數表示）為參數，其中 pos_list 和 act_list 中相同的索引位置代表同一個代理人。參數 r 決定了代理人 j 鄰近區域的半徑大小，而 l 則是動作空間的維度（即 21）。get_mean_field() 會先呼叫 get_neighbors() 來取得代理人 j 的所有鄰居座標。接著，加總每位鄰居的動作向量，再將總和除以代理人總數（正規化）。

與 Ising 模型不同，由於本例的環境較為複雜，因此我們想將程式模組化，這裡為代理人的『動作選擇』與『訓練』分別建立獨立的函式。同時，在環境中每執行完一個動作，我們便會得到所有代理人的觀測資料。觀測資料是由兩個張量組成的 tuple：第一個張量存放了圖 9.26 中第 1 層到第 7 層的資訊，是複雜的高階張量；而第二個張量則包含了一些我們不需要的資訊（從第 8 層開始往下，圖中已省略）。從現在開始，提到**觀測資料**（observation）或**狀態**時，我們指的就是圖 9.26 中的前 7 層。

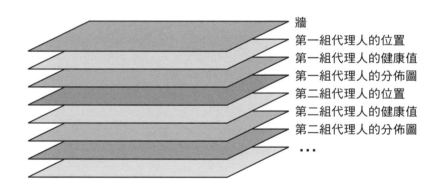

牆
第一組代理人的位置
第一組代理人的健康值
第一組代理人的分佈圖
第二組代理人的位置
第二組代理人的健康值
第二組代理人的分佈圖
...

圖 9.26 觀測張量的結構如圖所示，shape 等於 N×13×13×7，其中 N 代表陣營中代理人的總數，7 代表觀測張量中的資訊種類數。

因為這裡只會用上第 2 層（Group 1）和第 5 層 (Group 2) 中的資料（分別代表 FOV 中 team1 代理人與 team2 代理人的位置），所以每位代理人實際觀測張量的 shape 為 13×13×2。我們會先將上述張量扁平化為長度 338 的狀態向量，再將其與平均場向量（長度 21）合併成長度為 338 + 21 = 359 的向量，最後輸入到 Q 函數當中。事實上，此處很適合使用具有兩個輸入端（two-headed）的神經網路（第 7 章曾經介紹過）。其中一個輸入端可處理狀態向量，另一端則處理平均場動作向量。為了簡單起見，這裡並沒有採用這種方法，但讀者們可以自行練習。在程式 9.17 中，我們會定義能夠根據觀測資料為代理人選擇動作的函式。

程式 9.17 選擇動作

```
In

def infer_acts(obs,param,layers,pos_list,acts,act_space=21,num_iter=5,temp=0.5):
    N = acts.shape[0]          ◀── 取得代理人數量
    mean_fields = torch.zeros(N,act_space)
    acts_ = acts.clone()       ◀── 複製動作向量，避免原向量受影響
    qvals = torch.zeros(N,act_space)
                                    依照平均場動作與狀態來計算 Q 值，
                                    並且使用 softmax 策略來選擇動作
    for i in range(num_iter):
        for j in range(N):     ◀── 走訪每位代理人，計算其鄰居的平均場動作向量
            mean_fields[j] = get_mean_field(j,pos_list,acts_)
        for j in range(N):
            state = torch.cat((obs[j].flatten(),mean_fields[j]))
            qs = qfunc(state.detach(),param,layers=layers)
            qvals[j,:] = qs[:]
            acts_[j] = softmax_policy(qs.detach(),temp=temp)
    return acts_ , mean_fields , qvals

def init_mean_field(N,act_space=21):   ◀── 隨機初始化平均場向量
    mean_fields = torch.abs(torch.rand(N,act_space))
    for i in range(mean_fields.shape[0]):
        mean_fields[i] = mean_fields[i] / mean_fields[i].sum()
    return mean_fields
```

在取得觀測資料後，我們便使用 infer_acts() 為每一位代理人選擇動作。該函式使用了平均場 Q 函數，並且以 softmax 策略為所有代理人決定動作。infer_acts() 的參數如下（個別參數的 shape 顯示於小括號內）：

- obs 是觀測張量（N×13×13×2）。

- pos_list 是 env.get_pos() 所傳回的串列，其中記錄著每個代理人的位置。

- acts 向量中存有每個代理人的動作，動作以整數索引表示（N,）。

- num_iter 是演算法在『動作選擇』與『策略更新』間來回切換的次數。

- temp 是 softmax 策略中的溫度參數，用來控制隨機探索的比例。

　　該函式傳回的 tuple 中包含以下資訊：

- acts_ 向量內包含所選擇的動作，以整數索引表示（N,）。

- mean_fields_ 是由每位代理人的平均場向量所組成（N,21）。

- qvals 張量包含代理人的個別 Q 值（N,21）。

　　最後，我們還需要一個能訓練代理人的函式。該函式會接受參數向量與經驗池，並執行小批次隨機梯度下降。

程式 9.18　訓練函式

```
In

def train(batch_size,replay,param,layers,J=64,gamma=0.5,lr=0.001):
    ids = np.random.randint(low=0,high=len(replay),size=batch_size) ◀────┐
                                                生成包含隨機索引值的串列

    exps = [replay[idx] for idx in ids] ◀───┐
                            利用隨機產生的索引將經驗池的相應經驗取出，組成訓練批次
    losses = []
    jobs = torch.stack([ex[0] for ex in exps]).detach() ◀───┐
                                    將訓練批次中的狀態資料堆疊至單一張量中
    jacts = torch.stack([ex[1] for ex in exps]).detach() ◀───┐
                                將訓練批次中動作資料堆疊至單一張量中
```

NEXT

```
    jrewards = torch.stack([ex[2] for ex in exps]).detach() ◄─┐
                              將訓練批次中回饋值資料堆疊至單一張量中

    jmeans = torch.stack([ex[3] for ex in exps]).detach() ◄─┐
                              將訓練批次中平均場動作堆疊至單一張量中

    vs = torch.stack([ex[4] for ex in exps]).detach() ◄─┐
                              將訓練批次中狀態價值資料堆疊至單一張量中

    qs = []
    for h in range(batch_size): ◄─ 走訪訓練批次中的每一筆經驗資料
        state = torch.cat((jobs[h].flatten(),jmeans[h]))
        qs.append(qfunc(state.detach(),param,layers=layers)) ◄─┐
                              計算每一筆經驗資料的 Q 值

    qvals = torch.stack(qs)
    target = qvals.clone().detach()
    target[:,jacts] = jrewards + gamma * torch.max(vs,dim=1)[0] ◄─ 計算目標 Q 值
    loss = torch.sum(torch.pow(qvals - target.detach(),2))
    losses.append(loss.detach().item())
    loss.backward()
    with torch.no_grad(): ◄─ 隨機梯度下降 (stochastic gradient descent，SGD)
        param = param - lr * param.grad
    param.requires_grad = True
    return np.array(losses).mean()
```

以上函式的經驗回放機制與 2D Ising 模型的程式 9.12 幾乎相同，只不過這裡的狀態資料更為複雜一些。train() 的輸入參數與輸出值如下（資料型別列於後面的括號內）：

● 輸入：

  ● batch_size，小批次量（int）

  ● replay，由多個 tuple 構成的串列，tuple 中包含資訊 (obs_1_small，acts_1，rewards1，act_means1，qnext1)

  ● param，神經網路的參數向量（向量）

  ● layers，決定神經網路各層的形狀（串列）

  ● J，某一小組裡的代理人數量（int）

- gamma，削減因子（float，範圍 [0,1]）

- lr，學習率（float）

● 輸出：

- 損失（float）

　　到目前為止，我們已經完成了環境以及代理人的設定。同時，還定義了幾個函式，用來訓練本例中的兩個平均場 DQN 模型。現在，是時候來建立主要遊戲迴圈了。首先，來設定如經驗池等基本的資料結構。注意，team1 和 team2 有各自的經驗池（事實上，team1 和 team2 幾乎所有的變數都是互相獨立的）。

程式 9.19　參數初始化

```
In

N1 = env.get_num(team1) ┐     ┌── 儲存每一小組的代理人數量
N2 = env.get_num(team2) ┘◄────┘
step_ct = 0
acts_1 = torch.randint(low=0,high=act_space,size=(N1,)) ┐    隨機產生每一位代
acts_2 = torch.randint(low=0,high=act_space,size=(N2,)) ┘◄── 理人的初始動作


replay1 = deque(maxlen=replay_size) ┐
replay2 = deque(maxlen=replay_size) ┘◄── 使用 deque 資料結構建立經驗池


qnext1 = torch.zeros(N1) ┐     建立張量來儲存 Q(s') 值，其中『s'』代表新狀態
qnext2 = torch.zeros(N2) ┘◄────


act_means1 = init_mean_field(N1,act_space) ┐    產生每一位代理人的初始平均場
act_means2 = init_mean_field(N2,act_space) ┘◄──


rewards1 = torch.zeros(N1) ┐     建立張量來儲存每一位代理人的回饋值
rewards2 = torch.zeros(N2) ┘◄──


losses1 = []
losses2 = []
```

　　程式 9.19 中的變數讓我們得以追蹤每一位代理人的動作（以整數索引表示）、平均場動作向量、回饋值以及新狀態的 Q 值等資訊。以上資訊會被打包成經驗資料，並存放至經驗池中。在接下來的程式 9.20，我們會定義一個能為某小組中所有代理人執行動作的函式，以及另一個能將經驗資料加入經驗池的函式。

程式 9.20 以小組為單位執行動作，並存放經驗資料至經驗池

```
🖵 In                          取得 team1 的觀測張量，其
                              shape 為 16×13×13×7
def team_step(team,param,acts,layers):
    obs = env.get_observation(team) ◄
    ids = env.get_agent_id(team) ◄── 取得存活代理人的索引值，並儲存於串列中
    obs_small = torch.from_numpy(obs[0][:,:,:,[1,4]]) ◄─┐
                        將觀測張量切割成子集，且只取其中的代理人位置資訊
    agent_pos = env.get_pos(team) ◄──取得某小組中所有代理人的座標，並儲存於串列中
    acts,act_means,qvals = infer_acts(obs_small,param,layers, 接下行
        agent_pos,acts) ◄── 利用 DQN 決定每一位代理人所要執行的動作
    return acts,act_means,qvals,obs_small，ids


def add_to_replay(replay,obs_small,acts,rewards,act_means,qnext): ◄─┐
                      將每一位代理人的經驗資料分別儲存至回放經驗池中
    for j in range(rewards.shape[0]): ◄── 走訪每一位代理人
        exp = (obs_small[j],acts[j],rewards[j],act_means[j],qnext[j])
        replay.append(exp)
    return replay
```

---

　　team_step() 就是整個遊戲的核心迴圈。它能協助我們搜集環境所提供的各種資料，並且執行 DQN 來決定每一位代理人的動作。add_to_replay() 則可接受觀測張量、動作張量、回饋值張量、平均場動作張量以及新狀態的 Q 值張量，並將每一位代理人的經驗資料存放至回放經驗池之中。

　　之後的程式全部位於一個 while 迴圈當中，為了方便討論，我們會將程式碼分成幾個小段來呈現，但請各位讀者記住：它們都位於同一個迴圈底下。若想看完整的程式，讀者可以參考本章的 Colab 筆記本，其中包

括將結果視覺化所需的所有程式碼及更完整的備註。現在,讓我們從程式 9.21 開始,討論演算法的主要訓練迴圈。

程式 9.21 訓練迴圈

```
In

from IPython.display import clear_output
for i in range(epochs):
    done = False
    while not done:
        acts_1,act_means1,qvals1,obs_small_1,ids_1 = team_ 接下行
            step(team1,params[0],acts_1,layers)  ←┐
                    利用 team_step() 搜集環境資料,並執行 DQN 來為每位代理人選擇動作
        env.set_action(team1,acts_1.detach().numpy().astype(np.int32))  ←┐
                                        在環境中,將所選擇的動作實例化
        acts_2,act_means2,qvals2,obs_small_2,ids_2 = team_step(team2, 接下行
            params[0],acts_2,layers)
        env.set_action(team2,acts_2.detach().numpy().astype(np.int32))
        done = env.step()  ←┐
            在環境中,往前推進一步遊戲,進而產生新的觀測資料與回饋值
        _,_,qnext1,_,ids_1 = team_step(team1,params[0],acts_1,layers)  ←┐
                            重新執行一次 team_step 以取得環境新狀態的 Q 值
        _,_,qnext2,_,ids_2 = team_step(team2,params[0],acts_2,layers)
        rewards1 = torch.from_numpy(env.get_reward(team1)).float()  ←┐
                                    將每位代理人的回饋值儲存至張量中
        rewards2 = torch.from_numpy(env.get_reward(team2)).float()
```

只要遊戲尚未結束,上面的 while 迴圈就會持續執行(遊戲結束的條件是:某小組中的所有代理人皆陣亡)。先來看 team_step() 所做的事情:首先取得觀測張量,並且如同之前所述,將其中一部分需要的資訊提取出來,形成 shape 為 $13 \times 13 \times 2$ 的張量(編註 :可參考與圖 9.26 相關的討論)。我們還會取得資料 ids_1,該資料包含 team 1 中所有還存活的代理人索引值。除此之外,它們的位置座標也是必要的資訊。接著,使用 infer_acts() 為每一位代理人選擇動作。最後,將遊戲往前推進一步,使環境產生新的觀測資料與回饋值。程式 9.22 說明了 while 迴圈中的另一部分內容。

程式 9.22 將經驗資料加入經驗池 (與程式 9.21 的程式碼處於同一 while 迴圈中)

```
🖵 In

      replay1 = add_to_replay(replay1,obs_small_1,acts_1,rewards1,act_ 接下行
          means1,qnext1) ◀─── 將資料加入經驗池
      replay2 = add_to_replay(replay2,obs_small_2,acts_2,rewards2,act_ 接下行
          means2,qnext2)
      shuffle(replay1) ┐
                       ├─◀── 將回放經驗池中的經驗順序打亂
      shuffle(replay2) ┘
      ids_1_ = list(zip(np.arange(ids_1.shape[0]),ids_1)) ◀───┐
              建立一個代理人索引 (ID) 資料的壓縮串列,以便追蹤哪些代理人已經陣亡
      ids_2_ = list(zip(np.arange(ids_2.shape[0]),ids_2))
      env.clear_dead() ◀─── 將陣亡的代理人從方格板上清除
      ids_1 = env.get_agent_id(team1) ◀───┐
                  由於陣亡代理人已經移除,重新取得存活代理人的 ID,並以串列儲存
      ids_2 = env.get_agent_id(team2)
      ids_1_ = [i for (i,j) in ids_1_ if j in ids_1] ◀───┐
                          根據尚存活的代理人 ID,將舊的 ID 串列分割成子集
      ids_2_ = [i for (i,j) in ids_2_ if j in ids_2]
      acts_1 = acts_1[ids_1_] ◀───根據尚存活的代理人 ID,將動作串列切割成子集
      acts_2 = acts_2[ids_2_]
      step_ct += 1
      if step_ct > 250:
          break
      if len(replay1) > batch_size and len(replay2) > batch_size: ◀───┐
                          當回放經驗池內有足夠數量的資料時,開啟訓練程序
          loss1 = train(batch_size,replay1,params[0],layers=layers,J=N1)
          loss2 = train(batch_size,replay2,params[1],layers=layers,J=N1)
          losses1.append(loss1)
          losses2.append(loss2)
```

在程式 9.22 中,我們將搜集到的各項資訊存入一個 tuple,並加入經驗池內。在本例的 MAgent 環境中,由於代理人的數量會隨著它們的陣亡而減少,因此必須定期清理陣列中的資料,以確保手上的資料能夠對應到正確的代理人上。

因為本例中的 Gridworld 方格非常小且每一陣營只有 16 個代理人，所以只需執行數百次訓練迴圈，代理人便會開始展現一些戰鬥技巧了。圖 9.27 顯示在 500 次訓練後，不同陣營代理人的存活狀況。(編註：小編在本章的 COLAB 筆記本加了幾行程式，讓讀者可以了解遊戲過程中的變化)

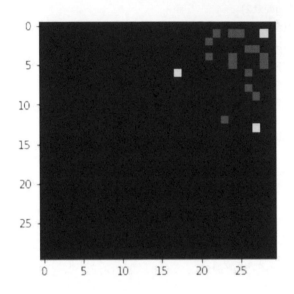

圖 9.27　在 500 次訓練後，深色陣營的代理人已幾乎將淺色陣營的代理人完全消滅。

總 結

● 由於在多代理人情境中，代理人會學習新的策略，進而造成環境失去**穩定性**，因此傳統 Q-Learning 演算法的表現不佳。所謂環境失去穩定性，是指相同狀態下的同個動作在不同的時間點，會帶來不同的回饋值。

● 為了應付以上環境，Q 函數須取得多位代理人的聯合動作空間。然而，聯合動作空間的大小會隨著代理人數量的增加呈**指數成長**。在大多數的實際案例中，聯合動作空間都會膨脹到電腦無法處理的大小。

● 在**鄰近 Q-Learning** 中，由於我們只計算鄰居（位於特定代理人周圍）的聯合動作空間，所以可以緩和上面所述的指數增長現象。但是當鄰居的數量增多時，聯合動作空間仍會變得太大。

● 由於**平均場 Q-Learning**（MF-Q）計算的是平均動作向量，而非完整的聯合動作空間，因此其計算複雜度與代理人數目之間呈**線性關係**。

具解釋性的模型：
attention 與關聯性模型

本章內容

- 利用 attention 模型實作關聯性強化式學習演算法
- 視覺化 attention 地圖，進而更好地解釋代理人的推理過程
- 思考模型的不變性（invariance）與等變性（equivariance）
- 使用雙重 Q-learning 來穩定訓練效果

相信讀者已充分瞭解：**深度學習**與**強化式學習**的結合能發揮多強大的威力（前者可以解讀複雜的資料，而後者則可以解決**控制問題**），進而攻克過去只有人類才能解決的問題。

本書多以遊戲來試驗強化式學習模型，因為我們能在這些環境中評估演算法的表現。只要代理人能在遊戲中取得高分，那演算法就算是成功了。當然，除了玩遊戲以外，強化式學習還有許多其它的應用。在某些應用中，僅僅知道演算法的原始表現（例如：執行某項任務的正確率）是不夠的，我們還需明白模型是**如何做決定**的（編註：即本章標題所提到的『可解釋性』）。

舉例來說，病人有權知道診斷與治療背後的**原因**，因此應用在醫療領域的機器學習演算法必須是**具解釋性的**（explainable，編註：如果演算法在診斷某病患後，認為他應該服用藥物 A，則演算法需能解釋為何它做出這樣的判斷）。傳統的深度神經網路在經過訓練後，可以在特定任務上取得卓越的成績，但我們卻無法知道它是怎麼做出決策的。

在本章，我們將介紹一種能在某種程度解決上述問題的新架構。更重要的是，該架構不僅能解釋演算法的決策機制，同時還能提升演算法的表現。由於該架構會專注於處理輸入資料中**突出**（salient）的部分，故被稱為**attention 模型**。說得更精確一些，本章所要討論的模型為 **self-attention 模型**（self-attention model, SAM；編註：有時會簡稱為 **attention 模型**），這種模型能使輸入資料中的不同特徵互相關注，進而產生**關聯性**。上述 attention 機制與一種特殊的神經網路高度相關，即：**圖神經網路**（graph neural networks），這類網路專門用來處理以『圖』表達的資料（將在 10.1 節詳細說明）。

10.1 圖神經網路

　　這裡所說的**圖**（graph）（有時也稱為**網路**）是一種資料結構，它由一系列**節點**（nodes）以及連接節點的**邊**（edges）所組成（圖 10.1）。圖中的節點可以代表任何東西，如：社交網路中的**用戶**、文獻引用網路中的**文獻**或者某個國家中的**城市**。我們甚至可以把一張圖片中的像素當成節點，並假設鄰近像素之間以邊相連。圖是表達**關聯性資料的**一般結構，而幾乎所有實際應用中的資料都是有關聯性的。**卷積神經網路**（convolutional neural networks）專門處理排列成網格狀的資料（ 編註 ：如圖片中的像素排列）；**循環神經網路**（recurrent neural networks）擅長應付序列資料（ 編註 ：如文章的前後文）；而普適性更高的圖神經網路可以處理以『圖』表示的任何資料。這一類網路大大增加了機器學習的可能性，且相關研究正蓬勃發展中。

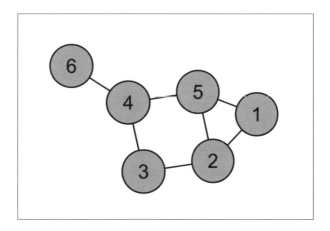

圖 10.1 『圖』是一種資料結構，由節點（有數字的圓圈）以及邊（黑線）所組成。傳統的神經網路架構無法應付這種資料結構，必須使用**圖神經網路**（graph neural networks, GNNs）才能處理。

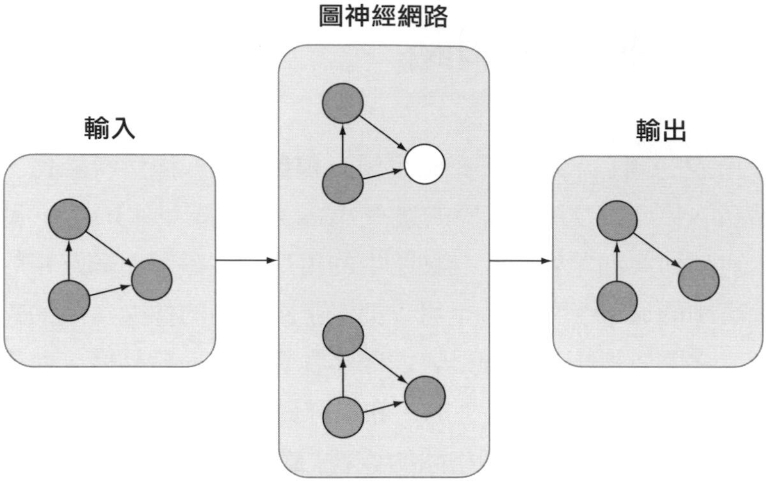

圖 10.2 圖神經網路可以直接處理結構為『圖』的資料，它會對節點和邊進行運算，並傳回更新後的圖。在上圖中，圖神經網路移除了『連接下方兩節點』的邊。圖的節點可以表示真實世界中的變數，而箭頭則代表變數流動的方向，演算法可以藉此學習去推論變數之間的因果關係。

我們可以利用 self-attention 模型（下文簡稱為 SAM）來建構圖神經網路，本章的輸入是一般圖片（編註：結構為網格狀的像素資料），但我們會訓練 SAM 以『圖』來表示圖片中的各種特徵。換言之，此處的 SAM 應該要能夠將原始圖片轉換成結構為『圖』的資料，且應該具備一定程度的可解釋性。舉個例子，若以『一群人進行籃球比賽』的圖片來訓練 SAM，則 SAM 理應將『人與球』、『球與籃框』連接起來，也就是說，模型會把球、籃框與球員當成節點，並學習如何用適當的邊將這些節點連起來。與傳統的模型相比，SAM 模型能告訴我們更多內部運作的資訊。

不同神經網路架構（如卷積、循環或 attention 模型）有不同的**歸納偏置**（inductive biases），正確的偏置可以提高模型的學習效果。在普通用語中，偏置通常帶有貶義，然而對機器學習而言，偏置具有重要意義。例如：『可以把複雜的單元拆解成更簡單的組成單元』即是一種歸納偏置，該偏置是深度學習的理論基礎。再者，在處理網格狀結構的圖片資料時，我們會賦予模型『學習區域特徵』的偏置，而這正是卷積神經網路的精髓。綜上所述，當我們的資料之間有關聯時，使用具有**關聯性歸納偏置**（relational inductive bias）的神經網路可以帶來較好的結果。

所謂的**歸納推理**（inductive reasoning），即從資料中推導某個規律，進而產生**概率性推論**。思考西洋棋的棋步就是一種歸納推理的過程：我們無法百分百肯定對手將採取什麼動作，只能憑當前的局勢做一些假設。在實際觀測到結果前，我們的假設就形成了一種偏置。例如：在西洋棋局中，認為『對手一定會用某種特定的方式開局』就是非常強烈的歸納偏置。

在數學中常使用的**演繹推理**（deductive reasoning）則是從某些前提條件出發，經由邏輯規則的推演，最後得出**確定結論**的過程。在假設前提條件為真的情況下，結論即是確定的。以下的**三段論**（syllogism）：『（前提條件）：所有行星都是圓的。（結論）：地球是一顆行星，故地球是圓的』就是演繹推理的一種。

■ 10.1.1 『不變性』與『等變性』

第 7 章提過的**先驗知識**即是一種偏置，而正確的偏置可以加速模型學習。不過，光討論偏置還不夠。以卷積神經網路為例，其不僅有傾向學習『區域特徵』的偏置，還有一種名為平移**不變性**（invariance）的性質。若對輸入資料進行某項操作後，函數的輸出值不受影響，則稱此函數對於該操作具不變性。例如：加法函數對於輸入資料的**順序調換**具有不變性（符合**交換律**，英文 commutativity），即：add(x, y) = add(y, x)；而減法操作則沒有這種不變性。若函數 f(x) 對於某種轉換 g(x) 具有不變性，則 f(g(x)) = f(x)。對 CNN 來說，將圖片中一個物體往左上方平移並不會影響 CNN **分類器**的表現，故 CNN 具有平移不變性（圖 10.3 的上半部分）。

但假如我們利用 CNN 來偵測一個物體在圖片中的**位置**，則此時 CNN 不再具有平移不變性，而是具有**等變性**（equivariance，見圖 10.3 下半部分）。考慮某種轉換函數 g(x)，等變性可表示為 f(g(x)) = g(f(x))。等變性可以理解為：『先將位於圖片中心的數字平移到左上角、再以 CNN 處理』所產生的結果，和『先以 CNN 處理圖片，再將輸出結果移到左上角』相同。事實上，不變性和等變性之間的差異很小，有時甚至被當成同義詞來使用。

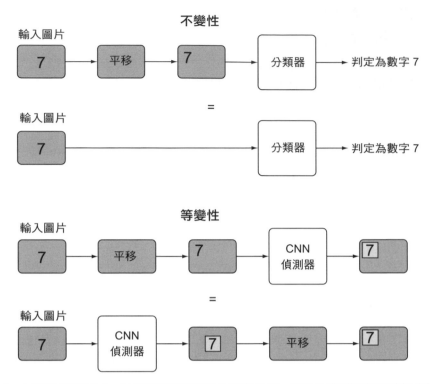

圖 10.3 上半部（不變性）：以具有**平移不變性**的函數為例，對輸入資料進行平移操作並不會改變該函數的輸出結果。下半部（等變性）：以具有**平移等變性**的函數為例，『先對資料進行平移再以 CNN 處理』，與『先把資料以 CNN 處理再進行平移』的結果相同。

　　理想上，我們的神經網路架構應該對輸入資料的各種轉換具有不變性。以圖片處理來說，機器學習模型需對平移、旋轉、變形（如：拉伸或擠壓）以及雜訊具備不變性。CNN 僅具備平移的不變或等變性（ 編註 ：取決於利用 CNN 來『分類物體』或『偵測物體的位置』），而在旋轉及變形上的表現則不太明顯（ 編註 ：人類的觀察力則具有多重的不變性，一個杯子不管是正看、側看、斜看、頂視、仰視，我們都知道它是一個杯子）。

　　為了實現不變性，我們需要一個**關聯性模型**（relational model），這種模型不但能辨識物體，還會建立物體之間的相對關係。以『杯子在餐桌上』的圖片為例，若我們訓練 CNN 去辨識其中的杯子，CNN 可以表現得很好。但要是我們將整張圖片轉 90 度，由於 CNN **不具有**旋轉不變性，因此很可能無法辨識出杯子。而關聯性模型能進行關聯性推理，並且學會如『杯子在桌子上』之類的關聯性敘述（這種敘述不受觀看角度影響）。換言之，能執行關聯性推理的演算法可以模擬物體之間的相對關係，而 SAM 便是實現上述目標的方法之一（同時也是本章的主題）。

10.2 以 attention 為基礎的關聯性推理

實現關聯性模型的方法有很多。在這裡，我們的目標是：建立能夠學習輸入資料中，各物體之間相對關係的模型，且該模型必須像 CNN 一樣，能掌握物體的高階特徵。除此之外，我們還想保留傳統深度學習模型的**複合性**（composability），即：可將多層神經層疊加起來（如：CNN 中的層狀結構，**編註**：關於複合性的更多說明，讀者可以參考本書的 1.1 節）。最後，也是最重要的一點，由於我們會用大量資料來訓練，因此該模型必須能高效執行計算。

此處所選擇的 **self-attention 機制**符合上述所有要求，它能讓模型學會如何只關注輸入資料中的某一部分（**編註**：即把注意力放在有助於達成任務的資訊）。但在討論該機制之前，讓我們先來研究一般的 attention 機制。

▌ 10.2.1 attention 模型

attention 模型在某種程度上受到了人類和動物的啟發。以人類為例，我們無法一次關注視野中的所有東西。因此，眼球會進行一種快速、跳躍式的運動，稱為**眼動**（saccade），以此來掃瞄眼前的畫面，然後將注意力放在視野內的特定區域。上述機制使人類得以專注處理場景中的關鍵資訊，進而讓神經系統的資源利用更有效率。

不僅如此，在進行思考和推理時，我們一次能關注到的事情也是很有限的。另外，在描述物體時，人類會很自然地用上關聯性推理（例如：『他比她還要老』或者『門在我身後關起來了』）。換句話說，我們無時無刻都在將某個物體的屬性或行為與另一個物體做關聯。只有當某個詞語和另一個詞語產生連繫時，人類語言才具有意義。在許多情境中，由於缺乏**絕對的參考體系**，因此我們只能透過描述物體之間的**相對關係**來說明事情。

絕對 attention 模型的作用與人類的眼睛類似。此類模型只會處理輸入資料中的關鍵部分，進而提升運算效率及可解釋性（可以知道模型是透過哪些資訊來做出決策）。本章要實作的 self-attention 模型則包含關聯性推理機制，且模型的目標不只是將關鍵部份從輸入資料中分離出來。

以圖片分類器而言，最簡單的絕對 attention 演算法會將圖片**裁切**（cropping）成數個子區域，並且只針對這些子區域進行處理（圖 10.4）。模型必須先學會該關注圖片中的哪些資訊，而這些資訊就是模型用來對圖片進行分類的基礎。以上機制實作起來並不容易，這是因為圖片的裁切程序是不可微分的。以裁切 28×28 像素的圖片為例，模型必須產生由**整數值**構成的座標，並以這些座標在原始圖片上定義出裁切區域。然而，只輸出整數值的函數是不連續的（ **編註**：沒辦法表示浮點數），因此不可微分，這就導致我們無法使用**梯度下降**類的方法來訓練演算法。

圖 10.4 絕對 attention 機制的例子。此機制所用的模型會在圖片上裁切出數個子區域，並依次對這些子區域進行處理。由於每個子區域遠比整張圖片來得小，故可以大大降低計算負擔。

上述模型的訓練可以用第 6 章的**基因演算法**（genetic algorithm）或強化式學習演算法來完成。以強化式學習而言，模型會先產生一系列整數座標，再以這些座標為基礎裁切圖片。接著處理裁切後的子區域，最後對圖片分類。若模型的分類正確，則獲得正回饋值；若錯誤，則以負回饋值作為懲罰。以上的訓練過程可用先前學過的 REINFORCE 演算法來實現，具體做法可參考 Volodymyr Mnih 等人於 2014 年發表的論文（Recurrent Models of Visual Attention）。由於上面所描述的機制是不可微分的，故也稱該機制為 **hard attention 機制**。

另外，也存在可微分的 **soft attention 機制**。在這種機制中，我們會用**過濾器**（filter）來處理圖片。透過將圖片中的像素值乘以一個介於 0 和 1 的『soft attention 值』，可以消除或保留圖片上的特定像素。此類模型需學習該將哪些像素值保留下來，哪些則該被削減為 0（圖 10.5）。由於此處所用的 soft-attention 值是實數，不是整數，所以上述的機制是可微分的。不過，由於該機制需處理整張圖片，而不是圖片中的特定子區域，因此就效率而言比不上 hard attention 機制。

SAM 則使用了更為複雜的處理機制 (self attention 機制)。請記得，SAM 的輸出結果是一張包含多個節點的『圖』，且圖中每個節點只能和少數幾個節點相連（表示知道該把注意力放在哪些資訊上）。

圖 10.5 Soft attention 機制的例子。使用此機制的模型需學習哪些像素應該被保留，哪些則應該被消除（將像素值降為 0，變黑色）。和 hard attention 模型不同，soft attention 模型需對整張圖片進行處理，因此在計算上的效率較差。

▌ 10.2.2 關聯性推理

在說明 self attention 機制的細節前，讓我們先說明一般**關聯性推理模組**（relational reasoning module）的運作方式。一般來說，機器學習模型的輸入資料都會被打包成向量、高階張量或者是以『特定順序』排列的一系列張量（這種情形常見於語言模型）。接下來，我們用**自然語言處理**（natural language processing, NLP）模型來進行說明。相較於圖片處理，NLP 理解起來容易一些。現在，讓我們討論如何將一句簡單的英文翻譯成中文。

英文	中文
I ate food.	我吃飯了。

以上每一個英文單字都需編碼成維度為 n 的 one-hot 向量（n 代表單字量）。舉例而言，若 n = 10，則模型所能處理的單字就是 10 個。一般而言，n 會是一個相當大的數字，如：n = 40000。同樣的，每個中文單字也會被編碼成長度固定的向量。而我們的目標就是：建立一個能將英文單字轉換為中文單字的翻譯模型。

以上問題的第一種解決方式與**循環神經網路**（RNN）有關。這種模型本身就具有序列結構，能夠保存每筆輸入資料中的某些訊息。我們可以將 RNN 理解為某種具有**內在狀態**的函數，此函數每接受一筆輸入資料，便會對內在狀態進行一次更新（圖 10.6）。

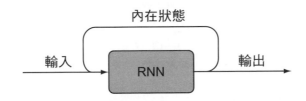

圖 10.6 循環神經網路（RNN）每接受一個新的輸入，便會更新一次內在狀態。這種機制使 RNN 得以處理具序列性的（sequential）資料，如時間序列或語言。

大多數 RNN 語言模型透過以下方式運作。首先，利用一個**編碼模型**
(encoder model) 讀入英文單字並進行編碼，完成後，將該編碼模型的內在
狀態向量傳給一個**解碼模型**（decoder model），再解碼成一個個中文字並
進行輸出（見圖 10.7）。使用 RNN 的問題在於：必須先算完前面的東西，
再去算後面的東西，進而造成平行計算難以實施。

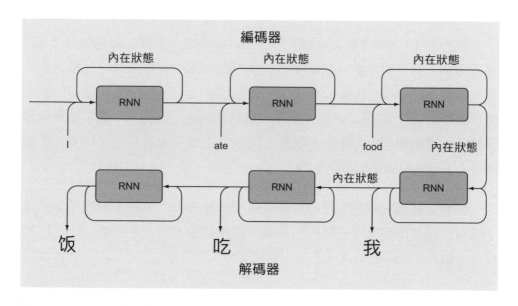

圖 10.7 RNN 語言模型的圖示。模型中使用了兩組 RNN，即：編碼器與解碼器。編碼器會
將輸入句子中的英文單字一個個讀入，讀完後，再把內在狀態提供給解碼器。解碼器則會
依次輸出目標句子中的中文單字，直到句子結束。

雖然有許多人相信：由於語言具有順序性，因此語言模型得具有循
環機制（ **編註** ：如上述的 RNN 模型）才行。但事實是，研究人員已經找
到一種更簡單，且**不含循環機制的模型**。該模型不僅表現更好，還能進行
平行處理，進而縮短訓練時間並處理更大量的訓練資料。上述模型稱為
transformer 模型，其仰賴的正是 self attention 機制。在此我們不會討論
太多該模型的細節，只是將其基本原理介紹給大家。

Transformer 模型的概念是：中文字（以 c_i 表示）和由數個英文單字（記為 e_j）**加權組合**而成的**脈絡**（context，或稱前後文）之間存在函數關係。此處所說的脈絡，是指以特定單字為中心，加上其周圍一定數量單字所組成的片段。以『My dog Max chased a squirrel up the tree and barked at it』為例，『squirrel』的 3 字脈絡就是『Max chased a squirrel up the tree』（與左方和右方的 3 個字結合）。

對於圖 10.7 中的英文短句『I ate food』來說，這裡的脈絡包含全部 3 個英文字。為了產生第一個中文字，我們將全部英文單字進行加權總和，即 $c_i = f(\Sigma a_i \cdot e_i)$。其中 a_i 代表第 i 個英文字 (e_i) 的 attention 權重，範圍在 0 與 1 之間，且 $\Sigma a_i = 1$，f 則為一個神經網路。訓練時，演算法不僅需學習神經網路模型 f 的權重，還需找到每個 a_i 權重的最佳值。注意，a_i 權重是由 f 以外的神經網路產生的。

訓練完成後，我們可以透過檢視 a_i 權重來得知：當模型輸出特定中文字時，其關注的英文字有哪些。例如：當模型輸出中文字『我』時，『I』的權重會很高，而其它英文字基本上會被忽略。

以上所描述的程序稱為**核迴歸**（kernel regression）。假設現在有一個資料集（如圖 10.8 所示），我們想以此為訓練資料，建立一個機器學習模型。若將未見過的資料 x 輸入到訓練後的模型，該模型需預測出適當的 y。能夠達成上述目標的方法共分為兩大類，即：**參數式**（parametric）與**非參數式**（nonparametric）方法。

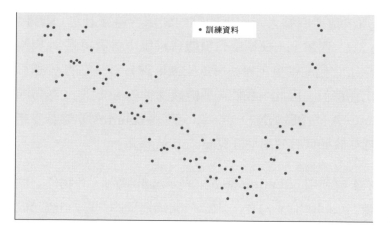

圖 10.8 非線性資料集的散佈圖，我們想用這些資料訓練一個迴歸演算法。

　　神經網路屬於**參數式模型**，因為它們具有『數量固定且可調整』的參數。多項式函數 $f(x)=ax^3+bx^2+c$ 也是參數式模型：其具有可調整參數 (a, b, c)，我們可以透過調整這些參數來擬合特定資料集。

　　非參數式模型有以下特性：『沒有可訓練的參數』或是『沒有固定的參數數量（會隨著訓練資料而變動）』。核迴歸就是一種非參數式的預測模型，其做法是：從訓練資料集 X 中找出與輸入 x 最接近的幾個點 x_i，再將與 x_i 對應的 y_i 進行平均做為預測結果（圖 10.9）。

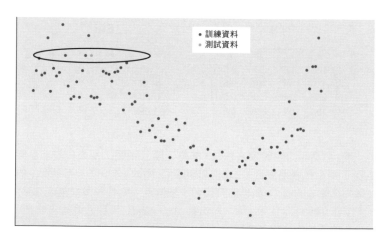

圖 10.9 非參數式核迴歸的預測方法之一：先找出訓練資料集中與輸入 x 最相似（即最接近）的數個訓練資料 x_i，再將與 x_i 相應的 y_i 平均起來作為預測結果。

然而，我們必須決定要取輸入 x 附近的哪些訓練資料來計算（ 編註 ：即如何定義『附近』？）。理想上，模型應先根據資料集中各資料點 x_i 與輸入 x 的**相似程度**來決定它們的權重，再利用這些權重對各資料點的 y_i 進行加權總和，進而給出預測值。因此，我們需要能接受輸入 $x \in X$，並傳回一系列注意力權重 $a \in A$ 的函數 $f:X \to A$。以上程序就是 SAM 的基本運作原理，其困難點就在於如何有效率地計算 attention 權重。

一般而言，SAM 會利用 attention 權重來表示某群體內，各物件之間的相對關係。在**圖論**（graph theory）中，本章一開始提到的『圖』可表示成 $G = (N,E)$。N 代表圖中的節點集合（節點有自己的**特徵向量**， 編註 ：即用來表示某節點資訊的向量），E 則是節點之間的邊。

我們可以將節點集合儲存在矩陣 $N:\mathbb{R}^{n \times f}$ 中，式中的 n 代表節點總數，f 則代表單一節點的特徵維度。也就是說，該矩陣的每一列即是一個節點的特徵向量。邊的集合則可以用**相鄰矩陣**（adjacency matrix）$E:\mathbb{R}^{n \times n}$ 來表示，例如矩陣中第 2 列，第 3 行的數值就代表節點 b 和節點 c 之間的關係（參考圖 10.10 最右側）。利用上述方法就能呈現最基本的圖了，但圖還有更複雜的形式，即每條邊也具有自己的特徵向量，這裡就不多做討論了。

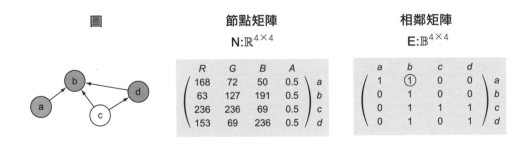

圖 **10.10** 位於最左側的『圖』結構可以用數字表示為『節點矩陣』（中圖，用來代表節點集合）以及『相鄰矩陣』（右圖，用來代表邊集合）。以相鄰矩陣（E 矩陣）為例，a 列 b 行中的 1 代表『節點 a 存在一條指向節點 b 的邊』。如果節點代表一個像素，則其特徵向量即 RGBA 值（ 編註 ：R 代表 red、G 代表 green、B 代表 blue、A 代表 alpha。其中 RGB 的值皆介於 0～255；A 的值則介於 0～1，A 的值越低，代表透明度越高）。

Self attention 模型的功能是：計算出節點集合 N:$\mathbb{R}^{n \times f}$ 中，每一對節點之間的 attention 權重，進而產生相鄰矩陣（或邊矩陣）E:$\mathbb{R}^{n \times n}$。創建完相鄰矩陣，模型還會更新節點的特徵向量，進而讓某個節點與其關注的節點產生關聯。說得更詳細一些，每個節點會傳訊息給與其關係最緊密的幾個節點，而後者在接到訊息後便會更新自己的特徵向量，該過程是透過**關聯性模組**（relational module，在 10.3.2 節有更詳細的介紹）來完成。最後，我們會得到更新過的節點矩陣 $\hat{N}$:$\mathbb{R}^{n \times d}$，這些矩陣可以再被傳給其它關聯性模組進行相同處理（圖 10.11）。藉由檢視相鄰矩陣中節點之間的 attention 權重，我們可以看到哪些節點之間有高關聯性，進而瞭解神經網路的推理過程。

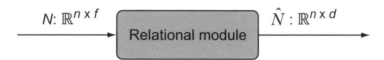

圖 **10.11** 關聯性模組處理完節點矩陣 N:$\mathbb{R}^{n \times f}$ 後，輸出更新版的節點矩陣 $\hat{N}$:$\mathbb{R}^{n \times d}$。更新後的矩陣維度可能和原先的有所不同（n×f → n×d）。

在 **self attention 語言模型**中（ 編註 ：10.2.2 節一開始討論的例子），輸出的中文單字會與輸入的英文單字產生關聯，而 attention 權重則由兩個字的相關程度來決定。例如『吃』的英文為『ate』，故『吃』和『ate』之間的權重會很高，和其它英文字（『I』和『rice』）的權重則很低。

在語言資料中，SAM 的機制相當直觀。不過，本書所處理的大多是視覺資料（如：第 8 章瑪利歐遊戲的畫面資訊），而視覺資料無法直接輸入至關聯性模組進行處理。因此，我們得先將每個像素轉換成節點的形式。為了使演算法在計算上更有效率，同時讓組合出來的節點更有意義，我們先讓原始圖片通過數層卷積層，形成 shape 為 (C, H, W) 的輸出張量（分別代表：**色彩通道、高度、寬度**）。如此一來，我們便可以用該張量來定義卷積圖片裡的節點了，即：每個節點皆以維度為 C 的向量（ 編註 ：即前文的特徵向量）表示，總共包含 N = H×W 個節點（圖 10.12）。

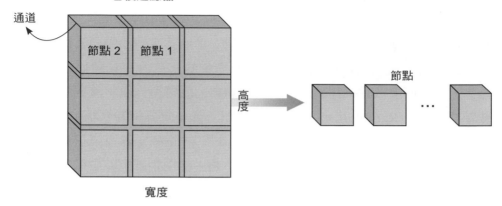

圖 10.12 卷積層傳回一系列儲存於 3 階張量中的卷積過濾器,其 shape 為色彩通道 × 高度 × 寬度。我們可以沿通道維度將張量切成一個個節點,每個節點的長度與色彩通道數量相同,且節點總數等於長度乘以寬度。接著,將以上資料包裝至 shape 為 N×C 的新矩陣中,其中 N 等於節點數量,C 則是節點的特徵向量維度(即色彩通道)。

原始圖片經過數層卷積層處理後,我們預期輸出的**特徵地圖**(feature maps)中的每個位置皆對應圖片中的一個**關鍵特徵**。例如:我們希望 CNN 成功偵測圖 10.4 中的狗尾巴和狗頭,這樣才可以讓關聯性模組處理這些特徵之間的關係。每一層卷積過濾器負責辨識空間位置上的特定特徵,而當把圖片中 (x,y) 位置的全部特徵集合起來時,便形成了該位置上所有特徵的編碼向量。接下來,只要對空間中的所有位置進行相同處理,並把它們當成『圖』的節點,剩下的任務就是找出節點之間的關聯性了,而這正是關聯性模組的工作。

▌ 10.2.3　self-attention 機制

建立關聯性模組的方法有很多,而這裡選擇的是 self-attention 機制。之前我們已經說明過該機制的概念,現在來看看與實作有關的細節。接下來建立的模型是基於來自 DeepMind 的 Vinicius Zambaldi 等人於 2019 年發表的論文(Deep reinforcement learning with relational inductive biases)。

前面的章節討論過『節點矩陣，N:$\mathbb{R}^{n \times f}$』與『邊矩陣或相鄰矩陣，E:$\mathbb{R}^{n \times n}$』的基礎架構，並解釋了為什麼要將原始圖片處理成節點矩陣。和核迴歸一樣，我們要找到計算兩節點之間相似度的方法。能達成該目的的方法有很多，其中相當常見的一種是：直接取兩節點特徵向量的**內積**（inner product，也稱作**點積**，英文 dot product）做為它們的相似度。

兩個長度相同之向量的點積計算方式如下：先把兩向量對應位置的元素相乘，再將所有乘積加總。例如向量 a = (1, -2,3) 與 b = (-1, 5, -2) 的內積（記為〈a,b〉）為 $\Sigma a_i b_i$ =(1・-1) + (-2・5) + (3・-2) = -17。在本例中，由於 a 和 b 中對應元素的正負號相反，故內積結果為負數，代表兩向量的各元素相似性較小。與之相反，a = (1, -2, 3) 與 b = (2, -3, 2) 的內積〈a,b〉為 14，是個正數，表示兩向量中的各元素相似性較大。換言之，點積是計算兩向量（例如：兩節點的特徵向量）相似程度的簡易工具，由此衍生出來的方法就稱為**點積 attention**。

在得到初始的節點矩陣（用 N:$\mathbb{R}^{n \times f}$ 來表示）後，我們會將其投影到 3 個獨立的新節點矩陣上，分別是：**query**、**key** 與 **value**。在核迴歸的例子中，『query』就是未曾見過的 x 值，我們希望模型能預測出與 x 對應的 y，而此 y 值就是『value』。為了要找到 value，必須先找到訓練資料集中距離 query 最近的幾個點 x_i，這些 x_i 則稱作『key』。模型會評估 query 與各個 key 的相似度，找出最相似的數個 key，接著傳回這些 key 的平均 y 值。

Self-attention 機制做的就是上述事情，將原始節點矩陣 N 乘以三個獨立的**投影矩陣**（projection matrices）後，即可產生 query 矩陣 (Q)、key 矩陣（K）與 value 矩陣（V）。此處的投影矩陣也是透過訓練學習而得，訓練的目標是讓投影矩陣產生適當的 Q、K 與 V，進而最佳化模型所輸出的 attention 權重矩陣（A）（圖 10.13）。

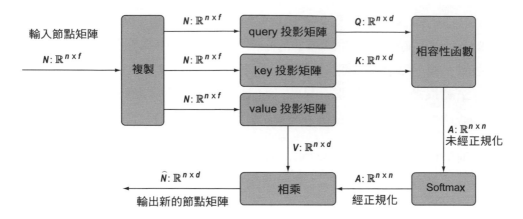

圖 **10.13** 圖 10.13 為以 self-attention 為基礎的關聯性模組。該模組的輸入為節點矩陣 $N : \mathbb{R}^{n \times f}$，其中包含 n 個節點，每個節點有維度為 f（**編註**：即前文中的通道維度）的特徵向量。關聯性模組會將此節點矩陣複製 3 份，並分別透過簡單的線性層（不含激活函數）將它們投影到新的矩陣上，形成 query(Q)、key(K) 與 value(V) 矩陣。Q 與 K 會輸入至相容性函數（**編註**：之前我們用的是內積計算）中，該函數可計算每個節點之間的相似度，並傳回一系列未經正規化的 attention 權重矩陣 $A : \mathbb{R}^{n \times n}$（即之前所提的相鄰矩陣）。接下來，使用 softmax 將矩陣 A 中每一列的結果正規化，使每列中所有元素值的總和為 1（**編註**：且個別元素值的大小在 0 和 1 之間）。最後，將 V 和正規化後的 A 相乘後作為輸出 $\hat{N}$（**編註**：即更新後的節點矩陣）。該輸出結果經常會再經過一至數層線性層處理（圖中並未顯示）。

現在有由 $a : \mathbb{R}^{10}$ 以及 $b : \mathbb{R}^{10}$ 組成的一對節點（$\mathbb{R}^{2 \times 10}$），把它們當作初始節點矩陣，並計算它們的 self-attention 權重。首先，將兩個節點分別乘上投影矩陣 Q、K、V（**編註**：在圖 10.13 中，我們用 Q、K、V 來表示投影後的新矩陣。為方便說明，此處則是用 Q、K、V 來表示投影矩陣，a_Q、a_K 及 a_V 才是投影後的新矩陣，讀者不要搞混了），將它們投影到新的空間上。以節點 a 為例，投影後的矩陣 a_Q、a_K 和 a_V 分別為：$a_Q = a^T Q$、$a_K = a^T K$、$a_V = a^T V$。上標 T 代表轉置（transposition），它能將 a 變為行向量（column vector）$a^T : \mathbb{R}^{1 \times 10}$；與之對應的投影矩陣（以 Q 為例）則是 $Q : \mathbb{R}^{10 \times d}$，故 $a_Q = a^T Q : \mathbb{R}^d$。

透過以上方式，我們便可獲得以 a 為基礎的 3 個新向量（a_Q、a_K 和 a_V），且維度可能和原始輸入不同，例如：$a_Q : \mathbb{R}^{20}$（假設 d=20）。特徵向量 b 也會經過上述處理。上述步驟完成後，演算法首先會計算 a 與自己的相似程度，方法是把 a 的 query 矩陣 a_Q 與 key 矩陣 a_K 進行內積處理。計算相對關係時，要考慮**所有**可能的節點組合，其中也包括**自己和自己**的關聯性。

將 a_Q 和 a_K 相乘後，可得到未正規化的 attention 權重，$w_{a,a}=\langle a_Q,a_K \rangle$。此權重為一純量，代表 a 和 a（即自己）的 self-attention 權重。接下來，對節點『a 和 b』、『b 和 a』以及『b 和 b』進行同樣計算，最終演算法將獲得 4 個 attention 權重值。由於這些權重可以是任意的大小，故需使用 softmax 將其正規化。這樣一來，便能專注於對任務來說重要的特徵。

算出正規化的 attention 權重後，我們可以將其打包成 attention 權重矩陣。在僅有節點 a 和 b 的情況中，attention 矩陣的 shape 為 2×2。之後，將 value 矩陣乘以該 attention 矩陣，矩陣中的各元素便會因 attention 權重而增強或減弱，進而產生一系列更新過的節點向量。

計算上，我們不會一次處理一個節點向量，而是會一次性將所有節點矩陣相乘。事實上，我們可以用一條算式將『query 與 key 矩陣相乘（所得結果為 attention 矩陣）』、『attention 矩陣與 value 矩陣相乘』及『正規化處理』這 3 個步驟合併起來：

$$\hat{N} = \text{softmax}(QK^T)V$$

上式中 $Q:\mathbb{R}^{n \times f}$、$K^T:\mathbb{R}^{f \times n}$、$V:\mathbb{R}^{n \times f}$。n 代表節點數量、f 是單一節點特徵向量的維度、Q 為 query 矩陣、K 為 key 矩陣、V 則是 value 矩陣。可以看到，QK^T 相乘的結果是 shape 為 $n \times n$ 的矩陣，即之前提到的相鄰矩陣（在本例中我們會稱之為 attention 權重矩陣）。矩陣中的每一行與每一列皆對應一個節點：若第 0 列第 1 行的矩陣值很高，就表示節點 0 與節點 1 的關聯性很高。正規化後的 attention 權重矩陣 $A = \text{softmax}(QK^T):\mathbb{R}^{n \times n}$ 可以告訴我們每對節點之間的關係。將此矩陣乘上 value 矩陣，藉此更新每個節點特徵向量，最終產生新節點矩陣 $\hat{N}$ $:\mathbb{R}^{n \times f}$。

之後，我們可以將新節點矩陣輸入線性層中，讓模型針對節點特徵進行學習，並加入非線性處理，以模擬更為複雜的特徵。以上所有程序便是我們所說的**關聯性模組**（relational module）或**關聯區塊**（relational block）。這些模組還可以依序堆疊在一起，進而讓模型得以學習更複雜的關聯性。

在大多數的例子中，我們希望神經網路輸出一個向量，例如 DQN 的 Q 值向量。在利用關聯性模組處理輸入資料之後，我們可以用**最大池化**（MaxPool，取出最大值）或**平均池化**（AvgPool，取出平均值）把矩陣降維成向量。對於節點矩陣 $\hat{N} : \mathbb{R}^{n \times f}$ 而言，無論是哪一種池化操作作用於維度 n 上，都會產生維度 f 的向量。其中，最大池化即選取維度 n 中最大的值（ 編註 ：平均池化則是取維度 n 中元素的平均值）。經過池化的向量可能再經過一到數層線性層的處理，直到模型傳回最終結果為止。

10.3 利用 self-attention 處理 MNIST 資料集

在進入較困難的部分前，讓我們先建立一個能分類 MNIST 手寫數字的簡單 self-attention 網路吧！MNIST 資料集包含了 60,000 張手寫數字的影像，大小為 28×28。根據資料集中的標籤（代表相應的數字），我們希望建構出可以精準分類數字的模型。

此資料集學習起來相當簡單，即便是使用單層的線性模型也能取得不錯的成效，至於進階的 CNN 演算法更是能達到 99% 的正確率。因此在驗證演算法時，此資料集非常好用，可以用來確認演算法是否能學會最簡單的資料。

雖然這裡先用 MNIST 資料集測試 self-attention 模型，但我們的最終目的是將其作為能執行遊戲的 Deep Q-Network（DQN）。DQN 和圖片分類器的差別僅在於：兩者的輸入和輸出資料維度可能不同。

10.3.1 將 MNIST 資料做轉換處理

在建立模型之前，我們必須定義一些能對輸入資料進行**前處理**（preprocessing）的函式，確保這些資料的格式符合模型要求。首先，原始的 MNIST 圖片為灰階的像素陣列（大小為 28×28），每個像素值在 0 到 255 之間。我們要將這些值正規化到 0 和 1 之內，否則訓練時的梯度變化會過大，導致學習效果不穩定。由於 MNIST 的學習難度不高，故我們會在圖片中加入雜訊或者做一些位置上的變化（如進行隨機平移或旋轉），以此增加模型預測的困難度。同時，這可以幫助我們評估模型的平移和旋轉不變性。以上幾種前處理函式的定義請見程式 10.1：

程式 10.1 前處理函式

```
🖥 In
import numpy as np
from matplotlib import pyplot as plt
import torch
from torch import nn
import torchvision as TV
from IPython.display import clear_output

# 為了解決請求 MNIST 數據時出現 403 錯誤的問題
from six.moves import urllib
opener = urllib.request.build_opener()
opener.addheaders = [('User', 'Google_Chrome')]
urllib.request.install_opener(opener)
###

mnist_data = TV.datasets.MNIST("MNIST/", train=True, transform=None, 接下行
    target_transform = None, download=True)  ◀── 下載並匯入 MNIST 訓練資料
mnist_test = TV.datasets.MNIST("MNIST/", train=False, transform=None, 接下行
    target_transform = None, download=True)  ◀── 下載並匯入 MNIST 測試資料

def add_spots(x,m=20,std=1,val=1):  ◀── 在圖片中加入隨機雜點
    mask = torch.zeros(x.shape)
```

NEXT

```
    N = int(m + std * np.abs(np.random.randn()))  ◀── 隨機決定要加入的雜點數目
    ids = np.random.randint(np.prod(x.shape),size=N) ◀──┐
                                                          │
                                  隨機產生要加入雜點的位置索引
    mask.view(-1)[ids] = val ◀── 將索引對應的位置值設為 1，代表一個雜點
    return torch.clamp(x + mask,0,1) ◀──┐
                                          │
                        將雜點加入原始資料，並限制每個像素值在 0 和 1 之間
def prepare_images(xt,maxtrans=6,rot=5,noise=10):
    out = torch.zeros(xt.shape)                    將 img 轉換成 PIL 圖片
    for i in range(xt.shape[0]):                              │
        img = xt[i].unsqueeze(dim=0) ◀── 在第 0 階加入 1 個階    │
        img = TV.transforms.functional.to_pil_image(img) ◀──┘
        rand_rot = np.random.randint(-1*rot,rot,1) if rot > 0 else 0 ◀──┐
                                                                         │
                                              隨機決定圖片旋轉的角度

        xtrans,ytrans = np.random.randint(-maxtrans,maxtrans,2) ◀──┐
                                                                     │
                                        隨機決定 x 方向及 y 方向的平移量

        rand_rot = int(rand_rot)
        xtrans = int(xtrans)
        ytrans = int(ytrans)
        img = TV.transforms.functional.affine(img, rand_rot, (xtrans,ytrans),1,0)
        img = TV.transforms.functional.to_tensor(img).squeeze()
        if noise > 0:
            img = add_spots(img,m=noise)
        maxval = img.view(-1).max() ◀── 取出 img 最後一階之最大值
        if maxval > 0:
            img = img.float() / maxval
        else:
            img = img.float()
        out[i] = img
    return out
```

程式 10.1 中的 add_spots() 可以在圖片中加入隨機雜點，而此函式再透過 prepare_images() 被呼叫。prepare_images() 負責將圖片的像素值正規化至 0 和 1 之間，並對圖片進行一些變形（如：加雜訊、平移及旋轉）。

　　圖 10.14 顯示了一張原始的 MNIST 數字圖片以及變形過後的版本
（ **編註**：小編已將產生圖片的程式加入本章的 Colab 筆記本中）。可以看
到，圖片中的數字向右上方平移，且圖上散佈了黃色雜點（即雜訊）。這增
加了學習的困難程度：模型必須習得對平移、旋轉和雜訊的不變性特徵才
能正確分類。在 prepare_images() 中，可以透過調整參數 (maxtrans,rot 及
noise) 來決定圖片變換的程度，藉此控制任務的困難程度。

原始圖片 　　　**轉換後的圖片**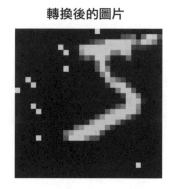

圖 10.14　左圖：原始的 MNIST 手寫數字『5』。右圖：在轉換過後的
版本中，數字往右上平移，且圖片中散佈著隨機的雜點。

10.3.2　關聯性模組

　　現在，我們可以來實作 relational 神經網路了。在程式 10.2 中，我們
定義了關聯性模組的 class，它包含了一個複雜的神經網路模型：該模型包
含了數層卷積層及 query、key 和 value 矩陣的乘法運算（ **編註**：請注意，
關聯性模組的程式碼被拆成兩部分，分別呈現在程式 10.2 和 10.3 中）。

```
class RelationalModule(torch.nn.Module):
    def __init__(self):
        super(RelationalModule, self).__init__()
        ### 我們需要定義一些 CNN 層，幫助我們先將圖片資料處理成節點矩陣 ###
        self.ch_in = 1
        self.conv1_ch = 16 ──┐
        self.conv2_ch = 20   ├──◄── 定義每一層卷積層的通道數
        self.conv3_ch = 24   │
        self.conv4_ch = 30 ──┘
        self.H = 28 ◄── 圖片的高
        self.W = 28 ◄── 圖片的寬
        self.node_size = 36 ◄── 經過關聯性模組處理後，節點特徵向量的長度
        self.out_dim = 10
        self.sp_coord_dim = 2 ◄── 空間的維度數量 (即 x 及 y 方向)
        self.N = int(16**2) ◄── 定義節點的數量，即圖片經過卷積層處理後的
                                 像素數量 (編註 : ** 代表取平方)
        self.conv1 = nn.Conv2d(self.ch_in,self.conv1_ch,kernel_size=(4,4)) ──┐
        self.conv2 = nn.Conv2d(self.conv1_ch,self.conv2_ch,kernel_size=(4,4)) ◄─┤
        self.conv3 = nn.Conv2d(self.conv2_ch,self.conv3_ch,kernel_size=(4,4))  │
        self.conv4 = nn.Conv2d(self.conv3_ch,self.conv4_ch,kernel_size=(4,4)) ─┘
        ### 開始定義圖 10.13 中的投影層 ###                4 層 CNN 層 ──┘
        self.proj_shape = (self.conv4_ch+self.sp_coord_dim,self.node_size) ◄──
                    每個節點向量的維度等於最後一層卷積層 (conv4) 的通道數加上空間維度
        self.k_proj = nn.Linear(*self.proj_shape) ──┐
        self.q_proj = nn.Linear(*self.proj_shape)   ├──◄── 3 層線性投影層
        self.v_proj = nn.Linear(*self.proj_shape) ──┘

        self.norm_shape = (self.N,self.node_size)
        self.k_norm = nn.LayerNorm(self.norm_shape, elementwise_affine=True) ──┐
        self.q_norm = nn.LayerNorm(self.norm_shape, elementwise_affine=True) ◄─┤
        self.v_norm = nn.LayerNorm(self.norm_shape, elementwise_affine=True) ──┘

                                    正規化經過投影的 query、key 和
                                    value 矩陣，提升訓練的穩定性

        self.linear1 = nn.Linear(self.node_size, self.node_size)
        self.norm1 = nn.LayerNorm([self.N,self.node_size], elementwise_affine=False)
        self.linear2 = nn.Linear(self.node_size, self.out_dim)
```

此模型最開始為 4 層 CNN 層 (nn.Conv2d)；它們會對原始圖片資料進行前處理，並提取出高階特徵向量。雖然 CNN 層僅能滿足平移不變性，但由於 CNN 層的計算效率較高，因此在實際應用中，先用 CNN 層對資料進行前處理往往能取得不錯的效果。

接著，將 CNN 層輸出的高階特徵向量分別輸入 3 層線性投影層，它們可以將節點投影至更高維的特徵空間上。除此之外，模型中還包含了一些 LayerNorm 層（稍後便會進行詳細介紹），並且以 2 層線性層（nn. Linear）結尾。整體來說，該模型的架構並不複雜，但運行模型的過程中蘊含了許多細節。

小編補充 以圖 10-13 為例，程式 10.3 會依序運行圖中的第 1 部分、第 2 部分及第 3 部分。

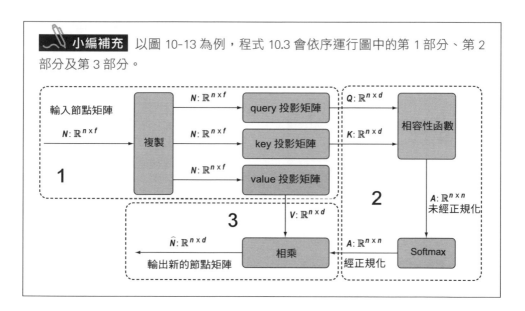

程式 10.3 運行模型（延續程式 10.2）

```
def forward(self,x):
    N, Cin, H, W = x.shape
    ### 先讓圖片資料通過卷積層，並處理成輸入至關聯性模組的節點矩陣 ###
    x = self.conv1(x)
    x = torch.relu(x)
    x = self.conv2(x)
```

NEXT

```
x = torch.relu(x)
x = self.conv3(x)
x = torch.relu(x)
x = self.conv4(x)
x = torch.relu(x)
```

將每個節點的座標 (x,y) 加到其特徵向量中，
並將向量值正規化到 [0,1] 的區間

```
_,_,cH,cW = x.shape
xcoords = torch.arange(cW).repeat(cH,1).float() / cW
ycoords = torch.arange(cH).repeat(cW,1).transpose(1,0).float() / cH
spatial_coords = torch.stack([xcoords,ycoords],dim=0)
spatial_coords = spatial_coords.unsqueeze(dim=0)
spatial_coords = spatial_coords.repeat(N,1,1,1)
x = torch.cat([x,spatial_coords],dim=1)
x = x.permute(0,2,3,1)   ◀── 將不同階的順序對調 (由 N,C,H,W 變成 N,H,W,C)
x = x.flatten(1,2)       ◀── 將第 1 階和第 2 階的元素整合在一起

###(第 1 部分) 以下程式為投影層之操作 ###
```

```
K = self.k_proj(x)
K = self.k_norm(K)
Q = self.q_proj(x)(x)        將輸入節點矩陣投影成鍵 (K)、
Q = self.q_norm(Q)    ◀──    問題 (Q) 與值 (V) 矩陣
V = self.v_proj(x)
V = self.v_norm(V)
```

NEXT

(第 2 部分) 以下程式為產生 attention 權重矩陣之操作

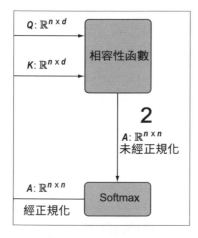

對 query 矩陣與 key 矩陣進行批次
矩陣相乘，產生 attention 權重矩陣
(**編註**：einsum() 為愛因斯坦的張
量運算規則，請見下一節 10.3.3)

```
A = torch.einsum('bfe,bge->bfg',Q,K)
A = A / np.sqrt(self.node_size)    正規化 attention 權重矩陣的元素
A = torch.nn.functional.softmax(A,dim=2)
with torch.no_grad():
    self.att_map = A.clone()
```

(第 3 部分) 最後對 attention 權重矩陣及 value 矩陣進行張量收縮處理

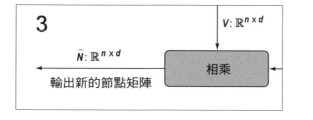

對 attention 權重
矩陣與 value 矩陣
進行批次矩陣相乘

```
E = torch.einsum('bfc,bcd->bfd',A,V)
### 輸出值節點矩陣會再經過幾層線性層的處理，圖 10.13 並未畫出相關流程 ###
E = self.linear1(E)
E = torch.relu(E)
E = self.norm1(E)
E = E.max(dim=1)[0]
y = self.linear2(E)
y = torch.nn.functional.log_softmax(y,dim=1)
return y
```

讓我們解釋一下程式 10.3 如何與圖 10.13 對應。這些程式碼包含了一些新元素，其中之一就是 LayerNorm 層，負責對**層**進行**正規化**（layer normalization）的處理。LayerNorm 是神經網路正規化的方式之一，另一種常用的方式為**批次正規化**（batch normalization，或稱為 BatchNorm）。若未經正規化，每一層輸入資料的數值大小可能變動很大，這會造成訓練時梯度變動的幅度增加，導致學習不穩定，進而拖慢訓練速度。正規化可以保證輸入值的範圍能維持在一定的區間內，縮小梯度變動的幅度並縮短訓練時間。正如預期，在我們的實驗中，LayerNorm 能提升演算法的訓練表現。

■ 10.3.3 『張量收縮』與『愛因斯坦符號』

程式 10.3 中的另一個新元素是 torch.einsum 函式。Einsum 是**愛因斯坦總和**（Einstein summation，也稱做**愛因斯坦符號**）的英文簡稱，由 Albert Einstein 所提出（**編註**：即創立相對論的那位科學家）。雖然有其他方法可以取代 Einsum，但它可以讓程式碼變得更簡單。我們也鼓勵讀者適時使用 Einsum，增加程式的可讀性。

為了瞭解什麼是愛因斯坦符號，我們先來複習一些東西。**張量**（在機器學習領域中，張量即**多維陣列**）可以有 0 到多個階，且每個階都可以透過相應的索引值進行存取。以向量為例，由於向量中各元素皆可用**一個**非負索引值表示並存取，故向量的索引數量為 1（即 1 階張量，1-tensor）。至於矩陣的元素，則需要 2 個索引值來存取（即**列**與**行**的位置），因此索引數量為 2（即 2 階張量，2-tensor），所以張量的階數就是索引的個數。以上原理可以推廣至任意階數的張量。

順利閱讀至此的讀者應該對向量的內積（或稱點積）或矩陣的乘法等運算相當熟悉了。上述操作能推廣至任意階數的張量，統稱為**張量收縮**（tensor contraction）。愛因斯坦符號的目的，便是讓我們能更簡單地表示並計算任意階數的張量收縮。由於 self-attention 模型中涉及兩個 3 階張量（3-tensor，即 Q 矩陣及 K 矩陣）的收縮（之後還會遇到 4 階張量，4-tensor），所以有必要使用 Einsum 進行簡化（若不使用該方法，則我們須先將 3 階張量**重塑**（reshape）成矩陣、進行矩陣乘法、再將答案重塑回 3 階張量。上述操作會大大降低程式的可讀性）。

對兩個矩陣而言，張量收縮的公式為：

$$C_{i,k} = \sum_j A_{i,j} B_{j,k}$$

左側的輸出 $C_{i,k}$ 等於矩陣 A:i×j 與 B:j×k 相乘的結果（i、j、k 代表維度），其中 A、B 兩矩陣擁有一個維度相同的階（例如此例中的 j），我們把它叫做**共享索引**（shared index）。根據上式，矩陣 C 中的第一個元素 $C_{0,0}$ 相當於 $\Sigma A_{0,j} B_{j,0}$：即先把矩陣 A **第 0 列**的各元素與矩陣 B 中**第 0 行**相應的元素相乘，再將所有乘積加總。只要透過以上方式，便可計算出張量 C 中的所有元素。假如我們的輸入張量各有兩個索引（因此總索引數量為 4 個），則輸出結果的索引數將變成 2 個，兩者的共享索引會消失，這也是張量收縮的名稱由來。

依上所述，若我們對兩個 3 階張量進行張量收縮，則結果將變成 4 階張量（ 編註 ：即兩個 3 階張量各提供 1 個共享索引，所以收縮的結果為 3+3-2=4 階張量。由於要加總的是 A 和 B 共同的維度，所以我們有時候也會把 Σ 符號省略，從而將上式簡寫成 $C_{ik}=A_{ij}B_{jk}$。當我們看到兩個重複的 j 就知道要把相應的元素相乘再加總，這就是愛因斯坦符號規則）。

⛓ 張量收縮的例子

讓我們來研究一個張量收縮的例子。

$$A = \begin{bmatrix} 1 & -2 & 4 \\ -5 & 9 & 3 \end{bmatrix}$$

$$B = \begin{bmatrix} -3 & -3 \\ 5 & 9 \\ 0 & 7 \end{bmatrix}$$

A 是 2×3 的矩陣，B 則是 3×2 的矩陣。在此任選 3 個英文字母來標示各矩陣的 shape：將矩陣 A 表示為 A：i×j，B 則表示成 B：j×k。雖然可以選擇任意英文字母，但由於我們想收縮 A 與 B 的共享維度 $A_j=B_j=3$，因此這裡用相同的英文字母（j）來標示該共享索引。C 為輸出矩陣：

$$C = \begin{bmatrix} x_{0,0} & x_{0,1} \\ x_{1,0} & x_{1,1} \end{bmatrix}$$

我們接下來要找出 C 中每個位置的值。根據前文所述的張量收縮公式，$x_{0,0}$ 的值可以從矩陣 A 第 0 列（$A_{0,j}$=[1,-2,4]）和矩陣 B 第 0 行（$B_{j,0}$=[-3,5,0]^T）獲得。只要走訪索引 j，將 $A_{0,j}$ 和 $B_{j,0}$ 對應的元素相乘，再將所有乘積加總，即可求得 $x_{0,0}$。以此例來說，$x_{0,0}$ = $\sum_j A_{0,j} \cdot B_{j,0}$ = (1 · - 3) + (- 2 · 5) + (4 · 0) = - 3 - 10 = - 13。為得出剩下的 x 值，我們會對其它元素執行相同的計算。當然，我們不必手動算出這些值，這裡只是讓大家瞭解張量收縮的過程而已。同時，以上過程不僅限於矩陣，還能被推廣至更高階的張量中。

批次矩陣（[編註]：兩個或以上）的乘法運算也可以用愛因斯坦符號來表示。以下就是**批次矩陣乘法**的 Einsum 公式：

$$C_{b,i,k} = \sum_j A_{b,i,j} B_{b,j,k} \quad\longleftarrow \text{這裡的 b 為批次維度，j 才是要收縮的維度}$$

其中 b 代表批次維度，我們會依 b 的順序一一把對應的 A 矩陣和 B 矩陣拿出來做維度收縮運算，而運算完同樣會得到 b 個 C 矩陣，也就是只對 j 維度進行收縮，而不是對 b 收縮，請勿誤解。在本例中，我們利用愛因斯坦符號來執行**批次矩陣乘法**，但同樣的操作也可以應用在更高階的張量中。

回到程式 10.3

請翻到前面的程式 10.3，在程式中我們使用了 A = torch.einsum('bfe,bge->bfg',Q,K) 來計算 Q 和 K 的批次矩陣乘法。Einsum 函式可接受一個**字串參數**，指明要對哪一個維度進行收縮。字串『'bfe,bge->bfg',Q,K』表示：張量 Q 有 3 個維度（b、f、e），張量 K 也有 3 個維度（b、g、e），而我們的目的是將兩張量收縮成具有 3 個維度（b、f、g）的輸出張量。注意，我們只能對相同大小的維度進行收縮，且要收縮的維度索引字母必須相同，此處我們縮減的是節點的特徵維度 e，縮減後就只剩下批次維度和兩個節點維度了，故輸出結果的維度是 b×f×g。

> **小編補充** 之前我們說兩個 3 階張量收縮後會成為 4 階張量，但此處的 Q 和 K 並非 3 階張量，而是兩個批次的 2 階張量，所以對應的 2 階張量收縮後變成 2＋2-2-2 階張量，然後多一個批次維度 b 就變成 b×t×g 了。

批次矩陣乘法完成後，可以得到未經正規化的 attention 權重矩陣 A。接下來，執行 A = A / np.sqrt(self.node_size) 來調整矩陣中元素值的規模（除以 6），將過大的數值縮小，進而增加訓練時的穩定性。因此，此方法也稱為**規模調整**（scaled）**點積 attention**。

為了獲得 Q、K 與 V 矩陣，我們會對最後一層卷積層的輸出（shape 等於 batch×channels×height×width 的張量）進行以下處理。首先，由於圖片中每個像素都可以是節點矩陣中的一個節點，因此可以把維度 height 和 width 相乘來代表節點數量（height×width = n）。我們的初始節點矩陣為 N:b×c×n。接著，將 N 重塑為 N:b×n×c。

將與空間有關的兩個維度（height 和 width）整合後，節點之間的位置關係就被打亂了，神經網路也就很難找到某些節點（原本位於周圍）在空間上的關聯性。因此，我們會加入兩個用來編碼『各節點座標位置 (x,y)』的 channel 維度（存入程式 10.3 的 spatial_coords 中）。與此同時，我們會將座標值正規化至區間 [0,1] 中。

雖然把絕對空間座標加到節點特徵向量的尾端可以保留空間資訊，但這些座標皆對應至某個外在的參考座標系，所以這麼做會損害關聯性模組對空間轉換操作的不變性。更好的做法是編碼節點之間的**相對**位置，因為相對關係在空間中能保有不變性。話雖如此，相對位置的編碼較為複雜，且使用絕對編碼不會對模型表現與解釋性產生太大影響，故此處仍使用絕對編碼。

接下來，初始的節點矩陣會進入 3 個不同的線性層中，進而被投影為 3 個相異的矩陣，且 channel 維度（用 f 來表示）可能和原來不同（在之後的內容中，我們統一將投影後的 channel 維度稱為**節點－特徵維度**，用 d 來表示），如圖 10.15 所示。

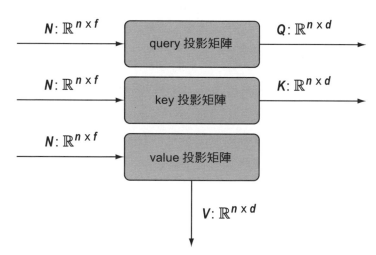

圖 **10.15** self-attention 演算法中的投影階段。透過簡單的矩陣乘法，輸入節點（通常）會被投影到更高維度的特徵空間中（ **編註** ：即 d 會大於 f)。

把 query 和 key 矩陣相乘後，即可得到未經正規化的 attention 權重矩陣 A:b × n × n；其中 b = 批次量，n = 節點數量。利用 softmax 對此矩陣的每一列（第 1 階）進行正規化，讓各列元素值總和為 1。因此，每個節點只對少數幾個『值比較大』的節點明顯產生 attention，而大多數節點的 attention 值則非常小。

接著，將 attention 矩陣乘以 value 矩陣，就可得到更新後的節點矩陣，其中每個節點的值都是其它節點的加權總和。舉個例子，假如節點 0 只關注節點 5 和 9，則 attention 矩陣和 value 矩陣相乘之後，節點 0 的新值就是節點 5、節點 9 和節點 0（別忘了，節點也會關注自己）的 value 矩陣加權總和（權重即由 attention 權重矩陣決定）。由於在以上操作中，每個節點會將訊息（特徵向量）傳遞給其關注的其它節點，故該操作一般稱為**訊息傳遞**（message passing）。

有了更新後的節點矩陣，我們便可以對節點維度 (node dimension, 即節點矩陣中的 n) 取平均或最大池化，將其降維成 d 維向量。此向量總結了一張『圖』中的所有訊息，它會再經過一般線性層的處理，最後產生 Q 值向量，如此便成功建立了一個關聯性 Deep Q-Network（Rel-DQN）。

▌ 10.3.4 訓練關聯性模組

接下來，我們要測試以上關聯性模組在分類 MNIST 手寫數字上的表現，並將結果與傳統的 CNN 進行比較。理論上，關聯性模組能計算圖片中**所有像素**的關聯性（或至少大部分像素），故其表現應該會比 CNN 來得好（ 編註 ：CNN 擅長的是找出**區域**的特徵）。

程式 10.4 MNIST 訓練迴圈

In

```
agent = RelationalModule()  ← 建立關聯性模組的實例
epochs = 1000
batch_size = 300
lr = 1e-3
opt = torch.optim.Adam(params=agent.parameters(),lr=lr)
lossfn = nn.NLLLoss()
losses = []
acc = []
for i in range(epochs):          產生要從 MNIST 圖片集中選擇的子集索引
    opt.zero_grad()
    batch_ids = np.random.randint(0,60000,size=batch_size)  ←
    xt = mnist_data.train_data[batch_ids].detach()  ← 產生訓練批次
    xt = prepare_images(xt,rot=30).unsqueeze(dim=1) ←
    yt = mnist_data.train_labels[batch_ids].detach()
    pred = agent(xt)
    pred_labels = torch.argmax(pred,dim=1) ←
    acc_ = 100.0 * (pred_labels == yt).sum() / batch_size ←
                         計算模型對訓練批次的預測準確率
    correct = torch.zeros(batch_size,10)
    rows = torch.arange(batch_size).long()       圖片標籤等於輸出向量經
    correct[[rows,yt.detach().long()]] = 1.      argmax() 處理後的結果
    loss = lossfn(pred,yt)
    loss.backward()                              使用之前定義的 prepare_images()
    opt.step()                                   對批次中的圖片進行變形處理，最
losses = np.array(losses)                        大旋轉角度為 30 度
acc = np.array(acc)
```

　　程式 10.4 是 MNIST 分類器訓練迴圈，此處省略了能把損失視覺化的程式碼，完整版的程式可以在本章的 Colab 筆記本裡找到。圖 10.16 顯示在經過 1,000 次（讀者可以自行增加訓練次數）訓練後，演算法在 MNIST 資料上的表現。

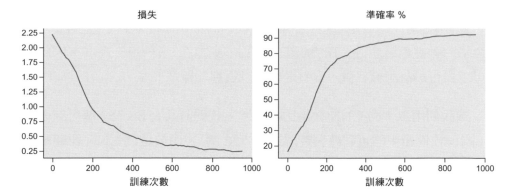

圖 10.16 以關聯性模組分類 MNIST 手寫數字時，**損失**和**準確率**隨著訓練次數增加而變化的情形。

　　為了真正瞭解模型的表現，就必須利用 MNIST 的測試資料（這些資料是模型之前從未見過的）。下面就讓模型處理 500 張測試圖片，以便計算其預測準確率。

> ✎ **小編補充** MNIST 資料集中包含了**訓練資料集**及**測試資料集**。在程式 10.4 的訓練迴圈中，我們是利用**訓練資料集**來訓練關聯性模組。如果要測試該模組的表現，就必須使用**測試資料集**來檢驗。

程式 10.5 MNIST 測試準確率

🖵 **In**

```
def test_acc(model,batch_size=500):
    acc = 0.                                隨機從測試資料集中選取測試子集
    batch_ids = np.random.randint(0,10000,size=batch_size) ◄┘
    xt = mnist_test.test_data[batch_ids].detach()
    xt = prepare_images(xt,maxtrans=6,rot=30,noise=10).unsqueeze(dim=1)
    yt = mnist_test.test_labels[batch_ids].detach()
    preds = model(xt)
    pred_ind = torch.argmax(preds.detach(),dim=1)
    acc = (pred_ind == yt).sum().float() / batch_size
    return acc, xt, yt
acc2, xt2, yt2 = test_acc(agent)
print(f'\nAcc = {acc2*100} %')
```

Out

```
>>> Acc = 94.19999694824219 %（編註：每次運行的結果會有些微差異）
```

僅僅經歷了 1,000 次訓練，關聯性模組的準確率便達到了近 94%。對於合格的神經網路而言，我們期望的準確率應該在 98 - 99% 左右。因此讀者可以自行調高訓練次數，看看是否可以達到此標準。

讓我們用以下的 CNN 做為比較基準，該網路共有 88,252 個可訓練參數（關聯性模組中的可訓練參數則為 27556 個）。由於這個 CNN 比關聯性模組多出將近 60000 個參數，因此理論上會佔據一些優勢。

🖎 小編補充 程式 10.6 所定義之 CNN 模型中，可訓練參數的計算公式如下：

1. 卷積層：以程式 10.6 中的第 1 層卷積層，nn.Conv2d(1,10,kernel_size=(4,4)) 為例，可訓練參數為：

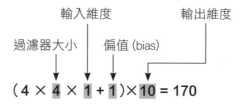

以此類推，第 2 層至第 5 層的可訓練參數數量分別為：2576、6168、12320 及 32832。

2. 最大池化層（MaxPool）: 無可學習之參數

3. 線性層：以 nn.Linear(256,128) 為例，可訓練參數為（256+1）×128 = 32896 個。以此類推，最後一層線性層 (self.out) 的可訓練參數為 1290 個。

將以上不同神經層的訓練參數加總，便可得到前文所述之 88252 個訓練參數。

程式 10.6 在 MNIST 任務中做為比較基準的卷積神經網路

🖥 In

```
class CNN(torch.nn.Module):
    def __init__(self):
        super(CNN, self).__init__()
```

NEXT

```python
        self.conv1 = nn.Conv2d(1,10,kernel_size=(4,4))
        self.conv2 = nn.Conv2d(10,16,kernel_size=(4,4))
        self.conv3 = nn.Conv2d(16,24,kernel_size=(4,4))
        self.conv4 = nn.Conv2d(24,32,kernel_size=(4,4))
        self.maxpool1 = nn.MaxPool2d(kernel_size=(2,2))  ◄────┐
        self.conv5 = nn.Conv2d(32,64,kernel_size=(4,4))       │
        self.lin1 = nn.Linear(256,128)   對前 4 層卷積層的輸出結果進行池化處理
        self.out = nn.Linear(128,10)  ◄────┐
    def forward(self,x):     模型的最後一層為線性層，用來處理 CNN 扁平化後的輸出
        x = self.conv1(x)
        x = nn.functional.relu(x)
        x = self.conv2(x)
        x = nn.functional.relu(x)
        x = self.maxpool1(x)
        x = self.conv3(x)
        x = nn.functional.relu(x)
        x = self.conv4(x)
        x = nn.functional.relu(x)
        x = self.conv5(x)
        x = nn.functional.relu(x)
        x = x.flatten(start_dim=1)
        x = self.lin1(x)
        x = nn.functional.relu(x)     使用 log_softmax()，以機率的形式進行分類
        x = self.out(x)
        x = nn.functional.log_softmax(x,dim=1)  ◄────┐
        return x
```

為了進行比較，我們將建立程式 10.6 中的 CNN 物件，並取代程式 10.4 訓練迴圈中的關聯性模組（ **編註**：相關的測試程式碼可以參考本章的 Colab 筆記本）。最後的準確率只有約 88%，這表示在兩者參數數量相差不遠的情況下，關聯性模組表現確實比 CNN 來得好。除此之外，即使進一步增加變形的幅度（如：加入更多雜點或者加大旋轉角度等），關聯性模組的預測準確率仍比 CNN 高。如同之前所說，受限於本章中實作關聯性模組的方式（使用絕對座標位置），故模型的變形與旋轉不變性維持得不好。然而，雖然這裡的關聯性模組無法掌握所有像素之間的關聯性，但有能力計算其中大部分的相對關係，不像 CNN 只能處理區域特徵。

除了預測準確性更高，關聯性模組比傳統神經網路更具『可解釋性』。如圖 10.17 所示，透過檢視 attention 權重矩陣中的資訊，我們可以瞭解關聯性模組在做分類或產生預測 Q 值時，使用了輸入資料中的哪些部分。

使用以下程式碼，就可以將 attention 權重矩陣（也稱 attention 地圖）重塑，並視覺化成正方形（大小為 16×16）圖片：

```
🖥 In
plt.imshow(agent.att_map[0].max(dim=0)[0].view(16,16))
```
◄─── 產生與圖 10.17 類似結果的完整程式可參考本章的 Colab 筆記本

原始圖片   attention 權重矩陣

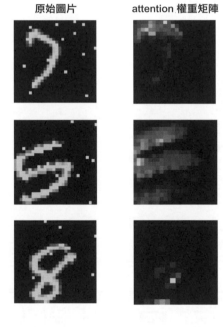

圖 10.17　左半邊：經過變形（進行平移或加入雜點等）的原始 MNIST 圖片輸入。**右半邊**：圖中越亮的位置，代表模型投入了越多的 self-attention 權重。

attention 權重矩陣的 shape 為 batch×n×n，其中 n 為節點數量。在本例中，原本的空間維度（28×28，為 MNIST 資料集中原有的圖片大小）在經過卷積層處理後變成了 16×16，故 n 變成了 $16^2 = 256$。在分析了多張 attention 地圖後可以發現，模型會對數字中**彎曲**或**交叉**的地方投入最多 attention。以數字 8 為例，模型只需關注圖案的中心與底部，便可成功分類該數字。同時，在所有的例子中，模型都不會把 attention 放在隨機雜點上，表示該模型已順利學會如何將『真實訊號』和『雜訊』分開。

10.4 多端口的 attention 和 關聯性 DQN

我們已經知道，關聯性模組在手寫數字分類上的表現優異，並且只要視覺化 attention 地圖，便能瞭解模型用了哪些資訊做決策。若模型對某一類圖片的分類總是出錯，我們便可以檢視其 attention 地圖，看看它是否受到某種雜訊所干擾。

目前所用的 self-attention 機制有一個問題：softmax 會嚴重限制模型所能傳遞的資料量。假如輸入資料包含上百、甚至上千個節點，則模型仍只會關注其中極少的一部分，而這是不夠的。雖然 softmax 可以協助模型學習節點的相對關係，但與此同時，我們不希望它限制 self-attention 層所能傳遞的資料數量。

從實際層面而言，有必要在不改變其行為的情況下，增加 self-attention 層的處理**頻寬**（bandwidth）。為了達成此目的，我們會賦予模型多個 **attention 端口**（head）：模型會分別學習多張 attention 地圖，之後再將結果組合起來（圖 10.18）。某個 attention 端口可能只處理輸入資料中的特定區域或特徵，如此一來，attention 層的頻寬便得到了提升，而且也不會對模型的可解釋性和關聯性學習產生影響。由於在多端口的情況中，某 attention 端口下的節點只須將 attention 分配給同一小區域中的其它節點即可（而非分配給圖上所有節點，造成每個節點只能分到一點點 attention），讓我們更能看出哪些節點之間存在密切的關係。

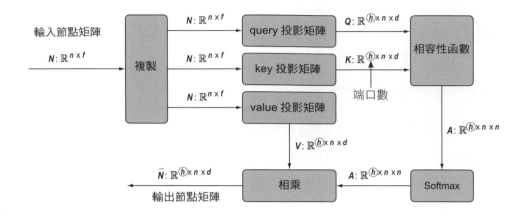

圖 10.18 上圖為多端口點積 attention（multi-head dot product attention, MHDPA）模型，此處使用了多個稱為**端口**（heads）的 attention 矩陣，它們能各自注意輸入資料的不同層面。單端口與多端口的差別在於：後者須在 query、key 與 value 張量中**加入新的 head 維度，h**（ **編註** ：圖中用圓圈來表示的部分，即圖 10.18 與圖 10.13 的不同之處）。

  Einsum 在多端口 attention 中的重要性十分明顯，因為演算法必須對 4 階張量（shape 為批次量 × 端口數 × 節點數 × 特徵維度）進行收縮操作。由於 MNIST 中的圖片資料本身不大，使用單一 attention 端口就綽綽有餘了。接下來使用的環境是更加複雜的，這時就需要用到多端口 attention 了。除此之外，關聯性模組是我們實作過的演算法中，最消耗運算資源的模型，因此這裡會採用簡單的環境（但仍能展現『關聯性推理』與『可解釋性』在強化式學習中的威力）來進行說明。

  我們將用第 3 章的 Gridworld 環境，不過這次要用的環境比之前的複雜許多。本章會使用名為 MiniGrid 的函式庫，讀者可以參考其 GitHub 網頁：https://github.com/maximecb/gym-minigrid。它是 OpenAI Gym 的一種環境，包含了不同難度與複雜度的 Gridworld 環境。其中一些環境過於困難（大部分是稀疏回饋值問題所致），只有最先進的強化式學習演算法才能應付。我們可以透過以下的 pip 指令來安裝 MiniGrid 函式庫：

🖵 In

```
pip install gym-minigrid
```

在接下來的環境（MiniGrid-DoorKey）中，Gridworld 代理人必須先在地圖中找到一把鑰匙，將其撿起並用它來開門，最後抵達終點才能得到正回饋值（圖 10.19）。代理人在收到回饋值之前得先執行許多任務，這就導致了稀疏回饋值問題。此例由於我們將遊戲方格盤限制得很小（用 MiniGrid），即使只靠隨機探索，代理人也有機會完成任務，所以無需引入第 8 章介紹的好奇心機制。假如是使用較大的方格盤，那麼好奇心機制（或類似的方法）就有其必要性了。

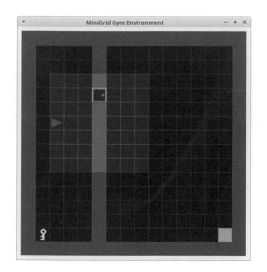

圖 10.19 本圖為 MiniGrid-DoorKey 環境。在該遊戲環境中，代理人（三角形）必須先到處搜尋鑰匙、將鑰匙撿起並找到門（連接兩黑色區域的方塊），最後抵達終點（右下角的特殊方格）。每一局遊戲中各物件的位置是隨機重置的，且代理人僅能看到方格盤的一部分（代理人周圍框起來的 7x7 方格）。

MiniGrid 環境還包含了以下幾項挑戰。首先，代理人無法看到方格盤的全貌，只能觀察其周圍的區域（大小為 7×7 的視野）。第二，若代理人要往後走，它必須先轉過身來。換言之，代理人只能以**第一人稱**（egocentric）視角來觀察環境。假如代理人轉身，則其視野也會跟著改變。代理人從該環境得到的狀態資訊為 7×7×3 的張量，最後一階為通道（維度為 3），記錄著代理人視野中存在哪些物件（鑰匙、門及終點）。

在上述環境中，代理人必須學會『鑰匙與門』及『門和終點』之間的關聯性，因此非常適合用來測試關聯性模組。與 MNIST 資料集不同，MiniGrid 環境可以直接表示成節點，無需先經過 CNN 層的處理。這代表我們可以明確觀察到代理人的 attention 是放在哪些方格上。理想中，代理人應該關注鑰匙、門及終點方格，並找出鑰匙與門的關聯。

總的來說，本節要做的事情就是：把先前用來處理 MNIST 資料集的關聯性模組改寫成關聯性 DQN，只需將輸出端的 log_softmax() 改成一般的激活函數即可。在此之前，讓我們回到多端口 attention 機制的實作上。由於張量階數越多，操作起來就越困難，故需用到另一個名為 Einops 的函式庫，它能延伸 Einsum 的功能。讀者可以使用以下的 pip 指令來完成安裝：

```
In
pip install einops
```

在 einops 中有兩個重要的函式，即 rearrange() 和 reduce()，而這裡只會用到前者。rearrange 的語法和 einsum 很類似，卻能讓我們以更簡單、可讀性更高的方式重塑高階張量。我們可以透過以下方式**改變張量各階的順序**：

```
In
from einops import rearrange
x = torch.randn(5,7,7,3)                          將 x 的第 1，2，3 階進行對調，
rearrange(x, "batch h w c -> batch c h w").shape  並印出變動後 x 的 shape
```

```
Out
>>> torch.Size([5,3,7,7])
```

而下面的程式碼則能幫助我們將單一維度拆解成空間維度 h 和 w：

```
In
x = torch.randn(5, 49, 3)
rearrange(x, "batch (h w) c -> batch h w c", h=7).shape
```

```
Out
>>> torch.Size([5, 7, 7, 3])
```

　　上例中的輸入向量共有 3 個階，而其中第 1 階（維度為 49）是由兩個階 (h, w) 融合而成的。如果要拆解它，只需說明 h **或** w 的大小是多少，rearrange() 便會自動計算另一個階的大小（編註：在本例我們先設了 h=7，函式就可以由此計算出 w = 49 / 7 = 7）。

　　回到多端口 attention 機制中，要將初始節點矩陣 N:$\mathbb{R}^{b \times n \times f}$ 投影成 key、query 與 value 矩陣時，必須多加一個『端口（head）』維度，即 Q,K,V:$\mathbb{R}^{b \times h \times n \times d}$；其中 b 為批次維度，h 是端口維度。在本例中，我們將端口數量設定為 3，故 h = 3、n = 7×7 = 49、d = 64；其中 n 代表節點數量（相當於代理人視野中的格子總數），而 d 則是節點特徵向量的維度（讀者可以嘗試其他數值）。

　　整個演算法的流程如下：

1. 對 query 張量和 key 張量執行張量收縮（產生 attention 張量 A:$\mathbb{R}^{b \times h \times n \times n}$）。

2. 將 A 輸入 softmax 處理。

3. 對上一步的輸出和 value 張量進行張量收縮。

4. 融合 h 與 n 維度。

5. 利用線性層收縮融合後的維度，得到更新後的節點張量 N:$\mathbb{R}^{b \times n \times d}$。

6. 讓更新後的 N『通過另一層 self-attention 層』或是『將所有節點壓縮成單一向量』，並經由數層線性層的處理以求得最終輸出。在之後的所有例子中，我們都會使用前者。

　　在此先介紹與單端口 attention 模型**有所不同**的程式碼，完整的程式請參考程式 10.7。為了使用 PyTorch 內建的線性層模組，我們需利用 attention 端口的數量，擴增投影層最後一階的大小（**將節點數量乘上端口數量**）。

```
💻 In
self.proj_shape = (self.conv4_ch+self.sp_coord_dim,self.n_heads * self.node_size)
self.k_proj = nn.Linear(*self.proj_shape)
self.q_proj = nn.Linear(*self.proj_shape)
self.v_proj = nn.Linear(*self.proj_shape)
```

　　和單端口 attention 模型一樣,我們會建立 3 個獨立的傳統線性層。上述投影層的輸入為一批次的初始節點矩陣 $N: \mathbb{R}^{b \times n \times c}$,c 等於最後一層卷積層輸出的『通道維度 (conv4_ch)』外加新增的『兩個空間座標維度 (sp.coord_dim)』。線性層緊接著對 N 的維度 c 進行張量收縮,進而產生 query、key 和 value 矩陣 $Q, K, V: \mathbb{R}^{b \times n \times (h \cdot d)}$。此處便需要用到 Einops 中的 rearrange(),將拆成 h 和 d 維度:

```
💻 In
K = rearrange(self.k_proj(x), "b n (head d) -> b head n d", head=self.n_heads)
```

　　上述指令不僅將 head 與 d 維度分開,同時還把 head 與 b(批次) 的順序對調。如果不用 Einops,我們需要更多程式碼才能達成同樣效果,程式的可讀性也會變低。

　　在本例中,我們不再使用點積(dot product,又稱為內積 inner product)做為相容性函數(用來評估 query 與 key 的相似程度),而是改用**加法函數**(additive attention)。事實上,點積 attention 在這裡也可使用,但我們想告訴讀者其他的選擇,且加法函數的穩定性和表達性的確會更好一些。

圖 10.20 相容性函數可計算每一對 key 與 query 向量的相似程度,並產生相鄰矩陣。

對點積 attention 而言，若兩向量很相似，則進行點積後會產生很大的正值；反之若不相似，則會產生接近零或很大的負值。以上結果顯示：內積的輸出值可以是任意大小，這很容易讓 softmax 在處理計算結果時達到**飽和**（saturate）。所謂的飽和是指：當輸入向量中有某個元素的值明顯高於其它值時，softmax 有可能把幾乎所有的機率質量分給該元素，導致其它元素的機率值趨近於零。上述現象會使演算法的梯度過大或過小，進而讓訓練效果變得不穩定。

我們可透過用加法 attention 額外引入參數來解決以上問題。與其單純地把 Q 和 K 張量乘起來，我們會讓兩張量各自通過兩個獨立線性層、將結果相加並輸入激活函數，最後再通過一層線性層（圖 10.21）。由於加法不會像乘法那樣放大數值之間的差異，因此加法 attention 能更穩定地處理 Q 與 K 之間複雜的互動。為了實現加法 attention，我們需新增 3 層線性層：

```
🖵 In
self.k_lin = nn.Linear(self.node_size, self.N)
self.q_lin = nn.Linear(self.node_size, self.N)
self.a_lin = nn.Linear(self.N, self.N)
```

加法 attention

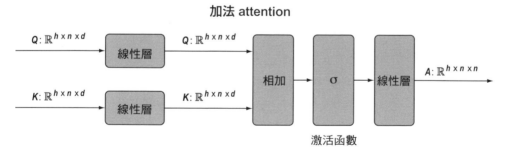

圖 10.21 加法 attention 是比點積 attention 更穩定的機制。

加法 attention 的計算可用程式表示如下：

```
In
A = torch.nn.functional.elu(self.q_lin(Q) + self.k_lin(K))
A = self.a_lin(A)
A = torch.nn.functional.softmax(A, dim=3)
```
將 Q 和 K 通過線性層的結果相加，並輸入 elu 激活函數處理

上述程式的作用如下：

1. 將 Q 和 K 通過各自的線性層並將輸出相加，再用一個非線性函數（elu）處理。

2. 將上一步的結果輸入另一層線性層中。

3. 將 softmax 套用在節點上，藉此得到 attention 權重張量。

接著，利用 einsum 對 attention 張量和 value 張量的 c 維度進行收縮，產生 shape 為 b × h × n × d 的結果，即多端口節點矩陣。

```
In
E = torch.einsum('bhnc,bhcd -> bhnd',A,V)
```

self-attention 模組的最終輸出結果應該是 shape 為 b × n × d 的更新節點矩陣，所以我們會先融合多端口節點矩陣的 head 維度與 d 維度，再通過一層線性層的處理將該維度調整回 d。此時的 d 已變成 head × 原始的 d。

```
In
E = rearrange(E, 'b head n d -> b n (head d)')
E = self.linear1(E)
E = torch.relu(E)
E = self.norm1(E)
```

經過以上處理後，張量的維度就會變成期望中的 b × n × d 了。由於之後只會用到單一 self-attention 模組，因此我們會將這裡的 3 階張量降維，形成由單一批次向量組成的 2 階張量。為此，我們選出維度 n（第 1 階）中最大的元素，然後再讓結果通過最後一層線性層，使之轉變為 Q 值。

🖵 In
```
E = E.max(dim=1)[0]
y = self.linear2(E)
y = torch.nn.functional.elu(y)
```

以上就是所有核心程式碼的說明，現在來看完整程式並檢驗其成效。

程式 10.7 多端口關聯性模組

🖵 In
```
class MultiHeadRelationalModule(torch.nn.Module):
    def __init__(self):
        super(MultiHeadRelationalModule, self).__init__()
        self.conv1_ch = 16
        self.conv2_ch = 20
        self.conv3_ch = 24
        self.conv4_ch = 30
        self.H = 28
        self.W = 28
        self.node_size = 64
        self.out_dim = 5
        self.ch_in = 3
        self.sp_coord_dim = 2
        self.N = int(7**2)
        self.n_heads = 3

        self.conv1 = nn.Conv2d(self.ch_in,self.conv1_ch,kernel_ 接下行
            size=(1,1),padding=0) ◀──使用 1x1 卷積以保留方格盤上各物件的空間關係
        self.conv2 = nn.Conv2d(self.conv1_ch,self.conv2_ch,kernel_ 接下行
            size=(1,1),padding=0)
        self.proj_shape = (self.conv2_ch+self.sp_coord_dim,self.n_heads * 接下行
            self.node_size)
```

```python
        self.k_proj = nn.Linear(*self.proj_shape)
        self.q_proj = nn.Linear(*self.proj_shape)
        self.v_proj = nn.Linear(*self.proj_shape)

        self.k_lin = nn.Linear(self.node_size,self.N)    ◄——  建立加法 attention
        self.q_lin = nn.Linear(self.node_size,self.N)           所需的線性層
        self.a_lin = nn.Linear(self.N,self.N)

        self.node_shape = (self.n_heads, self.N,self.node_size)
        self.k_norm = nn.LayerNorm(self.node_shape, elementwise_affine=True)
        self.q_norm = nn.LayerNorm(self.node_shape, elementwise_affine=True)
        self.v_norm = nn.LayerNorm(self.node_shape, elementwise_affine=True)

        self.linear1 = nn.Linear(self.n_heads * self.node_size, self.node_size)
        self.norm1 = nn.LayerNorm([self.N,self.node_size], elementwise_affine=False)
        self.linear2 = nn.Linear(self.node_size, self.out_dim)

    def forward(self,x):
        N, Cin, H, W = x.shape
        x = self.conv1(x)
        x = torch.relu(x)
        x = self.conv2(x)
        x = torch.relu(x)          將卷積層處理完的結果存下來，以便日後視覺化呈現
        with torch.no_grad():
            self.conv_map = x.clone()  ◄─┘
        _,_,cH,cW = x.shape
        xcoords = torch.arange(cW).repeat(cH,1).float() / cW
        ycoords = torch.arange(cH).repeat(cW,1).transpose(1,0).float() / cH
        spatial_coords = torch.stack([xcoords,ycoords],dim=0)
        spatial_coords = spatial_coords.unsqueeze(dim=0)
        spatial_coords = spatial_coords.repeat(N,1,1,1)
        x = torch.cat([x,spatial_coords],dim=1)
        x = x.permute(0,2,3,1)
        x = x.flatten(1,2)

        K = rearrange(self.k_proj(x), "b n (head d) -> b head n d", head=self.n_heads)
        K = self.k_norm(K)
```

```
Q = rearrange(self.q_proj(x), "b n (head d) -> b head n d", head=self.n_heads)
Q = self.q_norm(Q)

V = rearrange(self.v_proj(x), "b n (head d) -> b head n d", head=self.n_heads)
V = self.v_norm(V)
A = torch.nn.functional.elu(self.q_lin(Q) + self.k_lin(K))   ◀——┐
A = self.a_lin(A)
A = torch.nn.functional.softmax(A,dim=3)                    加法 attention
with torch.no_grad():
    self.att_map = A.clone()   ◀——  將 attention 權重存下來，
                                     以便日後視覺化呈現

E = torch.einsum('bhfc,bhcd->bhfd',A,V)   ◀——┐
E = rearrange(E, 'b head n d -> b n (head d)')   ◀——┐
E = self.linear1(E)
E = torch.relu(E)                        融合端口維度與特徵維度 d
E = self.norm1(E)
E = E.max(dim=1)[0]                               對 attention 權重矩陣和節點
y = self.linear2(E)                              矩陣進行批次矩陣乘法，進而
y = torch.nn.functional.elu(y)                   產生更新後的節點矩陣
return y
```

10.5 雙重 Q-learning

　　由於此處的 Gridworld 為稀疏回饋值環境，且我們並沒有使用好奇心學習機制，因此要想辦法讓訓練過程可以有效地進行。還記得我們在第 3 章中曾利用目標網路來穩定學習效果嗎？先來複習一下，在沒有目標網路的 Q-learning 中，目標 Q 值是透過以下公式算出的：

$$Q_{new} = r_t + \gamma \cdot max(Q(s_{t+1}))$$

　　這麼做的問題在於：當我們更新 DQN 的參數，讓其預測值貼近目標 Q 值（Q_{new}）時，$Q(s_{t+1})$ 也會跟著改變。也就是說，下一次遇到同樣狀態時，目標 Q 值會和之前的不同。這是因為 $Q(s_{t+1})$ 已經改變了，進而造成

max($Q(s_{t+1})$) 也會不同。換句話說，DQN 必須追隨一個不斷變動的目標來進行參數更新，導致訓練效果不穩定。為了穩定訓練效果，我們將 DQN 複製了一份，稱為**目標網路**（target network），以 Q' 表示。在更新主 Q 網路時，需以 Q' (s_{t+1}) 取代上式中的 $Q(s_{t+1})$。

$$Q_{new} = r_t + \gamma \cdot max(Q'(s_{t+1}))$$

演算法只會對主要 Q 網路進行訓練及反向傳播。每過 100 次（數字可以自由決定）訓練後，我們便會將主要 Q 網路的參數複製給目標 Q 網路（Q'）。上述做法能讓目標 Q 值變得相對穩定，訓練效果會有顯著提升。

除此之外，代理人在計算 max(Q' (s_{t+1})) 時，有可能會高估動作的 Q 值（尤其是在訓練初期時），這同樣會導致訓練效果不穩定。為了能更準確地估算 Q 值，我們需引入**雙重 Q-learning**（double Q-learning）。該機制可以將『評估動作價值』與『選擇動作』分開來。只要對以上式子進行簡單修正，便可得到**雙重 DQN**（double deep Q-network, DDQN）。

和之前一樣，我們讓主要 Q 網路依循 ε - 貪婪策略選取動作；但在計算 Q_new 時，先對主要 Q 網路所產生的 Q 值進行 argmax 處理。假設 argmax($Q(s_{t+1})$) = 2，代表對主要 Q 網路來說，動作 2 在新狀態中對應的價值最高。接著，利用該索引存取目標網路 Q' 對動作 2 的 Q 值預測，並用該 Q 值來做為 Q_new：

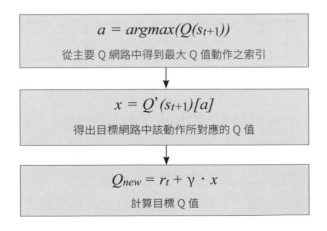

　　注意，雙重 Q-learning 仍然使用目標網路 Q' 所計算的 Q 值，只不過我們不再單純選擇其中最大者，而是根據主要 Q 網路認為的最佳動作來選取 Q 值。程式碼如下：

```
🖵 In
state_batch, action_batch, reward_batch, state2_batch, done_batch = get_ 接下行
minibatch(replay, batch_size)
q_pred = GWagent(state_batch)
astar = torch.argmax(q_pred,dim=1) ◄── 取出主要網路認為的最佳動作之索引
qs = Tnet(state2_batch).gather(dim=1,index=astar.unsqueeze(dim=1)).squeeze()
targets = get_qtarget_ddqn(qs.detach(),reward_batch.detach(),gamma,done_batch)
```

　　其中 get_qtarget_ddqn 的功能為計算 $Q_{new} = r_t + \gamma \cdot x$：

```
🖵 In
def get_target_ddqn(qvals,r,df,done):
    targets = r + (1-done) * df * qvals
    return targets
```

　　get_qtarget_ddqn() 包含了布林參數 done。要是遊戲結束了（編註：done = 1），則演算法僅會以 r_t 訓練代理人。以上便是雙重 Q-Learning 的基本概念及實作的程式碼。

10.6 訓練與視覺化結果

大多數的工具都已準備好，只需再定義幾個輔助函式便可開始訓練。

程式 10.8 前處理函式

```
🖵 In

import gym
from gym_minigrid.minigrid import *
from gym_minigrid.wrappers import FullyObsWrapper, ImgObsWrapper
from skimage.transform import resize

def prepare_state(x):  ◀── 將狀態張量正規化，並轉換成張量
    ns = torch.from_numpy(x).float().permute(2,0,1).unsqueeze(dim=0)
    maxv = ns.flatten().max()
    ns = ns / maxv
    return ns

def get_minibatch(replay,size):  ◀── 從經驗池中隨機選取一小批次量的資料
    batch_ids = np.random.randint(0,len(replay),size)
    batch = [replay[x] for x in batch_ids] #list of tuples
    state_batch = torch.cat([s for (s,a,r,s2,d) in batch],)
    action_batch = torch.Tensor([a for (s,a,r,s2,d) in batch]).long()
    reward_batch = torch.Tensor([r for (s,a,r,s2,d) in batch])
    state2_batch = torch.cat([s2 for (s,a,r,s2,d) in batch],dim=0)
    done_batch = torch.Tensor([d for (s,a,r,s2,d) in batch])
    return state_batch,action_batch,reward_batch,state2_batch, done_batch

def get_qtarget_ddqn(qvals,r,df,done):  ◀── 計算目標 Q 值
    targets = r + (1-done) * df * qvals
    return targets
```

以上函式的功能分別為：準備狀態觀測張量、產生小批次資料以及計算目標 Q 值。在程式 10.9 中，我們定義了本章的損失函數以及用來更新經驗池的函式。

程式 10.9 損失函數及經驗池

💻 **In**

```
def lossfn(pred,targets,actions):  ◀── 損失函數
    loss = torch.mean(torch.pow(targets.detach() – pred.gather(dim=1,index= 接下行
        actions.unsqueeze(dim=1)).squeeze(),2),dim=0)
    return loss

def update_replay(replay,exp,replay_size):  ◀── 優先經驗回放機制
    r = exp[2]  ◀── 從經驗資料中取出回饋值資訊
    N = 1
    if r > 0:  ┐
        N = 50 ┘◀── 若回饋值是正的，則把 N 設為 50
    for i in range(N):  ◀── 根據 N 的大小，決定複製的次數
        replay.append(exp)
    return replay
```

update_replay() 可以將新的經驗資料加入經驗池，若經驗池已滿，則隨機取代其中的資料。另外，我們希望經驗池中多一些可產生正回饋值的經驗（這一類的經驗通常較少）。因此當經驗資料中的回饋值為正時，update_replay() 會將其複製 50 份後再加入經驗池。MiniGrid 環境中七個動作的名稱和索引如右：

所有的 MiniGrid 遊戲環境都包含 7 種動作，但在本章我們只會使用其中 5 種。因此，這裡建了一個字典 (action_map)，以便將 DQN 所輸出的動作索引（從 0 到 4）對應會用到的環境動作索引上（分別是 {0,1,2,3,5}）。

```
[
<Actions.left: 0>,
 <Actions.right: 1>,
 <Actions.forward: 2>,
 <Actions.pickup: 3>,
 <Actions.drop: 4>,  ◀── 不會用到
 <Actions.toggle: 5>,
 <Actions.done: 6>  ◀── 不會用到
]
```

程式 10.9 （續）：對應動作索引

💻 **In**

```
action_map = {  ◀─┐
    0:0,          │
    1:1,          │  將 DQN 輸出的動作
    2:2,          │  索引對應會用到的環
    3:3,          │  境動作索引上
    4:5,          │
}              ◀─┘
```

程式 10.10 是演算法的主要訓練迴圈。

程式 10.10 主要訓練迴圈

```
💻 In

from collections import deque
env = ImgObsWrapper(gym.make('MiniGrid-DoorKey-5x5-v0'))  ◀── 建立環境
state = prepare_state(env.reset())
GWagent = MultiHeadRelationalModule()  ◀── 建立主要 DQN
Tnet = MultiHeadRelationalModule()  ◀── 建立目標 DQN
maxsteps = 400  ◀── 設定最大步數 (超過即遊戲失敗)
epochs = 50000
replay_size = 9000
batch_size = 50
lr = 0.0005
gamma = 0.99
replay = deque(maxlen=replay_size)  ◀── 建立經驗池
opt = torch.optim.Adam(params=GWagent.parameters(),lr=lr)
eps = 0.5
update_freq = 100
losses = []  ┐
steps = []   │
eplen = 0    │◀── 小編補充：用來記錄損失及步數
done = False │
count = 0    ┘
for i in range(epochs):
    pred = GWagent(state)
    action = int(torch.argmax(pred).detach().numpy())  ┐
    if np.random.rand() < eps:                          │◀── 利用 ε - 貪婪
        action = int(torch.randint(0,5,size=(1,)).squeeze())┘   策略選擇動作
    action_d = action_map[action]
    state2, reward, done, info = env.step(action_d)
    reward = -0.01 if reward == 0 else reward  ◀── 將非終止狀態的回饋值 (為 0)
    state2 = prepare_state(state2)                 調整成很小的負值
    exp = (state,action,reward,state2,done)
    replay = update_replay(replay,exp,replay_size)
```

NEXT

```
    if done:
        state = prepare_state(env.reset())
        steps.append(eplen) ┐
        if(eplen < maxsteps): ◄── 小編補充：遊戲結束後，記錄當場遊戲的步數
            count += 1
        eplen = 0 ┘
    else:
        state = state2
    if len(replay) > batch_size:
        opt.zero_grad()
        state_batch,action_batch,reward_batch,state2_batch,done_batch = 接下行
            get_minibatch(replay,batch_size)
        q_pred = GWagent(state_batch).cpu()
        astar = torch.argmax(q_pred,dim=1)
        qs = Tnet(state2_batch).gather(dim=1,index=astar.unsqueeze(dim=1)). 接下行
            squeeze()
        targets = get_qtarget_ddqn(qs.detach(),reward_batch.detach(),gamma, 接下行
            done_batch)
        loss = lossfn(q_pred,targets.detach(),action_batch)
        loss.backward()
        torch.nn.utils.clip_grad_norm_(GWagent.parameters(), max_norm=1.0) ◄──┐
                            對梯度進行裁切，避免出現過大的梯度值
        opt.step()
    if i % update_freq == 0: ◄── 每 100 次訓練就同步一次主要 DQN 與目標 DQN
        Tnet.load_state_dict(GWagent.state_dict())

print(f'Percevtage of victories = {count/len(steps)}') ┐  小編補充 將損失及步
losses = np.array(losses)                               │  數等資訊列印出來
steps = np.array(steps)                                 ┘
```

在經過約 10,000 次訓練後，我們的 self-attention 雙重 DQN 演算法便能有不錯的表現（若想達到最佳準確率，則可能需要 50,000 次的訓練）。圖 10.22（視覺化之程式碼請參考 Colab 筆記本）呈現了模型的**對數化損失值**和**遊戲步數**。隨著代理人的訓練次數越來越多，完成遊戲所需的步數也越來越少。

在經過 50,000 次訓練後，代理人在超過 94%的遊戲場次中都能在最大步數限制內（400 步）成功過關。可以看出，代理人明顯知道自己在做什麼。為了讓內文更簡潔，書中省略了實現以上這些附加功能的程式碼。若讀者對完整程式感興趣，請參考本章的 COLAB 筆記本。

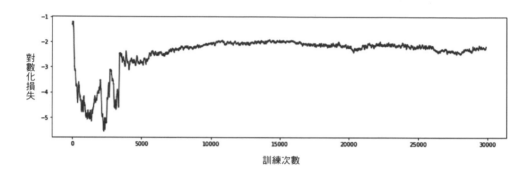

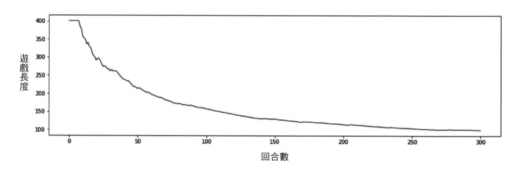

圖 10.22 上圖：訓練過程中的對數化損失值變化圖。一開始時，損失值迅速降低，然後稍微回升，接著又緩慢地下降。**下圖**：遊戲步數讓我們對代理人的表現有更清楚的認識。可以看到，在訓練過程中，代理人過關所需的步數越來越少。

■ 10.6.1 最大熵值學習

本例使用了 ε - 貪婪策略，其中 ε 設定為 0.5，即代理人有 50% 的機會隨機選擇動作（這是經過多次測試後找到的最佳值）。若分別以 0.01、0.1、0.2 一直到 0.95 的 ε 值訓練代理人，則我們會發現代理人的表現曲線（peformance curve）呈倒 U 形。當 ε 太低，探索次數太少，故學習效果不佳；而 ε 太高，探索的次數太多，同樣會導致學習效果不佳。

　　在上述方法中，我們使用了**最大化熵值**（maximize entropy）的原則來找出 ε 的最佳值，即：從 0 開始慢慢增加，直到模型表現開始下降。該方法又叫做**最大熵值學習**（maximum entropy learning）。代理人在某策略下的熵值等於該策略所展現的隨機性，當此熵值達到最高時（即模型表現下降前，所能達到的最大值），模型的**普適性**（generalization）最好。若代理人可以依靠隨機的動作來完成任務，代表其策略非常有效且不受隨機變化影響，因此可以應付困難度較高的環境。

10.6.2　課程式學習

　　本例中的代理人在大小僅 5×5 的 Gridworld 環境中進行訓練，所以較有機會憑運氣找到終點。在更大（如 16×16）的環境中，憑運氣取勝的可能性就很小了。對於這種情況，除了採用好奇心學習以外，還能選擇另一種方法（或將此方法與好奇心一併使用）來提升表現，即：**課程式學習**（curriculum learning）。所謂課程式學習，即一開始先以某問題的簡單版本來訓練代理人，然後逐步提升問題的難度，直到代理人能應付完整版的問題為止。舉例而言，若想在不引入好奇心的情況下解決 16×16 的 Gridworld 問題，我們可以先訓練代理人在 5×5 的方格盤上達到最大準確率、再以 6×6 的方格盤重新訓練、然後是 8×8 最後才輪到 16×16。

10.6.3　視覺化 attention 權重

　　其實，使用較簡單的 DQN 一樣可以應付本章的任務。之所以使用關聯性 DQN，是因為我們可以視覺化 attention 權重，進而瞭解代理人在玩遊戲時所注重的資訊。為了將 attention 權重視覺化，我們讓模型每執行一次訓練迴圈便複製一份 attention 權重。當想要存取這些權重時，只需呼叫 GWagent.att_map 即可，會傳回 shape 為 batch×head×height×width 的張量。

```
🖥 In
state_ = env.reset()
state = prepare_state(state_)
GWagent(state)  ◀—— 讓模型處理特定狀態
plt.imshow(env.render('rgb_array'))           將上述張量重塑成 7×7 的方格並畫出
plt.imshow(state[0].permute(1,2,0).detach().numpy())
head, node = 2, 26  ◀—— 選擇要視覺化的特定節點
plt.imshow(GWagent.att_map[0][head][node].view(7,7)) ◀——┘
```

　　以下我們會觀察鑰匙節點、門節點以及代理人節點的 attention 權重，藉此找出它們之間的相對關係。由於 attention 權重和原始狀態皆為 7×7 的方格，故可以直接透過數格子來找出與方格盤上某節點對應的 attention 權重節點。之所以可以這麼做，是因為我們在設計關聯性模組時，特別讓其所產生的 attention 權重矩陣與原始狀態資料具有相同維度。若非如此，要把『原始狀態』與『attention 權重』對應起來就會很困難。圖 10.23 顯示了原始完整方格盤的隨機初始畫面以及相應的代理人視野畫面。

全景

部分（狀態）視野

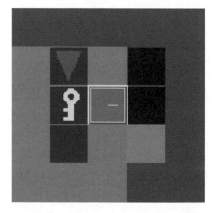

圖 10.23　左圖：環境的全景。**右圖**：代理人在該環境下所能看到的部分狀態（A 代表代理人）。

　　圖 10.23 右邊的『部分視野圖』乍看之下有點難以理解，為此，我們特別標註了代理人（A）、鑰匙（K）與門（D）的位置。由於部分視野必

為 7×7，但整個方格盤的大小只有 5×5，因此部分視野中一定包含了空格子（**編註**：即周圍黑色的格子）。現在，讓我們來看看與該狀態對應的 attention 權重吧！

在圖 10.24 中，每一行代表各節點的 attention 權重。在全部的 7×7 = 49 個節點中，我們只觀察代理人、鑰匙以及門的節點。每一列則表示一個 attention 端口，由上自下分別是端口 1 到 3。有趣的是，在 attention 端口 1 中，演算法似乎沒有關注任何有用的東西，其所關注的地方皆為空格子。注意，此處只檢視了 49 個節點中的 3 個。在查看了所有節點之後我們會發現：attention 權重的分佈是非常稀疏的，其中僅有數個格子會得到明顯的關注。但這並不是什麼出人意料的發現，不同 attention 端口似乎有各自專注的部分。

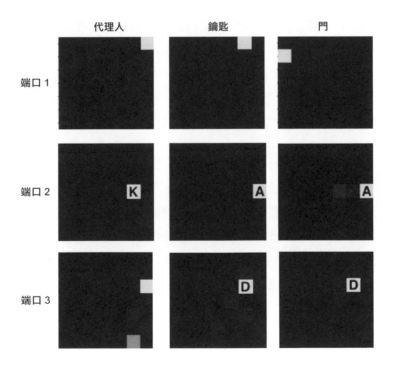

圖 10.24 每一列對應一個 attention 端口（例如：第 1 列代表 attention 端口 1）。最左行為代理人的 self-attention 權重，顯示代理人最關注的物件為何。中間行是鑰匙的 self-attention 權重；最右行則是門的 self-attention 權重。（**編註**：讀者可以將圖 10.24 和圖 10.23 交叉比對，這樣比較容易看出兩者的關聯性）

attention 端口 1 可能專注於環境中能做為地標的小區域，以便讓演算法掌握位置和方向。attention 端口 2 和 3 則包含更多有用訊息，且行為也較符合期待。在端口 2 的代理人節點中，可以發現代理人對於鑰匙高度專注（其它東西則被忽略了）。這與我們期望的結果一致，因為代理人在此初始狀態中的第一項任務便是撿鑰匙。相對的，鑰匙對代理人也投入了很高的 attention，這表示代理人和鑰匙之間存在著雙向關聯性。門節點雖然也關注代理人，但其還分了少許 attention 給鑰匙以及位於門正前方的格子。

代理人在 attention 端口 3 中關注了幾個地標方格；和之前一樣，這可能和建立位置和方向感有關。鑰匙在端口 3 中則將 attention 放在門上，而門也同樣對鑰匙予以關注。

總的來說，代理人與鑰匙有關聯，而鑰匙又與門有關聯。若終點方格出現在代理人的視野中，則應該能看到門與終點之間也會產生關聯。由於本例中的環境並不複雜，因此關聯性神經網路可以學到其背後的相對關係結構，且我們可以檢視模型學到的關聯性為何。令人感到有趣的是，attention 分佈實在非常稀疏，每個物件高度關注的其它節點通常只有一個，偶爾則會有數個額外節點分到極微弱的 attention。

在 Gridworld 中，要將狀態分成離散的物件是很容易的。但對其它環境而言（如：Atari 遊戲），狀態資料一般是巨大的 RGB 像素陣列，且演算法欲關注的各物件通常佔據多個像素。在這種情況下，要將某 attention 權重對應到原始畫面中的物體時，就會困難很多了。雖然如此，我們仍能看出關聯性模組進行決策時，關注了畫面的哪一部分。我們嘗試用 Atari 的 Alien 遊戲訓練相似的模型架構。從圖 10.25 可以看出，演算法的確學會了將 attention 放在遊戲畫面中重要的物件上（此實驗的程式碼並未包含在書裡）。

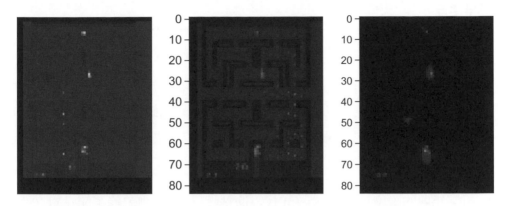

圖 10.25　左圖：經過前處理的狀態，稍後將提供給 DQN。**中圖**：原始的遊戲畫面。**右圖**：該狀態的 attention 地圖。可以看到，演算法將 attention 分別放在畫面中下方的外星人、正中央的玩家以及上方的額外獎勵上。

　　使用 self-attention 機制的關聯性模組是非常強大的機器學習工具。當需要瞭解 RL 代理人如何產生決策時，便可以用此種方法來訓練模型。如前所述，self-attention 可以在『圖』中傳遞訊息，因此屬於圖神經網路底下的一員（在此鼓勵大家進一步去認識此類網路）。事實上，圖神經網路（graph neural networks, GNNs）有很多種類型，而和本章最為相關的是**圖 attention 網路**（graph attention network）。該網路也採用了此處實作的 self-attention 機制，但可以處理更加普遍的『圖』結構資料。

總結

- **圖神經網路**是一種能處理『圖』資料結構的機器學習模型。『圖』資料結構是由一系列**物件**（稱為**節點**）以及物件之間的**關聯**（稱為**邊**）所組成。現實中的例子是社群網路（social network）：其中每個節點代表一位使用者，邊則表示節點之間的朋友關係。

- **相鄰矩陣**的維度是 A: n×n（n 代表節點數量），其中記錄了節點對之間的關聯。

- **訊息傳遞**是一種透過『重複收集鄰居節點資訊』來更新節點特徵的演算法。

- **歸納偏置**是對一系列資料的先驗知識；我們會用該偏置來限制模型，讓其習得特定種類的模式。在本章的例子中，我們採用的是關聯性歸納偏置。

- 若 g 為某種轉換函數，且 f(g(x)) = f(x)，則稱：函數 f 對 g 轉換有**不變性**。

- 若 g 為某種轉換函數，且 f(g(x)) = g(f(x))，則稱：函數 f 對 g 轉換有**等變性**。

- **attention 模型**可以讓演算法只關注輸入資料的一小部分，進而提升其表現與可解釋性。只要檢視模型關注的東西為何，便能對演算法的決策過程有進一步認識。

- **self-attention 模型**不僅能讓模型關注輸入資料中的不同部分，還會模擬輸入中各物件（或節點）之間的 attention 關係。由於上述方法產生的 attention 權重可視為各節點的邊，故使用 self-attention 的神經網路是圖神經網路的一種。

- **多端口 self-attention** 允許模型擁有多個獨立的 attention 機制，每個 attention 機制會關注輸入資料中的不同部分。該方法在保證能取得『可解釋 attention 權重』的前提下，增加模型傳遞訊息量的**頻寬**。

- **關聯性推理機制**仰賴物件之間的相對關係來進行推理，而非絕對參考座標系。舉例來說，在關聯性推理中，我們會說『書在桌子的上方』（將書與桌子關聯起來），而非『書位於位置 10、而桌子位於位置 8』（使用絕對參考座標）。

- 兩向量經過**內積**（或**點積**）後會產生一個**純量**；經過**外積**後則會產生一個**矩陣**。

- **愛因斯坦符號**（或 Einsum）讓我們能以簡單的符號，描述廣義的『張量 - 張量乘法』（也稱為**張量收縮**）。

- **雙重 Q-learning** 能夠將**動作選擇**與**動作價值更新**分開，進而穩定訓練效果。

回顧與學習規劃

在本章，我們會複習之前學過的東西，並總結最關鍵的概念與技巧。本書包含了**強化式學習**（reinforcement learning）的各種基礎知識，若讀者有實際練習各章的專案，就代表已經做好學習其它演算法和技術的準備了。

本書實際上是一堂**深度強化式學習**（deep reinforcement learning, DRL）的課程，而非一本教科書。由於無法涵蓋所有和 DRL 有關的知識，因此我們做了艱難的取捨，許多有趣的 DRL 題目無法被放進書中。另外，一些被視為『業界標準』的主題則不適合放進這本以『專案探討』為導向的書本中。為了彌補這些不足，本章會提供一些學習規劃，為讀者指引接下來的方向。

本章的另一目標是為想在 DRL 領域深造的讀者，介紹一些值得探討的 DRL 主題、技術與演算法。之前的章節之所以不包含這些內容，是因為它們涉及複雜的數學知識，而本書大多數讀者應該尚未具備相關知識，況且我們也沒有多餘的篇幅來進行補充。

11.1 回顧學習歷程

深度強化式學習是一項結合了**深度學習**與**強化式學習**的技術。強化式學習是一種用來解決**控制任務**（control tasks）的方法。在控制任務中，**代理人**必須在**環境**中執行動作，進而讓**狀態**發生改變並收到**回饋值**（一個正或負的數值）。

馬可夫決策過程

環境會隨著時間切割成一個個狀態，而代理人會根據當前狀態來選擇動作，該動作會決定下個狀態。動作執行完畢後，代理人將收到一個回饋值。由於代理人是參考當前的狀態資訊來選擇動作，因此以上過程可視為**馬可夫決策過程**（Markov decision process, MDP）。

　　MDP 是由**狀態空間 S** 以及**動作空間 A** 所組成的數學架構。此架構中還包含**回饋值函數** $r(s_t, a_t, s_{t+1})$：只要提供當前狀態 s_t、新狀態 s_{t+1} 以及代理人選擇的動作 a_t，此函數便可產生**回饋訊號**（reward signal）。

狀態的轉換機率

　　狀態的變化方式可能是**隨機性**（stochastic）或**確定性**（deterministic），因此狀態間的轉換需以機率描述。在給定**當前狀態** s_t 與**選擇的動作** a_t 後，我們可依據新狀態 s_{t+1} 的**條件機率分佈** $\Pr(s_{t+1}|s_t, a_t)$ 來得知接下來較可能出現的狀態。

策略函數及回報值

　　選擇動作時，代理人會遵循某種策略 π。策略函數會將『當前狀態 s_t』映射到『各動作的機率分佈』上，即 $\pi : s \rightarrow \Pr(A)$。代理人的目標是選出能產生最大**折扣累積回饋值**（discounted cumulative reward）的動作。這種隨著**時間**削減的累積回饋值稱為**回報值**（return），符號上常以 G 或 R 表示，其計算公式為：

$$G_t = \sum_t \gamma^t r_t$$

　　時間點 t 的回報值 G_t 等於遊戲結束前，每一步回饋值經過折扣後的總和。γ 為折扣因子，數值範圍落在 0 和 1 之間。折扣因子能決定未來回饋值所佔的權重（ **編註**：γ 越大，未來回饋值的影響力越大；γ 越小，未來回饋值的影響力越小）。

狀態價值函數

狀態的價值相當於：代理人在某初始狀態下，採用策略 π 時所能獲得的期望回報值 G。舉例來說，若某個狀態距離勝利僅一步之遙，那麼在採用合理策略的前提下，此狀態的價值會很高。狀態函數的符號為 $V^\pi(s)$，其中上標 π 為代理人選擇的策略，s 為當前的狀態。

動作價值函數（Q 函數）

狀態 - 動作對的**動作價值**（或 **Q 值**）等於：在採用策略 π 下，代理人在特定狀態中，執行某動作所能得到的回饋值。Q 函數以 $Q^\pi(s,a)$ 表示，其中上標 π 為代理人選擇的策略，s 為當前的狀態，a 為所選擇的動作。

價值函數和策略函數可以是任何適合的函數，而本書所採用的是**神經網路**（neural networks）。我們會訓練以神經網路為基礎的 $Q^\pi(s,a)$，並用它來預測回饋值。在此過程中，演算法會依據以下式子，透過遞迴的方式更新價值函數內的參數（ 編註：由於我們是採用神經網路作為價值函數，故此處的參數指的就是網路參數）：

$$V^\pi(s_t) \leftarrow r_{t+1} + \gamma V^\pi(s_{t+1})$$

在 Gridworld 中，抵達終點可獲得 +10 的回饋值，掉到陷阱中則獲得 -10 的回饋值，其餘動作的回饋值皆為 -1。假設代理人只差兩步就到終點，且我們用 s_1, s_2 及 s_3 表示當前狀態、下一個狀態和最終狀態，則可以得出以下結論：

1. 最終狀態（s_3）的價值 $V^\pi(s_3) = 10$。

2. 若 $\gamma = 0.9$，則下一個狀態（s_2）的價值 $V^\pi(s_2) = r_2 + 0.9V^\pi(s_3) = -1 + 9 = 8$。

3. 當前狀態的價值則是 $V^\pi(s_1) = r_1 + 0.9V^\pi(s_2) = -1 + 0.9 \cdot 8 = 6.2$。

可以看到，距離最終狀態越遠的狀態，價值就越低。

綜上所述，訓練強化式學習代理人的過程等同：利用環境產生的回饋值來強化（或弱化）動作，進而讓神經網路學會如何扮演價值函數或策略函數的角色。價值和策略函數各有其優缺點，在很多場合，我們會**同時**訓練價值與策略網路，以上做法稱為**演員 - 評論家**（actor-critic algorithm），其中演員代表策略函數，評論家則是價值函數。

11.2 有待探索的深度強化式學習問題

上一節複習的『馬可夫決策過程』以及『價值與策略函數』分別在本書第 2 至第 5 章中有詳細說明。在第 5 章之後，為了能在難度更高的環境（例如：稀疏回饋值環境）以及多代理人環境中成功訓練價值與策略網路，我們實作了各種複雜的演算法。然而，仍有許多進階的演算法由於篇幅問題無法涵蓋在本書中。在這裡將簡單介紹一些值得研究的主題，至於更進一步的資訊就要靠讀者自己去探索了。

■ 11.2.1 優先經驗回放

本書第 7 章有提過**優先經驗回放**（prioritized experience replay）的概念：即當某項經驗資料與**獲勝狀態**有關時，我們會將該筆經驗**複製多份**，並加入經驗池中。由於獲勝狀態較少出現，而且是代理人學習的關鍵資訊，故可透過複製的方式，提高它們被選進訓練批次的可能性。

優先經驗回放這個術語來自 Tom Schaul 等人於 2015 年發表的論文（Prioritized Experience Replay），但他們實作了更複雜的機制來調整經驗的優先性。在他們的實作過程中，所有經驗資料只會被記錄一次（而我們將獲勝的經驗複製了好幾次）。不過，在選取經驗資料組成小批次訓練集時，他們也不會採用隨機選取的方式，而是增加演算法選擇關鍵經驗的機率。除此之外，在 Schaul 等人的說法中，關鍵經驗是那些在預測回饋值時失誤率很高的經驗。換句話說，模型會傾向使用失誤率高的經驗來進行訓練。

隨著學習的進行，演算法漸漸掌握原先難以預測的經驗，所以各經驗資料的優先性須不斷調整。上述的方法可以顯著提升模型的訓練表現，也是**價值型（value-based）強化式學習**（如：Q-Learning）的標準做法。

▌ 11.2.2　近端策略優化（PPO）

本書的演算法大多是用 Deep Q-Network（DQN）而非策略函數，這背後是有原因的。我們在第 4 與第 5 章實作的策略函數相當簡單，但無法在複雜環境中取得好表現。其中的問題不是出自策略網路本身，而是出在 REINFORCE 演算法。若不同動作的回饋值差異很大（變異數大），它便無法產生穩定的結果。因此，我們需要能夠更平穩地更新策略網路的演算法。

近端策略優化（proximal policy optimization, PPO）是一種能穩定學習效果的進階演算法，由 OpenAI 的 John Schulman 等人在 2017 年發表的論文（Proximal Policy Optimization Algorithms）中提出。我們之所以不介紹該演算法，是因為背後的數學已經超出本書所能解釋的範圍。相反地，想要穩定價值函數演算法（如：Q-Learning）表現則只需一些很直覺的調整，如：加入**目標網路**或使用**雙重 Q-Learning** 等，這就是本書偏好使用價值學習（而非策略學習）的原因。話雖如此，在很多案例中，直接進行策略學習其實比價值學習來得好。擁有連續動作空間（ 編註 ：即有無限多種動作可供代理人選擇）的環境便是其中一例，因為 DQN 不可能傳回無限多個動作的 Q 值。

▌ 11.2.3　階層強化式學習與選項框架

小孩學走路時，並不會去思考應該如何收縮肌肉；同樣地，商人在討論決策時，也不會去想喉嚨要怎麼發聲才能說服他人。從肌肉運動到發出聲音，其中的每個動作具有多個**抽象程度不同**的層次。這就好比故事是由許多英文字母組成，而字母又組成單字、單字組成句子、句子組成段落，以此類推。作家在寫小說時，會優先思考下個場景是什麼，然後才去決定要打哪些字。

以寫故事的角度來看，本書到目前所用的代理人都停留在『要打什麼字』的層次，無法進行更高階的思考。**階層強化式學習**（hierarchical reinforcement learning）便是為了解決上述問題而產生的技術。在 Gridworld 中，階層強化式學習的代理人可以分析整個方格盤，並直接決定一**系列**動作（之前的代理人只能決定**下一步**動作）。它們還能學會可通用於不同遊戲狀態的動作序列，例如：『一直往上走』或是『繞過障礙物』。

選項框架（options framework）是一種常見的階層強化式學習演算法。以 Gridworld 為例，該遊戲包含四種動作：向上、向下、向左、向右，且每個動作會讓代理人移動一格。在選項框架中，代理人決定的不是動作，而是『選項』（options）。一個選項由以下元素組成：**選項策略**（option policy；類似於之前的策略函數，在接受狀態後，它能傳回各動作的機率分佈）、**終止條件**（termination condition）以及**輸入集**（input set；由不同狀態構成的子集）。該方法的概念是：當代理人遇到輸入集內的某個狀態時，特定選項便會被激活。於是，與該選項對應的選項策略開始執行，直到達成終止條件為止，然後演算法會決定下一個選項。雖然選項策略比本書的策略網路還簡單，但只要能選取適當的選項，模型的效率便會比策略網路高（策略網路需消耗較多的計算資源）。

■ 11.2.4　以模型為基礎的規劃

我們曾提過，**模型**（models）在強化式學習中有兩種概念。在第一種概念中，模型代表某種近似函數（approximating function），如本書中用來模擬價值或策略函數的神經網路。

第二種概念則和**以模型為基礎**（model-based）的學習與**無模型**（model-free）的學習有關。在以上兩種學習方式中，我們都使用神經網路來模擬價值或策略函數。不過，對以模型為基礎的學習而言，代理人不僅會根據價值函數做決策，還會建立一個能說明環境如何變化的模型。換言之，我們希望代理人瞭解環境是怎麼運作的。反之，無模型的學習所關心的只是如何精準預測回饋值，而這也許不需要代理人去了解環境的運作模式（**編註**：本書中採用的就是無模型的學習，我們無需了解環境的運作原理，只需根據不同狀態選出最佳動作即可）。

在加入好奇心等進階技巧後，本書先前所用的無模型 DQN 看起來非常有效（**編註**：可以解決稀疏回饋值的環境）。那麼，為什麼還要建構能學習環境運作原理的模型呢？這是因為一旦有了清楚明確的**環境模型**（environmental model），代理人不只能決定下一步動作，還可以進行**長期計劃**。只要使用環境模型來預測接下來的幾步，代理人就可以評估當下的動作會對未來產生什麼影響，進而加快學習速度（每次取樣的效率會提高；**編註**：可以用較少樣本資料達到相同學習效果）。以上方法和上一節的階層強化式學習有關，但因為後者不一定依賴環境模型，所以兩者不完全相同。在擁有環境模型的情況下，代理人可以計劃**動作序列**，進而完成某種高階目標。

建構環境模型最簡單的方法，就是用一個獨立的深度學習模組來**預測未來狀態**。事實上，這就是我們在第 8 章中所做的事情。不過當時並沒有利用環境模型預測未來，只是拿它來探索出乎意料的狀態。總的來說，有了能接受目前狀態並傳回未來狀態的環境模型 $M(s_t)$，我們便可預測 s_{t+1}；然後再將 s_{t+1} 代回模型中，進而得到 s_{t+2}，依此類推。模型究竟能預測多遠的未來取決於環境的隨機性以及模型的準確度。

▌ 11.2.5 蒙地卡羅樹搜索（MCTS）

　　IBM 設計的 Deep Blue 演算法未使用任何機器學習方法，它是一種以**樹狀搜尋**（tree search）方法為基礎的**暴力演算法**（brute force）。理論上，只要遊戲的動作數量與長度是有限的，就可以利用暴力演算法來破解。

　　以井字遊戲為例，該遊戲由兩名玩家（假設玩家 1 用叉號，玩家 2 則用圈號）在 3×3 的格子上進行。由於井字遊戲實在太單純了，因此人類的遊戲策略多少也會用到樹狀搜尋。假如你是玩家 2，且對手已經先走一步了；想知道下一步怎麼做，我們可以一一考慮場上的空格，並推測所有走法，在頭一步就把所有可能的走法組合都列出來，然後計算各種走法的勝率。

　　以 3×3 的方格來說，玩家 1 走第一步時會有 9 種選擇、接著玩家 2 有 8 種選擇、然後玩家 1 有 7 種選擇⋯，以此類推。因此，遊戲的走法組合（即**競賽樹**，game tree）還是很多的（ 編註 ：共 9! = 362,880 種可能），但這還在電腦可處理的範圍內。

　　但對於像西洋棋這樣的遊戲來說，競賽樹的大小已經超出電腦可處理的範圍了。Deep Blue 就是利用了另一種更有效率的樹狀搜尋演算法，不過其中不包含任何『學習』的元素。它一樣只是去搜索各種可能性，再計算哪一種做法可以取得勝利。

　　其中一種樹狀搜尋法稱為**蒙地卡羅樹搜尋**（Monte Carlo tree search）。在此方法中，演算法會依循某種機制隨機抽選一系列動作，並且根據這些動作建立競賽樹，而非考慮**所有**可能動作。在由 DeepMind 研發的圍棋演算法 AlphaGo 中，使用了深層神經網路來評估適合放入搜尋樹中的動作，並計算個別動作的價值。也就是說，AlphaGo 結合了暴力演算法與深層神經網路，進而獲得了兩者的好處。這種複合演算法目前在西洋棋和圍棋等遊戲中，屬於最先進的做法（ 編註 ：讀者可參考旗標出版的《強化式學習：打造最強 AlphaZero 通用演算法》一書）。

11.3 結語

感謝各位閱讀本書！我們衷心希望讀者學到了滿滿的深度強化式學習知識。若你有任何建議或問題，歡迎透過 Manning.com 的論壇與我們聯絡，期待聽到大家的回應。

數學、深度學習
及 PyTorch 之額外
知識補充

本附錄將帶領讀者快速回顧深度學習技術、簡介本書用到的數學,並說明如何利用 PyTorch 實作深度學習模型。在 A.4 節,我們會以 PyTorch 建構深度學習模型,利用它來分類手寫數字。

深度學習演算法(deep learning algorithms)又稱為**類神經網路**(artificial neural networks, ANNs;編註:本書中統稱為**神經網路**)。它們是一種相對簡單,且只需要向量與矩陣知識便可理解的演算法。不過,神經網路訓練的過程會用到微積分,更準確地說是**導數**(derivative;即**微分**)。換言之,在接觸深度學習前,我們必須先具備『向量與矩陣乘法』及『多變數函數微分』的基礎概念(這正是本章的主題)。**理論機器學習**(theoretical machine learning)是專門探討機器學習演算法之行為與特性,進而提出新技術與演算法的研究領域。該領域涉及研究所程度且涵蓋多領域的進階數學,而這已經超出本書的範圍了。為了把目標放在實際應用上,本書不會敘述太多的數學證明過程。

A.1 線性代數

線性代數(linear algebra)是一門研究線性變換的領域。**線性變換**(linear transformation)需具有以下特性:兩輸入變數(以 a 和 b 為例)**相加後再變換**的結果,需等於各輸入變數先經過某種**變換後再相加**的結果,即:T(a + b) = T(a) + T(b),其中 T 代表某種變換。除此之外,線性變換還需符合以下性質:T(a · b) = a · T(b)。

換句話說,線性變換不存在**規模經濟**(economies of scale)的概念(編註:即廠商生產某產品的數量越多,則平均生產成本越低)。舉例來說,假如有某種線性變換可以將黃金轉換成美金(例如:1 單位黃金=$100),則無論我們投入多少金錢,1 單位黃金的價格應該始終保持不變。相反地,在非線性的轉換中存在**批量折扣**(bulk discount)的概念:當你想一次購買大批的黃金時,賣家可能會願意用較低的價格和你交易。

另一種思考線性變換的方法是從微積分的角度來討論。我們可以把變換看成是一個函數，此函數會接受輸入值 x，並將其**映射**（map）到某輸出值 y 上，這就是 x 到 y 的變換。如果有一個輸入值是位於 x 的鄰近區域，其所映射到的輸出也將在 y 的鄰近區域內。對於一個單變數函數（如：f(x)＝2x＋1）來說，鄰近區域實際上是一個區間，因為 x＝2 的鄰近區域就包含了所有靠近 2 的點，例如 2.000001 和 1.999999 等。

▋ 導數 derivative

某函數在某一點（假設為 x）的導數可以理解成：該點的輸出（即 f(x)）鄰近區間和輸入（即 x）鄰近區間的比值。對於線性變換的函數而言，上述比值對於所有點來說都是固定值（常數），至於非線性變換的比值則非固定值。

▋ 矩陣 matrix

線性變換往往會以**矩陣**（單數：matrix，複數：matrices）表示。矩陣是由許多數字組成的長方格，我們可以利用它來表示**多變數線性函數**的**係數**，例如：

$$f_x(x,y)=Ax+By$$
$$f_y(x,y)=Cx+Dy$$

雖然以上式子看上去像是兩個函數 $f_x(x,y)$ 和 $f_y(x,y)$，但它們其實是同一個函數 f(x,y)，可以利用係數 A、B、C、D 把二維的點 (x,y) 映射至新的二維點 (x',y') 上。若我們想計算 x'，需使用 f_x 式；想計算 y'，則需使用 f_y。以上式子可以總結成一條等式：

$$f(x,y)=(Ax+By,Cx+Dy)$$

或是

$$(x',y') = (f_x(x,y),f_y(x,y)) = (Ax+By,Cx+Dy)$$

上式讓我們更清楚地知道，此函數的輸出是一個 2-元組（2-tuple），或稱為 2 維向量（2-vector）。不過，因為 x 和 y 的計算互相獨立，所以將該函數拆成兩條式子是很有幫助的。

雖然向量在數學中的概念非常廣泛而抽象，但對於機器學習來說很單純：向量就是由許多數字構成的 1D 陣列。上述線性變換可以將一個 2 維向量（即擁有兩個元素的向量）轉換成另一個 2 維向量，且此過程需四個獨立係數才能完成。注意，線性變換如 Ax + By 和加了一個常數的 Ax + By + C 是不同的，後者稱為**仿射變換**（affine transformation）。在實際應用中，機器學習所用的其實是仿射變換，但此處我們仍會以線性變換進行說明。

 仿射變換即一個線性變換加上一個平移量，如 y=mx+b。

矩陣是儲存函數係數的好工具，上述函數的係數可以打包成一個 2 乘 2 的矩陣：

$$F = \begin{bmatrix} A & B \\ C & D \end{bmatrix}$$

現在，我們可以將整個線性轉換以矩陣來表達，方法是將『係數矩陣』和『變數矩陣』並列：

$$F = \begin{bmatrix} A & B \\ C & D \end{bmatrix} \begin{bmatrix} x \\ y \end{bmatrix}$$

　　　　　　　　係數矩陣　變數矩陣

在以上變換中，我們會將係數矩陣中的每一列乘上變數矩陣的每一行（在此例中，變數矩陣只有一行）（編註：更精確地說，是將對應位置的元素相乘後加總，即 Ax + By，以此類推）。完成上述操作後，我們得到的結果會和之前的函數定義一模一樣。注意，矩陣不一定要是正方形的，它們也可以是長方形（編註：即行與列的數目不必相同）。

若以圖像來表示，線性變換會被畫成兩端各有一條線的盒子，且每個線段皆有標籤（n 及 m）：

以上的圖稱為**線圖**（string diagram）。其中 n 代表輸入向量的維度，m 代表輸出向量的維度。我們可以想像：有一個維度為 n 的向量從左側進入到名為 F 的線性變換中，接著從右側輸出一個維度為 m 的新向量。在本書所用的深度學習中，讀者只需知道以上線性代數知識即可（即向量與矩陣相乘的原理），如果有額外的數學知識則會在各章節中介紹。

A.2 微積分

微積分（calculus）是研究**微分**（differentiation）與**積分**（integration）的學科。在深度學習中，我們只會用到微分。微分即是求函數**導數**（derivative）的過程。

之前已經提過導數的概念了，即：『輸出區間』和『輸入區間』的比值，該比值說明了輸出空間被拉伸或壓縮的程度。上述區間是有方向性的，且可以用正負號表示，所以此處的比值可以是正數或負數。

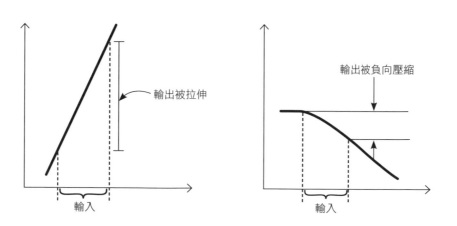

以函數 f(x) = x² 為例，若是某個很小的值，則 x 周圍的區間可以表示成 (x-ε,x+ε)。例如令 x = 3、ε = 0.1，則 x 周圍的區間即是 (2.9,3.1)，且其大小（與方向）為 3.1 - 2.9 = 0.2。經過函數處理後，此區間會被映射至 f(2.9) = 8.41 與 f(3.1) = 9.61 之間，因此輸出區間是 (8.41,9.61)，而其大小為 9.61 - 8.41 = 1.2。綜上所述，函數 f 在 x = 3 時的導數等於（$\dfrac{df}{dx} = \dfrac{1.2}{0.2} = 6$）。

我們將『函數 f 對輸入變數 x 的導數』記為 df/dx（注意：df 和 dx 不是分子分母關係，只是一種數學記號）。只要區間夠小，我們沒必要對點的兩邊進行計算。換言之，對於極小的 ε 來說，只要考慮大小為 ε 的區間 (x,x+ε) 即可，不用考慮 (x-ε,x) 這一區間，而輸出區間的大小則是 f(x+ε)-f(x)。

用實際數字計算只能得到近似的結果；如果想知道確切的導數，我們得考慮**無限小**的區間，而這可以藉由符號運算達成。假設 ε 是一個無限小的正數（無限接近 0），則求導數變成了代數問題：

$$f(x) = x^2$$

$$\frac{df}{dx} = \frac{f(x+\varepsilon)-f(x)}{\varepsilon}$$

$$= \frac{(x+\varepsilon)^2-x^2}{\varepsilon}$$

$$= \frac{x^2+2x\varepsilon+\varepsilon^2-x^2}{\varepsilon}$$

$$= \frac{\varepsilon(2x+\varepsilon)}{\varepsilon}$$

$$= 2x+\varepsilon$$

$$2x+\varepsilon \approx 2x$$

　　這裡我們只是很單純地取了輸出和輸入區間的比值。經過運算後，原式被化簡成了 $2x+\varepsilon$，但由於 ε 無限小，所以此結果無限接近 $2x$，而這就是原始函數 $f(x) = x^2$ 真正的導數。請記住，以上比值中的區間是有方向性的，所以可以是正數或負數。換言之，我們不僅想知道某函數因輸入變數的改變而拉伸（或收縮）的程度，還想知道其是否改變了區間的方向。上述過程的背後是非常進階的數學（讀者可搜尋 nonstandard analysis 或 smooth infinitesimal analysis），但以實作為目的來說，瞭解此處提到的內容已經足夠了。

　　那麼，微分在深度學習中到底有什麼功用呢？機器學習的目標是對某函數進行**最佳化**（optimization）。說得更清楚一點，給定一函數 $f(x)$，我們的目標即是找出能讓 $f(x)$ 達到最小的 x，該過程可以用符號記為 $argmin(f(x))$。一般而言，機器學習演算法中會有**損失函數**（loss function，或稱成本函數、誤差函數等），該函數會傳回**預測輸出**與**目標輸出**之間的誤差。我們要做的，就是找到一組模型參數來最小化損失函數的傳回值。達到上述目的的方法有很多，且並非每一種都需要用到導數，但在機器學習中，使用導數來最佳化損失函數往往是效果最好，也最有效率的方法。

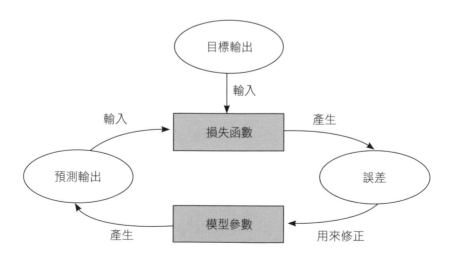

由於深度學習模型是非線性的，故它們的導數不會像線性變換那樣為**一固定常數**。導數的變化可以顯示函數正在往什麼方向彎曲，故我們可以順著函數下彎並一路抵達最低點。深度學習模型所用的**多變數函數**不只有一個導數；反之，每一個輸入變數都會有一個**偏導數**。有了每個變數的偏導數，便可以為深度神經網路找到一組參數，使其產生最小的誤差值。

以下用一個簡單的**複合函數**來說明如何利用導數來最小化輸出值，這裡所用的函數為：

$$f(x)=\ln(x^4+x^3+2)$$

此函數的圖形請見圖 A.1。可以看到，此函數的最低點大約落在 x = -1 的位置。由於此函數是透過將『**多項式函數**包裹在**對數函數**』中組成的，故其為複合函數。若要求複合函數的導數，我們必須使用微積分中的**連鎖法則**（chain rule）。這裡要計算的是上述函數對 x 的微分，因為其只有一個『低谷』，所以此函數只有一個最小值。但對於高度複合且具有高維度的深度學習模型而言，其最小值通常不只一個。理想上，我們要找的是**全域最小值**（global minimum），即整個函數的最低點。無論是全域還是區域（local）最小值，函數在該點上的斜率（即：導數）皆為零。對於某些函數我們可以借助代數，利用解析法計算出最小值；而深度學習模型則因過於複雜，無法用代數進行運算，只能以**迭代法**（iterative techniques）來處理。

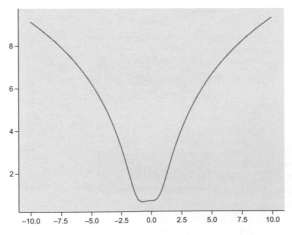

圖 A.1 簡單複合函數 f(x) = ln(x⁴ + x³ + 2) 的輸出圖。

　　根據微積分的連鎖法則，複合函數的導數計算可以拆解成多個小部分來執行。讀者或許聽過**反向傳播**（backpropagation），此技術就是將連鎖法則應用在神經網路上，不過其中還運用了一些技巧來提高效率。回到我們的例子，這裡先將上述函數拆成兩個：

$$h(x) = x^4 + x^3 + 2$$

$$f(x) = \ln(h(x))$$

　　先來計算『外層』函數，即 $f(x) = \ln(h(x))$ 的導數。請注意，這只先讓我們計算 df/dh，而最終目標是算出 df/dx。讀者可能有學過，自然對數的導數等於：

$$\frac{d}{dx} \ln h(x) = \frac{1}{h(x)}$$

　　而內層函數 h(x) 的導數則是：

$$\frac{d}{dx} (x^4 + x^3 + 2) = 4x^3 + 3x^2$$

　　為了得到完整的複合函數導數，我們要先掌握以下的連鎖法則：

$$\frac{df}{dx} = \frac{df}{dh} \cdot \frac{dh}{dx}$$

換句話說，這裡所求的導數可以透過『外層函數對 h 的導數』乘以『內層函數對 x 的導數』來獲得：

$$\frac{df}{dx} = \frac{1}{h(x)} \cdot \frac{dh}{dx}$$

$$\frac{df}{dx} = \frac{1}{x^4+x^3+2} \cdot (4x^3+3x^2)$$

$$\frac{df}{dx} = \frac{4x^3+3x^2}{x^4+x^3+2}$$

想算出複合函數的最小值，只需將上述導數令為 0 即可，也就是 $4x^3+3x^2=0$。解出 x 後，發現函數共在兩個地方出現最小值：x = 0 與 x = -3/4 = -0.75。但要注意的是：f(-0.75) = 0.638971 而 f(0) = 0.693147，後者比前者稍大一些，因此只有當 x = -0.75 時，f(x) 才是全域最小值。

現在，來看看如何利用迭代演算法中的**梯度下降**（gradient descent）來找出函數的最小值，概念如下：先以一個隨機選取的 x 做為起始點，然後計算函數在該點的導數，進而告訴我們函數在此點的方向與變化幅度。

$$x_{new} = x_{old} - \alpha \frac{df}{dx_{old}}$$

在以上式子中，x_{old} 代表目前的 x 值；x_{new} 代表更新後的 x 值；α 代表步長參數（step-parameter，也稱**學習率**），用來決定每次更新的幅度。以下讓我們用程式碼來實現上述步驟：

程式 A.1　梯度下降

```
In

import numpy as np
def f(x):        ← 原始函數
    return np.log(np.power(x,4) + np.power(x,3) + 2)
def dfdx(x):     ← 導數函數
    return (4*np.power(x,3) + 3*np.power(x,2)) / f(x)
x = -9.41        ← 隨機選取的起始點
lr = 0.001       ← 學習率 (即步長參數)
epochs = 5000    ← 迭代次數
for i in range(epochs):
    deriv = dfdx(x)        ← 計算當前資料點上的導數
    x = x - lr * deriv     ← 更新資料點
print(x)
```

　　實際運行程式 A.1 的梯度下降演算法得到 x = -0.7500000134493898，該結果和利用代數計算出來的結果（-0.75）幾乎一致。以上流程就是我們訓練深度神經網路的方法，只不過深度神經網路為多變數複合函數，所以必須用上**偏微分**（partial derivatives）。

　　考慮以下多變數函數：$f(x,y)=x^4+y^2$。由於該函數具有兩個輸入變數，因此並非輸出單一導數，而是可以選擇對 x、y 或兩者求導數。對所有輸入變數求導數，並將結果打包成一個向量，該向量稱為**梯度**（gradient）。我們會用『∇（nabla 符號）』表示計算梯度的過程，即 ∇f(x,y)=[df/dx,df/dy]。那麼，要如何計算 f 對 x 的導數（即 df/dx）呢？只要將另一個變數 y 視為常數，然後正常微分就行了，反之亦然。以此例而言，最後的結果為 $df/dx=4x^3$ 與 df/dy=2y，因此函數 f 的梯度為 $∇f(x,y)=[4x^3,2y]$。取得上述結果後，便可以使用梯度下降，進而找出讓誤差函數產生最小值的向量。

　　編註：有關於深度學習需要的數學，很難用簡短的篇幅說明清楚，有需要的讀者請參考旗標出版的《機器學習的數學基礎》與《深度學習的數學地圖》等書。

$A.3$ 深度學習

深層神經網路就是將好幾**層**（layers）簡單函數疊加在一起的產物，每一層函數都依序由矩陣乘法操作與非線性**激活函數**（activation function）組成。最常見的激活函數為 $f(x)=\max(0,x)$：當 x 為負數時，此函數傳回 0，否則傳回 x 本身。

以下是一個簡單的神經網路範例：

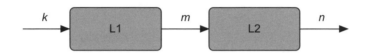

請由左至右閱讀此圖：輸入資料會先由左方進入 L1 函數中、然後經過 L2 函數、最後輸出資料由右方離開。圖中的符號 k、m 與 n 分別代表資料向量的維度；換言之，長度 k 的輸入向量輸入 L1 函數後會產生長度 m 的向量，而後者經過 L2 處理後又形成了長度為 n 的輸出向量。

現在來看一下上面的 L1 函數做了什麼事：

神經網路層（即 L1 的內部構造）

如前所述，神經網路層一般由兩部分組成：矩陣乘法和激活函數。長度 k 的向量由左側進入後會先與一個矩陣（稱為**參數矩陣**或**權重矩陣**）相乘，此操作有可能會改變向量的長度。完成上述操作後的向量長度為 m，該向量將進入非線性的激活函數中，而這項操作不會改變向量的長度。

　　將多個如上的神經層疊加（串接）起來後，便形成了深層神經網路。而所謂的訓練（或學習），便是用梯度下降來『最佳化權重矩陣』的過程。以下是由 NumPy 撰寫的簡單雙層神經網路範例：

程式 A.2 一個簡單的神經網路

🖥 **In**

```
def nn(x,w1,w2):      ◀── 定義一個簡單的雙層神經網路
    l1 = x @ w1       ◀── 矩陣乘法
    l1 = np.maximum(0,l1)   ◀── 非線性激活函數
    l2 = l1 @ w2
    l2 = np.maximum(0,l2)
return l2

w1 = np.random.randn(784,200) ┐
w2 = np.random.randn(200,10)  ├◀── 隨機產生參數矩陣及輸入向量
x = np.random.randn(784)      ┘
nn(x,w1,w2)  ◀── 運行神經網路
```

....

Out

```
>>> array([326.24915523,  0.        ,  0.        , 301.0265272 ,
           188.47784869,  0.        ,  0.        ,  0.        ,
           0.        ,  0.        ])      ◀── ( 編註 : 該輸出結果是隨機的)
```

　　在下一節，你將學到如何用 PyTorch 函式庫讓程式**自動計算梯度**，藉此訓練神經網路。

A.4 PyTorch

前面已經說明如何用梯度下降來尋找函數的最小值，而在此之前，我們需知道函數的梯度為何。由於之前所用的例子都很簡單，能手動算出梯度，但這對於深度學習模型來說是不切實際的，因此我們必須依靠 PyTorch 等具有**自動微分**（automatic differentiation）功能的函式庫。

PyTorch 的基本運作概念是建立**運算圖**（computational graph）。這種圖和上一節所用的線圖很像，其中表示了各輸入、輸出以及不同函數之間的連結關係，所以演算法可以按照該圖運用連鎖法則來計算梯度。將 NumPy 程式碼轉換成 PyTorch 是很簡單的事，大多數時候只要將其中的『numpy』改成『torch』就行了。程式 A.3 就是把程式 A.2 轉成 PyTorch 的結果：

程式 A.3 PyTorch 神經網路

```
In

import torch

def nn(x,w1,w2):
    l1 = x @ w1        ◄—— 矩陣乘法
    l1 = torch.relu(l1)  ◄—— 非線性激活函數
    l2 = l1 @ w2
    return l2

w1 = torch.randn(784,200,requires_grad=True)  ◄—— 包含梯度記錄的權重（參數）矩陣
w2 = torch.randn(200,10,requires_grad=True)
x = torch.randn(784)  ◄—— 隨機輸入向量
nn(x,w1,w2)
```

　　除了將 np.maximum() 換成 torch.relu() 外（它們本質上是相同的函數），以上程式碼和使用 NumPy 寫的版本（程式 A.2）大致上是相同的。請注意，在權重矩陣（w1,w2）的設定中我們還加入了 requires_grad=True，目的是告訴 PyTorch 這些矩陣是可訓練參數，故必須追蹤它們的梯度。反之，x 是輸入資料，並非可訓練參數，所以無需加上這一行。除此之外，我們還將模型中最後一個激活函數拿掉了，讀者稍後便會明白原因。

　　下面我們會用 MNIST 資料集來訓練神經網路。該資料集包含數萬張從 0 到 9 的手寫數字圖片（如圖 A.2 所示），最終目標是希望模型能成功辨認並分類這些圖片。PyTorch 提供了相關函式庫，讓我們能輕鬆下載 MNIST 資料集。

圖 A.2 MNIST 資料集中，手寫數字的範例圖片。

程式 A.4　使用神經網路分類 MNIST 圖片

🖥 **In**

```
import torchvision as TV

# 為了解決請求 MNIST 數據時出現 403 錯誤的問題
from six.moves import urllib
opener = urllib.request.build_opener()
opener.addheaders = [('User', 'Google_Chrome')]
urllib.request.install_opener(opener)
###

mnist_data = TV.datasets.MNIST("MNIST", train=True, download=True)  ◀─┐
                                                                      │  下載並匯入 MNIST 資料集
lr = 0.0001
epochs = 2500
batch_size = 1000
losses = []
lossfn = torch.nn.CrossEntropyLoss()  ◀── 建立損失函數
for i in range(epochs):                                    隨機產生一系列索引值
    rid = np.random.randint(0,mnist_data.train_data.shape[0],size=batch_size)  ◀─┘
```

NEXT

```
x = mnist_data.train_data[rid].float().flatten(start_dim=1)  ←
                        產生訓練資料子集，並將原本 28×28 的圖片扁平化成長度 784 的向量
x /= x.max()  ←  將向量值正規化至 0 到 1 之間
pred = nn(x,w1,w2)  ←  利用神經網路產生預測結果
target = mnist_data.train_labels[rid]  ←  取得對應圖片的正確標籤
loss = lossfn(pred,target)  ←  計算損失
losses.append(loss)
loss.backward()
with torch.no_grad():
    w1 -= lr * w1.grad  ←  對參數矩陣執行梯度下降
    w2 -= lr * w2.grad
```

　　只要看到損失隨著時間穩定下降（圖 A.3，**編註**：繪圖的相關程式請
參考本章的 Colab 筆記本），便代表神經網路已經訓練成功了。藉由程式
A.4，我們已經讓神經網路學會分類手寫數字。此處所執行的梯度下降和
之前處理對數函數，f(x)=ln(x⁴+x³+2) 的方法是一樣的，不同的是在這裡
我們用 PyTorch 直接算出梯度（**編註**：在前面的例子中，我們需要一步步
求出函數的梯度，即函數對 x 的導數。有了 PyTorch 的幫助，便可跳過以
上步驟並直接取得梯度）。PyTorch 可以幫我們追蹤運算的過程，待此過
程結束後，呼叫輸出（損失）的 backward()，便會開始計算所有 requires_
grad=True 的變數梯度（參考程式 A.3）。接下來，利用梯度下降更新模型
的參數。

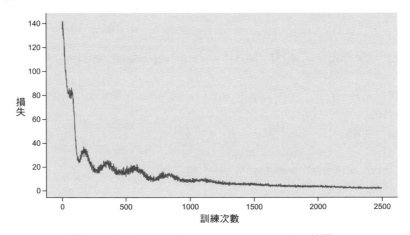

圖 A.3 以 MNIST 資料集訓練神經網路的損失函數圖。

在程式 A.4 中，我們實作了自己的**隨機梯度下降**（stochastic gradient descent，SGD）方法。這裡**隨機**的意思是：演算法會從資料集中隨機抽選子集出來計算梯度，因此我們得到的梯度只是對完整資料集之梯度估計值（包含隨機雜訊）。

PyTorch 內建了許多優化器（optimizers），SGD 就是其中之一。另外一種常見的替代方法稱為 Adam，可以將其視為 SGD 的複雜版。我們只需將優化器實例化並應用於模型參數上即可。

程式 A.5 使用 Adam 優化器

🖥 **In**

```
mnist_data = TV.datasets.MNIST("MNIST", train=True, download=False)


lr = 0.001
epochs = 5000
batch_size = 500
losses = []
lossfn = torch.nn.CrossEntropyLoss()          ◀── 建立損失函數
optim = torch.optim.Adam(params=[w1,w2],lr=lr) ◀── 建立 ADAM 優化器
for i in range(epochs):
    rid = np.random.randint(0,mnist_data.train_data.shape[0],size=batch_size)
    x = mnist_data.train_data[rid].float().flatten(start_dim=1)
    x /= x.max()
    pred = nn(x,w1,w2)
    target = mnist_data.train_labels[rid]
    loss = lossfn(pred,target)
    losses.append(loss)
    loss.backward()     ◀── 反向傳播
    optim.step()        ◀── 更新參數
```

從圖 A.4 中可以看出，使用 Adam 優化器後，損失函數的曲線變得平滑很多，且神經網路的分類準確率也大幅上升。

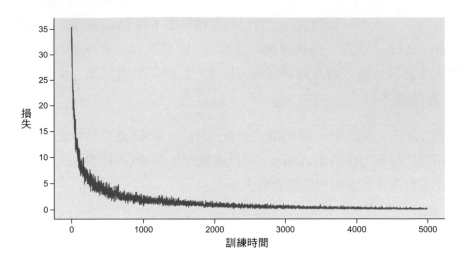

圖 A.4 以 MNIST 資料集訓練神經網路的損失函數圖，
我們使用了 PyTorch 內建的 Adam 優化器。

<u>編註</u>：有關深度學習的細節知識，可參考旗標出版的《決心打底！
Python 深度學習基礎養成》一書。